Advances in Materials and Mechanics 3 (AMM 3)
材料与力学进展 3

Advances in Materials and Mechanics (AMM)

Chief Editor

Bohua Sun
Cape Peninsula University of Technology, South Africa
Member of Academy of Science of South Africa (ASSAf)
Member of Royal Society of South Africa (RSSA)

Co-Chief Editors

Shiyi Chen
Peking University, China

Shaofan Li
The University of California at Berkeley, USA

Qing-Hua Qin
The Australian National University, Australia

Chuanzeng Zhang
University of Siegen, Germany

Scientific advisors

Jianbao Li
Hainan University, Tsinghua University

Renhuai Liu
Jinan University
Member of Chinese Academy of Engineering

Enge Wang
Chinese Academy of Sciences, Peking University
Member of Chinese Academy of Sciences

Heping Xie
Sichuan University
Member of Chinese Academy of Engineering

Wei Yang
Zhejiang University
Member of Chinese Academy of Sciences

Editors

Jinghong Fan
Alfred University, USA

David Yang Gao
University of Ballarat, Australia

Deli Gao
China University of Petroleum, Beijing, China

Qing Jiang
University of California, USA

Tianjian Lu
Xi'an Jiaotong University, China

Xianghong Ma
Aston University, UK

Ernie Pan
The University of Akron, USA

Chongqing Ru
University of Alberta, Canada

Zhensu She
Peking University, China

C.M. Wang
National University of Singapore, Singapore

Jianxiang Wang
Peking University, China

Yan Xiao
University of Southern California, USA

Huikai Xie
University of Florida, USA

Jianqiao Ye
University of Leeds, UK

Zhiming Ye
Shanghai University, China

Yapu Zhao
Institute of Mechanics, Chinese Academy of Sciences, China

Zheng Zhong
Tongji University, China

Zhuo Zhuang
Tsinghua University, China

"十二五"国家重点图书

Advances in Materials and Mechanics

梯度材料断裂力学的新型边界元法分析

New Boundary Element Analysis of Fracture Mechanics in Functionally Graded Materials

TIDU CAILIAO DUANLIE LIXUE DE XINXING BIANJIEYUANFA FENXI

肖洪天　岳中琦　著

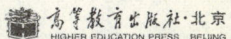

Professor Hongtian Xiao
College of Civil Engineering and Architecture
Shandong University of Science and Technology
Qingdao, China
E-mail: Xiaohongtian@tsinghua.org.cn

Associate Professor Zhongqi Yue
Department of Civil Engineering
The University of Hong Kong
Hong Kong, China
E-mail: yueqzq@hkucc.hku.hk

图书在版编目(CIP)数据

梯度材料断裂力学的新型边界元法分析/肖洪天,岳中琦著.—北京:
高等教育出版社,2011.9
ISBN 978-7-04-032214-9

Ⅰ.①梯… Ⅱ.①肖…②岳… Ⅲ.①复合材料-断裂力学-边界
元法-分析 Ⅳ.①TB33

中国版本图书馆 CIP 数据核字 (2011) 第 120761 号

策划编辑	刘剑波	责任编辑	焦建虹	封面设计	刘晓翔	版式设计	范晓红
插图绘制	尹文军	责任校对	胡美萍	责任印制	尤 静		

出版发行	高等教育出版社	咨询电话	400-810-0598
社　　址	北京市西城区德外大街 4 号	网　　址	http://www.hep.edu.cn
邮政编码	100120		http://www.hep.com.cn
印　　刷	北京铭成印刷有限公司	网上订购	http://www.landraco.com
开　　本	787mm×1092mm　1/16		http://www.landraco.com.cn
印　　张	18.25	版　　次	2011 年 9 月第 1 版
字　　数	350 千字	印　　次	2011 年 9 月第 1 次印刷
购书热线	010-58581118	定　　价	59.00 元

本书如有缺页、倒页、脱页等质量问题,请到所购图书销售部门联系调换
版权所有　侵权必究
物　料　号　32214-00

前言

非均匀性是导致材料力学特性复杂的原因之一。非均匀材料中有一类材料称为梯度材料，其组成、结构和物理力学性质在空间上主要沿某单一方向变化，而在垂直于这个方向的平面或曲面上变化很小或不变化。天然材料中的生物材料和岩土材料具有梯度变化特征。例如，植物的茎是一种沿径向的梯度材料，动物的骨骼为无机材料和有机材料完美结合的梯度材料，地球表面以下土和岩石的组成和结构沿深度具有梯度变化特征。在古代，人们就认识到材料性能和参数沿某一方向连续变化可增强材料性能并能降低成本。梯度材料的应用可以追溯到古代剑的制作。近年来，梯度材料在机械、生物、化学、电子等工程中得到了广泛的应用。

材料的力学特性具有重要的理论意义和工程价值。由于梯度材料的广泛性和独特的工业价值，其力学特性成为研究热点。众所周知，边界元法在分析材料断裂力学特性中具有独特的优势。在过去几十年里，边界元法有了长足的进展，已成为断裂力学分析的有效数值工具。传统的边界元法基于经典的 Kelvin 基本解，分析非均匀材料力学特性时需沿不同材料的界面划分单元。显然，这种分析方法使得传统边界元法在非均匀材料中的应用受到限制。

本书第二作者从 1983 年开始研究层状材料的弹性力学问题，经过二十几年的坚持和努力，取得了丰富的研究成果。本书发展的边界元法便是基于作者提出的层状材料基本解。自 2000 年开始，在香港大学、香港教育研究局、国家自然科学基金和山东省泰山学者专项经费的资助下，作者开始发展层状材料基本解的边界元法。作者对边界元法的发展是多方面的，从层状材料各向同性基本解的边界元法到双层横观各向同性材料基本解的边界元法，从子域边界元法到单一区域的对偶边界元法，并采用发展的边界元法分析了不同类型梯度材料的断裂力学问题，包括不同类型的梯度材料中、复杂荷载作用下各种类型裂纹的应力强度因子和裂纹扩展规律。研究成果在 SCI 英文期刊和国内重要的力学类学术期刊上发表，并被广泛引用。本书即是在总结以往研究成果的基础上编写而成的。

作者希望，本书的出版不仅能使读者了解新型的边界元法，而且可以增加读者对梯度材料断裂力学特性的认识。书中的研究成果来自作者和其同事们联合发表的文章，在此向他们表示衷心的感谢。作者敬请读者和同行专家对本书存在的不足之处给予批评指正。

作者
2011 年 3 月

目录

第1章　绪论 ································· 1
  1.1　梯度材料 ································ 1
  1.2　梯度材料断裂力学分析方法 ···················· 3
    1.2.1　概述 ································· 3
    1.2.2　解析方法 ····························· 4
    1.2.3　有限元法 ····························· 4
    1.2.4　边界元法 ····························· 5
    1.2.5　无单元法 ····························· 5
  1.3　本书的研究方法和内容安排 ····················· 6
  参考文献 ····································· 7

第2章　弹性力学和断裂力学基础 ················ 9
  2.1　引言 ··································· 9
  2.2　弹性力学的基本方程简介 ···················· 10
  2.3　断裂力学基础 ····························· 13
    2.3.1　概述 ································ 13
    2.3.2　裂纹的变形模式 ······················ 13
    2.3.3　裂纹尖端的渐近应力场和渐近位移场 ······ 14
    2.3.4　梯度材料和材料界面裂纹尖端的渐近应力场 ·· 16
  2.4　裂纹扩展分析 ····························· 18
    2.4.1　概述 ································ 18
    2.4.2　裂纹扩展的能量释放率 ················· 18
    2.4.3　最大应力准则 ························· 19
    2.4.4　应变能密度因子准则 ··················· 21
    2.4.5　梯度材料断裂韧度的确定 ··············· 22
  参考文献 ···································· 23

第3章　三维梯度分层均匀材料的 Yue 基本解 ····· 25
  3.1　引言 ··································· 25
  3.2　基本方程 ································ 27
  3.3　变换域内解的表达式 ······················· 29
    3.3.1　解的公式 ····························· 29
    3.3.2　用 g 表示的表达式 ··················· 33
    3.3.3　$\Phi(\rho,z)$ 和 $\Psi(\rho,z)$ 的渐近表达式 ····· 33
  3.4　物理域内解的表达式 ······················· 34
    3.4.1　直角坐标系中解的表达式 ··············· 34
    3.4.2　基本解奇异项的闭合形式解 ············· 36

  3.5 计算方法和分析结果 · 37
    3.5.1 概述 · 37
    3.5.2 基本解的奇异性 · 38
    3.5.3 数值积分 · 38
    3.5.4 数值分析和结果 · 39
  附录 1 弹性系数矩阵 · 44
  附录 2 $\Phi(\rho,z)$ 和 $\Psi(\rho,z)$ 渐近表达式中的矩阵 · · · · · · · · · · · · · 45
  附录 3 矩阵 $G_s[m,z,\Phi]$ 和 $G_t[m,z,\Phi]$ · · · · · · · · · · · · · · · · · 47
  参考文献 · 48

第 4 章 Yue 基本解的弹性静力学边界元法 · · · · · · · · · · · · · · · · · · · 49
  4.1 引言 · 49
  4.2 贝蒂定理 · 50
  4.3 基于 Yue 基本解的积分方程 · 51
  4.4 基于 Yue 基本解的边界积分方程 · 53
  4.5 边界积分方程的离散 · 54
  4.6 非奇异积分的计算 · 61
    4.6.1 高斯型求积公式 · 61
    4.6.2 等精度高斯积分法 · 61
    4.6.3 几乎奇异积分 · 62
  4.7 奇异积分的计算 · 63
    4.7.1 弱奇异积分 · 63
    4.7.2 强奇异积分 · 66
  4.8 内点位移及应力的计算 · 68
  4.9 边界点应力的计算 · 69
  4.10 边界元法的子域法 · 70
  4.11 对称性处理 · 71
  参考文献 · 73

第 5 章 Yue 基本解边界元法的断裂力学应用 · · · · · · · · · · · · · · · · · 75
  5.1 引言 · 75
  5.2 面力奇异单元及其数值方法 · 76
    5.2.1 概述 · 76
    5.2.2 面力奇异单元 · 77
    5.2.3 面力奇异单元的数值方法 · 79
  5.3 应力强度因子的计算 · 83
  5.4 数值验证 · 84
  5.5 结论与讨论 · 88
  参考文献 · 89

第 6 章 梯度材料中的圆盘状裂纹分析 · 91

6.1 引言 · 91
6.2 梯度材料中裂纹的分析方法 · 92
6.2.1 梯度材料中的裂纹问题 · 92
6.2.2 裂纹分析的子域法 · 93
6.2.3 梯度材料分层法 · 94
6.2.4 计算结果与解析解的对比分析 · 95
6.3 平行于 FGM 夹层裂纹的应力强度因子 · · · · · · · · · · · · · · · · · · 96
6.3.1 概述 · 96
6.3.2 压应力作用下的圆盘状裂纹 · 97
6.3.3 剪应力作用下的圆盘状裂纹 · 99
6.4 平行于 FGM 夹层裂纹的扩展分析 · 101
6.4.1 椭圆盘状裂纹的应变能密度因子 · · · · · · · · · · · · · · · · · · · 101
6.4.2 远场倾斜张应力作用下的裂纹扩展 · · · · · · · · · · · · · · · · · 102
6.5 垂直于 FGM 夹层裂纹的应力强度因子 · · · · · · · · · · · · · · · · · 106
6.5.1 概述 · 106
6.5.2 数值验证 · 106
6.5.3 压应力作用下裂纹的应力强度因子 · · · · · · · · · · · · · · · · · 108
6.5.4 剪应力作用下裂纹的应力强度因子 · · · · · · · · · · · · · · · · · 112
6.6 垂直于 FGM 夹层的圆盘状裂纹扩展分析 · · · · · · · · · · · · · · · 122
6.6.1 远场倾斜张应力作用下的裂纹扩展 · · · · · · · · · · · · · · · · · 122
6.6.2 远场倾斜压应力作用下的裂纹扩展 · · · · · · · · · · · · · · · · · 125
6.7 结论与讨论 · 128
6.8 研究成果的引用情况 · 128
参考文献 · 129

第 7 章 梯度材料中的椭圆盘状裂纹分析 · 133

7.1 引言 · 133
7.2 平行于 FGM 夹层裂纹的应力强度因子 · · · · · · · · · · · · · · · · · 134
7.2.1 概述 · 134
7.2.2 压应力作用下的椭圆盘状裂纹 · 136
7.2.3 剪应力作用下的椭圆盘状裂纹 · 146
7.3 平行于 FGM 夹层裂纹的扩展分析 · 153
7.4 垂直于 FGM 夹层裂纹的应力强度因子 · · · · · · · · · · · · · · · · · 158
7.4.1 概述 · 158
7.4.2 压应力作用下的椭圆盘状裂纹 · 159
7.4.3 剪应力作用下的椭圆盘状裂纹 · 165
7.5 垂直于 FGM 夹层裂纹的扩展分析 · 176
7.5.1 远场倾斜张应力作用下的裂纹扩展 · · · · · · · · · · · · · · · · · 176
7.5.2 远场倾斜压应力作用下的裂纹扩展 · · · · · · · · · · · · · · · · · 180

7.6 结论与讨论 ···184
参考文献 ···184

第 8 章 Yue 基本解的对偶边界元法 ·····························187
8.1 引言 ···187
8.2 Yue 基本解的对偶边界积分方程 ······························188
    8.2.1 位移边界积分方程 ··188
    8.2.2 面力边界积分方程 ··189
    8.2.3 对偶边界积分方程 ··191
8.3 对偶边界积分方程的离散形式 ·································191
    8.3.1 边界的离散 ··191
    8.3.2 边界积分方程的离散 ······································194
8.4 数值积分 ···195
    8.4.1 位移边界积分方程的数值积分 ······························195
    8.4.2 面力边界积分方程的数值积分 ······························196
8.5 线性方程组的建立 ···198
8.6 数值验证 ···203
    8.6.1 应力强度因子的计算 ······································203
    8.6.2 网格及参数 D 对应力强度因子的影响 ······················204
附录 4 有限部分积分和 Kutt 型数值积分 ·························206
    A4.1 概述 ···206
    A4.2 Kutt 型数值积分 ··207
参考文献 ···208

第 9 章 梯度材料中矩形裂纹的断裂力学分析 ···················209
9.1 引言 ···209
9.2 无限域 FGM 中的正方形裂纹 ·································210
    9.2.1 概述 ··210
    9.2.2 正方形裂纹面平行于 FGM 夹层 ·····························211
    9.2.3 正方形裂纹面与 FGM 夹层之间成 45° 夹角 ·················214
    9.2.4 正方形裂纹面与 FGM 夹层垂直 ·····························215
9.3 在 FGM 夹层中的正方形裂纹 ·································217
9.4 无限域 FGM 中的矩形裂纹 ···································219
    9.4.1 概述 ··219
    9.4.2 裂纹面平行于 FGM 夹层 ···································219
    9.4.3 裂纹面的长边垂直于 FGM 夹层 ·····························223
    9.4.4 裂纹面的短边垂直于 FGM 夹层 ·····························225
9.5 有限域梯度材料中的正方形裂纹 ·······························227
9.6 岩层中矩形裂隙的分析 ·······································230
    9.6.1 概述 ··230
    9.6.2 层状岩体和裂隙参数 ······································231

9.6.3 层状岩体中均匀荷载作用下的正方形裂隙 ································ 231
9.6.4 层状岩体中非均匀荷载作用下的正方形裂隙 ······························ 234
9.7 结论与讨论 ·· 239
参考文献 ·· 239

第 10 章 双层横观各向同性材料断裂力学的边界元法分析 ······················ 241
10.1 引言 ·· 241
10.2 子域边界元法分析 ·· 242
10.2.1 概述 ·· 242
10.2.2 应力强度因子的计算公式 ·· 243
10.2.3 垂直于双层各向同性材料层面的圆盘状裂纹 ························ 244
10.2.4 垂直于双层各向同性材料层面的椭圆盘状裂纹 ······················ 249
10.3 对偶边界元法分析 ·· 253
10.3.1 概述 ·· 253
10.3.2 数值验证 ·· 254
10.3.3 数值结果与讨论 ·· 254
10.4 结论 ·· 264
附录 5 双层横观各向同性材料的基本解 ······································ 264
参考文献 ·· 269

第 11 章 结论与展望 ·· 271
11.1 结论 ·· 272
11.1.1 基于 Yue 基本解的子域边界元法及断裂力学分析 ···················· 272
11.1.2 基于 Yue 基本解的对偶边界元法和矩形裂纹分析 ···················· 273
11.1.3 基于双层横观各向同性材料基本解的边界元法及断裂力学分析 ········ 274
11.2 未来的应用和进一步研究工作 ·· 274
11.2.1 层状岩体及其破坏特点 ·· 274
11.2.2 层状材料边界元法的应用前景 ···································· 275
11.2.3 双层横观各向同性材料基本解边界元法的应用前景 ·················· 278
参考文献 ·· 278

第 1 章 绪 论

1.1 梯度材料

材料的均匀性是关于材料的物理力学性质在不同点或空间上的分布规律。均匀材料的物理力学性质在其所占有的空间上是不变的，是个常数，各点值是相等的。相反，非均匀材料的物理力学性质在其所占有的空间上是变化的，不是个常数，各点值既可相等，也可不等。均匀材料是非均匀材料的一个理想的特例。

在微观（如分子和纳米尺度）结构尺度上，自然界任何材料都表现出特有的非均匀性。而在细观、宏观结构尺度上，很多工程材料可以假设为均匀材料。这种做法是在数理力学模型上对这类材料作的第一阶平均化的近似。这种理想近似在过去为求解相应的物理力学问题起到了关键作用。随着新材料的不断问世和相应物理力学特性研究的不断深入，分析和预测这类材料的力学响应和破坏时，材料的细观、宏观非均匀性也变得十分重要，在不少实际问题中起到控制作用。因此，在数理力学模型上要对传统的材料性质空间分布的第一阶平均化近似再作第二次更能符合实际的各种第二阶理想化近似。

在天然和人工合成材料中,有一类材料的组成、结构和物理力学性质在空间上主要沿某单一方向变化,而在垂直于这个方向的平面或曲面上变化很小或不变化。这类材料称为梯度材料或功能梯度材料。实际上,梯度材料是一种特殊形式的非均匀材料,是更能符合实际材料性质的一种第二阶理想化近似。

在天然材料中,生物材料和岩土材料具有梯度变化特征。植物的茎是一种沿径向的梯度材料,材料中强度最高的外围部分往往承受较大的应力。动物的牙齿、骨头、关节等为无机材料和有机材料完美结合的梯度材料,具有重量轻、韧性好、强度高的优点。地球表面以下土和岩石的组成和结构沿深度方向具有梯度变化特征。这种变化影响着地基的沉降和稳定以及钻孔钻入地下的难易程度。现场勘察试验表明,有一类地基土的弹性模量可用函数 $E = E_0 z^k$ 近似表示,这里 E_0 为均匀土的弹性模量,z 为地表以下深度,$0 \leq k \leq 1$。当 $k = 1$ 时,此种土称为 Gibson 土 (Gibson, 1967)。图 1.1 演示了典型路基结构 (Yue et al, 1998)。按材料组成和结构,该路基可分为四层 (见图 1.1(a)),每一层材料的力学参数沿深度方向变化 (见图 1.1(b))。

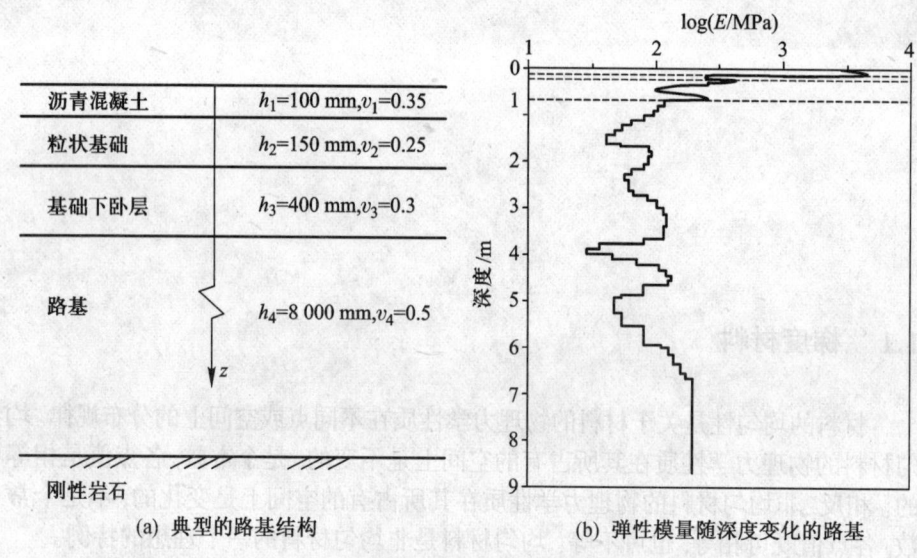

(a) 典型的路基结构   (b) 弹性模量随深度变化的路基

图 1.1 弹性参数随深度变化的沥青混凝土路基

(Yue et al, 1998; 经 Journal of Elasticity 许可)

在古代,人们就已经认识到材料结构和组成沿某一方向连续变化可增强材料性能并能降低成本。梯度材料的应用可以追溯到古代剑的制作。剑体从内部强度较低的材料连续地过渡到坚硬的刀刃。钢表面的碳化和氮化使剑刃变得坚硬、抗疲劳、耐磨损。通常情况下,人们希望具有不同性质或功能的材料结合在一起,又希望材料结合得完美,从而不致在苛刻的使用条件下因性能不匹配而发生破坏。

近几十年来，梯度材料在机械、生物、化学、电子等工程中得到了广泛的应用。以航天飞机冲压式发动机为例，在承受高温的表面，配置耐高温陶瓷；在与冷却气体接触的表面，采用导热性和强韧性良好的金属；而在两个表面之间，采用先进的材料复合技术，通过控制金属和陶瓷的相对组成及组织结构，使其无界面地、连续地变化，这样就可得到一种呈梯度变化的材料。材料梯度变化可使热应力重新分布，限制了关键部位的应力，抑制了永久变形、损伤和破坏。通过改变梯度材料的弹塑性性质，裂纹扩展驱动力相应地增大或减小。另外，梯度材料组成和结构的光滑变化会改进两种材料之间的黏结力。

梯度材料在外荷载作用下的力学响应分析和预测对许多领域具有指导意义和应用价值。这些领域包括岩土工程、摩擦学、生物力学、断裂力学、表面涂层保护技术和纳米技术。梯度材料力学特性和分析已引起了科技工作者的广泛兴趣，在许多国际学术期刊和学术会议中，常见到大量梯度材料研究成果的报道。Birman et al (2007) 回顾了功能梯度材料力学特性的研究进展。这类研究涉及如下几个方面：均匀化，热传导性，动、静态荷载下材料结构的应力和变形，优化设计，试验研究，材料结构中的特殊问题和断裂力学。其中，梯度材料断裂力学问题是一个重要的研究领域 (Suresh, 2001)。

1.2 梯度材料断裂力学分析方法

1.2.1 概述

由于材料的组成和结构不同，不同梯度材料的细观、宏观断裂机制也不同。细观、宏观尺度上，裂纹和孔洞对梯度材料结构的力学性能有着重要的影响。对这些缺陷进行力学分析已成为梯度材料研究的一个分支，也成为断裂力学研究的热点。Erdogan (2000) 列举了梯度材料断裂力学的九个研究方向。它们是：

(1) 三维结合异质材料的角点奇异性。
(2) 与无应力边界相接的界面裂纹奇异性。
(3) 各向异性结合材料中的局部残余应力及其对裂纹起裂的影响。
(4) 涂层中三维周期性表面开裂和裂纹扩展。
(5) 热循环和热冲击作用下，与温度相关的层状材料热力学参数的变化。
(6) 材料和几何非线性对层裂的影响。
(7) 非弹性梯度材料裂纹尖端的奇异性。
(8) 考虑非奇异项时，梯度材料裂纹尖端的力学状态。
(9) 室温和高温下梯度材料断裂特性的研究方法。

与传统的断裂力学分析方法类似 (范天佑, 2003)，梯度材料断裂力学的研究方法可分为解析方法和数值方法。解析方法主要为积分变换方法，数值方法主要包括有限元法、边界元法和无单元法。

1.2.2 解析方法

许多学者采用积分变换方法求解梯度材料中的裂纹问题。Delale et al (1983) 假设材料泊松比为常数,并且弹性模量沿某一方向按指数函数变化,分析了非均匀平面板中的裂纹。Ozturk et al (1996) 假设梯度材料夹层的材料参数按指数函数分布,分析了含梯度材料夹层无限域材料中的轴对称圆盘状裂纹。Pei et al (1997) 分析了边缘荷载作用下有限高狭长梯度材料中的半无限裂纹和正交梯度材料中的裂纹;对于正交梯度材料,假设沿平行于和垂直于裂纹面方向材料参数按指数函数分布。Jin et al (2002) 假设梯度材料弹性参数按指数函数分布,计算了面内荷载作用下有限厚度狭长黏弹性梯度材料中裂纹的应力强度因子。Meguid et al (2002) 假设材料的弹性模量和密度按指数函数分布,分析了无限域梯度材料中有限长度裂纹的动态扩展。也有一些学者采用其他函数,例如,幂函数 (Craster et al, 1994) 和坐标的倒数函数 (程站起 等, 2007),来描述材料参数的变化。

可以发现,在这些分析中假设梯度材料的弹性参数沿某一方向按给定的函数形式变化。只有在这种假设下,才能获得梯度材料中裂纹的解析解。也就是说,解析方法只能针对一些材料参数分布形式简单的梯度材料,而且大多数针对的是二维裂纹问题。对于三维裂纹问题,仅仅涉及圆盘状裂纹,且裂纹位于梯度材料与均匀材料的界面上 (Ozturk et al, 1996)。

Ito (2001) 采用分层方法研究了梯度材料中的裂纹问题。王保林等 (2003) 建立了考虑多裂纹相互作用的层合板模型,提出了材料参数任意变化时裂纹尖端场的求解方法;分析时,他们将梯度材料分成若干层并假设每层的材料参数为常数。Wang et al (2003) 给出了另一种分层模型,每层的材料参数线性变化,且在界面上连续。黄干云等 (2005) 对该模型做了一些改进,计算了动、静态反平面剪切荷载和面内荷载作用下裂纹的应力强度因子。实际上,上述分层方法是一种半解析方法,能处理弹性参数按任意形式分布的梯度材料。

1.2.3 有限元法

用于分析梯度材料断裂力学问题的有限元法大致有三类:传统有限元法、梯度有限元法和扩展有限元法。

许多学者采用传统有限元法分析了梯度材料中的裂纹。Simha et al (2003) 分析了含梯度夹层 CT 试件中材料非均匀性对裂纹驱动力的影响。Gu et al (1999) 分析了功能梯度材料中的平面裂纹;分析时,在单元的每个高斯点上采用相应位置的弹性参数;为了模拟裂纹尖端奇异性和材料参数的变化,裂纹尖端附近的单元尺寸设计得足够小 (大约为裂纹长度的 10^{-5} 倍)。Kim et al (2002) 发展了梯度有限元法并计算了梯度材料中二维混合型应力强度因子，在建立单元刚度矩阵时，建议方法考虑了梯度材料弹性参数的整体变化。Dolbow et al (2002) 采用扩展有限元法分析了梯度材料中混合型裂纹的应力强度因子变化。

有限元法需要在域内离散及单元内插值，精度较低。由于材料参数变化和裂纹尖端应力具有奇异性，含裂纹梯度材料结构的有限元网格划分得非常密；分析非弹性裂纹问题时，单元网格划分得更密。用有限元法研究裂纹扩展问题时，裂纹每扩展一步，在裂纹尖端区域的有限元网格就需要重新调整和划分。因此，有限元法分析梯度材料三维裂纹是非常麻烦的。

1.2.4 边界元法

边界元法采用解析的基本解且仅在边界上离散。它的最大特点是降低了问题的维数，只以边界未知量作为基本未知量，域内未知量可以在需要时根据边界未知量求出。这种方法精度较高，对应力变化剧烈的问题比较适合，在一些情况下比有限元法更有效。分析裂纹扩展时，仅需要调整裂纹面上的节点分布，这是边界元法只作边界离散的好处。因此，边界元法是断裂力学分析的有效计算工具 (Aliabadi, 1997)。

基于 Kelvin (1848) 或 Mindlin (1936) 基本解的边界元法仅限于分析均匀或分区域均匀介质中的裂纹。人们已经发展了一些不同类型材料的基本解，并建立了相应的边界元法。针对一些弹性参数分布形式简单的梯度材料，有学者发展了相应的基本解，例如，Chan et al (2004) 和 Martin et al (2002) 分别获得了弹性参数按指数形式变化的二维和三维梯度材料的基本解。利用这些基本解可以建立相应的边界元法来分析梯度材料中的裂纹问题。实际上，梯度材料参数的分布有多种形式，指数形式的梯度材料只是为了便于分析而采用的。对于一些材料参数分布形式复杂的梯度材料，其基本解很难获得。

Gao et al (2008) 基于 Kelvin 基本解建立了边界-域积分方程，并发展了相应的数值方法分析梯度材料中的二维裂纹。据笔者对中英文文献的了解，尚没有见到其他采用边界元法分析梯度材料中裂纹应力强度因子和裂纹扩展的研究成果。

1.2.5 无单元法

无单元法求解复杂边界条件的边值问题时，只需在域内和边界上布置节点，提供节点信息而不需单元信息，故需要准备的信息简单。陈建等 (2000) 采用无单元 Galerkin 方法分析了功能梯度材料板中边沿裂纹的应力强度因子。何沛祥

等 (2002) 采用无单元 Galerkin 方法分析了非均匀材料的弹性力学问题。Rao et al (2003) 也采用无单元 Galerkin 方法计算了任意几何形状各向同性梯度材料中二维静态裂纹的应力强度因子。Sladek et al (2005) 采用无单元 Petrov-Galerkin 方法分析了梯度材料中动态荷载作用下的裂纹问题。目前，无单元法仅限于用来分析梯度材料中的二维裂纹问题。

1.3 本书的研究方法和内容安排

当梯度材料力学参数分布形式复杂时，其基本解很难得到。这就限制了采用边界元法分析梯度材料断裂力学问题。Yue (1995a) 推导了无限域层状材料闭合形式的基本解 (以下简称 Yue 基本解)。Yue 基本解有两个显著的特点：一是层状材料的层数可以取任意整数，二是基本解用基本函数和特殊函数表示，可以获得任意给定精度的应力和位移解。

采用 Yue 基本解分析材料参数按任意形式分布的梯度材料时，可将材料沿梯度方向离散为层状材料，每一分层为均匀材料，弹性参数按该层所在位置取值。显然，当梯度材料的分层数趋于无穷时，就能非常准确地逼近梯度材料参数的变化。实际分析时，并不需要将梯度材料划分为层数无穷的层状材料，只要梯度材料的分层数足够大就可以获得令人满意的精度 (Yue et al, 1999)。基于这种研究思想，笔者建立和发展了 Yue 基本解的边界元法，分析梯度材料中裂纹的应力强度因子和扩展问题。笔者发展的边界元法有两种类型：子域边界元法和单一区域边界元法 (即对偶边界元法)。这些研究成果大多已在相关国际国内学术期刊上发表。笔者将这些研究成果系统地汇总在本书中，以方便读者阅读。

本书的内容安排如下。第 2 章将介绍梯度材料弹性力学和断裂力学的基本概念。第 3 章将介绍层状材料的 Yue 基本解。第 4、5 章将建立基于 Yue 基本解的位移边界积分方程，发展相应的边界元法，为提高裂纹的分析精度引入面力奇异单元，编写相应的 Fortran 程序，并进行算例验证。第 6、7 章将发展的边界元法用于分析梯度材料中圆盘状和椭圆盘状裂纹的应力强度因子，并讨论裂纹扩展方向和临界荷载。第 8 章将建立基于 Yue 基本解的位移和面力边界积分方程，发展相应的边界元法，即对偶边界元法，并编写相应的 Fortran 程序，进行算例验证。第 9 章将用建议的对偶边界元法分析无限域和有限域梯度材料中矩形裂纹的应力强度因子，并采用建议方法分析层状岩体中裂隙的断裂力学特性。第 10 章将基于双层横观各向同性材料基本解 (Yue, 1995b)，发展该类材料的子域边界元法和对偶边界元法，分析该类材料中圆盘状、椭圆盘状裂纹和矩形裂纹的断裂力学特性。第 11 章将对本书研究内容进行总结，给出下一步研究工作的建议。

参考文献

陈建, 吴林志, 杜善义. 2000. 采用无单元法计算含边沿裂纹功能梯度材料板的应力强度因子 [J]. 工程力学, 17(5): 140–144.
程站起, 仲政. 2007. 功能梯度材料涂层平面裂纹分析 [J]. 力学学报, 39: 685–691.
范天佑. 2003. 断裂理论基础 [M]. 北京: 科学出版社.
何沛祥, 李子然, 冯淼林, 等. 2002. 非均匀材料无网格 Galerkin 法 [J]. 机械强度, 24(1): 70–72.
黄干云, 汪越胜, 余寿文. 2005. 功能梯度材料的平面断裂力学分析 [J]. 力学学报, 37: 1–8.
王保林, 韩杰才, 张幸红. 2003. 非均匀材料力学 [M]. 北京: 科学出版社.
Aliabadi M H. 1997. Boundary element formulations in fracture mechanics [J]. ASME Applied Mechanics Reviews, 50: 83–96.
Birman V, Byrd L W. 2007. Modeling and analysis of functionally graded materials and structures [J]. ASME Applied Mechanics Reviews, 60(1–6): 195–216.
Chan Y S, Gray L J, Kaplan T, et al. 2004. Green's function for a two-dimensional exponentially graded elastic medium [J]. Proceedings of the Royal Society, A460, 2046: 1689–1706.
Craster R V, Atkinson C. 1994. Mixed boundary value problems in non-homogeneous elastic materials [J]. The Quarterly Journal of Mathematics, 47: 183–206.
Delale F, Erdogan F. 1983. The crack problem for a nonhomogeneous plane [J]. ASME Journal of Applied Mechanics, 50: 609–614.
Dolbow J E, Gosz M. 2002. On the computation of mixed-mode stress intensity factors in functionally graded materials [J]. International Journal of Solids and Structures, 39: 2557–2574.
Erdogan F. 2000. Fracture Mechanics [J]. International Journal of Solids and Structures, 37: 171–183.
Gao X W, Zhang Ch, Sladek J, et al. 2008. Fracture analysis of functionally graded materials by a BEM [J]. Composite Science and Technology, 68: 1209–1215.
Gibson R E. 1967. Some results concerning displacements and stresses in a non-homogeneous elastic layer [J]. Geotechnique, 17: 58–67.
Gu P, Dao M, Asaro R J. 1999. A simplified method for calculating the crack-tip filed of functionally graded materials using the domain integral [J]. ASME Journal of Applied Mechanics, 66: 101–108.
Ito S. 2001. Stress intensity factors around a crack in a nonhomogeneous interfacial layer between two dissimilar elastic half-planes [J]. International Journal of Fracture, 110: 123–135.
Jin Z H, Paulino G H. 2002. A viscoelastic functionally graded strip containing a crack subjected to in-plane loading [J]. Engineering Fracture Mechanics, 69: 1769–1790.
Kim J H, Paulino G H. 2002. Finite element evaluation of mixed-mode stress intensity factors in functionally graded materials [J]. International Journal for Numerical Methods in Engineering, 53: 1903–1935.
Martin P A, Richardson J D, Gray L J, et al. 2002. On Green's function for a three-dimensional exponentially-graded elastic solid [J]. Proceedings of the Royal Society, A458, 2024: 1931–1947.
Meguid S A, Wang X D, Jiang L Y. 2002. On the dynamic propagation of a finite crack in functionally graded materials [J]. Engineering Fracture Mechanics, 69: 1753–1768.
Mindlin R D. 1936. Force interior to one or two joined semi-infinite half-space [J]. Journal of Applied Physics, 79: 195–202.
Ozturk M, Erdogan F. 1996. Axisymmetric crack problem in bonded materials with a graded interfacial region [J]. International Journal of Solids and Structures, 33:

193-219.

Pei G, Asaro R J. 1997. Crack in functionally graded materials[J]. International Journal of Solids and Structures, 34: 1-17.

Rao B N, Rahman S. 2003. Mesh-free analysis of cracks in isotropic functionally graded materials [J]. Engineering Fracture Mechanics, 70: 1-27.

Simha N K, Fischer F D, Kolednik O, et al. 2003. Inhomogeneity effects on the crack driving force in elastic and elastic-plastic materials [J]. Journal of the Mechanics and Physics of Solids, 51: 209-240.

Sladek J, Sladek V, Zhang Ch. 2005. A meshless local boundary integral equation for dynamic anti-plane shear crack problem in functionally graded materials [J]. Engineering Analysis with Boundary Elements, 29: 334-342.

Suresh S. 2001. Graded materials for resistance to contact deformation and damage [J]. Science, 292(29): 2447-2451.

Thompson W (Lord Kelvin). 1848. Note on the integration of equations of equilibrium of an elastic solid [J]. Cambridge and Dublin Mathematical Journal, 1: 97-99.

Wang Y S, Huang G Y, Gross D. 2003. On the mechanical modeling of functionally graded interfacial zone with a Griffith crack: anti-plane deformation [J]. ASME Journal of Applied Mechanics, 70: 676-680.

Yue Z Q. 1995a. On generalized Kelvin solutions in a multilayered elastic medium [J]. Journal of Elasticity, 40: 1-43.

Yue Z Q. 1995b. Elastic fields in two joined transversely isotropic solids due to concentrated forces [J]. International Journal of Engineering Sciences, 33: 351-369.

Yue Z Q, Yin J H. 1998. Backward transfer-matrix method for elastic analysis of layered solids with imperfect bonding [J]. Journal of Elasticity, 50: 109-128.

Yue Z Q, Yin J H, Zhang S Y. 1999. Computation of point load solutions for geo-materials exhibiting elastic non-homogeneity with depth [J]. Computers and Geotechnics, 25: 75-105.

第 2 章
弹性力学和断裂力学基础

2.1 引言

　　固体材料在外荷载作用下其几何形状要发生种种变化,如体积增大或缩小、形态扭曲等。固体材料形状的变化一般称为变形,这种变形分为可恢复和不可恢复两类。可恢复变形一般发生在微小和初期变形范围内。在荷载卸去后,固体的这种变形就可完全消失,固体就会恢复其在受载前原有的形状。不可恢复变形是固体形状的永久变化,在荷载卸去后,固体还是要保留这些变化了的形状。固体可恢复变形的性质称为固体的弹性性质。数学力学理论将具有这种可恢复变形性质的固体材料模拟为完全弹性材料。这种模拟是对实际固体材料在荷载作用下变形力学性质的第一阶完美本构近似,以方便建立各种数学力学方程来定量预测和计算这种完美弹性材料的外载响应,从而间接达到定量预测和计算被模拟的实际固体材料的外载响应。

　　在发展不可恢复变形的数学力学理论时,要进一步对荷载作用下实际固体材料变形的力学性质作第二阶完美本构近似。根据不可恢复变形的实际情况,人们已建立了这种第二阶完美本构近似的多种方法和理论,如弹塑性力学理论、断裂力学理论和黏弹塑性力学理论等,从而间接达到定量预测和计算被模拟的实际固体材料含有不可恢复变形的外载响应。

线弹性模型是实际固体材料力学性质的第一阶完美本构近似的最简单模型。这种线弹性模型认为在弹性体内部任何一点的各种应力和外荷载造成的、和应力相对应的各种应变之间的关系是线性的。这种在一点的线性应力和应变本构关系就是经典的胡克 (Hooke) 定律。具有这种本构关系的材料模型称为线弹性材料模型。其对应的数学力学理论也就称之为线性弹性力学理论,或简称为弹性力学理论。

在线性弹性力学理论基础上,人们进行了相应的第二阶完美本构近似,发展了线弹性断裂力学,以间接达到定量预测和计算被模拟的实际固体材料脆性断裂破坏的不可恢复变形的外载响应。断裂力学理论提供了一种分析含裂纹固体材料完整性的方法,来确定含裂纹固体是否安全。人们建立了一系列含裂纹固体结构的几何尺寸、施加荷载和材料抵抗裂纹扩展阻力之间的关系。

本章将首先给出线性弹性力学的基本方程,然后再介绍经典均匀固体材料线弹性断裂力学的基本理论,同时,也论述梯度不均匀固体材料断裂力学的特殊理论。

2.2 弹性力学的基本方程简介

弹性力学理论的建立始于 160 年前 (Thompson, 1848)。迄今,一大批学者对发展和应用弹性力学作出了巨大的贡献 (Timoshenko et al, 1979; 武际可 等, 1981; 王敏中, 2002)。弹性变形是固体材料在内力或外力荷载作用下必须经历的第一变形响应和非破坏阶段。因此,弹性力学一直是众多学科的基础和工程领域最根本的理论基础之一。这些领域包括岩土工程、岩石力学、土力学、道路工程、基础工程、地震学、塑性力学、计算力学和断裂力学等 (岳中琦, 2004)。

这里考虑的材料为各向同性的梯度不均匀弹性固体材料。各向同性就意味着材料的弹性性质在材料内部任何一点是不随方向的变化而变化的,即各点的弹性性质在不同方向上是相同的。另外,假设材料的变形为小变形,即位移函数对空间坐标的所有一阶偏导数是很小的,同时,它们的二阶偏导数与它们的一阶偏导数相比更是非常小的,是可以忽略不计的。

作用在固体上的外荷载有体力和面力两种类型。体力是指分布在固体内质点上的力。重力、引力、电磁力及惯性力都是体力。面力是指作用在物体外表面或内部面上的力。面力的大小和方向与作用面的方向有关。方向一定的面元上面力的大小又和面元的面积成正比。外表面或内表面上的荷载、压力、摩擦力都是面力。

在三维空间中,假设如图 2.1 所示的弹性体占据有 V 的区域,区域外表面边

界用 S 表示。图中,f 为体积力矢量,t 为面力矢量,n 为外法线余弦矢量,S_u 为给定位移的边界,S_σ 为给定面力的边界。在体积力 f_i、外表面 S_σ 的面力 t_i 作用和外表面 S_u 的位移 $\bar{u}_i$ 的边界约束下,弹性体保持了平衡。考虑物体内任意一个微分平行六面体,按着力和力矩的平衡条件得到如下方程。

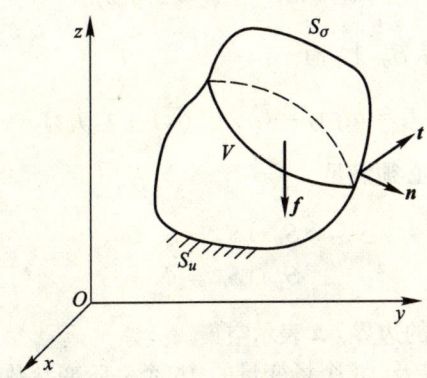

图 2.1 外力和约束作用下的弹性体

弹性体内任一点微分体的平衡微分方程为

$$\sigma_{ij,j} + f_i = 0, \quad (\text{在 } V \text{ 内}, i,j = x,y,z), \tag{2.1a}$$

和因力矩平衡的剪应力互等定理为

$$\sigma_{ij} = \sigma_{ji}, \quad (\text{在 } V \text{ 内}, i,j = x,y,z), \tag{2.1b}$$

这里 σ_{ij} 表示应力张量的分量,f_i 表示体积力分量,下标逗号表示对相应空间直角坐标分量 $j(j = x,y,z)$ 的偏微分。

在荷载力的作用下,弹性体产生了弹性变形。假设材料的变形为小变形,6 个联系应变与位移的几何方程为

$$\varepsilon_{ij} = \frac{1}{2}(u_{i,j} + u_{j,i}), \quad (\text{在 } V \text{ 内}, i,j = x,y,z), \tag{2.2}$$

这里 $\varepsilon_{ij} = \varepsilon_{ji}$。

在各向同性梯度不均匀弹性固体材料情形下,假设弹性参数仅沿 z 方向变化,6 个应力和应变分量之间的本构关系为

$$\sigma_{ij} = 2\mu(z)\varepsilon_{ij} + \lambda(z)\varepsilon_{kk}\delta_{ij}, \quad (\text{在 } V \text{ 内}, i,j = x,y,z), \tag{2.3}$$

式中,$\lambda(z)$ 和 $\mu(z)$ 称为拉梅 (Lamé) 常量;δ_{ij} 为克罗内克 (Kronecker) δ 符号 (若 $i = j$, $\delta_{ij} = 1$;若 $i \neq j$, $\delta_{ij} = 0$)。

综上所列,线性弹性力学理论共有 15 个完备方程,涉及的未知应力应变场变量为 3 个位移分量 u_i、6 个独立的应变分量 ε_{ij} 和 6 个独立的应力分量 σ_{ij},

一共有 15 个变量。对于特定的弹性力学问题，这些场变量还应满足给定的边界条件，才能确定这个问题相对应的确定特解。

在给定位移的边界 S_u 上，有

$$u_i = \bar{u}_i, \quad (i = x, y, z). \tag{2.4a}$$

在给定面力的边界 S_σ 上，有

$$t_i = \sigma_{ij} n_j = \bar{t}_i, \quad (i, j = x, y, z). \tag{2.4b}$$

而且，内外边界的划分必须满足

$$\begin{aligned} S_u \cup S_\sigma &= S, \\ S_u \cap S_\sigma &= \Phi. \end{aligned} \tag{2.5}$$

式中，S 为整个弹性体的边界，Φ 表示空集。

对于上面列出的涉及 15 个场变量的 15 个一阶变参数偏微分方程组，为了数学上的求解，一般需要利用其中某些方程先消去一些未知场变量，化为对于较少的基本未知变量的定解问题。对于在特定区域中的线弹性力学边值问题，积分变换是常用的求解方法。

另外，对于均匀弹性体，上述 15 个一阶变系数线性偏微分方程组可以进一步地变化为仅含 3 个位移分量的二阶常系数线性偏微分方程组。6 个应变和 6 个应力分量都用这 3 个位移分量表示。这类基本方程在经典的均匀弹性体边界元法中用得较多。

在拉梅常量 $\lambda(z)$ 和 $\mu(z)$ 沿梯度方向坐标 (z) 不变化的情况下，即 $\lambda(z) = \lambda =$ 常数和 $\mu(z) = \mu =$ 常数，将式 (2.3) 代入式 (2.1a) 中，并利用几何方程式 (2.2)，得到

$$(\lambda + \mu) u_{k,ki} + \mu u_{i,kk} + f_i = 0, \quad (i, j, k = x, y, z), \tag{2.6}$$

此式为用 3 个位移分量表示的各向同性均匀弹性体的平衡方程，一般称之为纳维叶 (Navier) 方程，也有一些资料上称之为拉梅方程。

作为常系数偏微分方程边值问题，除方程式 (2.6) 外，还应有相应的边界条件，即式 (2.4)。给定面力的边界条件也应以位移来表示，于是边界条件可写为

$$u_i = \bar{u}_i, \quad (在 S_u 上), \tag{2.7a}$$

$$\lambda u_{j,j} n_i + \mu u_{i,j} n_j + \mu u_{j,i} n_j = \bar{t}_i, \quad (在 S_\sigma 上). \tag{2.7b}$$

这些耦合变形与应力的数学公式是严谨、完备的，并且对任何给定的确定性边值问题的解是唯一的。因此，推导和求解弹性力学边值问题的解析解从来都不容易。已知的弹性力学解析解是有限的，并且大多数解析解都是基于均匀介质材料假设而求得的。许多具有工程和科学价值的弹性力学问题还没有找到它们的解析解，这种现象在非均匀弹性材料中尤其突出。

2.3 断裂力学基础

2.3.1 概述

断裂力学是研究含裂纹结构体的强度以及裂纹扩展规律的一门学科。它是一门相对较新的学科。它的建立和发展伴随着高强度低韧度新材料的出现和航空等机械制造的发展 (Griffith, 1921; Orowan, 1949; Irwin, 1957)。自 20 世纪 20 年代以来，断裂力学理论已在机械工程、土木工程、地质工程以及地震地质等领域得到了广泛发展和应用。

特别地，线弹性断裂力学是断裂力学理论中最早的、也是发展最为完善的一个分支。该理论将裂纹分为三种变形模式。根据裂纹尖端附近应力场的特点可以看出，裂纹的状态仅仅与应力强度因子的大小有关，用应力作为参量建立的传统强度条件失去了意义。但是，应力强度因子是有限量，它不代表某一点的应力，而是代表应力场强度的物理量，用它作为参量建立破坏条件是恰当的。因此，在线弹性断裂力学中，获得不同荷载作用下裂纹体的应力强度因子是一项重要的研究内容。多年来的研究发现，如果材料裂纹尖端的塑性区域很小，则线弹性断裂力学是适用的。

下面将分别介绍在均匀和梯度非均匀线弹性体中裂纹的三种变形模式、裂纹尖端的弹性场和应力强度因子。

2.3.2 裂纹的变形模式

对于同一种固体材料，在相同的环境条件下，由于受到的外部荷载和应力场的不同，裂纹尖端的变形也不同。鉴于此，裂纹尖端的变形 (或断裂) 模式可分成如图 2.2 所示的三种类型：张开型 (I 型)、滑移型 (II 型) 和撕裂型 (III 型)。

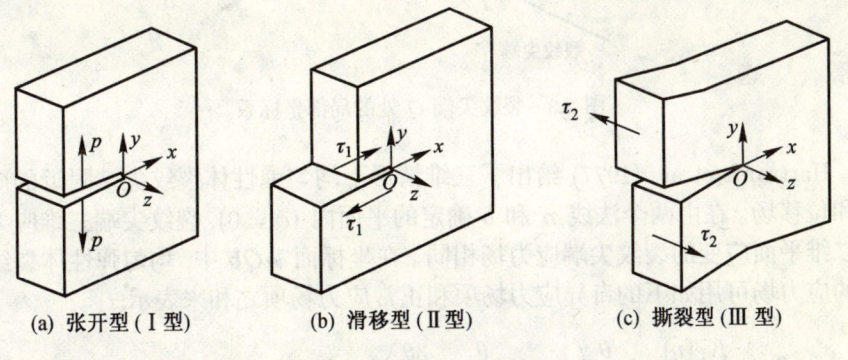

(a) 张开型 (I 型)　　(b) 滑移型 (II 型)　　(c) 撕裂型 (III 型)

图 2.2　三种基本裂纹模式

如图 2.2(a) 所示，I 型裂纹的外部荷载垂直于裂纹面，裂纹面的间断位移也垂直于这个表面，且关于 xOy 和 xOz 平面对称。其中 $Oxyz$ 是建立在裂纹尖端的三维直角坐标系。

如图 2.2(b) 所示，II 型裂纹又称为面内剪切型裂纹，裂纹面在其平面内沿 x 方向相互滑动，关于 xOz 平面反对称，关于 xOy 平面对称。

如图 2.2(c) 所示，III 型裂纹特征对应于反平面剪切，在这种情形下，裂纹面沿 z 方向相对滑动，关于 xOy 和 xOz 平面反对称。

2.3.3 裂纹尖端的渐近应力场和渐近位移场

脆性断裂基本上是在线弹性状态下发生的。在很多情况下，应用线弹性理论分析脆性断裂，可以获得比较满意的结果。荷载作用下，脆性固体材料中裂纹尖端不可避免地要产生非弹性变形，此变形发生区域仅限于裂纹尖端附近，并且其尺寸远小于裂纹的长度。此时，这类材料还处于小范围屈服状态，线弹性断裂力学的概念还是可以应用的。

如图 2.3 所示，在裂纹尖端 η 处定义一个局部正交坐标系，三个正交坐标方向分别为：第一个方向为裂纹尖端 Q 点的单位切线矢量 $\boldsymbol{t}$，第二个方向为在 Q 点垂直于裂纹面的单位法线矢量 $\boldsymbol{b}$，第三个方向是垂直于第一、第二个方向平面的法向矢量 $\boldsymbol{n}$ $(\boldsymbol{n} = \boldsymbol{b} \times \boldsymbol{t}/|\boldsymbol{b} \times \boldsymbol{t}|)$，它指向裂纹体内。

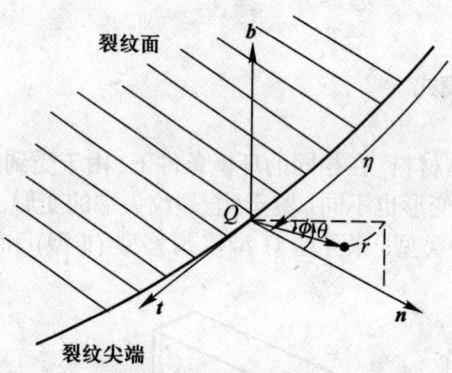

图 2.3 裂纹尖端 Q 处的局部坐标系

Hartranft et al (1977) 给出了三维情形下均匀弹性体裂纹尖端附近的应力场和位移场。在由两个法线 $\boldsymbol{n}$ 和 $\boldsymbol{b}$ 确定的平面内 ($\phi = 0$)，裂纹尖端三维应力场与二维平面应变的裂纹尖端应力场相同。在坐标面 nQb 中，均匀弹性体裂纹尖端的应力场可用如下的奇异应力场项和正常应力场项之和来表示：

$$\sigma_n(r, \theta) = \frac{K_{\mathrm{I}}(\eta)}{\sqrt{2\pi r}} \cos \frac{\theta}{2} \left(1 - \sin \frac{\theta}{2} \sin \frac{3\theta}{2}\right) -$$

$$\frac{K_{\text{II}}(\eta)}{\sqrt{2\pi r}}\sin\frac{\theta}{2}\left(2+\cos\frac{\theta}{2}\cos\frac{3\theta}{2}\right)+o(1),$$

$$\sigma_b(r,\theta)=\frac{K_{\text{I}}(\eta)}{\sqrt{2\pi r}}\cos\frac{\theta}{2}\left(1+\sin\frac{\theta}{2}\sin\frac{3\theta}{2}\right)+\frac{K_{\text{II}}(\eta)}{\sqrt{2\pi r}}\sin\frac{\theta}{2}\cos\frac{\theta}{2}\cos\frac{3\theta}{2}+o(1),$$

$$\sigma_t(r,\theta)=\frac{2\nu}{\sqrt{2\pi r}}\left[K_{\text{I}}(\eta)\cos\frac{\theta}{2}-K_{\text{II}}(\eta)\sin\frac{\theta}{2}\right]+o(1),$$

$$\sigma_{nb}(r,\theta)=\frac{K_{\text{I}}(\eta)}{\sqrt{2\pi r}}\sin\frac{\theta}{2}\cos\frac{\theta}{2}\cos\frac{3\theta}{2}+\frac{K_{\text{II}}(\eta)}{\sqrt{2\pi r}}\cos\frac{\theta}{2}\left[1-\sin\frac{\theta}{2}\sin\frac{3\theta}{2}\right]+o(1),$$

$$\sigma_{nt}(r,\theta)=-\frac{K_{\text{III}}(\eta)}{\sqrt{2\pi r}}\sin\frac{\theta}{2}+o(1),$$

$$\sigma_{bt}(r,\theta)=\frac{K_{\text{III}}(\eta)}{\sqrt{2\pi r}}\cos\frac{\theta}{2}+o(1). \tag{2.8}$$

式中，η 定义为裂纹尖端位置的参数；r 和 θ 分别为坐标面 nQb 中场点的极坐标分量；$o(1)$ 代表其他正常应力场项。当 r 很小时，$\dfrac{1}{\sqrt{2\pi r}}$ 就会很大。因此，裂纹尖端的应力场主要由奇异应力场项控制。

Hartranft et al (1977) 将式 (2.8) 表示的应力场推广到场点不在坐标面 nQb 的情形。这时，只需将式 (2.8) 中的 r 用 $r\cos\phi$ 代替即可。方向角 ϕ 的定义可参见图 2.3。

类似的，均匀弹性体中裂纹尖端的位移场可表示为

$$u_n=\frac{1+\nu}{E}\sqrt{\frac{2r}{\pi}}\left\{K_{\text{I}}(\eta)\cos\frac{\theta}{2}\left[(1-2\nu)+\sin^2\frac{\theta}{2}\right]+\right.$$

$$\left.K_{\text{II}}(\eta)\sin\frac{\theta}{2}\left[2(1-\nu)+\cos^2\frac{\theta}{2}\right]\right\}+o(r),$$

$$u_b=\frac{1+\nu}{E}\sqrt{\frac{2r}{\pi}}\left\{K_{\text{I}}(\eta)\sin\frac{\theta}{2}\left[2(1-\nu)-\cos^2\frac{\theta}{2}\right]+\right.$$

$$\left.K_{\text{II}}(\eta)\cos\frac{\theta}{2}\left[(1-2\nu)+\sin^2\frac{\theta}{2}\right]\right\}+o(r),$$

$$u_t=2\frac{1+\nu}{E}\sqrt{\frac{2r}{\pi}}K_{\text{III}}(\eta)\sin\frac{\theta}{2}+o(r). \tag{2.9}$$

式中，E 为弹性模量，ν 为泊松比。

式 (2.8) 中，裂纹尖端的应力正比于量 $1/\sqrt{r}$。当 $r\to 0$ 时，裂纹尖端的应力值趋向无穷大。这一性质被称为应力具有 $1/\sqrt{r}$ 阶奇异性。应力场在裂纹尖端附近的强度与参数 K_{I}、K_{II} 和 K_{III} 有关。这三个参数被称为 I 型、II 型和 III 型裂纹应力强度因子，是断裂力学中最重要的参数之一。正如式 (2.8) 和式 (2.9) 显示的那样，应力强度因子是表征裂纹尖端应力场和位移场的有效参数。对于含有不同形状裂纹且承受不同荷载的两个均匀弹性体，如果裂纹尖端的应力强度因

子值相同,那么裂纹尖端的应力场和位移场是相同的。式 (2.8) 可进一步写为

$$\sigma_{ij}(r,\phi,\theta) = \sum_{M=\mathrm{I}}^{\mathrm{III}} \frac{K_M}{\sqrt{2\pi r}} f_{ij}(\phi,\theta) + o(1). \tag{2.10}$$

通常情况下,K_I、K_II 和 K_III 依赖于裂纹体几何尺寸、材料参数和荷载条件等因素。按照线弹性断裂力学理论,应力强度因子可以完全确定裂纹的状态。在小范围屈服条件下,类似的 K 值可以得到类似的断裂状态。与二维情形对比,三维情形下的应力强度因子依赖于泊松比 ν。

应力强度因子 K 值也可以用下式来表示:

$$K = Y\sigma\sqrt{\pi a}, \tag{2.11}$$

式中,σ 为应力,a 为裂纹长度,Y 为几何尺寸的无量纲函数。

将 $\theta = 0$ 代入式 (2.8),K_I、K_II 和 K_III 可以表示为

$$\begin{aligned}
K_\mathrm{I} &= \lim_{r\to 0}\sqrt{2\pi r}\sigma_b(r,0,0), \\
K_\mathrm{II} &= \lim_{r\to 0}\sqrt{2\pi r}\sigma_{nb}(r,0,0), \\
K_\mathrm{III} &= \lim_{r\to 0}\sqrt{2\pi r}\sigma_{bt}(r,0,0).
\end{aligned} \tag{2.12}$$

上式推导中,应用了 $\lim_{r\to 0}\sqrt{2\pi r}o(1) = 0$ 的极限结果。

将 $\theta = \pm\pi$ 代入式 (2.9),并同样地应用 $\lim_{r\to 0}\sqrt{\frac{\pi}{2r}}o(r) = 0$,可得到裂纹尖端两裂纹面的位移表达式,即

$$\begin{aligned}
u_n(\theta = \pm\pi) &= \pm 2\frac{1-\nu^2}{E}\sqrt{\frac{2r}{\pi}}K_\mathrm{II}, \\
u_b(\theta = \pm\pi) &= \pm 2\frac{1-\nu^2}{E}\sqrt{\frac{2r}{\pi}}K_\mathrm{I}, \\
u_t(\theta = \pm\pi) &= \pm 2\frac{1+\nu}{E}\sqrt{\frac{2r}{\pi}}K_\mathrm{III}.
\end{aligned} \tag{2.13}$$

因此,已知弹性参数 E 和 ν 的情况下,可以利用裂纹面上靠近裂纹尖端的位移或裂纹尖端的应力来确定裂纹的应力强度因子。

2.3.4 梯度材料和材料界面裂纹尖端的渐近应力场

图 2.4 中,$\mu(x,y)$ 为弹性材料的剪切模量,是坐标的连续函数或分段可微的。此类梯度材料的弹性参数为连续变化或分段可微。对于该类材料中的裂纹,其尖端的应力场与均匀弹性体中相应裂纹尖端的应力场具有相同的奇异性。此类梯度材料中裂纹尖端的奇异应力场可以表示为 (Gu et al, 1997)

$$\sigma_{ij} = \frac{K_\mathrm{I}}{\sqrt{2\pi r}}\bar{\sigma}_{ij}^\mathrm{I}(\theta) + \frac{K_\mathrm{II}}{\sqrt{2\pi r}}\bar{\sigma}_{ij}^\mathrm{II}(\theta) + \frac{K_\mathrm{III}}{\sqrt{2\pi r}}\bar{\sigma}_{ij}^\mathrm{III}(\theta), \tag{2.14}$$

式中, r 和 θ 为裂纹尖端的平面极坐标系; 无量纲角分布函数 $\bar{\sigma}_{ij}^{\mathrm{I}}(\theta)$、$\bar{\sigma}_{ij}^{\mathrm{II}}(\theta)$ 和 $\bar{\sigma}_{ij}^{\mathrm{III}}(\theta)$ 与均匀材料的相同; I、II 和 III 分别对应于三种不同的裂纹类型。

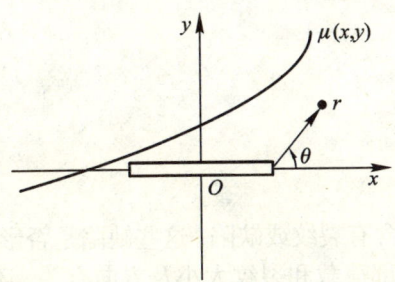

图 2.4 梯度材料中的裂纹

应力强度因子 K_{I}、K_{II} 和 K_{III} 是材料参数、外部荷载和裂纹体几何尺寸的函数。材料的梯度不影响应力奇异性的阶数和角分布函数, 但会影响应力强度因子。也就是说, 梯度材料中裂纹尖端的奇异应力场与均匀材料中裂纹尖端的奇异应力场具有相同的数学表示形式 (Jin et al, 1994)。另外, 也可以证明, 梯度材料中裂纹尖端的位移场与均匀材料中裂纹尖端的位移场具有相同的数学表示形式。

对于图 2.5 所示的不连续材料中的界面裂纹, 裂纹尖端的奇异应力场具有振荡奇异性。裂纹尖端奇异应力场可写为

$$\sigma_{ij} = \frac{\mathrm{Re}\left(Kr^{i\varepsilon}\right)}{\sqrt{2\pi r}}\bar{\sigma}_{ij}^{\mathrm{I}}(\theta,\varepsilon) + \frac{\mathrm{Im}\left(Kr^{i\varepsilon}\right)}{\sqrt{2\pi r}}\bar{\sigma}_{ij}^{\mathrm{II}}(\theta,\varepsilon) + \frac{K_{\mathrm{III}}}{\sqrt{2\pi r}}\bar{\sigma}_{ij}^{\mathrm{III}}(\theta,\varepsilon), \qquad (2.15)$$

式中, $K = K_{\mathrm{I}} + iK_{\mathrm{II}}$, 且有

$$\begin{aligned}\varepsilon &= \frac{1}{2\pi}\ln\frac{1-\beta}{1+\beta},\\ \beta &= \frac{\mu_1(\kappa_2-1)-\mu_2(\kappa_1-1)}{\mu_1(\kappa_2+1)+\mu_2(\kappa_1+1)},\end{aligned} \qquad (2.16)$$

式中, μ_1 和 μ_2 分别为两种材料的剪切模量。对于平面应变, $\kappa_i = 3-4\nu_i$; 对于平面应力, $\kappa_i = (3-4\nu_i)/(1+\nu_i)$。$\nu_1$ 和 ν_2 分别为界面上、下两种材料的泊松比。

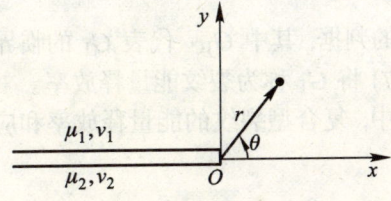

图 2.5 不连续材料界面裂纹

如果界面裂纹尖端的材料参数具有连续变化的梯度特性，应力场的振荡性将会消失，角分布函数与材料的特性无关。

2.4 裂纹扩展分析

2.4.1 概述

各种固体材料往往含有裂纹或缺陷。这些缺陷是否影响构件的安全运行，不仅与固体材料承受的外部荷载和裂纹大小及方向有关，还与固体材料抵抗断裂的能力有关。因此，裂纹尖端位移场和应力场以及控制裂纹尖端应力场的应力强度因子的给出仅解决了判断固体材料断裂破坏的一部分问题。接下来是如何判断裂纹的扩展。裂纹扩展准则为利用边界元法的计算结果分析裂纹扩展提供了依据。

2.4.2 裂纹扩展的能量释放率

裂纹扩展可以用能量守恒的观点来分析。裂纹扩展过程中要消耗能量，能量的消耗表现在以下两个方面：

(1) 产生新的裂纹面。裂纹扩展导致裂纹的表面面积增加，而产生新的表面会消耗能量。假设增加单位面积的裂纹所需要的表面能为 γ，裂纹扩展单位面积后，由于形成上、下两个表面，需要的表面能为 2γ。

(2) 产生塑性变形。对于非纯弹性材料来讲，裂纹扩展前还要产生塑性变形，因而要消耗一定的塑性变形功。假设裂纹扩展单位面积所消耗的塑性变形功为 U_p。

这样，裂纹扩展单位面积所消耗的能量为产生新的裂纹面和塑性变形所需能量的线性叠加。对于 I 型裂纹，这个能量可记为 $G_{IC} = 2\gamma + U_p$。G_{IC} 表示裂纹扩展要克服的阻力。

如果假设裂纹扩展单位面积，系统提供的能量为 G_I，可用等式

$$G_I = G_{IC} \tag{2.17}$$

作为裂纹临界平衡状态的判据，其中 G_{IC} 代表 G_I 的临界值，为一材料常数，需由实验测定。Irwin (1957) 将 G_I 称为裂纹能量释放率。

在线弹性断裂力学中，复合型裂纹的能量释放率和应力强度因子之间的关系可用下式表示：

$$G = \frac{1-\nu^2}{E}K_I^2 + \frac{1-\nu^2}{E}K_{II}^2 + \frac{1+\nu}{E}K_{III}^2. \tag{2.18}$$

因此, 等式 (2.17) 的 I 型裂纹断裂扩展准则可进一步地推广到复合型裂纹。设裂纹尖端的平面极坐标系为 (r, θ), 再假设:

(1) 裂纹沿着能量释放率达到最大的方向扩展, 即

$$\frac{\partial G}{\partial \theta} = 0, \tag{2.19a}$$

$$\frac{\partial^2 G}{\partial \theta^2} < 0. \tag{2.19b}$$

由式 (2.19) 可求得开裂角 $\theta = \theta_0$。

(2) 当此开裂角方向 $(\theta = \theta_0)$ 上的能量释放率达到固体材料临界值 G_{IC} 时, 裂纹扩展, 即

$$G|_{\theta=\theta_0} = G_{\mathrm{IC}}. \tag{2.20}$$

根据式 (2.18) 和式 (2.20), 在线弹性断裂力学理论框架中, 三个应力强度因子和一个能量释放率起着相同的作用。在平面应变条件下, 与 G_{IC} 相对应的应力强度因子临界值可直接用 K_{IC} 表示, 该临界值称为材料的断裂韧度值, 是材料抵抗断裂的能力。同平面应力条件下的两向应力状态相比, 平面应变条件下的裂纹尖端附近处于三向拉应力状态, 材料较易变脆, 裂纹更容易扩展。因此, 平面应变条件下的断裂韧度值为最低值。实际应用中, 它作为固体材料裂纹扩展的指标偏于安全 (程靳 等, 2006)。

2.4.3 最大应力准则

Erdogan et al (1963) 用树脂玻璃进行了 $K_{\mathrm{I}} - K_{\mathrm{II}}$ 型复合裂纹的扩展实验。实验结果表明, 在纯 II 型裂纹变形模式下, 均匀脆性材料中的裂纹沿着与原裂纹面成 70° 的方向扩展。计算表明, 该扩展方向非常接近裂纹尖端最大环向正应力 σ_θ 的方向。基于此, Erdogan et al (1963) 提出了二维应力状态下最大环向正应力的裂纹扩展判据。该判据假设裂纹初始扩展沿着环向正应力达到最大的方向。

如图 2.6 所示, 在裂纹尖端建立一平面极坐标系 (r, θ)。裂纹尖端的奇异应力场可表示为

$$\begin{aligned}
\sigma_r &= \frac{1}{2\sqrt{2\pi r}} \left[K_{\mathrm{I}} \cos \frac{\theta}{2} (3 - \cos \theta) + K_{\mathrm{II}} \sin \frac{\theta}{2} (3\cos\theta - 1) \right], \\
\sigma_\theta &= \frac{1}{2\sqrt{2\pi r}} \cos \frac{\theta}{2} \left[K_{\mathrm{I}} (1 + \cos\theta) - 3K_{\mathrm{II}} \sin\theta \right], \\
\sigma_{r\theta} &= \frac{1}{2\sqrt{2\pi r}} \cos \frac{\theta}{2} \left[K_{\mathrm{I}} \sin\theta + K_{\mathrm{II}} (3\cos\theta - 1) \right].
\end{aligned} \tag{2.21}$$

在式 (2.21) 中, 在 $r \to 0$ 处各应力分量都趋于无穷大, 无法确定 σ_θ 的极值。只能比较距裂纹尖端某一微小距离 $r = r_0$ 处的 σ_θ。根据上述假设, 可用

$$\frac{\partial \sigma_\theta (K_{\mathrm{I}}, K_{\mathrm{II}}, \theta)}{\partial \theta} = 0 \tag{2.22}$$

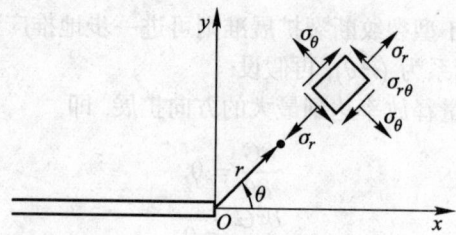

图 2.6 裂纹尖端的局部坐标系和应力分量

确定裂纹的开裂方向与裂纹面的交角, 即开裂角 θ_0。将 σ_θ 的表达式 (2.21) 代入式 (2.22) 得

$$K_{\mathrm{I}}\sin\theta + K_{\mathrm{II}}(3\cos\theta - 1) = 0. \tag{2.23}$$

由式 (2.23) 知, 只要知道裂纹尖端的应力强度因子 K_{I} 和 K_{II}, 就可以求得开裂角 θ_0。需要注意, 式 (2.22) 仅是确定开裂角的必要条件, 要使 σ_θ 达到最大值还需要满足它对 θ 角的二阶导数小于零。

有时为了方便, 将式 (2.23) 以角 θ 为未知数解出, 有

$$\theta_0 = 2\tan^{-1}\left[\frac{K_{\mathrm{I}}}{4K_{\mathrm{II}}} \pm \frac{1}{4}\sqrt{\left(\frac{K_{\mathrm{I}}}{K_{\mathrm{II}}}\right)^2 + 8}\right]. \tag{2.24}$$

如已知 K_{I} 和 K_{II}, 由式 (2.24) 能方便地求出开裂角。

在三维应力状态下, 与式 (2.24) 相对应的计算开裂角 θ_0 的公式可用下式近似:

$$\theta_0 = 2\tan^{-1}\left[\frac{K_{\mathrm{Ieq}}}{4K_{\mathrm{II}}} \pm \frac{1}{4}\sqrt{\left(\frac{K_{\mathrm{Ieq}}}{K_{\mathrm{II}}}\right)^2 + 8}\right]. \tag{2.25}$$

其中, K_{Ieq} 为与二维应力状态下 K_{I} 的等效值, 是 K_{I} 和 K_{III} 的组合形式, 即

$$K_{\mathrm{Ieq}} = K_{\mathrm{I}} + B|K_{\mathrm{III}}|, \tag{2.26}$$

式中, B 为经验因子。

当开裂角 θ_0 方向上的环向正应力达到临界值 $\sigma_{\theta C}$ 时, 裂纹沿 θ_0 方向扩展, 即

$$\sigma_\theta(K_{\mathrm{I}}, K_{\mathrm{II}}, \theta_0) = \sigma_{\theta C}. \tag{2.27}$$

临界值 $\sigma_{\theta C}$ 一般由 I 型裂纹的断裂韧度 K_{IC} 来确定。由于纯 I 型裂纹总是沿原裂纹面方向扩展, 即开裂角 $\theta_0 = 0$。将 $\theta = \theta_0 = 0$ 代入式 (2.21), 得到临界值 $\sigma_{\theta C}$ 和断裂韧度 K_{IC} 的关系如下:

$$\sigma_{\theta C} = \frac{K_{\mathrm{IC}}}{\sqrt{2\pi r_0}}. \tag{2.28}$$

将一般开裂角 θ_0 代入式 (2.21) 中环向正应力 σ_θ 的表达式,并利用式 (2.28),可得到 I 型和 II 型复合裂纹扩展的临界失稳条件,即

$$\frac{1}{2}\cos\frac{\theta_0}{2}\left[K_\mathrm{I}(1+\cos\theta_0)-3K_\mathrm{II}\sin\theta_0\right]=K_\mathrm{IC}. \tag{2.29}$$

2.4.4 应变能密度因子准则

在复杂应力状态下,线弹性体中裂纹尖端扩展可用 Sih (1973) 提出的应变能密度因子作为判据,简称 S 判据。在一般变形状态下,存储在弹性体内的能量可用应变能 W 来表示。在线弹性条件下,这个应变能可用如下公式计算:

$$W=\int_V \frac{1}{2}\sigma_{ij}\varepsilon_{ij}\mathrm{d}V, \tag{2.30}$$

式中,V 表示弹性体体积。因此,应变能密度为

$$\frac{\mathrm{d}W}{\mathrm{d}V}=\frac{1}{2}\sigma_{ij}\varepsilon_{ij}. \tag{2.31}$$

在线弹性条件下,裂纹尖端的奇异应力场 σ_{ij} 可用式 (2.8) 表示。同时,裂纹尖端的奇异应变场 ε_{ij} 可由应力与应变关系的本构关系式 (2.3) 求得。因此,裂纹尖端任意一点的奇异应变能密度可用式 (2.31) 表达为

$$\frac{\mathrm{d}W}{\mathrm{d}V}=\frac{S(\theta)}{r\cos\phi}, \tag{2.32}$$

式中,$S(\theta)$ 可用下式表示:

$$S(\theta)=a_{11}(\theta)K_\mathrm{I}^2+2a_{12}K_\mathrm{I}K_\mathrm{II}+a_{22}(\theta)K_\mathrm{II}^2+a_{33}(\theta)K_\mathrm{III}^2. \tag{2.33}$$

其中

$$\begin{aligned}
a_{11}(\theta)&=\frac{1}{16\pi\mu}(3-4\nu-\cos\theta)(1+\cos\theta),\\
a_{12}(\theta)&=\frac{1}{8\pi\mu}\sin\theta(\cos\theta-1+2\nu),\\
a_{22}(\theta)&=\frac{1}{16\pi\mu}\left[4(1-\nu)(1-\cos\theta)+(3\cos\theta-1)(1+\cos\theta)\right],\\
a_{33}(\theta)&=\frac{1}{4\pi\mu},
\end{aligned} \tag{2.34}$$

式中,μ 为剪切模量,$\nu\left(=\dfrac{\lambda}{2(\lambda+\mu)}\right)$ 为泊松比。

在式 (2.33) 中,裂纹尖端奇异应变能密度场具 $1/r$ 的一阶奇异,它的系数 $S(\theta)/\cos\phi$ 的大小或强弱是随着 ϕ 和 θ 的变化而变化的。由于在 $-90°\leqslant\phi\leqslant 90°$

区间内，$0 \leqslant \cos\phi \leqslant 1$，并且，在 $\phi = 0$ 时，$\cos\phi = 1$ (唯一最大值)。因此，这个系数 $S(\theta)/\cos\phi$ 的最小值一定发生在垂直于裂纹尖端的平面中，即 $\phi = 0$。$S(\theta)$ 命名为裂纹尖端奇异应变能密度因子。在分析裂纹扩展时，S 与应力强度因子的作用相似。S 判据基于如下三个假设：

(1) 裂纹尖端任意一点的扩展方向沿着 S 取得最小值 $S_{\min}$ 的方向扩展。最小值 $S_{\min}$ 是相对于围绕该点相同球面的其他区域而言的。

(2) 当上一个假设确定的最小应变能密度因子 $S_{\min}$ 达到临界值时，裂纹即扩展。

(3) 假设裂纹的初始扩展长度 r_0 与 $S_{\min}$ 成正比，这样 $S_{\min}/r_0$ 沿着新裂纹的前沿保持常数。

由第一个假设得到裂纹的开裂方向必须满足以下条件：

$$\frac{\partial S}{\partial \theta} = 0 \quad \text{和} \quad \frac{\partial^2 S}{\partial \theta^2} > 0. \tag{2.35}$$

根据上式可求得裂纹的开裂角 θ_0。

由第二个假设，将 $\theta = \theta_0$ 代入式 (2.33)，当

$$S_{\min} = S(\theta_0) = S_C \tag{2.36}$$

时，裂纹扩展。其中，S_C 与 G_{IC}、K_{IC} 类似，是材料常数。

2.4.5 梯度材料断裂韧度的确定

通常，工程结构的突然断裂是由于裂纹的快速扩展或失稳扩展造成的。用来表征裂纹快速扩展难易的力学量均可用来作为断裂韧度的相对量，如平面应变断裂韧度 K_{IC}、临界能量释放率 G_{IC}、临界应变能密度因子 S_C。K_{IC} 是裂纹前缘处于平面应变和小范围屈服条件下，I 型裂纹发生失稳时的临界应力强度因子。它表征材料在线弹性范围内，带裂纹工作时抵抗断裂的能力，是材料固有的一种力学性质。均匀各向同性材料的断裂韧度可以采用实验方法测试。GB4161—2007 国家标准规定了四种标准试样：三点弯曲试样、紧凑拉伸试样、C 型拉伸试样以及圆形紧凑拉伸试样。按照该标准建议的试样制备、试验装置和试验步骤进行实验，可确定材料平面应变的断裂韧度。

确定梯度材料断裂韧度的方法有多种，对于由金属和陶瓷组成的梯度材料，最简单的方法是混合法 (Jin et al, 1996)。如果裂纹扩展通过陶瓷和金属介质时没有发生不同材料之间的分离，并且金属材料的断裂为脆性的，那么这种确定断裂韧度的方法对于表面能和临界能量释放率是成立的。

假设裂纹的扩展方向和材料的梯度方向均沿 z 方向，梯度材料的能量释放率可以表示为

$$G_{IC}(z) = V_m(z) G_{IC}^{\text{metal}} + (1 - V_m(z)) G_{IC}^{\text{ceram}}, \tag{2.37}$$

式中, G_{IC} 为梯度材料的临界能量释放率; G_{IC}^{metal} 和 G_{IC}^{ceram} 分别为金属和陶瓷的临界能量释放率; $V_m(z)$ 为梯度材料中金属所占的体积比。

需要注意的是, 临界能量释放率和断裂韧度有如下关系:

$$G_{IC}(z) = \frac{1-\nu^2(z)}{E(z)} K_{IC}^2,$$

$$G_{IC}^{metal}(z) = \frac{1-\nu_1^2(z)}{E_1} \left(K_{IC}^{metal}\right)^2,$$

$$G_{IC}^{ceram}(z) = \frac{1-\nu_0^2(z)}{E_0} \left(K_{IC}^{ceram}\right)^2. \tag{2.38}$$

式中, K_{IC}、K_{IC}^{ceram} 和 K_{IC}^{metal} 分别为陶瓷-金属梯度材料、陶瓷和金属的断裂韧度; E_0 和 ν_0 分别为陶瓷的弹性模量和泊松比; E_1 和 ν_1 分别为金属的弹性模量和泊松比。

梯度材料的断裂韧度可由下式确定:

$$\frac{K_{IC}(z)}{K_{IC}^{ceram}} = \left\{ \frac{E(z)}{1-\nu^2(z)} \left[V_m(z) \frac{1-\nu_1^2}{E_1} \left(\frac{K_{IC}^{metal}}{K_{IC}^{ceram}}\right)^2 + (1-V_m(z)) \frac{1-\nu_0^2}{E_0} \right] \right\}^{1/2}. \tag{2.39}$$

从式 (2.39) 可以看出, 梯度材料的断裂韧度随 z 变化。当裂纹从含陶瓷较多区域扩展到含金属较多的区域时, 由于金属的断裂韧度要比陶瓷的高, 梯度材料的断裂韧度明显增加。通常情况下, 梯度材料的断裂韧度被式 (2.39) 高估, 这是因为金属材料的断裂韧度要比式 (2.39) 所采用的梯度材料中金属颗粒的断裂韧度低。

参考文献

程靳, 赵树山. 2006. 断裂力学 [M]. 北京: 科学出版社.
王敏中. 2002. 高等弹性力学 [M]. 北京: 北京大学出版社.
武际可, 王敏中. 1981. 弹性力学引论 [M]. 北京: 北京大学出版社.
岳中琦. 2004. 多层与梯度非均匀材料弹性力学问题解析解的简明数学理论 [J]. 岩石力学与工程学报, 23: 2845–2854.
中华人民共和国国家标准委员会. 2008. GB4161—2007 金属材料平面应变断裂韧度 K_{IC} 试验方法 [S]. 北京: 中国标准出版社.
Erdogan F, Sih G C. 1963. On the crack extension in plates under plane loading and transverse shear [J]. Journal of Basic Engineering, 85: 519–527.
Griffith A A. 1921. The phenomena of rupture and flow in solids [J]. Philosophical Transactions of the Royal Society of London, A 221: 163–198.
Gu P, Asaro R J. 1997. Cracks in functionally graded materials [J]. International Journal of Solids and Structures, 34: 1–17.
Hartranft R J, Sih G C. 1977. Stress singularity for a crack with an arbitrary curved crack front [J]. Engineering Fracture Mechanics, 9: 705–718.
Irwin G. 1957. Analysis of stresses and strains near the end of a crack traversing a plate [J]. ASME Journal of Applied Mechanics, 24: 361–364.

Jin Z, Noda N. 1994. Crack-tip singular fields in nonhomogeneous materials [J]. ASME Journal of Applied Mechanics, 61: 738–740.

Jin Z, Batra R C. 1996. Some basic fracture mechanics concept in functionally graded materials [J]. Journal of the Mechanics and Physics of Solids, 44: 1221–1235.

Orowan E. 1949. Fracture and strength of solids [J]. Reports on Progress in Physics, 12: 185–232.

Sih G C. 1973. Some basic problems in fracture mechanics and new concepts [J]. Engineering Fracture Mechanics, 5: 365–377.

Thompson W, (Lord Kelvin). 1848. Note on the integration of equations of equilibrium of an elastic solid [J]. Cambridge and Dublin Mathematical Journal, 1: 97–99.

Timoshenko S P, Goodier J N. 1979. Theory of elasticity [M]. 3rd ed. New York: McGraw-Hill.

第 3 章
三维梯度分层均匀材料的 Yue 基本解

3.1 引言

弹性静力学基本解为弹性体在集中力荷载作用下所产生的位移和应力场的解。基本解在集中力荷载的加载点是奇异的。位移场解的奇异性为 $1/r$ 阶,应力和应变场解的奇异性为 $1/r^2$ 阶, r 是场点到加载点的距离。闭合形式的基本解是用简单函数或特殊函数表示的位移和应力场的解。闭合解的重要特点是解的奇异性可以解析地分析和精确地计算出来。由于数学理论的严谨和完备性,推导和求解弹性力学边值问题从来都不容易,已知的弹性解是有限的,并且大多数弹性解都是基于均匀材料假设而求得的。Thompson (1848) 和 Mindlin (1936) 分别给出了集中荷载作用下无限域和半无限域均匀线弹性固体的经典基本解。这两个基本解在经典边界元法中起到核心的作用,是用经典边界元法来求解弹性力学边值问题的基本条件。这项研究的进一步推广和发展就是给出非均匀弹性介质的基本解。

不少研究人员采用不同方法分析了集中荷载作用下层状材料的边值问题。层状材料基本解的分析可分为三步。首先,给出控制单层的弹性力学方程,借助积分变换将偏微分方程变换为常微分方程。在变换域内,控制方程为代数方程。第二,在变换域内,应用层状材料弹性体的界面条件和边界条件,获得代数方程的解。第三,对变换域内的解采用二维傅里叶(Fourier)逆变换或汉克尔(Hankel)逆变换,得到物理域内的解。由于积分区间为无限域,且在变换域内可能存在奇异点,这些逆变换积分为与参数相关的广义积分。分析时,假设这些与参数相关的广义积分是收敛的,应用数值方法得到其数值解。同时,假设场变量自动满足控制方程、边界条件和界面条件。一些研究人员试图对这些假设作出数学证明,但涉及的问题仅仅为一层或两层受点荷载作用的力学问题。此外,当点荷载作用于材料界面上时,基本解的奇异性研究得很少。

自 1983 年以来,岳中琦一直致力于研究层状材料弹性力学问题 (岳中琦,1986; 岳中琦 等,1988; Yue, 1988; 岳中琦,2004)。经过二十余年的努力,他已建立了一种简明数学理论,用于求解层状各向同性和横观各向同性弹性力学边值问题 (Yue, 1995a, 1995b),并将其应用于层状材料和非均匀材料弹性力学分析 (Yue et al, 1996, 1999; Yue et al, 1998)。对于图 3.1 所示的集中荷载作用下的层状材料,Yue (1995a) 给出了该问题的弹性解。在保留传统传递矩阵方法的前提下成功地找到了一种逆传递矩阵方法,解决了病态传递矩阵问题和多重传递矩阵相乘的精度损失问题。此外,利用渐近方法成功推导出傅里叶反演积分中的奇异项,并且推导出这些奇异项的广义闭合解,从而为获得可控制精度的数值积分提供了可行途径。这里,仅仅将基本解的求解方法和过程简单地介绍一下。

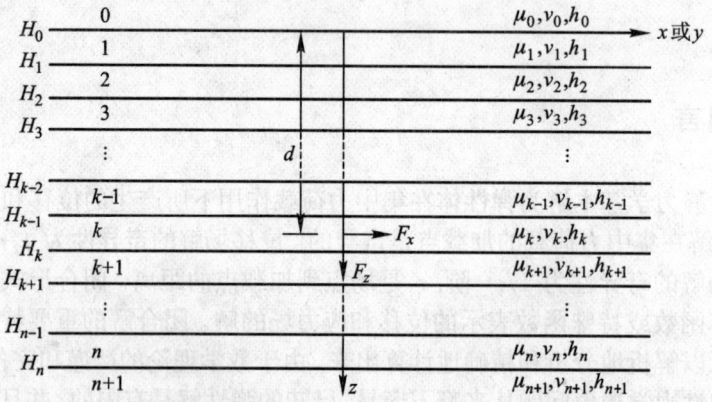

图 3.1 无限域层状材料在点 $(0, 0, d)$ 处作用着集中荷载 F_x 和 F_z
(Yue, 1999; 经 Journal of Elasticity 许可)

3.2 基本方程

首先给出弹性层 $(-\infty < x, y < +\infty, a \leqslant z \leqslant b)$ 的基本方程。基于经典傅里叶积分变换，在直角坐标系 $Oxyz$ 和 $O\xi\eta z$ 之间，弹性力学物理量存在如下变换公式：

$$\boldsymbol{u}(S,z) = \frac{1}{2\pi} \iint_{\tilde{S}} \frac{1}{\rho} \boldsymbol{\Pi} \boldsymbol{w}\left(\tilde{S}, z\right) K \mathrm{d}\tilde{S}, \quad \boldsymbol{w}\left(\tilde{S}, z\right) = \frac{1}{2\pi} \iint_{S} \rho \boldsymbol{\Pi}^* \boldsymbol{u}(S,z) K^* \mathrm{d}S,$$

$$\boldsymbol{T}_z(S,z) = \frac{1}{2\pi} \iint_{\tilde{S}} \boldsymbol{\Pi} \boldsymbol{Y}_z\left(\tilde{S}, z\right) K \mathrm{d}\tilde{S}, \quad \boldsymbol{Y}_z\left(\tilde{S}, z\right) = \frac{1}{2\pi} \iint_{S} \boldsymbol{\Pi}^* \boldsymbol{T}_z(S,z) K^* \mathrm{d}S,$$

$$\boldsymbol{\Gamma}_p(S,z) = \frac{1}{2\pi} \iint_{\tilde{S}} \boldsymbol{\Pi}_p \boldsymbol{w}\left(\tilde{S}, z\right) K \mathrm{d}\tilde{S}, \quad \boldsymbol{g}\left(\tilde{S}, z\right) = \frac{1}{2\pi} \iint_{S} \boldsymbol{\Pi}^* \boldsymbol{f}(S,z) K^* \mathrm{d}S.$$

(3.1a)

这里，物理域和变换域中的积分域分别为两水平面 S 和 $\tilde{S}$。这些积分是柯西 (Cauchy) 主值意义下的积分。式 (3.1a) 中的矢量场定义为

$$\boldsymbol{u} = \begin{bmatrix} u_x & u_y & u_z \end{bmatrix}^{\mathrm{T}} \quad \boldsymbol{T}_z = \begin{bmatrix} \sigma_{xz} & \sigma_{yz} & \sigma_{zz} \end{bmatrix}^{\mathrm{T}}, \quad \boldsymbol{f} = \begin{bmatrix} f_x & f_y & f_z \end{bmatrix}^{\mathrm{T}},$$

$$\boldsymbol{\Gamma}_p = \begin{bmatrix} \varepsilon_{xx} & \varepsilon_{xy} & \varepsilon_{yy} \end{bmatrix}^{\mathrm{T}}, \boldsymbol{w} = \begin{bmatrix} w_1 & w_2 & w_3 \end{bmatrix}^{\mathrm{T}}, \quad \boldsymbol{Y}_z = \begin{bmatrix} \tau_1 & \tau_2 & \tau_3 \end{bmatrix}^{\mathrm{T}},$$

$$\boldsymbol{g} = \begin{bmatrix} g_1 & g_2 & g_3 \end{bmatrix}^{\mathrm{T}},$$

(3.1b)

其中，上标 T 表示矩阵的转置；$\boldsymbol{u}$、$\boldsymbol{T}_z$、$\boldsymbol{f}$ 和 $\boldsymbol{\Gamma}_p$ 为物理域的矢量；$\boldsymbol{w}$、$\boldsymbol{Y}_z$ 和 $\boldsymbol{g}$ 为变换域的矢量。$\boldsymbol{\Pi}$ 和 $\boldsymbol{\Pi}_p$ 定义为

$$\boldsymbol{\Pi} = \begin{bmatrix} \mathrm{i}\sin\varphi & \mathrm{i}\cos\varphi & 0 \\ \mathrm{i}\cos\varphi & -\mathrm{i}\sin\varphi & 0 \\ 0 & 0 & 1 \end{bmatrix}, \quad \boldsymbol{\Pi}_p = -\frac{1}{2} \begin{bmatrix} 1-\cos 2\varphi & \sin 2\varphi & 0 \\ \sin 2\varphi & \cos 2\varphi & 0 \\ 1+\cos 2\varphi & -\sin 2\varphi & 0 \end{bmatrix}, \quad \mathrm{i} = \sqrt{-1}.$$

(3.1c)

K 定义为 $K = \mathrm{e}^{\mathrm{i}(\xi x + \eta y)}, \mathrm{d}S = \mathrm{d}x\mathrm{d}y, \mathrm{d}\tilde{S} = \mathrm{d}\xi\mathrm{d}\eta$。$K^*$ 和 $\boldsymbol{\Pi}^*$ 分别表示傅里叶矩阵核函数 K 和 $\boldsymbol{\Pi}$ 的复共轭。

直角坐标系与柱坐标之间的关系为

$$x = r\cos\theta, y = r\sin\theta, \xi = \rho\sin\varphi, \eta = \rho\cos\varphi.$$

为方便起见，引入符号

$$\boldsymbol{w}(z) = \boldsymbol{w}\left(\tilde{S}, z\right), \quad \boldsymbol{Y}_z(z) = \boldsymbol{Y}_z\left(\tilde{S}, z\right), \quad \boldsymbol{g}(z) = \boldsymbol{g}\left(\tilde{S}, z\right).$$

经过傅里叶变换，控制每一弹性层的偏微分方程式 (2.1a)、式 (2.2) 和式 (2.3)

可以变成以下变换域内两套一阶常微分方程:

$$\begin{aligned}\frac{\mathrm{d}}{\mathrm{d}z}\boldsymbol{V}(z) &= \rho\boldsymbol{C}_v\boldsymbol{V}(z) - \boldsymbol{G}_v(z), \\ \frac{\mathrm{d}}{\mathrm{d}z}\boldsymbol{U}(z) &= \rho\boldsymbol{C}_u\boldsymbol{U}(z) - \boldsymbol{G}_u(z).\end{aligned} \quad (3.2)$$

式中, $\boldsymbol{V}(z) = \begin{bmatrix} w_2(z) & \tau_2(z) \end{bmatrix}^{\mathrm{T}}$; $\boldsymbol{G}_v(z) = \begin{bmatrix} 0 & g_2(z) \end{bmatrix}^{\mathrm{T}}$; $\boldsymbol{U}(z) = [w_1(z) \ w_3(z) \ \tau_3(z) \ \tau_1(z)]^{\mathrm{T}}$; $\boldsymbol{G}_u(z) = \begin{bmatrix} 0 & 0 & g_3(z) & g_1(z) \end{bmatrix}^{\mathrm{T}}$; $\boldsymbol{C}_v$ 和 $\boldsymbol{C}_u$ 为常元素方阵, 在附录 1 中给出。

解由常微分方程组成的线性方程组, 即式 (3.2), 可以获得以下变换域内场变量的代数方程:

$$\begin{aligned}\boldsymbol{V}(z) &= \boldsymbol{A}(z-z_1)\boldsymbol{V}(z_1) - \int_{z_1}^{z}\boldsymbol{A}(z-\varsigma)\boldsymbol{G}_v(\varsigma)\mathrm{d}\varsigma, \\ \boldsymbol{U}(z) &= \boldsymbol{Q}(z-z_1)\boldsymbol{U}(z_1) - \int_{z_1}^{z}\boldsymbol{Q}(z-\varsigma)\boldsymbol{G}_u(\varsigma)\mathrm{d}\varsigma.\end{aligned} \quad (3.3\mathrm{a})$$

式中, $a \leqslant z \leqslant b$; $z_1 = a$ 或 $z_1 = b$。矩阵 $\boldsymbol{A}(z)$ 和 $\boldsymbol{Q}(z)$ 定义为

$$\begin{aligned}\boldsymbol{A}(z) &= \frac{1}{2}\left[\mathrm{e}^{\rho z}\boldsymbol{A}_p + \mathrm{e}^{-\rho z}\boldsymbol{A}_q\right], \\ \boldsymbol{Q}(z) &= \frac{1}{2}\left[\mathrm{e}^{\rho z}\boldsymbol{Q}_p + \mathrm{e}^{-\rho z}\boldsymbol{Q}_q + \rho z\mathrm{e}^{\rho z}\boldsymbol{R}_p + \rho z\mathrm{e}^{-\rho z}\boldsymbol{R}_q\right].\end{aligned} \quad (3.3\mathrm{b})$$

式中, $\boldsymbol{A}_p$、$\boldsymbol{A}_q$、$\boldsymbol{Q}_p$、$\boldsymbol{Q}_q$、$\boldsymbol{R}_p$ 和 $\boldsymbol{R}_q$ 为常元素方阵, 在附录 1 中给出。

半无限域弹性介质的控制方程是弹性层方程式 (3.3a) 的极限形式, 即两个平面边界之一 $z = a$ 或 $z = b$ 趋向无穷。这种特殊情形下, 施加在平面边界上的边界条件为: 当 $z \to \pm\infty$ 时, 位移场趋于零, 应力场是有界的。采用这些特殊的边界条件, 将上述控制每一弹性层的代数方程应用于上、下两个半无限域介质, 即 $-\infty < z \leqslant a$ 和 $b \leqslant z < +\infty$。在不考虑体力的情形下, 有

(1) 对于 $-\infty < z \leqslant a$, 有

$$2\boldsymbol{V}(z) = \mathrm{e}^{-\rho(a-z)}\boldsymbol{A}_p\boldsymbol{V}(a), \qquad \boldsymbol{q}\boldsymbol{V}(a) = 0.$$
$$2\boldsymbol{U}(z) = \mathrm{e}^{-\rho(a-z)}\left[\boldsymbol{Q}_p + \rho(z-a)\boldsymbol{R}_p\right]\boldsymbol{U}(a), \qquad \boldsymbol{P}_q\boldsymbol{U}(a) = \boldsymbol{0}. \quad (3.4\mathrm{a})$$

(2) 对于 $b \leqslant z < +\infty$, 有

$$2\boldsymbol{V}(z) = \mathrm{e}^{-\rho(z-b)}\boldsymbol{A}_q\boldsymbol{V}(b), \qquad \boldsymbol{p}\boldsymbol{V}(b) = 0,$$
$$2\boldsymbol{U}(z) = \mathrm{e}^{-\rho(z-b)}\left[\boldsymbol{Q}_q + \rho(z-b)\boldsymbol{R}_q\right]\boldsymbol{U}(b), \boldsymbol{P}_p\boldsymbol{U}(b) = \boldsymbol{0}, \quad (3.4\mathrm{b})$$

式中, $\boldsymbol{p}$、$\boldsymbol{q}$、$\boldsymbol{P}_p$ 和 $\boldsymbol{P}_q$ 为常元素矩阵, 在附录 1 中给出。

在图 3.1 所示的无限域层状材料中, 作用着集中荷载矢量 $\boldsymbol{f}(S,z)$。层状材料由 $n+2$ 个弹性层组成, 层与层之间完全黏结, 每一层为均匀各向同性材料。第

j 层的厚度是有限的 $(j = 1, 2, 3, \cdots, n)$。第 0 层和第 $n+1$ 层分别为上、下两个半无限域介质。具体为:

(i) 区域 $-\infty < z \leqslant H_0^-$ 为半无限均匀介质, 其剪切模量和泊松比分别为 μ_0 和 ν_0。

(ii) 区域 $H_{j-1}^+ < z \leqslant H_j^-$ 为一有限厚度 $h_j (= H_j - H_{j-1})$ 的均匀各向同性弹性层, 其剪切模量和泊松比分别为 μ_j 和 ν_j, 其中 $j = 1, 2, 3, \cdots, n$。

(iii) 区域 $H_n^+ \leqslant z < +\infty$ 为半无限均匀介质, 其剪切模量和泊松比分别为 μ_{n+1} 和 ν_{n+1}。

对于完全黏结的界面条件, 在两个弹性层水平界面上, 应力矢量 $\boldsymbol{T}_z(S, z)$ 和位移矢量 $\boldsymbol{u}(S, z)$ 是完全连续的, 即

$$\lim_{z \to H_j^\pm} \boldsymbol{T}_z(S, z) = \boldsymbol{T}_z(S, H_j), \quad \lim_{z \to H_j^\pm} \boldsymbol{u}(S, z) = \boldsymbol{u}(S, H_j), \quad j = 0, 1, 2, \cdots, n. \tag{3.5}$$

不失一般性, 集中点荷载作用在层状介质任意水平面 $z = d$ 处, 即

$$\boldsymbol{f}(S, z) = \boldsymbol{f}(S)\delta(z - d), \tag{3.6}$$

或写为

$$\boldsymbol{f}(x, y, z) = \boldsymbol{F}_c \delta(x) \delta(y) \delta(z - d). \tag{3.7}$$

式中, δ 为狄拉克 (Dirac) delta 函数; $\boldsymbol{F}_c = [F_x \; F_y \; F_z]^\mathrm{T}$ 是三个方向集中荷载强度矢量。

假设水平面 $z = d$ 位于第 k 层, 即 $H_{k-1}^+ \leqslant d \leqslant H_k^-, 1 \leqslant k \leqslant n$。特别地, 如果荷载所在位置为 $-\infty < d \leqslant H_0^-$ 或 $H_n^+ < d < \infty$, 可以在第 0 层或第 $n+1$ 层增加一有限厚度的弹性层, 将荷载所在位置控制在有限厚度层内。

3.3 变换域内解的表达式

3.3.1 解的公式

将界面条件, 即式 (3.5), 代入式 (3.1) 中, 得到以下变换域内变量之间的关系式:

$$\boldsymbol{V}_j(H_j^-) = \boldsymbol{V}_{j+1}(H_j^+) = \boldsymbol{V}_j(H_j) = \boldsymbol{V}_{j+1}(H_j),$$
$$\boldsymbol{U}_j(H_j^-) = \boldsymbol{U}_{j+1}(H_j^+) = \boldsymbol{U}_j(H_j) = \boldsymbol{U}_{j+1}(H_j), \quad j = 0, 1, 2, \cdots, n,$$
$$\boldsymbol{g}(z) = \boldsymbol{g}\delta(z - d), \quad (\boldsymbol{G}_v(z) = \boldsymbol{G}_v \delta(z - d), \quad \boldsymbol{G}_u(z) = \boldsymbol{G}_u \delta(z - d)).$$

荷载矢量 $\boldsymbol{g}$ 表示为

$$\boldsymbol{g} = \frac{1}{2\pi} \iint_S \boldsymbol{\Pi}^* \boldsymbol{f}(S) K^* \mathrm{d}S. \tag{3.8}$$

第 j 个弹性层的控制方程可用矩阵 $V_j(z)$ 和 $U_j(z)$ 表示,具体为:

(1) 对于上部的半无限域 $(-\infty < z \leqslant H_0)$,即第 0 层弹性介质,有

$$\begin{aligned}
&2V_0(z) = \mathrm{e}^{-\rho(H_0-z)} A_{p0} V_0(H_0), \\
&q_0 V_0(H_0) = 0, \\
&2U_0(z) = \mathrm{e}^{-\rho(H_0-z)} [Q_{p0} + \rho(z-H_0) R_{p0}] U_0(H_0), \\
&P_{q0} U_0(H_0) = \mathbf{0}.
\end{aligned} \quad (3.9)$$

(2) 对于第 j 层有限厚度的弹性介质 $(H_{j-1} \leqslant z \leqslant H_j, j=1,2,3,\cdots,n$ 且 $j \neq k)$,有

$$\begin{aligned}
V_j(z) &= \mathrm{e}^{\rho(z-H_{j-1})} A_j^p(z-H_{j-1}) V_j(H_{j-1}), \\
U_j(z) &= \mathrm{e}^{\rho(z-H_{j-1})} Q_j^p(z-H_{j-1}) U_j(H_{j-1}),
\end{aligned} \quad (3.10\mathrm{a})$$

或

$$\begin{aligned}
V_j(z) &= \mathrm{e}^{\rho(H_j-z)} A_j^q(z-H_j) V_j(H_j), \\
U_j(z) &= \mathrm{e}^{\rho(H_j-z)} Q_j^q(z-H_j) U_j(H_j).
\end{aligned} \quad (3.10\mathrm{b})$$

(3) 对于第 k 层有限厚度的弹性介质 $(H_{k-1} \leqslant z \leqslant H_k)$,即点荷载所在的弹性层,有

$$V_k(z) = \begin{cases} \mathrm{e}^{\rho(z-H_{k-1})} A_k^p(z-H_{k-1}) V_k(H_{k-1}), & H_{k-1} \leqslant z \leqslant d^-, \\ \mathrm{e}^{\rho(z-H_{k-1})} A_k^p(z-H_{k-1}) V_k(H_{k-1}) - \\ \quad \mathrm{e}^{\rho(z-d)} A_k^p(z-d) G_v, & d^+ \leqslant z \leqslant H_k, \end{cases}$$

$$U_k(z) = \begin{cases} \mathrm{e}^{\rho(z-H_{k-1})} Q_k^p(z-H_{k-1}) U_k(H_{k-1}), & H_{k-1} \leqslant z \leqslant d^-, \\ \mathrm{e}^{\rho(z-H_{k-1})} Q_k^p(z-H_{k-1}) U_k(H_{k-1}) - \\ \quad \mathrm{e}^{\rho(z-d)} Q_k^p(z-d) G_u, & d^+ \leqslant z \leqslant H_k, \end{cases} \quad (3.11\mathrm{a})$$

或

$$V_k(z) = \begin{cases} \mathrm{e}^{\rho(H_k-z)} A_k^q(z-H_k) V_k(H_k), & d^+ \leqslant z \leqslant H_k, \\ \mathrm{e}^{\rho(H_k-z)} A_k^q(z-H_k) V_k(H_k) + \\ \quad \mathrm{e}^{\rho(d-z)} A_k^q(z-d) G_v, & H_{k-1} \leqslant z \leqslant d^-, \end{cases}$$

$$U_k(z) = \begin{cases} \mathrm{e}^{\rho(H_k-z)} Q_k^q(z-H_k) U_k(H_k), & d^+ \leqslant z \leqslant H_k, \\ \mathrm{e}^{\rho(H_k-z)} Q_k^q(z-H_k) U_k(H_k) + \\ \quad \mathrm{e}^{\rho(d-z)} Q_k^q(z-d) G_u, & H_{k-1} \leqslant z \leqslant d^-. \end{cases} \quad (3.11\mathrm{b})$$

(4) 对于下部的半无限域 $(H_n \leqslant z < +\infty)$,即第 $n+1$ 层弹性介质,有

$$\begin{aligned}
&2V_{n+1}(z) = \mathrm{e}^{-\rho(z-H_n)} A_{q(n+1)} V_{n+1}(H_n), \\
&p_{n+1} V_{n+1}(H_n) = 0, \\
&2U_{n+1}(z) = \mathrm{e}^{-\rho(z-H_n)} [Q_{q(n+1)} + \rho(z-H_n) R_{q(n+1)}] U_{n+1}(H_n), \quad (3.12)\\
&P_{p(n+1)} U_{n+1}(H_n) = \mathbf{0}.
\end{aligned}$$

式 (3.10) 和式 (3.11) 中的矩阵定义为

$$\begin{aligned}
\boldsymbol{A}_j^p(z) &= \frac{1}{2}\left[\boldsymbol{A}_{pj} + \mathrm{e}^{-2\rho z}\boldsymbol{A}_{qj}\right], \\
\boldsymbol{Q}_j^p(z) &= \frac{1}{2}\left[\boldsymbol{Q}_{pj} + \rho z\boldsymbol{R}_{pj} + \mathrm{e}^{-2\rho z}\left[\boldsymbol{Q}_{qj} + \rho z\boldsymbol{R}_{qj}\right]\right], \\
\boldsymbol{A}_j^q(z) &= \frac{1}{2}\left[\boldsymbol{A}_{qj} + \mathrm{e}^{2\rho z}\boldsymbol{A}_{pj}\right], \\
\boldsymbol{Q}_j^q(z) &= \frac{1}{2}\left[\boldsymbol{Q}_{qj} + \rho z\boldsymbol{R}_{qj} + \mathrm{e}^{2\rho z}\left[\boldsymbol{Q}_{pj} + \rho z\boldsymbol{R}_{pj}\right]\right].
\end{aligned} \quad (3.13)$$

式中，$\boldsymbol{A}_{pj}$、$\boldsymbol{A}_{qj}$ 等为常元素矩阵，可以将附录 1 中 $\boldsymbol{A}_p$、$\boldsymbol{A}_q$ 等矩阵元素中的 μ 和 ν 分别用 μ_j 和 ν_j 代替得到。矩阵 $\boldsymbol{A}_j^p(z)$、$\boldsymbol{A}_j^q(z)$、$\boldsymbol{Q}_j^p(z)$ 和 $\boldsymbol{Q}_j^q(z)$ 不含指数函数 $\mathrm{e}^{\rho|z|}$。

用式 (3.10a)、式 (3.11a) 和向后传递矩阵方法，将多层弹性介质的控制方程用 $\boldsymbol{V}_1(H_0)$ 和 $\boldsymbol{U}_1(H_0)$ 表示。将 $z = H_n$ 代入式 (3.10a) 和式 (3.11a)，得到 $\boldsymbol{V}_1(H_0)$、$\boldsymbol{V}_n(H_n)$ 和 $\boldsymbol{U}_1(H_0)$、$\boldsymbol{U}_n(H_n)$ 之间的代数方程。与式 (3.9) 联立，得到关于未知量 $\boldsymbol{V}_1(H_0)$ 和 $\boldsymbol{U}_1(H_0)$ 的两组独立的线性方程组，其表达式为

$$\boldsymbol{V}_1(H_0) = \mathrm{e}^{-\rho(d-H_0)}\boldsymbol{N}_{Ap}\boldsymbol{G}_v, \qquad \boldsymbol{U}_1(H_0) = \mathrm{e}^{-\rho(d-H_0)}\boldsymbol{N}_{Qp}\boldsymbol{G}_u. \quad (3.14\mathrm{a})$$

式中，方阵 $\boldsymbol{N}_{Ap}$ 和 $\boldsymbol{N}_{Qp}$ 定义为

$$\begin{aligned}
\boldsymbol{N}_{Ap} &= \boldsymbol{M}_{Ap}^{-1}\boldsymbol{I}_v\boldsymbol{p}_{n+1}\boldsymbol{A}_n^p(h_n)\boldsymbol{A}_{n-1}^p(h_{n-1})\cdots\boldsymbol{A}_{k+1}^p(h_{k+1})\boldsymbol{A}_k^p(H_k-d), \\
\boldsymbol{N}_{Qp} &= \boldsymbol{M}_{Qp}^{-1}\boldsymbol{I}_u\boldsymbol{P}_{p(n+1)}\boldsymbol{Q}_n^p(h_n)\boldsymbol{Q}_{n-1}^p(h_{n-1})\cdots\boldsymbol{Q}_{k+1}^p(h_{k+1})\boldsymbol{Q}_k^p(H_k-d),
\end{aligned} \quad (3.14\mathrm{b})$$

其中，$\boldsymbol{M}_{Ap}^{-1}$ 和 $\boldsymbol{M}_{Qp}^{-1}$ 分别为 $\boldsymbol{M}_{Ap}$ 和 $\boldsymbol{M}_{Qp}$ 的逆矩阵。$\boldsymbol{M}_{Ap}$ 和 $\boldsymbol{M}_{Qp}$ 定义为

$$\boldsymbol{M}_{Ap} = \begin{pmatrix} \boldsymbol{q}_0 \\ \boldsymbol{p}_{n+1}\boldsymbol{A}_n^p(h_n)\boldsymbol{A}_{n-1}^p(h_{n-1})\cdots\boldsymbol{A}_1^p(h_1) \end{pmatrix}, \quad \boldsymbol{I}_v = \begin{pmatrix} 0 \\ 1 \end{pmatrix},$$

$$\boldsymbol{M}_{Qp} = \begin{pmatrix} \boldsymbol{P}_{q0} \\ \boldsymbol{P}_{p(n+1)}\boldsymbol{Q}_n^p(h_n)\boldsymbol{Q}_{n-1}^p(h_{n-1})\cdots\boldsymbol{Q}_1^p(h_1) \end{pmatrix}, \quad \boldsymbol{I}_u = \begin{pmatrix} 0 & 0 & 1 & 0 \\ 0 & 0 & 0 & 1 \end{pmatrix}^{\mathrm{T}}. \quad (3.14\mathrm{c})$$

类似的，用式 (3.10b)、式 (3.11b) 和向后传递矩阵方法，将多层弹性介质控制方程用 $\boldsymbol{V}_n(H_n)$ 和 $\boldsymbol{U}_n(H_n)$ 表示。将 $z = H_n$ 代入式 (3.10b) 和式 (3.11b)，得到 $\boldsymbol{V}_1(H_0)$、$\boldsymbol{V}_n(H_n)$ 和 $\boldsymbol{U}_1(H_0)$、$\boldsymbol{U}_n(H_n)$ 之间的代数方程。与式 (3.12) 联立，得到关于未知量 $\boldsymbol{V}_n(H_n)$ 和 $\boldsymbol{U}_n(H_n)$ 的两组独立的线性方程组，其表达式为

$$\boldsymbol{V}_n(H_n) = \mathrm{e}^{-\rho(H_n-d)}\boldsymbol{N}_{Aq}\boldsymbol{G}_v, \qquad \boldsymbol{U}_n(H_n) = \mathrm{e}^{-\rho(H_n-d)}\boldsymbol{N}_{Qq}\boldsymbol{G}_u, \quad (3.15\mathrm{a})$$

式中，$\boldsymbol{N}_{Aq}$ 和 $\boldsymbol{N}_{Qq}$ 定义为

$$\begin{aligned}
\boldsymbol{N}_{Aq} &= -\boldsymbol{M}_{Aq}^{-1}\boldsymbol{I}_v\boldsymbol{q}_0\boldsymbol{A}_1^q(-h_1)\boldsymbol{A}_2^q(-h_2)\cdots\boldsymbol{A}_{k-1}^q(-h_{k-1})\boldsymbol{A}_k^q(H_{k-1}-d), \\
\boldsymbol{N}_{Qq} &= -\boldsymbol{M}_{Qq}^{-1}\boldsymbol{I}_u\boldsymbol{P}_{q0}\boldsymbol{Q}_1^q(-h_1)\boldsymbol{Q}_2^q(-h_2)\cdots\boldsymbol{Q}_{k-1}^q(-h_{k-1})\boldsymbol{Q}_k^q(H_{k-1}-d).
\end{aligned} \quad (3.15\mathrm{b})$$

式中, M_{Aq}^{-1} 和 M_{Qq}^{-1} 分别为 M_{Aq} 和 M_{Qq} 的逆矩阵。M_{Aq} 和 M_{Qq} 定义为

$$M_{Aq} = \begin{pmatrix} p_{n+1} \\ q_0 A_1^q(-h_1) A_2^q(-h_2) \cdots A_n^q(-h_n) \end{pmatrix},$$
$$M_{Qq} = \begin{pmatrix} P_{p(n+1)} \\ P_{q0} Q_1^q(-h_1) Q_2^q(-h_2) \cdots Q_n^q(-h_n) \end{pmatrix}. \quad (3.15c)$$

将式 (3.14a) 代入用 $V_1(H_0)$ 和 $U_1(H_0)$ 表示的控制方程,得到 $0 \leqslant j \leqslant k$ 和 $-\infty < z \leqslant d^-$ 情形下 $V_j(z)$ 和 $U_j(z)$ 解的表达式。将式 (3.15a) 代入用 $V_n(H_n)$ 和 $U_n(H_n)$ 表示的控制方程,得到 $k \leqslant j \leqslant n+1$ 和 $d^+ \leqslant z < +\infty$ 情形下 $V_j(z)$ 和 $U_j(z)$ 解的表达式。这样,$V(z)$ 和 $U(z)$ 解的表达式为

$$V(z) = \Psi_V(\rho, z) G_v \qquad U(z) = \Psi_U(\rho, z) G_u. \quad (3.16a)$$

式中,$-\infty < z < +\infty, 0 \leqslant \rho < +\infty$;方阵 $\Psi_V(\rho, z)$ 和 $\Psi_U(\rho, z)$ 为

$$\Psi_V(\rho, z) = e^{-\rho|z-d|} \Phi_j^v(\rho z) \Gamma_j^v(\rho), \quad \Psi_U(\rho, z) = e^{-\rho|z-d|} \Phi_j^u(\rho z) \Gamma_j^u(\rho), \quad (3.16b)$$

式中,右端矩阵有以下几种情形:

(1) $-\infty < z \leqslant H_0$,即 $j = 0$ 时,有

$$\Phi_0^v(\rho z) = \frac{1}{2} A_{p0}, \Gamma_0^v(\rho) = N_{Ap}(\rho),$$
$$\Phi_0^u(\rho z) = \frac{1}{2}[Q_{p0} + \rho(z - H_0) R_{p0}],$$
$$\Gamma_0^u(\rho) = N_{Qp}(\rho).$$

(2) $H_{j-1} < z \leqslant H_j$ 和 $z \leqslant d^-$,即 $1 \leqslant j \leqslant k$ 时,有

$$\Phi_j^v(\rho z) = A_j^p(z - H_{j-1}), \qquad \Phi_j^u(\rho z) = Q_j^p(z - H_{j-1}),$$
$$\Gamma_j^v(\rho) = A_{j-1}^p(h_{j-1}) A_{j-2}^p(h_{j-2}) \cdots A_1^p(h_1) N_{Ap}(\rho),$$
$$\Gamma_j^u(\rho) = Q_{j-1}^p(h_{j-1}) Q_{j-2}^p(h_{j-2}) \cdots Q_1^p(h_1) N_{Qp}(\rho).$$

(3) $H_{j-1} < z \leqslant H_j$ 和 $z \geqslant d^+$,即 $k \leqslant j \leqslant n$ 时,有

$$\Phi_j^v(\rho z) = A_j^q(z - H_j), \Phi_j^u(\rho z) = Q_j^q(z - H_j),$$
$$\Gamma_j^v(\rho) = A_{j+1}^q(-h_{j+1}) A_{j+2}^q(-h_{j+2}) \cdots A_n^q(-h_n) N_{Aq}(\rho),$$
$$\Gamma_j^u(\rho) = Q_{j+1}^q(-h_{j+1}) Q_{j+2}^q(-h_{j+2}) \cdots Q_n^q(-h_n) N_{Qq}(\rho).$$

(4) $H_n \leqslant z < +\infty$,即 $j = n+1$ 时,有

$$\Phi_{n+1}^v(\rho z) = \frac{1}{2} A_{q(n+1)}, \qquad \Gamma_{n+1}^v(\rho) = N_{Aq}(\rho),$$
$$\Phi_{n+1}^u(\rho z) = \frac{1}{2}[Q_{q(n+1)} + \rho(z - H_n) R_{q(n+1)}], \qquad \Gamma_{n+1}^u(\rho) = N_{Qq}(\rho).$$

从式 (3.9) ~ 式 (3.16) 中可以看到, 向后传递矩阵方法使变换域内的解不再含有正指数函数, 又保持了传统传递矩阵方法的优点。Yue (1995a) 详细地分析了 $\boldsymbol{\Psi}_V(\rho, z)$ 和 $\boldsymbol{\Psi}_U(\rho, z)$ 的数学性质。

3.3.2 用 g 表示的表达式

在式 (3.16) 中, $\boldsymbol{V}(z)$ 和 $\boldsymbol{U}(z)$ 解的表达式可用荷载矢量 $\boldsymbol{g}$ 表示, 即

$$\boldsymbol{V}(z) = \begin{pmatrix} \Phi_{22}(\rho, z) \\ \Psi_{22}(\rho, z) \end{pmatrix} g_2, \quad \boldsymbol{U}(z) = \begin{pmatrix} \Phi_{11}(\rho, z) & \Phi_{13}(\rho, z) \\ \Phi_{31}(\rho, z) & \Phi_{33}(\rho, z) \\ \Psi_{31}(\rho, z) & \Psi_{33}(\rho, z) \\ \Psi_{11}(\rho, z) & \Psi_{13}(\rho, z) \end{pmatrix} \begin{pmatrix} g_1 \\ g_3 \end{pmatrix}. \quad (3.17)$$

式中, $-\infty < z < +\infty$ 和 $0 \leqslant \rho < +\infty$。在变换域内, $\boldsymbol{w}(z)$ 和 $\boldsymbol{Y}_z(z)$ 有以下形式:

$$\boldsymbol{w}(z) = \boldsymbol{\Phi}(\rho, z)\boldsymbol{g}, \quad \boldsymbol{Y}_z(z) = \boldsymbol{\Psi}(\rho, z)\boldsymbol{g}. \quad (3.18a)$$

式中

$$\boldsymbol{\Phi}(\rho, z) = \begin{pmatrix} \Phi_{11} & 0 & \Phi_{13} \\ 0 & \Phi_{22} & 0 \\ \Phi_{31} & 0 & \Phi_{33} \end{pmatrix}, \quad \boldsymbol{\Psi}(\rho, z) = \begin{pmatrix} \Psi_{11} & 0 & \Psi_{13} \\ 0 & \Psi_{22} & 0 \\ \Psi_{31} & 0 & \Psi_{33} \end{pmatrix}. \quad (3.18b)$$

3.3.3 $\boldsymbol{\Phi}(\rho, z)$ 和 $\boldsymbol{\Psi}(\rho, z)$ 的渐近表达式

对于 $H_{k-2} < z < H_{k+1}$ 和 $H_{k-1}^+ \leqslant d \leqslant H_k^-$, 当 $(1 + \rho h_{\min})\mathrm{e}^{-\rho h_{\min}} \ll 1$ ($h_{\min} = \min\{h_j, 1 \leqslant j \leqslant n\}$) 时, $\boldsymbol{\Phi}(\rho, z)$ 和 $\boldsymbol{\Psi}(\rho, z)$ 的渐近式 $\boldsymbol{\Phi}^a(\rho, z)$ 和 $\boldsymbol{\Psi}^a(\rho, z)$ 有以下几种情形:

(1) $H_{k-2} < z \leqslant H_{k-1}^-$ 时, 有

$$\boldsymbol{\Phi}^a(\rho, z) = \frac{1}{2}\left[\boldsymbol{\Phi}_{a1} + \rho(H_{k-1} - d)\boldsymbol{\Phi}_{a2} + \rho(z - H_{k-1})\boldsymbol{\Phi}_{a3}\right]\mathrm{e}^{-\rho|z|},$$

$$\boldsymbol{\Psi}^a(\rho, z) = \frac{1}{2}\left[\boldsymbol{\Psi}_{a1} + \rho(H_{k-1} - d)\boldsymbol{\Psi}_{a2} + \rho(z - H_{k-1})\boldsymbol{\Psi}_{a3}\right]\mathrm{e}^{-\rho|z|}. \quad (3.19a)$$

(2) $H_{k-1}^+ \leqslant z \leqslant H_k^-$ 时, 有

$$\boldsymbol{\Phi}^a(\rho, z) = \frac{1}{2}\Big\{[\boldsymbol{\Phi}_{u1} + \rho|z|\boldsymbol{\Phi}_{u2}]\mathrm{e}^{-\rho|z|} + [\boldsymbol{\Phi}_{a4} + \rho(H_{k-1} - d)\boldsymbol{\Phi}_{a5} +$$
$$\rho(z - H_{k-1})[\boldsymbol{\Phi}_{a6} + \rho(H_{k-1} - d)\boldsymbol{\Phi}_{a7}]]\mathrm{e}^{-\rho z_a} +$$
$$[\boldsymbol{\Phi}_{b4} + \rho(H_k - d)\boldsymbol{\Phi}_{b5} + \rho(z - H_k)[\boldsymbol{\Phi}_{b6} + \rho(H_k - d)\boldsymbol{\Phi}_{b7}]]\mathrm{e}^{-\rho z_b}\Big\},$$

$$\boldsymbol{\Psi}^a(\rho,z) = \frac{1}{2}\Big\{ \left[\boldsymbol{\Psi}_{u1} + \rho|\underline{z}|\,\boldsymbol{\Psi}_{u2}\right]\mathrm{e}^{-\rho|\underline{z}|} + \left[\boldsymbol{\Psi}_{a4} + \rho\left(H_{k-1}-d\right)\boldsymbol{\Psi}_{a5} + \right.$$
$$\rho(z-H_{k-1})\left[\boldsymbol{\Psi}_{a6} + \rho\left(H_{k-1}-d\right)\boldsymbol{\Psi}_{a7}\right]\mathrm{e}^{-\rho z_a} +$$
$$\left[\boldsymbol{\Psi}_{b4} + \rho\left(H_k-d\right)\boldsymbol{\Psi}_{b5} + \rho(z-H_k)\left[\boldsymbol{\Psi}_{b6} + \rho\left(H_k-d\right)\boldsymbol{\Psi}_{b7}\right]\right]\mathrm{e}^{-\rho z_b}\Big\}.$$

(3.19b)

(3) $H_k^+ \leqslant z < H_{k+1}$ 时, 有

$$\boldsymbol{\Phi}^a(\rho,z) = \frac{1}{2}\left[\boldsymbol{\Phi}_{b1} + \rho\left(H_k-d\right)\boldsymbol{\Phi}_{b2} + \rho(z-H_k)\boldsymbol{\Phi}_{b3}\right]\mathrm{e}^{-\rho|\underline{z}|},$$

$$\boldsymbol{\Psi}^a(\rho,z) = \frac{1}{2}\left[\boldsymbol{\Psi}_{b1} + \rho\left(H_k-d\right)\boldsymbol{\Psi}_{b2} + \rho(z-H_k)\boldsymbol{\Psi}_{b3}\right]\mathrm{e}^{-\rho|\underline{z}|},$$

(3.19c)

式中, $\underline{z} = z-d, z_a = z+d-2H_{k-1}, z_b = 2H_k-z-d$; $\boldsymbol{\Phi}_{a1}$ 和 $\boldsymbol{\Psi}_{a1}$ 等为常元素矩阵, 在附录 2 中给出。

矩阵 $\boldsymbol{\Phi}^d(\rho,z)\,(=\boldsymbol{\Phi}(\rho,z)-\boldsymbol{\Phi}^a(\rho,z))$ 和 $\boldsymbol{\Psi}^d(\rho,z)\,(=\boldsymbol{\Psi}(\rho,z)-\boldsymbol{\Psi}^a(\rho,z))$ 是有界的。

3.4 物理域内解的表达式

3.4.1 直角坐标系中解的表达式

利用式 (3.1) 和式 (3.18), 可以得到集中荷载作用在层状材料水平面 $z = d$ 时, 直角坐标系中位移 $\boldsymbol{u}(S,z)$、垂直应力 $\boldsymbol{T}_z(S,z)$ 和平面应变 $\boldsymbol{\Gamma}_p(S,z)$ 的表达式, 即

$$\boldsymbol{u}(S,z) = \frac{1}{2\pi}\iint_{\tilde{S}} \rho^{-1}\boldsymbol{\Pi}\,\boldsymbol{\Phi}(\rho,z)\,\boldsymbol{g}K\mathrm{d}\tilde{S}, \tag{3.20a}$$

$$\boldsymbol{T}_z(S,z) = \frac{1}{2\pi}\iint_{\tilde{S}} \boldsymbol{\Pi}\,\boldsymbol{\Psi}(\rho,z)\,\boldsymbol{g}K\mathrm{d}\tilde{S}, \tag{3.20b}$$

$$\boldsymbol{\Gamma}_p(S,z) = \frac{1}{2\pi}\iint_{\tilde{S}} \boldsymbol{\Pi}_p\boldsymbol{\Phi}(\rho,z)\,\boldsymbol{g}K\mathrm{d}\tilde{S}. \tag{3.20c}$$

式中, S、$\tilde{S}$、K、$\boldsymbol{\Pi}$、$\boldsymbol{\Pi}_p$ 和 $\boldsymbol{g}$ 的定义已由式 (3.1) 给出。

平面应力 $\boldsymbol{T}_p = \begin{bmatrix} \sigma_{xx} & \sigma_{xy} & \sigma_{yy} \end{bmatrix}^\mathrm{T}$ 和垂直应力 $\boldsymbol{\Gamma}_p = \begin{bmatrix} \varepsilon_{xz} & \varepsilon_{yz} & \varepsilon_{zz} \end{bmatrix}^\mathrm{T}$ 很容易利用本构方程式 (2.3) 和 $\boldsymbol{T}_z$、$\boldsymbol{\Gamma}_p$ 表达式求出。

直角坐标系中, 荷载矢量 $\boldsymbol{g}$ 可由 $\boldsymbol{g} = \boldsymbol{\Pi}^*\tilde{\boldsymbol{f}}$ 确定, 其中

$$\tilde{\boldsymbol{f}} = \frac{1}{2\pi}\int_{-\infty}^{+\infty}\int_{-\infty}^{+\infty}\boldsymbol{f}K^*\mathrm{d}x\mathrm{d}y. \tag{3.21a}$$

于是, 式 (3.20) 可进一步表示为

$$\boldsymbol{u}(x,y,z) = \frac{1}{2\pi}\int_{-\infty}^{\infty}\int_{-\infty}^{\infty}\rho^{-1}\boldsymbol{\Pi}\boldsymbol{\Phi}(\rho,z)\boldsymbol{\Pi}^{*}\tilde{\boldsymbol{f}}K\mathrm{d}\xi\mathrm{d}\eta, \tag{3.21b}$$

$$\boldsymbol{T}_{z}(x,y,z) = \frac{1}{2\pi}\int_{-\infty}^{\infty}\int_{-\infty}^{\infty}\boldsymbol{\Pi}\boldsymbol{\Psi}(\rho,z)\boldsymbol{\Pi}^{*}\tilde{\boldsymbol{f}}K\mathrm{d}\xi\mathrm{d}\eta, \tag{3.21c}$$

$$\boldsymbol{\varGamma}_{p}(x,y,z) = \frac{1}{2\pi}\int_{-\infty}^{\infty}\int_{-\infty}^{\infty}\boldsymbol{\Pi}_{p}\boldsymbol{\Phi}(\rho,z)\boldsymbol{\Pi}^{*}\tilde{\boldsymbol{f}}K\mathrm{d}\xi\mathrm{d}\eta. \tag{3.21d}$$

式中, $-\infty < z < +\infty$ 和 $-\infty < x, y < +\infty$。

对于集中点荷载, $\tilde{\boldsymbol{f}} = \boldsymbol{F}_c/(2\pi)$, Yue 基本解的表达式可用以下公式表示:

$$\boldsymbol{u} = \boldsymbol{G}_u\boldsymbol{F}_c, \tag{3.22a}$$

$$\boldsymbol{T}_z = \boldsymbol{G}_z\boldsymbol{F}_c, \tag{3.22b}$$

$$\boldsymbol{\varGamma}_p = \boldsymbol{G}_p\boldsymbol{F}_c. \tag{3.22c}$$

其中, 位移、应力和应变的基本解方阵 $\boldsymbol{G}_u$、$\boldsymbol{G}_z$ 和 $\boldsymbol{G}_p$ 可用二维傅里叶逆变换表示如下:

$$2\pi\boldsymbol{G}_u(x,y,z) = \frac{1}{2\pi}\int_{-\infty}^{+\infty}\int_{-\infty}^{+\infty}\rho^{-1}\boldsymbol{\Pi}\boldsymbol{\Phi}(\rho,z)\boldsymbol{\Pi}^{*}K\mathrm{d}\xi\mathrm{d}\eta, \tag{3.22d}$$

$$2\pi\boldsymbol{G}_z(x,y,z) = \frac{1}{2\pi}\int_{-\infty}^{+\infty}\int_{-\infty}^{+\infty}\boldsymbol{\Pi}\boldsymbol{\Psi}(\rho,z)\boldsymbol{\Pi}^{*}K\mathrm{d}\xi\mathrm{d}\eta, \tag{3.22e}$$

$$2\pi\boldsymbol{G}_p(x,y,z) = \frac{1}{2\pi}\int_{-\infty}^{+\infty}\int_{-\infty}^{+\infty}\boldsymbol{\Pi}_p\boldsymbol{\Phi}(\rho,z)\boldsymbol{\Pi}^{*}K\mathrm{d}\xi\mathrm{d}\eta. \tag{3.22f}$$

式中, $-\infty < x, y, z < +\infty$; $R = \sqrt{x^2 + y^2 + (z-d)^2} \neq 0$; 如果 $z - d = 0$, 二维傅里叶逆变换积分理解为在柯西主值意义下的积分。

m 阶贝塞尔 (Bessel) 函数 J_m 可记作

$$\frac{1}{2\pi}\int_0^{2\pi}\mathrm{e}^{\pm\mathrm{i}(\rho r\sin\psi - m\psi)}\mathrm{d}\psi = \mathrm{J}_m(\rho r) = \mathrm{J}_m, m = 0, \pm 1, \pm 2, \cdots. \tag{3.22g}$$

式 (3.22d)~式 (3.22f) 可用汉克尔变换积分 (0~3 阶的贝塞尔函数) 表示如下:

$$2\pi\boldsymbol{G}_u(x,y,z) = \int_0^{\infty}\begin{pmatrix} \Phi_1\mathrm{J}_0 - \dfrac{x^2-y^2}{r^2}\Phi_2\mathrm{J}_2 & -\dfrac{2xy}{r^2}\Phi_2\mathrm{J}_2 & -\dfrac{x}{r}\Phi_{13}\mathrm{J}_1 \\ -\dfrac{2xy}{r^2}\Phi_2\mathrm{J}_2 & \Phi_1\mathrm{J}_0 + \dfrac{x^2-y^2}{r^2}\Phi_2\mathrm{J}_2 & -\dfrac{y}{r}\Phi_{13}\mathrm{J}_1 \\ \dfrac{x}{r}\Phi_{31}\mathrm{J}_1 & \dfrac{y}{r}\Phi_{31}\mathrm{J}_1 & \Phi_{33}\mathrm{J}_0 \end{pmatrix}\mathrm{d}\rho, \tag{3.22h}$$

$$2\pi \boldsymbol{G}_z(x,y,z)$$
$$= \int_0^\infty \begin{pmatrix} \Psi_1 J_0 - \dfrac{x^2-y^2}{r^2}\Psi_2 J_2 & -\dfrac{2xy}{r^2}\Psi_2 J_2 & -\dfrac{x}{r}\Psi_{13} J_1 \\ -\dfrac{2xy}{r^2}\Psi_2 J_2 & \Psi_1 J_0 + \dfrac{x^2-y^2}{r^2}\Psi_2 J_2 & -\dfrac{y}{r}\Psi_{13} J_1 \\ \dfrac{x}{r}\Psi_{31} J_1 & \dfrac{y}{r}\Psi_{31} J_1 & \Psi_{33} J_0 \end{pmatrix} \rho \mathrm{d}\rho, \quad (3.22\mathrm{i})$$

$$2\pi \boldsymbol{G}_p(x,y,z)$$
$$= -\dfrac{1}{2}\int_0^\infty \begin{pmatrix} \dfrac{x}{r}(2\Phi_1+\Phi_2)J_1 & \dfrac{y}{r}\Phi_2 J_1 & \Phi_{13} J_0 \\ \dfrac{y}{r}\Phi_1 J_1 & \dfrac{x}{r}\Phi_1 J_1 & 0 \\ \dfrac{x}{r}\Phi_2 J_1 & \dfrac{y}{r}(2\Phi_1+\Phi_2)J_1 & \Phi_{13} J_0 \end{pmatrix} \rho \mathrm{d}\rho +$$

$$\dfrac{1}{2}\int_0^\infty \begin{pmatrix} \left(\dfrac{4x^3}{r^3}-\dfrac{3x}{r}\right)\Phi_2 J_3 & \left(\dfrac{3y}{r}-\dfrac{4y^3}{r^3}\right)\Phi_2 J_3 & \dfrac{x^2-y^2}{r^2}\Phi_{13} J_2 \\ \left(\dfrac{3y}{r}-\dfrac{4y^3}{r^3}\right)\Phi_2 J_3 & \left(\dfrac{3x}{r}-\dfrac{4x^3}{r^3}\right)\Phi_2 J_3 & \dfrac{2xy}{r^2}\Phi_{13} J_2 \\ \left(\dfrac{3x}{r}-\dfrac{4x^3}{r^3}\right)\Phi_2 J_3 & \left(\dfrac{4y^3}{r^3}-\dfrac{3y}{r}\right)\Phi_2 J_3 & \dfrac{y^2-x^2}{r^2}\Phi_{13} J_2 \end{pmatrix} \rho \mathrm{d}\rho.$$
$$(3.22\mathrm{j})$$

式中, $r=\sqrt{x^2+y^2}$, $\Phi_1=\dfrac{1}{2}[\Phi_{11}+\Phi_{22}]$, $\Phi_2=\dfrac{1}{2}[\Phi_{11}-\Phi_{22}]$, $\Psi_1=\dfrac{1}{2}[\Psi_{11}+\Psi_{22}]$, $\Psi_2=\dfrac{1}{2}[\Psi_{11}-\Psi_{22}]$。

上述解是用傅里叶逆变换或汉克尔逆变换表示的。这些逆变换式是依赖于参数的双重广义积分。Yue (1995a) 验证了这些广义积分的收敛性。

3.4.2 基本解奇异项的闭合形式解

基本解中奇异项广义积分的闭合解具有以下形式:

$$\boldsymbol{u}^a = \boldsymbol{G}_u^a \boldsymbol{F}_c, \tag{3.23a}$$

$$\boldsymbol{T}_z^a = \boldsymbol{G}_z^a \boldsymbol{F}_c, \tag{3.23b}$$

$$\boldsymbol{\Gamma}_p^a = \boldsymbol{G}_p^a \boldsymbol{F}_c. \tag{3.23c}$$

闭合解方阵 $\boldsymbol{G}_u^a$、$\boldsymbol{G}_z^a$ 和 $\boldsymbol{G}_p^a$ 的表达式有以下几种情形:

(1) $H_{k-2} < z \leqslant H_{k-1}^-$ 时, 有

$$\boldsymbol{G}_u^a = \boldsymbol{G}_s[0,|\underline{z}|,\Phi_{a1}] + (H_{k-1}-d)\boldsymbol{G}_s[1,|\underline{z}|,\Phi_{a2}] + (z-H_{k-1})\boldsymbol{G}_s[1,|\underline{z}|,\Phi_{a3}],$$
$$\boldsymbol{G}_z^a = \boldsymbol{G}_s[1,|\underline{z}|,\Psi_{a1}] + (H_{k-1}-d)\boldsymbol{G}_s[2,|\underline{z}|,\Psi_{a2}] + (z-H_{k-1})\boldsymbol{G}_s[2,|\underline{z}|,\Psi_{a3}],$$

$$G_p^a = G_t\left[1, |z|, \Phi_{a1}\right] + (H_{k-1} - d)\, G_t\left[2, |z|, \Phi_{a2}\right] + (z - H_{k-1})\, G_t\left[2, |z|, \Phi_{a3}\right].$$
(3.24a)

(2) $H_{k-1}^+ \leqslant z \leqslant H_k^-$ 时, 有 $G_\delta^a = G_{\delta k}^a + G_{\delta a}^a + G_{\delta b}^a$, 且有

$$G_{uk}^a = G_s\left[0, |z|, \Phi_{u1}\right] + |z|\, G_s\left[1, |z|, \Phi_{u2}\right],$$
$$G_{zk}^a = G_s\left[1, |z|, \Psi_{u1}\right] + |z|\, G_s\left[2, |z|, \Psi_{u2}\right],$$
$$G_{pk}^a = G_t\left[1, |z|, \Phi_{u1}\right] + |z|\, G_t\left[2, |z|, \Phi_{u2}\right],$$
$$G_{ua}^a = G_s\left[0, z_a, \Phi_{a4}\right] + (H_{k-1} - d)\, G_s\left[1, z_a, \Phi_{a5}\right] +$$
$$(z - H_{k-1})\left[G_s\left[1, z_a, \Phi_{a6}\right] + (H_{k-1} - d)\, G_s\left[2, z_a, \Phi_{a7}\right]\right],$$
$$G_{za}^a = G_s\left[1, z_a, \Psi_{a4}\right] + (H_{k-1} - d)\, G_s\left[2, z_a, \Psi_{a5}\right] +$$
$$(z - H_{k-1})\left[G_s\left[2, z_a, \Psi_{a6}\right] + (H_{k-1} - d)\, G_s\left[3, z_a, \Psi_{a7}\right]\right],$$
$$G_{pa}^a = G_t\left[1, z_a, \Phi_{a4}\right] + (H_{k-1} - d)\, G_t\left[2, z_a, \Phi_{a5}\right] +$$
$$(z - H_{k-1})\left[G_t\left[2, z_a, \Phi_{a6}\right] + (H_{k-1} - d)\, G_t\left[3, z_a, \Phi_{a7}\right]\right],$$
$$G_{ub}^a = G_s\left[0, z_b, \Phi_{a4}\right] + (H_k - d)\, G_s\left[1, z_b, \Phi_{b5}\right] +$$
$$(z - H_k)\left[G_s\left[1, z_b, \Phi_{b6}\right] + (H_k - d)\, G_s\left[2, z_b, \Phi_{b7}\right]\right],$$
$$G_{zb}^a = G_s\left[1, z_b, \Psi_{b4}\right] + (H_k - d)\, G_s\left[2, z_b, \Psi_{b5}\right] +$$
$$(z - H_k)\left[G_s\left[2, z_b, \Psi_{b6}\right] + (H_k - d)\, G_s\left[3, z_b, \Psi_{b7}\right]\right],$$
$$G_{pb}^a = G_t\left[1, z_b, \Phi_{b4}\right] + (H_k - d)\, G_t\left[2, z_b, \Phi_{b5}\right] +$$
$$(z - H_k)\left[G_t\left[2, z_b, \Phi_{b6}\right] + (H_k - d)\, G_t\left[3, z_b, \Phi_{b7}\right]\right].$$
(3.24b)

(3) $H_k^+ \leqslant z < H_{k+1}$ 时, 有

$$G_u^a = G_s\left[0, |z|, \Phi_{b1}\right] + (H_k - d)\, G_s\left[1, |z|, \Phi_{b2}\right] + (z - H_k)\, G_s\left[1, |z|, \Phi_{b3}\right],$$
$$G_z^a = G_s\left[1, |z|, \Psi_{b1}\right] + (H_k - d)\, G_s\left[2, |z|, \Psi_{b2}\right] + (z - H_k)\, G_s\left[2, |z|, \Psi_{b3}\right],$$
$$G_p^a = G_t\left[1, |z|, \Phi_{b1}\right] + (H_k - d)\, G_t\left[2, |z|, \Phi_{b2}\right] + (z - H_k)\, G_t\left[2, |z|, \Phi_{b3}\right].$$
(3.24c)

附录 3 给出了矩阵 $G_s[m, z, \Phi]$ 和 $G_t[m, z, \Phi]$ ($m = 0, 1, 2, 3, z > 0$)。

3.5 计算方法和分析结果

3.5.1 概述

从式 (3.22h)~ 式 (3.22j) 中可以发现, 求解时需要进行大量的矩阵相乘计算。很清楚 10 个基本函数中不含积分变量 ρ 的正指数函数。在处理半无限域汉克尔逆变换积分时, 如果积分变量 ρ 值相当大, 不存在厚弹性层的病态矩阵。可是,

在处理矩阵相乘时，特别是层状材料的层数很大时，截断误差将会导致误差的积累。为了消除累计误差，编程时采用双精度变量和无量纲量。此外，式 (3.14b) 和式 (3.15b) 中的矩阵 M_{Ap}^{-1}、M_{Aq}^{-1}、M_{Qp}^{-1} 和 M_{Qq}^{-1} 可以采用其对应矩阵的解析逆矩阵表示。由于系数矩阵的阶数为 2×2 或 4×4，这些逆矩阵的解析式很容易获得。

从式 (3.22h)~式 (3.22j) 中还可以发现，需要计算 13 个汉克尔逆变换积分。这些积分依赖于参数 r、z、d、h_j、μ_j 和 ν_j $(j = 0, 1, 2, 3, \cdots, n, n+1)$。对于任意给定的积分变量 $\rho (0 \leqslant \rho \leqslant \infty)$，这些积分的被积分函数不含奇异积分点。指数函数 $e^{-\rho|z-d|}$ 控制着 ρ 值很大时 10 个基本函数的渐近状态。对于任意给定的正值 ε，如果 $|z - d| < \varepsilon$，依赖于参数的广义积分是均匀收敛的。

3.5.2 基本解的奇异性

$z = d$ 时，基本函数含有与积分变量 ρ 相关的不变量。式 (3.22h)~式 (3.22j) 中的半无限域积分为奇异积分，且仅仅在柯西主值意义下收敛。奇异积分的数值方法将会导致不稳定和不正确的结果。为了获得接近或者位于加载面 (即 $|z - d| < \varepsilon$) 的精确解，需要采用特殊的处理方法。

广义积分的奇异性可以采用 10 个基本函数的渐近形式来消除。对式 (3.22h)~式 (3.22j) 中的 10 个基本函数的广义积分，可以采用如下的处理方法：

$$\int_0^\infty \Phi_{11}(\rho, z, d) \mathrm{J}_0(\rho r) \mathrm{d}\rho = \int_0^\infty [\Phi_{11}(\rho, z, d) - \Phi_{11}^a(\rho, z, d)] \mathrm{J}_0(\rho r) \mathrm{d}\rho + \int_0^\infty \Phi_{11}^a(\rho, z, d) \mathrm{J}_0(\rho r) \mathrm{d}\rho. \quad (3.25)$$

式中，$\Phi_{11}^a(\rho, z, d)$ 是基本函数 $\Phi_{11}(\rho, z, d)$ 当积分变量 ρ 很大时 $(\rho \to \infty)$ 的渐近表达式。

对于式 (3.25) 中右端的两项积分，式 (3.24) 已给出第二项积分闭合形式的表达式，而第一项积分可以采用数值积分方法计算得到。

3.5.3 数值积分

采用自适应辛普森 (Simpson) 数值积分计算汉克尔逆变换积分。例如，当 $|z - d| > \varepsilon$ 时，式 (3.22h)~式 (3.22j) 中的广义积分可以表示为

$$\int_0^\infty \Phi_{11}(\rho, z, d) \mathrm{J}_0(\rho r) \mathrm{d}\rho \approx \int_0^{A_1} \Phi_{11}(\rho, z, d) \mathrm{J}_0(\rho r) \mathrm{d}\rho + \int_{A_1}^{A_2} \Phi_{11}(\rho, z, d) \mathrm{J}_0(\rho r) \mathrm{d}\rho + \cdots + \int_{A_m}^{A_{m+1}} \Phi_{11}(\rho, z, d) \mathrm{J}_0(\rho r) \mathrm{d}\rho. \quad (3.26)$$

式中, $0 = A_0 < A_1 < A_2 < \cdots < A_m < A_{m+1}$ 为趋向无穷的一组数。

采用自适应辛普森数值积分方法计算式 (3.26) 中右端每一项的积分。对于给定的允许误差 δ_c, 积分限 $A_0, A_1, A_2, \cdots, A_m, A_{m+1}$ 可以按方式 $A_l = \lambda A_{l-1}$ 选取, 这里 $l = 2, 3, \cdots, m, m+1$。特别的, 编程时取 $A_1 = 2$ 和 $\lambda = 1.5$。给定如下迭代判据:

$$\frac{\left|\int_{A_m}^{A_{m+1}} \Phi_{11}(\rho, z, d) J_0(\rho r) d\rho\right|}{1 + \sum_{i=0}^{m} \left|\int_{A_i}^{A_{i+1}} \Phi_{11}(\rho, z, d) J_0(\rho r) d\rho\right|} \leqslant \delta_c, \quad (3.27)$$

只要计算过程中式 (3.27) 得到满足, 式 (3.26) 的数值积分将自动结束。应用上述方法, 可以获得汉克尔逆变换积分可控制的高精度数值积分。

3.5.4 数值分析和结果

Yue (1995a) 和 Yue et al (1999) 采用上述方法进行了若干算例分析。这里, 选取一个算例演示建议方法在分析非均匀介质中的精度和效率。该算例为剪切模量沿深度连续变化的半无限域中点荷载的位移和应力解。

用 Holl 的经典解验证本文提出的层状材料基本解, 垂直荷载 F_z 和水平荷载 F_x 作用在半无限域边界上, 即 $d = 0$。Holl (1940) 给出了半无限域非均匀材料中点荷载作用下应力场的闭合解, Oner (1990) 基于 Holl 解给出了对应问题的位移解。半无限域非均匀材料的剪切模量 μ 沿深度 z 按下式变化:

$$\mu(z) = \mu_0 z^\alpha. \quad (3.28)$$

式中, α 为非负数, 对于地质材料, α 介于 $0 \sim 1$ 之间; μ_0 为常系数。泊松比 ν 与 α 有如下关系:

$$\nu = \frac{1}{1+\alpha}. \quad (3.29)$$

由于针对的是半无限域非均匀介质, 采用上述建议方法时, 可将第 0 层 (即上部的半无限域) 的剪切模量置一很小的值, 如 $\mu_0 = 1.0 \times 10^{-15}$ MPa, 泊松比 $\nu_0 = 0.3$。对于 $0 \leqslant z \leqslant H_n$, 非均匀弹性半无限介质可用 n 层完全黏结的弹性层来替代。每一层的厚度为 H_n/n, 剪切模量为 $\mu(z)$, 其中 z 取该弹性层中心位置, 即对于第 i 层, $z = 0.5(H_{i-1} + H_i)$, 这里 $H_i = iH_n/n, (i = 0, 1, 2, \cdots, n)$。对于 $z > H_n$, 非均匀半无限介质用均匀半无限介质代替, 其剪切模量为 $\mu(H_n)$ 或一个很大的值。后一种情况对应于刚性地基。$z > H_n$ 时, 选取这两类剪切模量描述弹性参数随深度变化的下限和上限, 并用来确定深度 H_n 和分层数 n。判别标准是, H_n 和 n 足够大以致采用上下限剪切模量时得到的位移值非常接近。

对于所有分层,泊松比相同,并且在给定 α 值时,泊松比由式 (3.29) 确定。图 3.2 给出了非均匀介质分层时剪切模量的变化趋势,这里,$\alpha = 0.5, H_n = 50, n = 100$。可以发现,选择较大的分层数,可以获得很好的逼近效果。

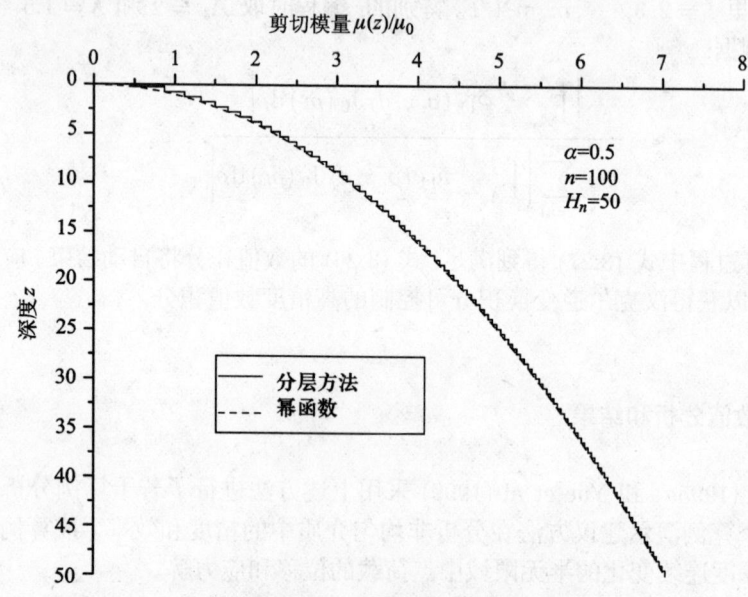

图 3.2 梯度材料剪切模量分层逼近效果
(Yue et al,1999; 经 Computers and Geotechnics 许可)

下面通过参数分析来演示分层方法逼近 Holl 和 Oner 精确解的效果。表 3.1 列出了 9 种分析工况。H_n、n 和 δ_c 为三个分析参数,取 $\alpha = 0.5$,且计算点 (x, y, z) 是固定的,位置为 $(0, 0, 0.5)$、$(0, 0, 5)$、$(0, 0, 10)$、$(1, 0, 0)$、$(1, 0, 0.5)$、$(1, 0, 5)$ 和 $(1, 0, 10)$。分析结果列在表 3.2~ 表 3.4 中。对比发现,应用层状材料基本解和分层方法可以获得梯度材料高精度的数值解。

表3.1 参数分析中选用的工况

(Yue et al,1999; 经 Computers and Geotechnics 许可)

工况	1	2	3	4	5	6	7	8	9
H_n	50	50	50	50	50	50	100	50	100
n	50	50	100	100	250	250	250	500	1 000
δ_c	0.001	0.000 01	0.001	0.000 01	0.001	0.000 01	0.000 01	0.001	0.001

表 3.2 非均匀半无限介质中垂直荷载 F_z 作用下的垂直位移 u_z
(Yue et al, 1999; 经 Computers and Geotechnics 许可)

	工况	在 7 个位置 (x,y,z) 处的 $u_z\mu_0/F_z$						
		(0, 0, 0.5)	(0, 0, 5)	(0, 0, 10)	(1, 0, 0)	(1, 0, 0.5)	(1, 0, 5)	(1, 0, 10)
第 $(n+1)$ 层的剪切模量取下限值时	1	0.381 015	0.012 046	0.004 335	0.057 403	0.060 238	0.011 427	0.004 279
	2	0.381 016	0.012 046	0.004 335	0.057 403	0.060 238	0.011 426	0.004 279
	3	0.364 182	0.012 010	0.004 330	0.052 155	0.058 160	0.011 397	0.004 274
	4	0.364 181	0.012 009	0.004 330	0.052 157	0.058 160	0.011 396	0.004 274
	5	0.381 071	0.011 996	0.004 328	0.053 077	0.058 366	0.011 386	0.004 272
	6	0.381 071	0.011 996	0.004 328	0.053 057	0.058 369	0.011 386	0.004 272
	7	0.378 341	0.011 921	0.004 241	0.052 323	0.057 963	0.011 309	0.004 185
	8	0.376 772	0.011 995	0.004 328	0.053 175	0.058 442	0.011 385	0.004 272
	9	0.376 772	0.011 915	0.004 246	0.053 087	0.058 366	0.011 305	0.004 190
第 $(n+1)$ 层的剪切模量取上限值时	1	0.380 599	0.011 610	0.003 881	0.057 403	0.059 822	0.010 990	0.003 824
	2	0.380 593	0.011 604	0.003 877	0.056 982	0.059 815	0.010 985	0.003 820
	3	0.363 766	0.011 575	0.003 876	0.051 743	0.057 744	0.010 961	0.003 820
	4	0.363 759	0.011 569	0.003 872	0.051 737	0.057 738	0.010 956	0.003 817
	5	0.380 656	0.011 562	0.003 875	0.052 646	0.057 952	0.010 951	0.003 819
	6	0.380 650	0.011 556	0.003 871	0.057 947	0.057 947	0.010 946	0.003 816
	7	0.378 193	0.011 769	0.004 086	0.052 175	0.057 814	0.011 157	0.004 030
	8	0.376 434	0.011 560	0.003 875	0.052 745	0.058 028	0.010 950	0.003 819
	9	0.376 639	0.011 759	0.004 048	0.052 948	0.058 233	0.011 149	0.004 031
解析解		0.375 132	0.011 863	0.004 194	0.053 052	0.058 339	0.011 253	0.004 138

表 3.3 非均匀半无限介质中水平荷载 F_x 作用下的水平位移 u_x
(Yue et al, 1999; 经 Computers and Geotechnics 许可)

	工况	在 7 个位置 (x,y,z) 处的 $u_x\mu_0/F_x$					
		(0, 0, 0.5)	(0, 0, 5)	(0, 0, 10)	(1, 0, 0)	(1, 0, 0.5)	(1, 0, 5)	(1, 0, 10)
第 $(n+1)$ 层的剪切模量取下限值时	1	0.194 272	0.007 206	0.002 600	0.176 828	0.139 485	0.007 353	0.002 616
	2	0.194 282	0.007 215	0.002 610	0.194 282	0.138 495	0.007 362	0.002 626
	3	0.202 094	0.007 222	0.002 594	0.206 711	0.136 720	0.007 389	0.002 612
	4	0.202 103	0.007 232	0.002 604	0.206 722	0.136 729	0.007 398	0.002 622
	5	0.221 760	0.007 205	0.002 590	0.210 119	0.146 067	0.007 388	0.002 608
	6	0.221 769	0.007 214	0.002 600	0.210 198	0.146 074	0.007 398	0.002 618
	7	0.210 658	0.007 174	0.002 551	0.211 252	0.141 978	0.007 347	0.002 568
	8	0.225 576	0.007 196	0.002 589	0.203 930	0.147 095	0.007 385	0.002 607
	9	0.225 503	0.007 126	0.002 519	0.203 817	0.147 022	0.007 315	0.002 538
第 $(n+1)$ 层的剪切模量取上限值时	1	0.193 926	0.006 872	0.002 276	0.176 828	0.139 138	0.007 020	0.002 292
	2	0.193 943	0.006 889	0.002 292	0.176 496	0.139 156	0.007 036	0.002 308
	3	0.201 747	0.006 889	0.002 272	0.206 363	0.136 373	0.007 056	0.002 289
	4	0.201 764	0.006 905	0.002 287	0.206 382	0.136 390	0.007 072	0.002 304
	5	0.221 414	0.006 872	0.002 267	0.209 838	0.145 721	0.007 056	0.002 286
	6	0.221 431	0.006 888	0.002 282	0.209 858	0.145 736	0.007 072	0.002 301
	7	0.210 538	0.007 057	0.002 435	0.211 131	0.141 858	0.072 300	0.002 453
	8	0.225 230	0.006 864	0.002 266	0.203 649	0.146 749	0.007 053	0.002 208
	9	0.225 350	0.007 029	0.002 426	0.203 771	0.146 869	0.007 218	0.002 444
解析解		0.225 079	0.007 118	0.002 516	0.198 944	0.148 092	0.007 310	0.002 535

表 3.4 非均匀半无限介质中水平荷载 F_z 作用下的垂直应力 σ_{zz}
(Yue et al, 1999; 经 Computers and Geotechnics 许可)

	工况	在 7 个位置 (x,y,z) 处的 σ_{zz}/F_z						
		(0, 0, 0.5)	(0, 0, 5)	(0, 0, 10)	(1, 0, 0)	(1, 0, 0.5)	(1, 0, 5)	(1, 0, 10)
第 $(n+1)$ 层的剪切模量取下限值时	1	1.947 854	0.022 515	0.005 589	0.000 002	0.033 638	0.020 181	0.005 437
	2	1.947 860	0.022 516	0.005 589	0	0.033 637	0.020 180	0.005 437
	3	2.210 033	0.022 355	0.005 575	−0.000 002	0.020 056	0.020 056	0.005 424
	4	2.210 030	0.022 355	0.005 575	0	0.022 911	0.020 055	0.005 424
	5	2.261 624	0.022 292	0.005 571	−0.000 009	0.026 356	0.020 011	0.005 420
	6	2.261 636	0.022 293	0.005 571	0	0.026 383	0.020 011	0.005 420
	7	2.211 019	0.022 329	0.005 573	0	0.024 430	0.020 036	0.005 423
	8	2.251 598	0.022 283	0.005 570	0.000 003	0.026 650	0.020 006	0.005 420
	9	2.251 598	0.022 284	0.005 571	0.000 003	0.026 650	0.020 006	0.005 420
第 $(n+1)$ 层的剪切模量取上限值时	1	1.947 854	0.022 516	0.005 592	0.000 002	0.033 638	0.020 181	0.005 441
	2	1.947 860	0.022 517	0.005 592	0	0.033 637	0.020 181	0.005 441
	3	2.210 033	0.022 355	0.005 578	−0.000 002	0.022 924	0.020 057	0.005 428
	4	2.210 030	0.022 356	0.005 578	0	0.022 911	0.020 056	0.005 428
	5	2.261 624	0.022 293	0.005 575	−0.000 009	0.026 356	0.020 012	0.005 424
	6	2.261 636	0.022 294	0.005 575	0	0.026 383	0.020 012	0.005 424
	7	2.211 019	0.022 329	0.005 573	0	0.024 430	0.020 036	0.005 423
	8	2.251 598	0.022 284	0.005 574	0.000 003	0.026 650	0.020 006	0.005 424
	9	2.251 598	0.022 284	0.005 571	0.000 003	0.026 650	0.020 006	0.005 420
解析解		2.228 169	0.022 282	0.005 570	0	0.026 655	0.020 004	0.005 420

附录 1　弹性系数矩阵

以下给出式 (3.2)、式(3.3) 和 式(3.4) 中弹性系数矩阵的具体形式。

$$C_v = \begin{pmatrix} 0 & \dfrac{1}{\mu} \\ \mu & 0 \end{pmatrix}, \quad A_p = \begin{pmatrix} 1 & \dfrac{1}{\mu} \\ \mu & 1 \end{pmatrix}, \quad P = \begin{pmatrix} 1 & \dfrac{1}{\mu} \end{pmatrix},$$

$$P_p = \begin{pmatrix} 1 & -1 & -\dfrac{1}{2\mu} & \dfrac{1}{2\mu} \\ 1-\alpha & 1-\alpha & \dfrac{1+\alpha}{2\mu} & \dfrac{1+\alpha}{2\mu} \end{pmatrix},$$

$$C_u = \begin{pmatrix} 0 & -1 & 0 & \dfrac{1}{\mu} \\ 1-2\alpha & 0 & \dfrac{\alpha}{\mu} & 0 \\ 0 & 0 & 0 & 1 \\ 4\mu(1-\alpha) & 0 & 2\alpha-1 & 0 \end{pmatrix},$$

$$Q_p = \begin{pmatrix} 1 & -\alpha & 0 & \dfrac{1+\alpha}{2\mu} \\ -\alpha & 1 & \dfrac{1+\alpha}{2\mu} & 0 \\ 0 & 2\mu(1-\alpha) & 1 & \alpha \\ 2\mu(1-\alpha) & 0 & \alpha & 1 \end{pmatrix},$$

$$R_p = (1-\alpha) \begin{pmatrix} 1 & -1 & -\dfrac{1}{2\mu} & \dfrac{1}{2\mu} \\ 1 & -1 & -\dfrac{1}{2\mu} & \dfrac{1}{2\mu} \\ 2\mu & -2\mu & -1 & 1 \\ 2\mu & -2\mu & -1 & 1 \end{pmatrix},$$

$$R_q = (1-\alpha) \begin{pmatrix} -1 & -1 & \dfrac{1}{2\mu} & \dfrac{1}{2\mu} \\ 1 & 1 & -\dfrac{1}{2\mu} & -\dfrac{1}{2\mu} \\ -2\mu & -2\mu & 1 & 1 \\ 2\mu & 2\mu & -1 & -1 \end{pmatrix},$$

$$A_q = 2I - A_p, \quad Q_q = 2I - Q_p, \quad q = \begin{pmatrix} 1 & -\dfrac{1}{\mu} \end{pmatrix},$$

$$P_q = \begin{pmatrix} 1 & 1 & -\dfrac{1}{2\mu} & -\dfrac{1}{2\mu} \\ \alpha-1 & 1-\alpha & -\dfrac{1+\alpha}{2\mu} & \dfrac{1+\alpha}{2\mu} \end{pmatrix}.$$

式中，$\alpha = (1-2\nu)/2(1-\nu)$，$I$ 为 2×2 或 4×4 单位矩阵。

附录 2 $\Phi(\rho,z)$ 和 $\Psi(\rho,z)$ 渐近表达式中的矩阵

这里给出式 (3.19) 中的矩阵。为简便起见，采用以下记法：$\mu_0 = \mu_{k-1}, \alpha_0 = \alpha_{k-1}, \mu = \mu_k, \alpha = \alpha_k, \mu_1 = \mu_{k+1}, \alpha_1 = \alpha_{k+1}$。

$$\Phi_{u1} = \frac{1}{2\mu}\begin{pmatrix} 1+\alpha & 0 & 0 \\ 0 & 2 & 0 \\ 0 & 0 & 1+\alpha \end{pmatrix}, \quad \Psi_{u1} = \begin{pmatrix} -\dfrac{z}{|z|} & 0 & \alpha \\ 0 & -\dfrac{z}{|z|} & 0 \\ \alpha & 0 & -\dfrac{z}{|z|} \end{pmatrix},$$

$$\Phi_{u2} = \frac{1-\alpha}{2\mu}\begin{pmatrix} -1 & 0 & -\dfrac{z}{|z|} \\ 0 & 0 & 0 \\ \dfrac{z}{|z|} & 0 & 1 \end{pmatrix},$$

$$\Psi_{u2} = (1-\alpha)\begin{pmatrix} \dfrac{z}{|z|} & 0 & 1 \\ 0 & 0 & 0 \\ -1 & 0 & -\dfrac{z}{|z|} \end{pmatrix}, \quad \Phi_{a1} = \frac{1}{2\mu}\begin{pmatrix} \beta_s & 0 & \beta_t \\ 0 & \dfrac{4\mu}{\mu-\mu_0} & 0 \\ \beta_t & 0 & \beta_s \end{pmatrix},$$

$$\Phi_{a4} = \frac{1}{2\mu}\begin{pmatrix} \beta_s - (1+\alpha) & 0 & \beta_t \\ 0 & \dfrac{2(\mu-\mu_0)}{\mu+\mu_0} & 0 \\ \beta_t & 0 & \beta_s - (1+\alpha) \end{pmatrix},$$

$$\Psi_{a1} = \begin{pmatrix} \beta_x & 0 & \beta_y \\ 0 & \dfrac{2\mu_0}{\mu+\mu_0} & 0 \\ \beta_y & 0 & \beta_x \end{pmatrix},$$

$$\Psi_{a4} = \begin{pmatrix} \beta_x - 1 & 0 & \beta_y - \alpha \\ 0 & \dfrac{\mu_0-\mu}{\mu+\mu_0} & 0 \\ \beta_y - \alpha & 0 & \beta_x - 1 \end{pmatrix}, \quad \Phi_{a2} = \frac{1-\alpha}{\gamma_x}I_1,$$

$$\Psi_{a2} = \frac{2(1-\alpha)\mu_0}{\gamma_x}I_1, \quad \Phi_{a3} = \frac{1-\alpha_0}{\gamma_y}I_1,$$

$$\Psi_{a3} = \frac{2(1-\alpha_0)\mu_0}{\gamma_y}I_1, \quad \Phi_{a5} = \frac{(1-\alpha^2)(\mu-\mu_0)}{2\mu\gamma_x}I_1,$$

$$\Psi_{a5} = \frac{(1-\alpha)^2(\mu_0-\mu)}{\gamma_x}I_1, \quad \Phi_{a6} = \frac{(1-\alpha^2)(\mu_0-\mu)}{2\mu\gamma_x}I_2,$$

$$\boldsymbol{\Psi}_{a6} = \frac{(1-\alpha^2)(\mu-\mu_0)}{\gamma_x}\boldsymbol{I}_2, \qquad \boldsymbol{\Phi}_{a7} = \frac{(1-\alpha)^2(\mu_0-\mu)}{\mu\gamma_x}\boldsymbol{I}_3,$$

$$\boldsymbol{\Psi}_{a7} = \frac{2(1-\alpha)^2(\mu-\mu_0)}{\gamma_x}\boldsymbol{I}_3, \qquad \boldsymbol{\Phi}_{b1} = \frac{1}{2\mu}\begin{pmatrix} \beta_1 & 0 & -\beta_2 \\ 0 & \dfrac{4\mu}{\mu+\mu_1} & 0 \\ -\beta_2 & 0 & \beta_1 \end{pmatrix},$$

$$\boldsymbol{\Phi}_{b4} = \frac{1}{2\mu}\begin{pmatrix} \beta_1-(1+\alpha) & 0 & -\beta_2 \\ 0 & \dfrac{2(\mu-\mu_1)}{\mu+\mu_1} & 0 \\ -\beta_2 & 0 & \beta_1-(1+\alpha) \end{pmatrix},$$

$$\boldsymbol{\Psi}_{b1} = \begin{pmatrix} -\beta_0 & 0 & \beta_3 \\ 0 & \dfrac{-2\mu_1}{\mu+\mu_1} & 0 \\ \beta_3 & 0 & -\beta_0 \end{pmatrix}, \qquad \boldsymbol{\Psi}_{b4} = \begin{pmatrix} 1-\beta_0 & 0 & \beta_3-\alpha \\ 0 & \dfrac{\mu-\mu_1}{\mu+\mu_1} & 0 \\ \beta_3-\alpha & 0 & 1-\beta_0 \end{pmatrix},$$

$$\boldsymbol{\Phi}_{b2} = \frac{\alpha-1}{\gamma_0}\boldsymbol{I}_2, \qquad \boldsymbol{\Psi}_{b2} = \frac{2(1-\alpha)\mu_1}{\gamma_0}\boldsymbol{I}_2,$$

$$\boldsymbol{\Phi}_{b3} = \frac{\alpha_1-1}{\gamma_1}\boldsymbol{I}_2, \qquad \boldsymbol{\Psi}_{b3} = \frac{2(1-\alpha_1)\mu_1}{\gamma_1}\boldsymbol{I}_2,$$

$$\boldsymbol{\Phi}_{b5} = \frac{(1-\alpha^2)(\mu_1-\mu)}{2\mu\gamma_0}\boldsymbol{I}_2, \qquad \boldsymbol{\Psi}_{b5} = \frac{(1-\alpha)^2(\mu_1-\mu)}{\gamma_0}\boldsymbol{I}_2,$$

$$\boldsymbol{\Phi}_{b6} = \frac{(1-\alpha^2)(\mu-\mu_1)}{2\mu\gamma_0}\boldsymbol{I}_1, \qquad \boldsymbol{\Psi}_{b6} = \frac{(1-\alpha^2)(\mu-\mu_1)}{\gamma_0}\boldsymbol{I}_1,$$

$$\boldsymbol{\Phi}_{b7} = \frac{(1-\alpha)^2(\mu_1-\mu)}{\mu\gamma_0}\boldsymbol{I}_0, \qquad \boldsymbol{\Psi}_{b7} = \frac{2(1-\alpha)^2(\mu_1-\mu)}{\mu\gamma_0}\boldsymbol{I}_0.$$

上述矩阵中,有以下关系式:

$$\gamma_x = (1-\alpha)\mu + (1+\alpha)\mu_0, \qquad \gamma_y = (1-\alpha_0)\mu_0 + (1+\alpha_0)\mu,$$

$$\beta_s = \frac{(1+\alpha)\mu}{\gamma_x} + \frac{(1+\alpha_0)\mu}{\gamma_y}, \qquad \beta_t = \frac{(1+\alpha)\mu}{\gamma_x} - \frac{(1+\alpha_0)\mu}{\gamma_y},$$

$$\beta_x = \frac{(1+\alpha)\mu_0}{\gamma_x} + \frac{(1-\alpha_0)\mu_0}{\gamma_y}, \qquad \beta_y = \frac{(1+\alpha)\mu_0}{\gamma_x} - \frac{(1-\alpha_0)\mu_0}{\gamma_y},$$

$$\gamma_0 = (1-\alpha)\mu + (1+\alpha)\mu_1, \qquad \gamma_1 = (1-\alpha_1)\mu_1 + (1+\alpha_1)\mu,$$

$$\beta_1 = \frac{(1+\alpha)\mu}{\gamma_0} + \frac{(1+\alpha_1)\mu}{\gamma_1}, \qquad \beta_2 = \frac{(1+\alpha)\mu}{\gamma_0} - \frac{(1+\alpha_1)\mu}{\gamma_1},$$

$$\beta_0 = \frac{(1+\alpha)\mu_1}{\gamma_0} + \frac{(1-\alpha_1)\mu_1}{\gamma_1}, \qquad \beta_3 = \frac{(1+\alpha)\mu_1}{\gamma_0} - \frac{(1-\alpha_1)\mu_1}{\gamma_1},$$

$$\boldsymbol{I}_0 = \begin{pmatrix} 1 & 0 & 1 \\ 0 & 0 & 0 \\ 1 & 0 & 1 \end{pmatrix}, \qquad \boldsymbol{I}_1 = \begin{pmatrix} 1 & 0 & -1 \\ 0 & 0 & 0 \\ 1 & 0 & -1 \end{pmatrix},$$

$$I_2 = \begin{pmatrix} 1 & 0 & 1 \\ 0 & 0 & 0 \\ -1 & 0 & -1 \end{pmatrix}, \qquad I_3 = \begin{pmatrix} 1 & 0 & -1 \\ 0 & 0 & 0 \\ -1 & 0 & 1 \end{pmatrix}.$$

附录 3　矩阵 $G_s[m, z, \Phi]$ 和 $G_t[m, z, \Phi]$

下面给出式 (3.23) 中矩阵 $G_s[m, z, \Phi]$ 和 $G_t[m, z, \Phi]$ 的具体形式。

$$4\pi G_s[m, z, \Phi] = \frac{1}{2\pi} \int_{-\infty}^{\infty} \int_{-\infty}^{\infty} \rho^{m-1} e^{-\rho z} \Pi \Phi \Pi^* K \mathrm{d}\xi \mathrm{d}\eta$$

$$= \phi_{22} \begin{pmatrix} g_{m02}(z) & -g_{m11}(z) & 0 \\ -g_{m11}(z) & g_{m20}(z) & 0 \\ 0 & 0 & 0 \end{pmatrix} +$$

$$\begin{pmatrix} \phi_{11} g_{m20}(z) & \phi_{11} g_{m11}(z) & \phi_{13} g_{m10}(z) \\ \phi_{11} g_{m11}(z) & \phi_{11} g_{m02}(z) & \phi_{13} g_{m01}(z) \\ -\phi_{31} g_{m10}(z) & -\phi_{31} g_{m01}(z) & \phi_{32} g_{m00}(z) \end{pmatrix},$$

$$4\pi G_t[m, z, \Phi] = \frac{1}{2\pi} \int_{-\infty}^{\infty} \int_{-\infty}^{\infty} \rho^{m-1} e^{-\rho z} \Pi_p \Phi \Pi^* K \mathrm{d}\xi \mathrm{d}\eta$$

$$= \phi_{22} \begin{pmatrix} g_{m12}(z) & -g_{m21}(z) & 0 \\ \frac{1}{2}[g_{m03}(z) - g_{m21}(z)] & \frac{1}{2}[g_{m30}(z) - g_{m12}(z)] & 0 \\ -g_{m12}(z) & g_{m21}(z) & 0 \end{pmatrix} +$$

$$\begin{pmatrix} \phi_{11} g_{m30}(z) & \phi_{11} g_{m21}(z) & -\phi_{13} g_{m20}(z) \\ \phi_{11} g_{m21}(z) & \phi_{11} g_{m12}(z) & -\phi_{13} g_{m11}(z) \\ \phi_{11} g_{m12}(z) & \phi_{11} g_{m03}(z) & -\phi_{13} g_{m02}(z) \end{pmatrix}.$$

式中，$z > 0, m = 0, 1, 2, 3$; 调和函数 $g_{0lj}(z)$ 为

$$g_{000}(z) = \frac{1}{R}, \qquad g_{002}(z) = \frac{1}{R_z}\left[1 - \frac{y^2}{RR_z}\right],$$

$$g_{010}(z) = \frac{-x}{RR_z}, \qquad g_{030}(z) = \frac{x}{2R_z^2}\left[\frac{2x^2}{RR_z} - 3\right],$$

$$g_{001}(z) = \frac{-y}{RR_z}, \qquad g_{011}(z) = \frac{-xy}{RR_z^2},$$

$$g_{021}(z) = \frac{y}{2R_z^2}\left[\frac{2x^2}{RR_z} - 1\right], \qquad g_{020}(z) = \frac{1}{R_z}\left[1 - \frac{x^2}{RR_z}\right],$$

$$g_{012}(z) = \frac{x}{2R_z^2}\left[\frac{2y^2}{RR_z} - 1\right], \qquad g_{003}(z) = \frac{y}{2R_z^2}\left[\frac{2y^2}{RR_z} - 3\right],$$

$$R = \sqrt{x^2 + y^2 + z^2}, \qquad R_z = R + z.$$

$m \geqslant 1$ 时，调和函数 $g_{mlj}(z)(0 \leqslant l+j \leqslant 3)$ 可由式 $g_{mlj}(z) = -\partial g_{(m-1)lj}/\partial z$ 确定。当 $z \to 0$ 时，在柯西主值意义下，$g_{m\gamma\beta}$ 是连续的 $(m = 0,1; R = \sqrt{x^2+y^2+z^2} \neq 0$，不包括 $g_{100}(z)$、$g_{120}(z)$ 和 $g_{102}(z))$。特别的，$\lim_{z \to +0} g_{100}(z) = 2\pi\delta(x)\delta(y)$，$\lim_{z \to +0} g_{120}(z) = g_{120}(0) + \pi\delta(x)\delta(y)$，$\lim_{z \to +0} g_{102}(z) = g_{102}(0) + \pi\delta(x)\delta(y)$。

参考文献

岳中琦. 1986. N 层横观各向同性的弹性层和弹性半无空间问题的解析解 [D]. 北京: 北京大学地质学系.

岳中琦, 王仁. 1988. 多层横观各向同性弹性体静力学问题的解 [J]. 北京大学学报 (自然科学版), 24: 202–211.

岳中琦. 2004. 多层与梯度非均匀材料弹性力学问题解析解的简明数学理论 [J]. 岩石力学与工程学报, 23: 2845–2854.

Holl D L. 1940. Stress transmission in earths[J]. Proceedings of Highway Research Board, 20: 709–721.

Mindlin R D. 1936. Force interior to one or two joined semi-infinite half-space [J]. Journal of Applied Physics, 79: 195–202.

Oner M. 1990. Vertical and horizontal deformation of an inhomogeneous elastic half-space [J]. International Journal for Numerical and Analytical Methods in Geomechanics, 14: 613–629.

Thompson W (Lord Kelvin). 1848. Note on the integration of equations of equilibrium of an elastic solid [J]. Cambridge and Dublin Mathematical Journal, 1: 97–99.

Yue Z Q. 1988. Solutions for the thermoelastic problems in vertically inhomogeneous media [J]. Acta Mechnica Sinica (English Edition), 4: 182–189.

Yue Z Q. 1995a. On generalized Kelvin solutions in a multilayered elastic medium [J]. Journal of Elasticity, 40: 1–43.

Yue Z Q. 1995b. Elastic fields in two joined transversely isotropic solids due to concentrated forces [J]. International Journal of Engineering Science, 33: 351–369.

Yue Z Q. 1996. Elastic field for an eccentrically loaded rigid plate on multilayered solids [J]. International Journal of Solids and Structures, 33: 4019–4049.

Yue Z Q, Yin J H. 1998. Backward transfer-matrix method for elastic analysis of layered solids with imperfect bonding [J]. Journal of Elasticity, 50: 109–128.

Yue Z Q, Yin J H, Zhang S Y. 1999. Computation of point load solutions for geo-materials exhibiting elastic non-homogeneity with depth [J]. Computers and Geotechnics, 25: 75–105.

第 4 章
Yue 基本解的弹性静力学边界元法

4.1 引言

边界元法是继有限元法之后发展起来的一种精确、高效的工程数值分析方法，在固体与结构力学领域已经成为有限元法最重要的补充。它以边界积分方程为数学基础，同时采用了与有限元法相似的单元划分技术，通过将边界离散为边界元，将边界积分方程离散为代数方程组，再用数值方法求解代数方程组，从而得到原问题边界积分方程的解。

把偏微分方程的边值问题转化为求解边界积分方程问题并不是现代人的一种新的想法。早在 19 世纪，就有不少科学家提出了各种形式的边界积分方程。但形成有效的数值方法还是 20 世纪 60 年代随着计算机的出现和发展才开始的。Rizzo (1967) 发表的文章或许可以看做是固体力学边界元法的早期文章。我国这方面的研究工作开始于 1978 年。在学习国外早期有关文献的基础上，杜庆

华和姚振汉等 (1982, 1989) 在该领域做了大量研究和推广工作。经过半个世纪的发展, 边界元法的理论和计算方法取得了显著的进展, 一些商业化软件也相继出现, 推动了边界元法的发展和应用。

早期的边界元法均是基于无限域均匀各向同性介质的 Kelvin 基本解。这类边界元法在处理分区域均匀材料的弹性体力学问题时, 需要采用边界元法的子域法。为了使边界元法适应求解不同类型的弹性力学问题, 人们设法寻求各种弹性材料的基本解, 建立相应的边界元法。Lou et at (1992) 和张明等 (1999) 基于各向同性双材料基本解发展了二维弹塑性边界元法, 进行了开孔对接板的弹塑性分析。Pan et al (2001) 发展了三维层状各向异性材料的基本解, 建立了相应的边界元法, 并分析了两类各向异性层状材料中孔洞壁应力。Yang et al (2003) 采用 Pan et al (2001) 发展的边界元法分析了层状各向异性材料孔和紧固栓之间相互作用力学特性。

Yue (1995) 发展了三维层状弹性材料的基本解。正如第 3 章提到的, 该基本解对于层数和厚度任意的层状材料都能获得闭合解, 且能获得可以控制的计算精度。本章基于该基本解, 建立分析层状材料的边界积分方程, 发展适应该方程的数值方法, 形成相应的边界元法。根据建议的数值方法, 编写了 Yue 基本解的边界元法 Fortran 程序, 该程序实现了本章建议的各种计算功能。

4.2 贝蒂定理

为了以比较直观的方式建立 Yue 基本解的弹性静力学边界积分方程, 可以采用贝蒂功互等定理 (简称贝蒂 (Betti) 定理) 作为推导的出发点。所以这里首先回顾弹性力学的贝蒂定理。

考虑同一均匀弹性体的两种平衡状态: 设第一种状态的体力为 $f_i^{(1)}$、边界面力为 $t_i^{(1)}$、边界位移为 $u_i^{(1)}$, 它们所产生的应力、应变和位移分别为 $\sigma_{ij}^{(1)}$、$\varepsilon_{ij}^{(1)}$ 和 $u_i^{(1)}$; 对应的第二种状态的物理量分别为 $f_i^{(2)}$、$t_i^{(2)}$、$u_i^{(2)}$ 和 $\sigma_{ij}^{(2)}$、$\varepsilon_{ij}^{(2)}$、$u_i^{(2)}$。下面计算 $f_i^{(2)}$ 和 $t_i^{(2)}$ 在 $u_i^{(1)}$ 上所作的功。利用平衡方程和高斯公式, 有

$$\begin{aligned}
&\int_S t_i^{(2)} u_i^{(1)} \mathrm{d}S + \int_V f_i^{(2)} u_i^{(1)} \mathrm{d}V \\
&= \int_S \sigma_{ij}^{(2)} n_j u_i^{(1)} \mathrm{d}S - \int_V \sigma_{ij,j}^{(2)} u_i^{(1)} \mathrm{d}V \\
&= \int_V \left(\sigma_{ij}^{(2)} u_i^{(1)}\right)_{,j} \mathrm{d}V - \int_V \sigma_{ij,j}^{(2)} u_i^{(1)} \mathrm{d}V \\
&= \int_V \sigma_{ij}^{(2)} u_{i,j}^{(1)} \mathrm{d}V = \int_V \sigma_{ij}^{(2)} \varepsilon_{ij}^{(1)} \mathrm{d}V, (i,j=x,y,z).
\end{aligned} \quad (4.1)$$

在第一种状态的胡克 (Hooke) 定律两端同乘 $\varepsilon_{ij}^{(2)}$, 得到

$$\begin{aligned}
\sigma_{ij}^{(1)} \varepsilon_{ij}^{(2)} &= 2\mu \varepsilon_{ij}^{(1)} \varepsilon_{ij}^{(2)} + \lambda \delta_{ij} \varepsilon_{kk}^{(1)} \varepsilon_{ij}^{(2)} \\
&= 2\mu \varepsilon_{ij}^{(1)} \varepsilon_{ij}^{(2)} + \lambda \varepsilon_{kk}^{(1)} \varepsilon_{mm}^{(2)}
\end{aligned} \quad (4.2)$$

$$= 2\mu\varepsilon_{ij}^{(1)}\varepsilon_{ij}^{(2)} + \lambda\delta_{ij}\varepsilon_{ij}^{(1)}\varepsilon_{mm}^{(2)}$$
$$= \sigma_{ij}^{(2)}\varepsilon_{ij}^{(1)}.$$

式中, 弹性常数可以是随空间点变化的、是空间坐标点 (x,y,z) 的函数.

于是, 由式 (4.1) 和式 (4.2) 得到以下积分表达式:

$$\int_V f_i^{(1)} u_i^{(2)} \mathrm{d}V + \int_S t_i^{(1)} u_i^{(2)} \mathrm{d}S = \int_V f_i^{(2)} u_i^{(1)} \mathrm{d}V + \int_S t_i^{(2)} u_i^{(1)} \mathrm{d}S. \quad (4.3)$$

此式就是贝蒂定理, 可以叙述如下: 假如弹性体承受两组体积力和面力的作用, 那么第一组力 $f_i^{(1)}$ 和 $t_i^{(1)}$ 在由第二组力所引起的位移 $u_i^{(2)}$ 上所作的功等于第二组力 $f_i^{(2)}$ 和 $t_i^{(2)}$ 在第一组力所引起的位移 $u_i^{(1)}$ 上所作的功.

尽管在贝蒂定理推导过程中假设物理量 σ_{ij}、ε_{ij} 和 u_i 域内连续, 但式 (4.3) 可推广到分区域连续介质中, 此时, 式 (4.3) 中不包含沿材料界面的积分项. 实际应用时, 这两组荷载与对应的变形状态通常一组是待求真实状态, 而另一组是为求解方便而引进的辅助状态.

4.3 基于 Yue 基本解的积分方程

为了建立图 4.1 所示的层状材料弹性体的积分方程, 将式 (4.3) 重新写成以下等式:

$$\int_S t_j^{(1)}(Q) u_j^{(2)}(Q) \mathrm{d}S(Q) + \int_V f_j^{(1)}(q) u_j^{(2)}(q) \mathrm{d}V(q)$$
$$= \int_S t_j^{(2)}(Q) u_j^{(1)}(Q) \mathrm{d}S(Q) + \int_V f_j^{(2)}(q) u_j^{(1)}(q) \mathrm{d}V(q), \qquad j = x, y, z. \quad (4.4)$$

式中, q 和 Q 分别为域内 V 和边界 S 上的点.

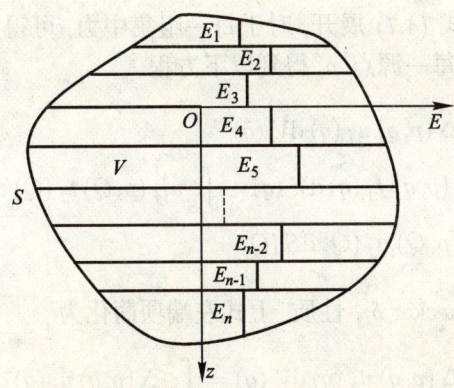

图 4.1 层状材料弹性体, $E_1, E_2, \cdots, E_{n-1}, E_n$ 为各层的弹性模量

在贝蒂定理等式 (4.4) 中, 假设第一种状态为层状材料弹性体的 Yue 基本解, 其物理量可写为 (u_j^*, t_j^*, f_j^*), 对应于无限域层状材料中单位集中荷载 e_i^* 作用下的状态; 第二种状态为待求的层状材料弹性体的真实状态, 其物理量去掉上标, 可写为 (u_j, t_j, f_j)。

按照基本解的定义, 可得到下式:

$$\begin{aligned} t_j^*(q) &= t_{ij}^Y(p,q)\, e_i^*(p), \\ u_j^*(q) &= u_{ij}^Y(p,q)\, e_i^*(p), \end{aligned} \tag{4.5}$$

式中, p 为源点, 即单位荷载作用的位置; q 为场点, 即待求位移和面力的位置。

该基本解所满足的方程是

$$(\lambda+\mu)\, u_{k,ki}^*(q) + \mu u_{i,kk}^*(q) + e_i^*(p)\,\Delta(p,q) = 0, \qquad k = x, y, z. \tag{4.6}$$

式中, $\Delta(p,q)$ 为狄拉克 (Dirac) delta 函数; λ 和 μ 是 z 的分段连续函数。

将式 (4.5) 代入式 (4.4) 中, 得到

$$\begin{aligned} &\int_S t_{ij}^Y(p,Q)\, e_i^*(p)\, u_j(Q)\, \mathrm{d}S(Q) + \int_V f_j^*(q)\, u_j(q)\, \mathrm{d}V(q) \\ &= \int_S u_{ij}^Y(p,Q)\, e_i^*(p)\, t_j(Q)\, \mathrm{d}S(Q) + \int_V u_{ij}^Y(p,q)\, e_i^*(p)\, f_j(q)\, \mathrm{d}V(q). \end{aligned} \tag{4.7}$$

上式左端第二项积分可进一步写为

$$\begin{aligned} \int_V f_j^*(q)\, u_j(q)\, \mathrm{d}V(q) &= \int_V e_j^*(q)\, u_j(q)\, \mathrm{d}V(q) \\ &= \int_V e_j^*(p)\, \Delta(p,q)\, u_j(q)\, \mathrm{d}V(q) \\ &= \int_V \delta_{ij} e_i^*(p)\, \Delta(p,q)\, u_j(q)\, \mathrm{d}V(q). \end{aligned} \tag{4.8}$$

将式 (4.8) 代入式 (4.7) 中, 可以发现每一项积分的被积函数均含有单位力矢量 $e_i^*(p)$。取单位集中力, 形成三组单位集中力, 即 $(e_1^*, e_2^*, e_3^*) = (1,0,0)$, $(0,1,0),(0,0,1)$。将式 (4.7) 展开, 对于每一组集中力, 可得到一个方程, 这样共形成三个方程。对于每一源点 p, 得到以下方程:

$$\begin{aligned} &\int_V \delta_{ij}\Delta(p,q)\, u_j(q)\, \mathrm{d}V(q) \\ &= \int_V u_{ij}^Y(p,q)\, f_j(q)\, \mathrm{d}V(q) + \int_S u_{ij}^Y(p,Q)\, t_j(Q)\, \mathrm{d}S(Q) - \\ &\quad \int_S t_{ij}^Y(p,Q)\, u_j(Q)\, \mathrm{d}S(Q). \end{aligned} \tag{4.9}$$

利用 $\Delta(p,q)$ 和 Kronecker δ_{ij} 性质, 上式左端项简化为

$$\begin{aligned} \int_V \delta_{ij}\Delta(p,q)\, u_j(q)\, \mathrm{d}V(q) &= \int_V \Delta(p,q)\, u_i(q)\, \mathrm{d}V(q) \\ &= u_i(p). \end{aligned} \tag{4.10}$$

将式 (4.10) 代入式 (4.9) 中, 得到以下基于 Yue 基本解的积分方程:

$$u_i(p) = \int_V u_{ij}^Y(p,q) f_j(q) \, \mathrm{d}V(q) + \int_S u_{ij}^Y(p,Q) t_j(Q) \, \mathrm{d}S(Q) - \int_S t_{ij}^Y(p,Q) u_j(Q) \, \mathrm{d}S(Q). \quad (4.11\mathrm{a})$$

对于无体积力情形, 方程式 (4.11a) 简化为

$$u_i(p) = \int_S u_{ij}^Y(p,Q) t_j(Q) \, \mathrm{d}S(Q) - \int_S t_{ij}^Y(p,Q) u_j(Q) \, \mathrm{d}S(Q). \quad (4.11\mathrm{b})$$

由于 Yue 基本解严格满足层状材料的层面条件, 式 (4.11) 不含沿层面的积分。因此, 采用 Yue 基本解的积分方程式 (4.11), 层状材料弹性体的力学分析将大大简化。如果层状材料退化为无限域均匀各向同性材料, Yue 基本解就退化为 Kelvin 基本解。在这种情形下, 式 (4.11) 就是弹性理论的 Somigliana 等式。

从式 (4.11) 中可以看出, 弹性理论的解具有如下性质: 如果边界各点的位移 $u_j(Q)$ 和面力 $t_j(Q)$ 全部确定, 则域内任意一点的位移 $u_j(p)$ 也就随之确定。因此, 弹性问题的求解方式也可以先解出全部边界上的未知量, 然后利用式 (4.11) 确定域内任意点的位移。

4.4 基于 Yue 基本解的边界积分方程

前面提到域内任意一点的位移分量可以用边界物理量的积分来表示。可是, 弹性体边界上存在有位移或面力未知量。为获得边界上未知量的解, 需要建立含边界位移和面力的积分方程。为此, 让积分方程式 (4.11) 中的内点 p 趋向边界点 P, 得到以下边界积分方程:

$$c_{ij}(P) u_i(P) = \int_V u_{ij}^Y(P,q) f_j(q) \, \mathrm{d}V(q) + \int_S u_{ij}^Y(P,Q) t_j(Q) \, \mathrm{d}S(Q) - \int_S t_{ij}^Y(P,Q) u_j(Q) \, \mathrm{d}S(Q), \quad i,j = x,y,z. \quad (4.12)$$

其中

$$c_{ij}(P) = \lim_{\varepsilon \to 0} \int_{S^\varepsilon} t_{ij}^Y(P,Q) \, \mathrm{d}S(Q).$$

式中, S^ε 是以 P 点为中心、以 ε 为半径所作球面在域内的部分, 如图 4.2 所示。这样, 可以将不满足高斯条件的奇异点从积分中除去。

$c_{ij}(P)$ 是与 P 点处表面几何特征有关的系数。当源点 P 位于光滑边界上时, $c_{ij}(P) = \frac{1}{2}\delta_{ij}$。实际计算时, 一般并不单独计算这一系数, 而是把这一系数和相邻单元的奇异积分加在一起, 将简单特解代入积分方程间接地算出。

当不考虑体积力时, 边界积分方程式 (4.12) 简化为

$$c_{ij}(P) u_i(P) = \int_S u_{ij}^Y(P,Q) t_j(Q) \, \mathrm{d}S(Q) - \int_S t_{ij}^Y(P,Q) u_j(Q) \, \mathrm{d}S(Q). \quad (4.13)$$

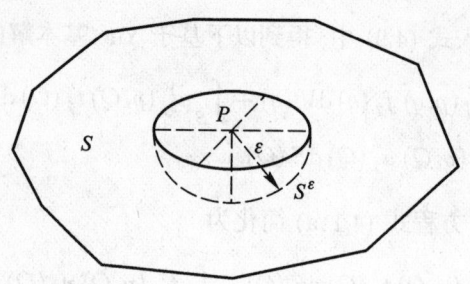

图 4.2 为除去奇异点 P 而作的小球面

如果把边界 S 分为给定 u_i 的部分 S_u 和给定 t_i 的部分 S_σ,则式 (4.13) 可改写为

$$c_{ij}(P)u_i(P) = \int_{S_u}\left[u_{ij}^Y(P,Q)t_j(Q) - t_{ij}^Y(P,Q)\bar{u}_j(Q)\right]\mathrm{d}S(Q) + \\ \int_{S_\sigma}\left[u_{ij}^Y(P,Q)\bar{t}_j(Q) - t_{ij}^Y(P,Q)u_j(Q)\right]\mathrm{d}S(Q). \quad (4.14)$$

式中,u_i 和 t_i 为边界上的未知量;$\bar{u}_i$ 和 $\bar{t}_i$ 为边界上的已知量。

边界上任意一点有三个已知量和三个未知量。对于边界上任意选定的点 P,依据式 (4.14) 均可建立三个边界积分方程。这样提出的问题在数学上是适定的。当整个边界上给定位移时,式 (4.14) 属于第一类弗雷德霍姆 (Fredholm) 积分方程;而当整个边界上给定面力时,式 (4.14) 属于第二类弗雷德霍姆积分方程。一般情况下是已知位移和面力的混合形式。这样,就可把边界未知量作为基本未知量,利用式 (4.14) 求解出边界位移面力未知量。然后,如有必要,可根据域内解的积分表达式 (4.11) 去求域内点的未知量。

4.5 边界积分方程的离散

式 (4.14) 表示的边界积分方程和微分方程一样难以得到解析解。但是,边界积分方程便于离散;对于无体积力弹性体,仅仅需要在边界上离散。由于在边界积分方程中,只含有边界上的位移分量和面力分量,不包含其微分项,因而不会因离散求微分而降低数值的精度。

为了求得边界积分方程式 (4.14) 的数值解,将整个边界离散成 ne 个单元,即

$$S = \sum_{e=1}^{ne} S_e, \quad (4.15)$$

其中

$$S_1, S_2, \cdots, S_{n_1} \in S_\sigma, \quad S_{n_1+1}, S_{n_1+2}, \cdots, S_{ne} \in S_u. \quad (4.16)$$

与有限元法类似，可以在边界上采用不同类型的单元离散，如常数元、线性元和高次元。这里，选用 4~8 个节点的变节点等参单元，单元形式如图 4.3 所示。当仅有 4 个角点时，单元为线性元；有 8 个节点时，单元为二次单元。对疏密过渡区可采用 5、6、7 变节点单元离散。

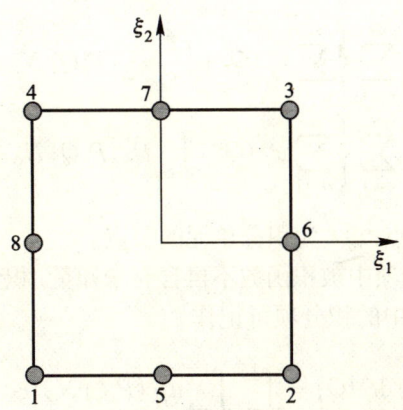

图 4.3 8 节点二次单元

单元的插值函数为

$$N_\alpha(\xi_1,\xi_2) = \frac{1}{2}(1-\xi_1^2)(1+\xi_2^\alpha \xi_2), \qquad \alpha = 5,7,$$

$$N_\alpha(\xi_1,\xi_2) = \frac{1}{2}(1-\xi_2^2)(1+\xi_1^\alpha \xi_1), \qquad \alpha = 6,8,$$

$$N_1(\xi_1,\xi_2) = N_1^* - \frac{1}{2}(N_8 + N_5),$$

$$N_2(\xi_1,\xi_2) = N_2^* - \frac{1}{2}(N_5 + N_6),$$

$$N_3(\xi_1,\xi_2) = N_3^* - \frac{1}{2}(N_6 + N_7),$$

$$N_4(\xi_1,\xi_2) = N_4^* - \frac{1}{2}(N_7 + N_8). \tag{4.17}$$

其中，$N_\alpha^*(\xi_1,\xi_2) = \frac{1}{4}(1+\xi_1^\alpha \xi_1)(1+\xi_2^\alpha \xi_2), \alpha = 1,2,3,4$。$\xi_\beta^\alpha$ 表示单元内第 α 个节点的第 $\beta(\beta=1,2)$ 个局部坐标分量。对于变节点单元，四个边中节点均可有可无，这时只需将缺少的边中节点相应插值函数取零值即可。

单元内任一点的整体坐标、位移和面力分别表示为

$$x = \sum_{\alpha=1}^m N_\alpha(\xi_1,\xi_2) x^\alpha, \quad y = \sum_{\alpha=1}^m N_\alpha(\xi_1,\xi_2) y^\alpha, \quad z = \sum_{\alpha=1}^m N_\alpha(\xi_1,\xi_2) z^\alpha, \tag{4.18a}$$

$$u_i = \sum_{\alpha=1}^m N_\alpha(\xi_1,\xi_2) u_i^\alpha, \quad i = x,y,z, \tag{4.18b}$$

$$t_i = \sum_{\alpha=1}^{m} N_\alpha (\xi_1, \xi_2) t_i^\alpha, \quad i = x, y, z. \tag{4.18c}$$

式中, α 表示 m 个节点单元 ($m = 4 \sim 8$) 中第 α 个节点。

边界积分方程式 (4.14) 可进一步写为

$$c_{ij}(P) u_j(P) = \sum_{e=1}^{ne} \left\{ \sum_{\alpha=1}^{m} t_j^\alpha (Q^\alpha) \int_{S_e} u_{ij}^Y (P,Q) N_\alpha(Q) \, dS(Q) \right\} -$$
$$\sum_{e=1}^{ne} \left\{ \sum_{\alpha=1}^{m} u_j^\alpha (Q^\alpha) \int_{S_e} t_{ij}^Y (P,Q) N_\alpha(Q) \, dS(Q) \right\}. \tag{4.19}$$

式中, Q 为单元内的场点; Q^α 为积分单元的节点。

式 (4.19) 右端积分项中被积函数不再含有未知量, 积分后成为确定值。在局部坐标系下, 式 (4.19) 中的积分项可记作

$$\int_{S_e} u_{ij}^Y (P,Q) N_\alpha(Q) \, dS(Q) = \int_{-1}^{1} \int_{-1}^{1} u_{ij}^Y (P,\boldsymbol{\xi}) N_\alpha(\xi_1, \xi_2) J(\xi_1, \xi_2) \, d\xi_1 d\xi_2$$
$$= G_{ij}^{e\alpha}, \tag{4.20}$$

$$\int_{S_e} t_{ij}^Y (P,Q) N_\alpha(Q) \, dS(Q) = \int_{-1}^{1} \int_{-1}^{1} t_{ij}^Y (P,\boldsymbol{\xi}) N_\alpha(\xi_1, \xi_2) J(\xi_1, \xi_2) \, d\xi_1 d\xi_2$$
$$= H_{ij}^{e\alpha}. \tag{4.21}$$

式中, 场点 Q 的局部坐标用 $\boldsymbol{\xi} = (\xi_1, \xi_2)$ 表示; $J(\xi_1, \xi_2)$ 为雅可比 (Jacobi) 行列式。

下面确定从整体坐标系到局部坐标系变换的 $J(\xi_1, \xi_2)$。如图 4.4 所示, 在局部坐标内, 面积微元 dS 可表示为

$$dS = \left| \frac{\partial \boldsymbol{r}}{\partial \xi_1} \times \frac{\partial \boldsymbol{r}}{\partial \xi_2} \right| d\xi_1 d\xi_2 = J(\xi_1, \xi_2) \, d\xi_1 d\xi_2. \tag{4.22}$$

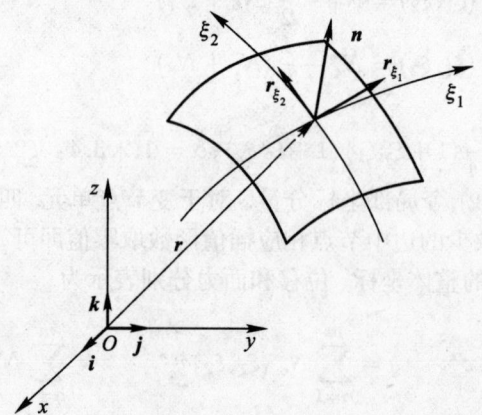

图 4.4 整体坐标和局部坐标之间的关系

式中，r 为矢径。

引入记号：$\dfrac{\partial r}{\partial \xi_1} = r_{\xi_1}$ 和 $\dfrac{\partial r}{\partial \xi_2} = r_{\xi_2}$，雅可比行列式为

$$J(\xi_1,\xi_2) = |r_{\xi_1} \times r_{\xi_2}|. \tag{4.23}$$

式中

$$r_{\xi_1} = \frac{\partial x(\xi_1,\xi_2)}{\partial \xi_1}i + \frac{\partial y(\xi_1,\xi_2)}{\partial \xi_1}j + \frac{\partial z(\xi_1,\xi_2)}{\partial \xi_1}k,$$

$$r_{\xi_2} = \frac{\partial x(\xi_1,\xi_2)}{\partial \xi_2}i + \frac{\partial y(\xi_1,\xi_2)}{\partial \xi_2}j + \frac{\partial z(\xi_1,\xi_2)}{\partial \xi_2}k.$$

其中 i、j 和 k 为单位基矢量。

于是，雅可比行列式为

$$J(\xi_1,\xi_2) = \begin{vmatrix} i & j & k \\ \dfrac{\partial x(\xi_1,\xi_2)}{\partial \xi_1} & \dfrac{\partial y(\xi_1,\xi_2)}{\partial \xi_1} & \dfrac{\partial z(\xi_1,\xi_2)}{\partial \xi_1} \\ \dfrac{\partial x(\xi_1,\xi_2)}{\partial \xi_2} & \dfrac{\partial y(\xi_1,\xi_2)}{\partial \xi_2} & \dfrac{\partial z(\xi_1,\xi_2)}{\partial \xi_2} \end{vmatrix} = \left(J_1^2 + J_2^2 + J_3^2\right)^{1/2}. \tag{4.24}$$

其中

$$J_1 = \frac{\partial y}{\partial \xi_1}\frac{\partial z}{\partial \xi_2} - \frac{\partial z}{\partial \xi_1}\frac{\partial y}{\partial \xi_2},$$

$$J_2 = \frac{\partial z}{\partial \xi_1}\frac{\partial x}{\partial \xi_2} - \frac{\partial x}{\partial \xi_1}\frac{\partial z}{\partial \xi_2},$$

$$J_3 = \frac{\partial x}{\partial \xi_1}\frac{\partial y}{\partial \xi_2} - \frac{\partial y}{\partial \xi_1}\frac{\partial x}{\partial \xi_2}. \tag{4.24a}$$

利用式 (4.18a)，上式可进一步写为

$$J_1 = \sum_{\alpha=1}^{m}\frac{\partial N_\alpha}{\partial \xi_1}y^\alpha \sum_{\alpha=1}^{m}\frac{\partial N_\alpha}{\partial \xi_2}z^\alpha - \sum_{\alpha=1}^{m}\frac{\partial N_\alpha}{\partial \xi_1}z^\alpha \sum_{\alpha=1}^{m}\frac{\partial N_\alpha}{\partial \xi_2}y^\alpha,$$

$$J_2 = \sum_{\alpha=1}^{m}\frac{\partial N_\alpha}{\partial \xi_1}z^\alpha \sum_{\alpha=1}^{m}\frac{\partial N_\alpha}{\partial \xi_2}x^\alpha - \sum_{\alpha=1}^{m}\frac{\partial N_\alpha}{\partial \xi_1}x^\alpha \sum_{\alpha=1}^{m}\frac{\partial N_\alpha}{\partial \xi_2}z^\alpha,$$

$$J_3 = \sum_{\alpha=1}^{m}\frac{\partial N_\alpha}{\partial \xi_1}x^\alpha \sum_{\alpha=1}^{m}\frac{\partial N_\alpha}{\partial \xi_2}y^\alpha - \sum_{\alpha=1}^{m}\frac{\partial N_\alpha}{\partial \xi_1}y^\alpha \sum_{\alpha=1}^{m}\frac{\partial N_\alpha}{\partial \xi_2}x^\alpha. \tag{4.24b}$$

由 r_{ξ_1} 和 r_{ξ_2} 叉积得到的新矢量 n^* 垂直于单元面，其单位外法线方向 $n = n^*/|n^*|$ 的分量为

$$n_1 = J_1/J, \qquad n_2 = J_2/J, \qquad n_3 = J_3/J. \tag{4.25}$$

离散后的边界积分方程式 (4.19) 可写为

$$c_{ij}(P)u_j(P) = \sum_{e=1}^{ne}\sum_{\alpha=1}^{m} t_j^\alpha G_{ij}^{e\alpha} - \sum_{e=1}^{ne}\sum_{\alpha=1}^{m} u_j^\alpha H_{ij}^{e\alpha}. \qquad (4.26\text{a})$$

为了便于了解如何建立最终待求线性方程组, 式 (4.26a) 可进一步写成如下矩阵形式:

$$\begin{bmatrix} c_{11}^P & c_{12}^P & c_{13}^P \\ c_{21}^P & c_{22}^P & c_{23}^P \\ c_{31}^P & c_{32}^P & c_{33}^P \end{bmatrix} \begin{Bmatrix} u_x^P \\ u_y^P \\ u_z^P \end{Bmatrix} +$$

$$\sum_{e=1}^{ne} \begin{bmatrix} H_{11}^{e1} & H_{12}^{e1} & H_{13}^{e1} & \cdots & H_{1,3N-2}^{em} & H_{1,3N-1}^{em} & H_{1,3N}^{em} \\ H_{21}^{e1} & H_{22}^{e1} & H_{23}^{e1} & \cdots & H_{2,3N-2}^{em} & H_{2,3N-1}^{em} & H_{2,3N}^{em} \\ H_{31}^{e1} & H_{32}^{e1} & H_{33}^{e1} & \cdots & H_{3,3N-2}^{em} & H_{3,3N-1}^{em} & H_{3,3N}^{em} \end{bmatrix} \begin{Bmatrix} u_x^1 \\ u_y^1 \\ u_z^1 \\ \vdots \\ u_x^m \\ u_y^m \\ u_z^m \end{Bmatrix}$$

$$= \sum_{e=1}^{ne} \begin{bmatrix} G_{11}^{e1} & G_{12}^{e1} & G_{13}^{e1} & \cdots & G_{1,3N-2}^{em} & G_{1,3N-1}^{em} & G_{1,3N}^{em} \\ G_{21}^{e1} & G_{22}^{e1} & G_{23}^{e1} & \cdots & G_{2,3N-2}^{em} & G_{2,3N-1}^{em} & G_{2,3N}^{em} \\ G_{31}^{e1} & G_{32}^{e1} & G_{33}^{e1} & \cdots & G_{3,3N-2}^{em} & G_{3,3N-1}^{em} & G_{3,3N}^{em} \end{bmatrix} \begin{Bmatrix} t_x^1 \\ t_y^1 \\ t_z^1 \\ \vdots \\ t_x^m \\ t_y^m \\ t_z^m \end{Bmatrix}. \qquad (4.26\text{b})$$

将弹性体的全部边界节点按序从 1 到 N 编号, $n = 1, 2, \cdots, N$。节点 n 的位移和面力分别记为 u_i^n 和 t_i^n。对于每一节点 n 均建立式 (4.26b) 的含三个式子的线性方程组。建立方程式 (4.26b) 时, 点 n 对应于源点 P。通常, 一个节点为几个单元所共有。将不同单元的同一节点相同物理量 (位移和面力) 的系数累加, 式 (4.26b) 演化为

$$\begin{bmatrix} c_{11}^n & c_{12}^n & c_{13}^n \\ c_{21}^n & c_{22}^n & c_{23}^n \\ c_{31}^n & c_{32}^n & c_{33}^n \end{bmatrix} \begin{Bmatrix} u_x^n \\ u_y^n \\ u_z^n \end{Bmatrix} +$$

$$\begin{bmatrix} \overline{H}_{11}^n & \overline{H}_{12}^n & \overline{H}_{13}^n & \cdots & \overline{H}_{1,3N-2}^n & \overline{H}_{1,3N-1}^n & \overline{H}_{1,3N}^n \\ \overline{H}_{21}^n & \overline{H}_{22}^n & \overline{H}_{23}^n & \cdots & \overline{H}_{2,3N-2}^n & \overline{H}_{2,3N-1}^n & \overline{H}_{2,3N}^n \\ \overline{H}_{31}^n & \overline{H}_{32}^n & \overline{H}_{33}^n & \cdots & \overline{H}_{3,3N-2}^n & \overline{H}_{3,3N-1}^n & \overline{H}_{3,3N}^n \end{bmatrix} \begin{Bmatrix} u_x^1 \\ u_y^1 \\ u_z^1 \\ \vdots \\ u_x^N \\ u_y^N \\ u_z^N \end{Bmatrix}$$

$$= \begin{bmatrix} G_{11}^n & G_{12}^n & G_{13}^n & \cdots & G_{1,3N-2}^n & G_{1,3N-1}^n & G_{1,3N}^n \\ G_{21}^n & G_{22}^n & G_{23}^n & \cdots & G_{2,3N-2}^n & G_{2,3N-1}^n & G_{2,3N}^n \\ G_{31}^n & G_{32}^n & G_{33}^n & \cdots & G_{3,3N-2}^n & G_{3,3N-1}^n & G_{3,3N}^n \end{bmatrix} \begin{Bmatrix} t_x^1 \\ t_y^1 \\ t_z^1 \\ \vdots \\ t_x^N \\ t_y^N \\ t_z^N \end{Bmatrix},$$

$$n = 1, 2, 3, \cdots, N. \tag{4.27a}$$

式 (4.27a) 中左端第一项 $\begin{Bmatrix} u_x^n & u_y^n & u_z^n \end{Bmatrix}^{\mathrm{T}}$ 的系数与第二项中相同项的系数合并, 并将 $\overline{H}_{ij}^n$ 记作 H_{ij}^n, 有

$$\begin{bmatrix} H_{11}^n & H_{12}^n & H_{13}^n & \cdots & H_{1,3N-2}^n & H_{1,3N-1}^n & H_{1,3N}^n \\ H_{21}^n & H_{22}^n & H_{23}^n & \cdots & H_{2,3N-2}^n & H_{2,3N-1}^n & H_{2,3N}^n \\ H_{31}^n & H_{32}^n & H_{33}^n & \cdots & H_{3,3N-2}^n & H_{3,3N-1}^n & H_{3,3N}^n \end{bmatrix} \begin{Bmatrix} u_x^1 \\ u_y^1 \\ u_z^1 \\ \vdots \\ u_x^N \\ u_y^N \\ u_z^N \end{Bmatrix}$$

$$= \begin{bmatrix} G_{11}^n & G_{12}^n & G_{13}^n & \cdots & G_{1,3N-2}^n & G_{1,3N-1}^n & G_{1,3N}^n \\ G_{21}^n & G_{22}^n & G_{23}^n & \cdots & G_{2,3N-2}^n & G_{2,3N-1}^n & G_{2,3N}^n \\ G_{31}^n & G_{32}^n & G_{33}^n & \cdots & G_{3,3N-2}^n & G_{3,3N-1}^n & G_{3,3N}^n \end{bmatrix} \begin{Bmatrix} t_x^1 \\ t_y^1 \\ t_z^1 \\ \vdots \\ t_x^N \\ t_y^N \\ t_z^N \end{Bmatrix},$$

$$n = 1, 2, 3, \cdots, N. \tag{4.27b}$$

将 N 个节点的式 (4.27b) 拼装在一起, 有

$$\begin{aligned}
&\begin{bmatrix}
H_{11}^1 & H_{12}^1 & H_{13}^1 & \cdots & H_{1,3N-2}^1 & H_{1,3N-1}^1 & H_{1,3N}^1 \\
H_{21}^1 & H_{22}^1 & H_{23}^1 & \cdots & H_{2,3N-2}^1 & H_{2,3N-1}^1 & H_{2,3N}^1 \\
H_{31}^1 & H_{32}^1 & H_{33}^1 & \cdots & H_{3,3N-2}^1 & H_{3,3N-1}^1 & H_{3,3N}^1 \\
\vdots & \vdots & \vdots & & \vdots & \vdots & \vdots \\
H_{11}^N & H_{12}^N & H_{13}^N & \cdots & H_{1,3N-2}^N & H_{1,3N-1}^N & H_{1,3N}^N \\
H_{21}^N & H_{22}^N & H_{23}^N & \cdots & H_{2,3N-2}^N & H_{2,3N-1}^N & H_{2,3N}^N \\
H_{31}^N & H_{32}^N & H_{33}^N & \cdots & H_{3,3N-2}^N & H_{3,3N-1}^N & H_{3,3N}^N
\end{bmatrix}
\begin{Bmatrix} u_x^1 \\ u_y^1 \\ u_z^1 \\ \vdots \\ u_x^N \\ u_y^N \\ u_z^N \end{Bmatrix} \\
&=
\begin{bmatrix}
G_{11}^1 & G_{12}^1 & G_{13}^1 & \cdots & G_{1,3N-2}^1 & G_{1,3N-1}^1 & G_{1,3N}^1 \\
G_{21}^1 & G_{22}^1 & G_{23}^1 & \cdots & G_{2,3N-2}^1 & G_{2,3N-1}^1 & G_{2,3N}^1 \\
G_{31}^1 & G_{32}^1 & G_{33}^1 & \cdots & G_{3,3N-2}^1 & G_{3,3N-1}^1 & G_{3,3N}^1 \\
\vdots & \vdots & \vdots & & \vdots & \vdots & \vdots \\
G_{11}^N & G_{12}^N & G_{13}^N & \cdots & G_{1,3N-2}^N & G_{1,3N-1}^N & G_{1,3N}^N \\
G_{21}^N & G_{22}^N & G_{23}^N & \cdots & G_{2,3N-2}^N & G_{2,3N-1}^N & G_{2,3N}^N \\
G_{31}^N & G_{32}^N & G_{33}^N & \cdots & G_{3,3N-2}^N & G_{3,3N-1}^N & G_{3,3N}^N
\end{bmatrix}
\begin{Bmatrix} t_x^1 \\ t_y^1 \\ t_z^1 \\ \vdots \\ t_x^N \\ t_y^N \\ t_z^N \end{Bmatrix}.
\end{aligned} \quad (4.28)$$

应注意到式 (4.26b) 中 H、G 与式 (4.27) 或式 (4.28) 中对应符号之间含义存在差异。对式 (4.28) 的 $3N$ 个代数方程组重新排列, 将未知量 u_j^n 和 t_j^n 及相应的系数归到方程的左边, 将已知量 $\bar{u}_j^n$ 和 $\bar{t}_j^n$ 及相应的系数归于方程的右边。假设 $u_x^1 = \bar{u}_x^1, u_y^1 = \bar{u}_y^1, t_z^1 = \bar{t}_z^1, t_x^N = \bar{t}_x^N, t_y^N = \bar{t}_y^N, u_z^N = \bar{u}_z^N$ 等已知, 相应地 t_x^1、t_y^1、u_z^1、u_x^N、u_y^N、t_z^N 等未知; 这样, 按上述方法, 式 (4.28) 可变换为如下形式:

$$\begin{aligned}
&\begin{bmatrix}
-G_{11}^1 & -G_{12}^1 & H_{13}^1 & \cdots & H_{1,3N-2}^1 & H_{1,3N-1}^1 & -G_{1,3N}^1 \\
-G_{21}^1 & -G_{22}^1 & H_{23}^1 & \cdots & H_{2,3N-2}^1 & H_{2,3N-1}^1 & -G_{2,3N}^1 \\
-G_{31}^1 & -G_{32}^1 & H_{33}^1 & \cdots & H_{3,3N-2}^1 & H_{3,3N-1}^1 & -G_{3,3N}^1 \\
\vdots & \vdots & \vdots & & \vdots & \vdots & \vdots \\
-G_{11}^N & -G_{12}^N & H_{13}^N & \cdots & H_{1,3N-2}^N & H_{1,3N-1}^N & -G_{1,3N}^N \\
-G_{21}^N & -G_{22}^N & H_{23}^N & \cdots & H_{2,3N-2}^N & H_{2,3N-1}^N & -G_{2,3N}^N \\
-G_{31}^N & -G_{32}^N & H_{33}^N & \cdots & H_{3,3N-2}^N & H_{3,3N-1}^N & -G_{3,3N}^N
\end{bmatrix}
\begin{Bmatrix} t_x^1 \\ t_y^1 \\ u_z^1 \\ \vdots \\ u_x^N \\ u_y^N \\ t_z^N \end{Bmatrix} \\
&=
\begin{bmatrix}
-H_{11}^1 & -H_{12}^1 & G_{13}^1 & \cdots & G_{1,3N-2}^1 & G_{1,3N-1}^1 & -H_{1,3N}^1 \\
-H_{21}^1 & -H_{22}^1 & G_{23}^1 & \cdots & G_{2,3N-2}^1 & G_{2,3N-1}^1 & -H_{2,3N}^1 \\
-H_{31}^1 & -H_{32}^1 & G_{33}^1 & \cdots & G_{3,3N-2}^1 & G_{3,3N-1}^1 & -H_{3,3N}^1 \\
\vdots & \vdots & \vdots & & \vdots & \vdots & \vdots \\
-H_{11}^N & -H_{12}^N & G_{13}^N & \cdots & G_{1,3N-2}^N & G_{1,3N-1}^N & -H_{1,3N}^N \\
-H_{21}^N & -H_{22}^N & G_{23}^N & \cdots & G_{2,3N-2}^N & G_{2,3N-1}^N & -H_{2,3N}^N \\
-H_{31}^N & -H_{32}^N & G_{33}^N & \cdots & G_{3,3N-2}^N & G_{3,3N-1}^N & -H_{3,3N}^N
\end{bmatrix}
\begin{Bmatrix} \bar{u}_x^1 \\ \bar{u}_y^1 \\ \bar{t}_z^1 \\ \vdots \\ \bar{t}_x^N \\ \bar{t}_y^N \\ \bar{u}_z^N \end{Bmatrix}
\end{aligned} \quad (4.29)$$

用分块矩阵表示式 (4.29), 有

$$\begin{bmatrix} A_{11} & A_{12} \\ A_{21} & A_{22} \end{bmatrix} \begin{Bmatrix} U \\ T \end{Bmatrix} = \begin{bmatrix} B_{11} & B_{12} \\ B_{21} & B_{22} \end{bmatrix} \begin{Bmatrix} \overline{T} \\ \overline{U} \end{Bmatrix}. \tag{4.30}$$

其中, U 和 T 分别为未知的节点位移和节点面力矢量, $\overline{U}$ 为对应于 T 所在边界的给定节点位移矢量, $\overline{T}$ 为对应于 U 所在边界的给定节点面力矢量。

由于式 (4.30) 中 $\overline{U}$ 和 $\overline{T}$ 是给定的, 通过矩阵乘法, 式右端可转换为列阵 F, 用 X 表示左端的未知量列阵, X 的系数矩阵用 A 表示, 则式 (4.30) 可简写为

$$AX = F. \tag{4.31}$$

式中, A 为非对阵满阵。用高斯消去法解线性方程组, 即式 (4.31), 就可确定边界上所有节点的位移和面力未知量。

4.6 非奇异积分的计算

4.6.1 高斯型求积公式

式 (4.21) 中, P 和 Q 分别为源点和场点, 两点之间的距离为 r。核函数 u_{ij}^Y 的主项为 $1/r$, t_{ij}^Y 的主项为 $1/r^2$。$G_{ij}^{e\alpha}$ 和 $H_{ij}^{e\alpha}$ 表示的积分是在单元 e 上进行的, 当源点 P 不在单元 e 上时, r 不会趋于零, 积分无奇异性, 可以直接采用高斯型求积公式得到足够精确的积分值, 即

$$G_{ij}^{e\alpha} = \sum_{i=1}^{m_1} \sum_{j=1}^{m_2} u_{ij}^Y \left[P, Q\left(\xi_1^i, \xi_2^j\right) \right] N_\alpha \left(\xi_1^i, \xi_2^j\right) J\left(\xi_1^i, \xi_2^j\right) w_1^i w_2^j, \tag{4.32a}$$

$$H_{ij}^{e\alpha} = \sum_{i=1}^{m_1} \sum_{j=1}^{m_2} t_{ij}^Y \left[P, Q\left(\xi_1^i, \xi_2^j\right) \right] N_\alpha \left(\xi_1^i, \xi_2^j\right) J\left(\xi_1^i, \xi_2^j\right) w_1^i w_2^j. \tag{4.32b}$$

式中, ξ_1^i 和 ξ_2^j 是高斯积分点的坐标; w_1^i 和 w_2^j 是相应的权系数; m_1 和 m_2 分别为沿 ξ_1 和 ξ_2 两个方向取的高斯积分点的个数。这样, 式 (4.32) 的数值积分共有 $m_1 \times m_2$ 个高斯积分点。

4.6.2 等精度高斯积分法

在离散形式的边界积分方程形成过程中, 需要进行大量的式 (4.32) 所示的积分。为了保证积分精度并且节约计算时间, 最好通过对不同积分采取不同的高斯积分点数, 而使每个积分具有相同的精度, 即采用等精度高斯积分法。在估计数值积分精度时, 需要计算被积函数的 $2n$ 阶导数。从式 (4.32) 中可以发现,

被积函数非常复杂,不过在被积函数中插值函数是等于或低于二次的多项式,雅可比行列式一般变化不剧烈,唯一变化较剧烈的是积分方程的核函数,即与基本解有关的量,其中特别是可能出现奇异性的部分,当单元离奇异点较近时变化梯度也较大。考虑到方便性和实用性,可以采用相同方法计算同一奇异点在某一单元上所有积分的积分点数。这样,对于最高出现 $1/r^2$ 奇异性的积分,采用 $\int_{-1}^{1}\int_{-1}^{1}\dfrac{1}{r^2(\xi_1,\xi_2)}\mathrm{d}\xi_1\mathrm{d}\xi_2$ 的积分精度来确定高斯积分点数。式 (4.32) 的相对误差上界为 (姚振汉 等, 2010)

$$\Delta_1 = 4(m_1+1)\frac{r^2(0,0)}{r^2(\xi_1^*,\xi_2^*)}\left(\frac{1}{2r}\frac{\partial r}{\partial \xi_1}\right)^{2m_1}\bigg|_{\xi_1=\xi_1^*,\xi_2=\xi_2^*}, \tag{4.33a}$$

$$\Delta_2 = 4(m_2+1)\frac{r^2(0,0)}{r^2(\xi_1^*,\xi_2^*)}\left(\frac{1}{2r}\frac{\partial r}{\partial \xi_2}\right)^{2m_2}\bigg|_{\xi_1=\xi_1^*,\xi_2=\xi_2^*} \tag{4.33b}$$

式中,Δ_1 和 Δ_2 分别为沿 ξ_1 和 ξ_2 方向的高斯积分精度;点 (ξ_1^*,ξ_2^*) 为单元角点中使 r 最小的点;点 $(0,0)$ 为单元局部坐标的原点。

实际计算时,$\dfrac{\partial r}{\partial \xi_1}$ 和 $\dfrac{\partial r}{\partial \xi_2}$ 可以分别用 $\dfrac{\Delta r}{\Delta \xi_1}$ 和 $\dfrac{\Delta r}{\Delta \xi_2}$ 代替。根据式 (4.33) 选择 m_1 和 m_2 时,取 $\Delta_1 = \Delta_2$,使两个方向的积分具有同等的计算精度,且 $\Delta \leqslant 10^{-4}$。m_1 和 m_2 介于 3~6 之间,积分点个数依据奇异点与积分单元的最小距离和单元的边长确定。当确定的 m_1 和 m_2 超过高斯积分点数最大值 (这里为 6) 时,可以采用分区域数值积分,以确保积分精度。

4.6.3 几乎奇异积分

当源点 P 与场点 Q 不在同一单元上,但接近场点 Q 所在的单元时,基本解的位移和面力变化剧烈。此种情形下的积分称为几乎奇异积分。为了提高积分精度,可以设置更多的高斯点。另外一种方法是将单元分成几个积分子域,子域的多少与单元的大小和 P 点到单元的距离有关。Lachat et al (1976) 建议了这种方法, Gao et al (2002) 对这种数值积分方法进行了改进, Beer et al (2008) 采用这种方法编写了边界元法程序。下面介绍这种方法。

将单元划分成如图 4.5 所示的若干积分子域,沿 ξ_1 方向的子域数 N_{ξ_1} 和沿 ξ_2 方向的子域数 N_{ξ_2} 由下式确定:

$$N_{\xi_1} = \text{INT}\left[(R/L)_{\min}/(R/L_{\xi_1})\right], \quad N_{\xi_2} = \text{INT}\left[(R/L)_{\min}/(R/L_{\xi_2})\right]. \tag{4.34}$$

式中,INT 表示取整;$(R/L)_{\min}$ 为高斯积分点取 6 时的最小值,Eberwien et al (2005) 讨论了 $(R/L)_{\min}$ 的取值范围。

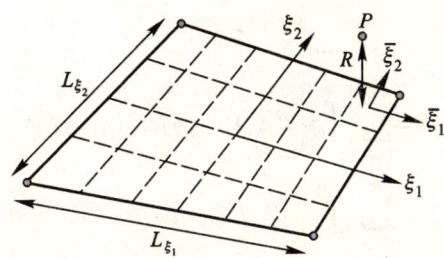

图 4.5 单元的分区域积分方法

式 (4.32) 可写为

$$G_{ij}^{e\alpha} = \sum_{l=1}^{N_{\xi_1}} \sum_{k=1}^{N_{\xi_2}} \sum_{i=1}^{m_1} \sum_{j=1}^{m_2} u_{ij}^Y \left[P, Q\left(\overline{\xi}_1^i, \overline{\xi}_2^j\right)\right] N_\alpha \left(\overline{\xi}_1^i, \overline{\xi}_2^j\right) J\overline{J} w_1^i w_2^j, \quad (4.35a)$$

$$H_{ij}^{e\alpha} = \sum_{l=1}^{N_{\xi_1}} \sum_{k=1}^{N_{\xi_2}} \sum_{i=1}^{m_1} \sum_{j=1}^{m_2} t_{ij}^Y \left[P, Q\left(\overline{\xi}_1^i, \overline{\xi}_2^j\right)\right] N_\alpha \left(\overline{\xi}_1^i, \overline{\xi}_2^j\right) J\overline{J} w_1^i w_2^j. \quad (4.35b)$$

局部坐标 (ξ_1, ξ_2) 和 $(\overline{\xi}_1, \overline{\xi}_2)$ 之间的转换关系为

$$\xi_1 = \frac{1}{2}\left(\xi_1^s + \xi_1^e\right) + \frac{\overline{\xi}_1}{N_{\xi_1}}, \quad (4.36a)$$

$$\xi_2 = \frac{1}{2}\left(\xi_2^s + \xi_2^e\right) + \frac{\overline{\xi}_2}{N_{\xi_2}}. \quad (4.36b)$$

式中, ξ_1^s 和 ξ_2^s 为沿两个方向子域开始端的局部坐标; ξ_1^e 和 ξ_2^e 为沿两个方向子域结束端的局部坐标。雅可比行列式为

$$\overline{J} = \frac{\partial \xi_1}{\partial \overline{\xi}_1} \frac{\partial \xi_2}{\partial \overline{\xi}_2} = \frac{1}{N_{\xi_1} N_{\xi_2}}. \quad (4.37)$$

4.7 奇异积分的计算

4.7.1 弱奇异积分

当源点 P 和场点 Q 在相同单元上时, 式 (4.20) 为弱奇异积分。这种情形下, 不能直接采用高斯型求积公式计算。Lachat et al (1976) 提出了处理弱奇异积分的有效方法。这种方法是从奇异点出发, 引出割线将单元分成两个或三个三角形, 在每个三角形中定义新的局部坐标系 (η_1, η_2)。这样, 经变量置换, 式 (4.20)

的积分变为

$$\int_{S_e} F(\xi_1,\xi_2)\mathrm{d}\xi_1\mathrm{d}\xi_2 = \sum_{k=1}^{2\text{ 或 }3}\int_{\Delta_k} F[\xi_1^k(\eta_1,\eta_2),\xi_2^k(\eta_1,\eta_2)]J_1^k(\eta_1,\eta_2)\mathrm{d}\eta_1\mathrm{d}\eta_2$$
$$= \sum_{k=1}^{2\text{ 或 }3}\int_{-1}^{1}\int_{-1}^{1} F[\xi_1^k(\eta_1,\eta_2),\xi_2^k(\eta_1,\eta_2)]J_1^k(\eta_1,\eta_2)\mathrm{d}\eta_1\mathrm{d}\eta_2. \tag{4.38}$$

由于被积函数中出现 $J_1^k = o(r)$, 而使被积函数的奇异性消除。如果奇异点出现在角点, 则边界单元划分为两个三角形单元; 如果奇异点出现在边中点, 则边界单元划分为三个三角形单元。

由于这种变换是线性的, 可利用线性插值函数

$$\begin{aligned}L_1(\eta_1,\eta_2) &= \frac{1}{4}(1-\eta_1)(1-\eta_2),\\ L_2(\eta_1,\eta_2) &= \frac{1}{4}(1+\eta_1)(1-\eta_2),\\ L_3(\eta_1,\eta_2) &= \frac{1}{4}(1+\eta_1)(1+\eta_2),\\ L_4(\eta_1,\eta_2) &= \frac{1}{4}(1-\eta_1)(1+\eta_2),\end{aligned} \tag{4.39}$$

来建立两个坐标系 (ξ_1,ξ_2) 和 (η_1,η_2) 之间的关系, 如图 4.6 所示。

三角形中每一点的坐标可以表示为

$$\begin{aligned}\xi_1 &= \sum_{\alpha=1}^{4} L_\alpha(\eta_1,\eta_2)\xi_1^\alpha,\\ \xi_2 &= \sum_{\alpha=1}^{4} L_\alpha(\eta_1,\eta_2)\xi_2^\alpha.\end{aligned} \tag{4.40}$$

式中, ξ_1^α 和 ξ_2^α 为坐标系 (ξ_1,ξ_2) 中 α 节点的坐标值。

不失一般性, 以奇异点 P 出现在角点 1 和边中节点 5 为例, 建立坐标系 (ξ_1,ξ_2) 和 (η_1,η_2) 之间的变换关系。建立变换关系时, 每个三角形都看做是四边形单元的退化形式, 即奇异点对应于图 4.6 所示的四边形单元的边 aa。

奇异点位于 1 号点时, 如图 4.7 所示, 单元可划分为两个三角形。对于三角形 134, 有

$$\begin{aligned}\xi_1 &= (L_1+L_2)\xi_1^1 + L_3\xi_1^3 + L_4\xi_1^4\\ &= \frac{1}{2}(1+\eta_1)(1+\eta_2)-1,\end{aligned} \tag{4.41a}$$

$$\begin{aligned}\xi_2 &= (L_1+L_2)\xi_2^1 + L_3\xi_2^3 + L_4\xi_2^4\\ &= \eta_2,\end{aligned} \tag{4.41b}$$

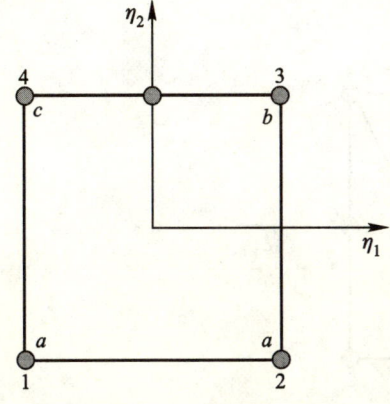
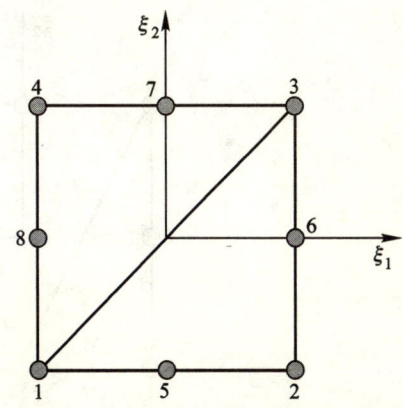

图 4.6 4 节点单元　　　　　图 4.7 奇异积分单元的分割

$$J_1 = \frac{\partial(\xi_1, \xi_2)}{\partial(\eta_1, \eta_2)} = \begin{vmatrix} \frac{\partial \xi_1}{\partial \eta_1} & \frac{\partial \xi_2}{\partial \eta_1} \\ \frac{\partial \xi_1}{\partial \eta_2} & \frac{\partial \xi_2}{\partial \eta_2} \end{vmatrix} = \begin{vmatrix} \frac{1}{2}(1+\eta_2) & 0 \\ \frac{1}{2}(1+\eta_1) & 1 \end{vmatrix} = \frac{1}{2}(1+\eta_2) = o(r). \quad (4.41c)$$

对于三角形 123, 有

$$\begin{aligned} \xi_1 &= (L_1+L_2)\xi_1^1 + L_3\xi_1^2 + L_4\xi_1^3 \\ &= \eta_2, \end{aligned} \quad (4.42a)$$

$$\begin{aligned} \xi_2 &= (L_1+L_2)\xi_2^1 + L_3\xi_2^2 + L_4\xi_2^3 \\ &= \frac{1}{2}(1-\eta_1)(1+\eta_2) - 1, \end{aligned} \quad (4.42b)$$

$$J_1 = \frac{1}{2}(1+\eta_2) = o(r). \quad (4.42c)$$

奇异点在 5 号点时, 如图 4.8 所示, 边界单元可划分为三个三角形。对于三角形 541, 有

$$\begin{aligned} \xi_1 &= (L_1+L_2)\xi_1^5 + L_3\xi_1^4 + L_4\xi_1^1 \\ &= -\frac{1}{2}(1+\eta_2), \end{aligned} \quad (4.43a)$$

$$\begin{aligned} \xi_2 &= (L_1+L_2)\xi_2^5 + L_3\xi_2^4 + L_4\xi_2^1 \\ &= \frac{1}{2}(1+\eta_1)(1+\eta_2) - 1, \end{aligned} \quad (4.43b)$$

$$J_1 = \frac{1}{4}(1+\eta_2) = o(r). \quad (4.43c)$$

对于三角形 523, 有

$$\begin{aligned} \xi_1 &= (L_1+L_2)\xi_1^5 + L_3\xi_1^2 + L_4\xi_1^3 \\ &= \frac{1}{2}(1+\eta_2), \end{aligned} \quad (4.44a)$$

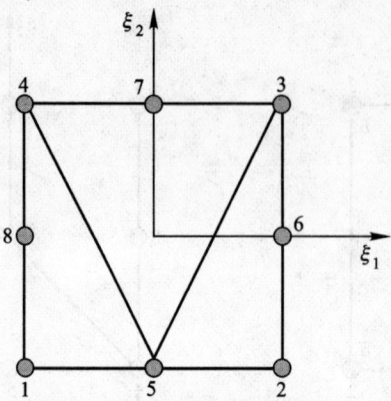

图 4.8 奇异积分单元的分割

$$\begin{aligned}\xi_2 &= (L_1+L_2)\xi_2^5 + L_3\xi_2^2 + L_4\xi_2^3 \\ &= \frac{1}{2}(1-\eta_1)(1+\eta_2)-1,\end{aligned} \tag{4.44b}$$

$$J_1 = \frac{1}{4}(1+\eta_2) = o(r). \tag{4.44c}$$

对于三角形 534, 有

$$\begin{aligned}\xi_1 &= (L_1+L_2)\xi_1^5 + L_3\xi_1^3 + L_4\xi_1^4 \\ &= \frac{1}{2}\eta_1(1+\eta_2),\end{aligned} \tag{4.45a}$$

$$\begin{aligned}\xi_2 &= (L_1+L_2)\xi_2^5 + L_3\xi_2^3 + L_4\xi_2^4 \\ &= \eta_2,\end{aligned} \tag{4.45b}$$

$$J_1 = \frac{1}{2}(1+\eta_2) = o(r). \tag{4.45c}$$

同理, 对奇异点 P 出现在其他节点的情况, 也可以写出其坐标变换关系, 这里就不一一列举了。

4.7.2 强奇异积分

当源点 P 和场点 Q 在相同单元上时, 式 (4.21) 为强奇异积分。可以利用边界积分方程的特解, 将其转化为非奇异积分求解。将式 (4.26) 重新写为

$$c_{ij}(P)u_j(P) + \sum_{\substack{e=1 \\ P\in S_e \text{ 且 } P=Q^\alpha}}^{ne} u_j^\alpha H_{ij}^{e\alpha} + \sum_{e=1}^{ne}\sum_{\substack{\alpha=1 \\ P\ne Q^\alpha}}^{m} u_j^\alpha H_{ij}^{e\alpha} = \sum_{e=1}^{ne}\sum_{\alpha=1}^{m} t_j^\alpha G_{ij}^{e\alpha}. \tag{4.46}$$

上式左端第二项为强奇异积分。为利用特解求解奇异积分, 可假设三组单位刚体位移: 沿 x 方向平移 $(u_x,u_y,u_z)=(1,0,0)$, 沿 y 方向平移 $(u_x,u_y,u_z)=$

$(0,1,0)$, 沿 z 方向平移 $(u_x, u_y, u_z) = (0,0,1)$, 对应边界上面力均为零。考虑 x 方向平移, 式 (4.46) 为

$$\begin{bmatrix} c_{11} & c_{12} & c_{13} \\ c_{21} & c_{22} & c_{23} \\ c_{31} & c_{32} & c_{33} \end{bmatrix} \begin{Bmatrix} 1 \\ 0 \\ 0 \end{Bmatrix} + \sum_{\substack{e=1 \\ P \in S_e \text{ 且 } P=Q^\alpha}}^{ne} \begin{bmatrix} H_{11}^{e\alpha} & H_{12}^{e\alpha} & H_{13}^{e\alpha} \\ H_{21}^{e\alpha} & H_{22}^{e\alpha} & H_{23}^{e\alpha} \\ H_{31}^{e\alpha} & H_{32}^{e\alpha} & H_{33}^{e\alpha} \end{bmatrix} \begin{Bmatrix} 1 \\ 0 \\ 0 \end{Bmatrix}$$
$$+ \sum_{e=1}^{ne} \sum_{\substack{\alpha=1 \\ P \neq Q^\alpha}}^{m} \begin{bmatrix} H_{11}^{e\alpha} & H_{12}^{e\alpha} & H_{13}^{e\alpha} \\ H_{21}^{e\alpha} & H_{22}^{e\alpha} & H_{23}^{e\alpha} \\ H_{31}^{e\alpha} & H_{32}^{e\alpha} & H_{33}^{e\alpha} \end{bmatrix} \begin{Bmatrix} 1 \\ 0 \\ 0 \end{Bmatrix} = \begin{Bmatrix} 0 \\ 0 \\ 0 \end{Bmatrix}. \quad (4.47)$$

整理式 (4.47), 有

$$\begin{Bmatrix} c_{11} \\ c_{21} \\ c_{31} \end{Bmatrix} + \sum_{\substack{e=1 \\ P \in S_e \text{ 且 } P=Q^\alpha}}^{ne} \begin{Bmatrix} H_{11}^{e\alpha} \\ H_{21}^{e\alpha} \\ H_{31}^{e\alpha} \end{Bmatrix} + \sum_{e=1}^{ne} \sum_{\substack{\alpha=1 \\ P \neq Q^\alpha}}^{m} \begin{Bmatrix} H_{11}^{e\alpha} \\ H_{21}^{e\alpha} \\ H_{31}^{e\alpha} \end{Bmatrix} = \begin{Bmatrix} 0 \\ 0 \\ 0 \end{Bmatrix}. \quad (4.48a)$$

进一步考虑 y 和 z 方向的平移, 得到

$$\begin{Bmatrix} c_{12} \\ c_{22} \\ c_{32} \end{Bmatrix} + \sum_{\substack{e=1 \\ P \in S_e \text{ 且 } P=Q^\alpha}}^{ne} \begin{Bmatrix} H_{12}^{e\alpha} \\ H_{22}^{e\alpha} \\ H_{32}^{e\alpha} \end{Bmatrix} + \sum_{e=1}^{ne} \sum_{\substack{\alpha=1 \\ P \neq Q^\alpha}}^{m} \begin{Bmatrix} H_{12}^{e\alpha} \\ H_{22}^{e\alpha} \\ H_{32}^{e\alpha} \end{Bmatrix} = \begin{Bmatrix} 0 \\ 0 \\ 0 \end{Bmatrix}, \quad (4.48b)$$

$$\begin{Bmatrix} c_{13} \\ c_{23} \\ c_{33} \end{Bmatrix} + \sum_{\substack{e=1 \\ P \in S_e \text{ 且 } P=Q^\alpha}}^{ne} \begin{Bmatrix} H_{13}^{e\alpha} \\ H_{23}^{e\alpha} \\ H_{33}^{e\alpha} \end{Bmatrix} + \sum_{e=1}^{ne} \sum_{\substack{\alpha=1 \\ P \neq Q^\alpha}}^{m} \begin{Bmatrix} H_{13}^{e\alpha} \\ H_{23}^{e\alpha} \\ H_{33}^{e\alpha} \end{Bmatrix} = \begin{Bmatrix} 0 \\ 0 \\ 0 \end{Bmatrix}. \quad (4.48c)$$

将式 (4.48) 组合, 得到

$$\begin{bmatrix} c_{11} & c_{12} & c_{13} \\ c_{21} & c_{22} & c_{23} \\ c_{31} & c_{32} & c_{33} \end{bmatrix} + \sum_{\substack{e=1 \\ P \in S_e \text{ 且 } P=Q^\alpha}}^{ne} \begin{bmatrix} H_{11}^{e\alpha} & H_{12}^{e\alpha} & H_{13}^{e\alpha} \\ H_{21}^{e\alpha} & H_{22}^{e\alpha} & H_{23}^{e\alpha} \\ H_{31}^{e\alpha} & H_{32}^{e\alpha} & H_{33}^{e\alpha} \end{bmatrix}$$
$$= -\sum_{e=1}^{ne} \sum_{\substack{\alpha=1 \\ P \neq Q^\alpha}}^{m} \begin{bmatrix} H_{11}^{e\alpha} & H_{12}^{e\alpha} & H_{13}^{e\alpha} \\ H_{21}^{e\alpha} & H_{22}^{e\alpha} & H_{23}^{e\alpha} \\ H_{31}^{e\alpha} & H_{32}^{e\alpha} & H_{33}^{e\alpha} \end{bmatrix}. \quad (4.49)$$

式 (4.49) 可进一步写为

$$c_{ij}(P) + \sum_{\substack{e=1 \\ P \in S_e \text{ 且 } P=Q^\alpha}}^{ne} \int_{S_e} t_{ij}^Y(P,\xi) N_\alpha(\xi) J(\xi) \mathrm{d}\xi_1 \mathrm{d}\xi_2$$
$$= -\sum_{e=1}^{ne} \sum_{\substack{\alpha=1 \\ P \neq Q^\alpha}}^{m} \int_{S_e} t_{ij}^Y(P,\xi) N_\alpha(\xi) J(\xi) \mathrm{d}\xi_1 \mathrm{d}\xi_2. \quad (4.50)$$

式 (4.49) 和式 (4.50) 表明, 系数 $c_{ij}(P)$ 与强奇异积分之和可以用其余积分的和求得。

对于无限域弹性体, 可以增加辅助边界 S_∞, 与原来的边界构成有限域。在该有限域的边界积分方程中, 引入单位刚体位移, 对应的面力为零。这样, 式 (4.14) 为

$$c_{ij}(P) + \int_S t_{ij}^Y(P,Q)\mathrm{d}S(Q) + \int_{S_\infty} t_{ij}^Y(P,Q)\mathrm{d}S(Q) = 0. \tag{4.51}$$

式中, 左端第二项积分可以用解析方法求得, 其值为

$$\int_{S_\infty} t_{ij}^Y(P,Q)\mathrm{d}S(Q) = -\delta_{ij}. \tag{4.52}$$

也就是说, 对于无限域问题, 式 (4.50) 的右端应该加上修正项 δ_{ij}。

对于半无限域弹性体, 也可以采用类似于上述无限域的方法, 求解 $c_{ij}(P)$ 与强奇异积分之和。在利用 Yue 基本解时, 可取第 0 层半无限域介质的弹性模量为一非常小的量, 如 $E_0 = 1.0 \times 10^{-15}$MPa, 泊松比 $\nu_0 = 0.2$。式 (4.50) 中不包含沿半无限域自由面 (即第 0 层和第 1 层的层面) 的积分, 即无须沿半无限域自由面划分单元。

4.8 内点位移及应力的计算

由积分方程式 (4.11) 可知, 在求得层状材料边界上的位移和面力分量后, 可以通过积分确定弹性体内任意一点的位移分量。这时, 边界上的积分无奇异性, 可以用高斯型求积公式计算域内点的位移。

域内点的应力可以利用积分方程式 (4.11)、几何方程式 (2.2) 和应力应变关系式 (2.3) 求得。对于无体积力情形, 将式 (4.11b) 代入几何方程式 (2.2) 中, 源点 p 的应变为

$$\varepsilon_{ij}(p) = \int_S U_{ijk}^\varepsilon(p,Q)t_k(Q)\mathrm{d}S(Q) - \int_S T_{ijk}^\varepsilon(p,Q)u_k(Q)\mathrm{d}S(Q). \tag{4.53}$$

式中

$$\begin{aligned} U_{ijk}^\varepsilon &= (u_{ik,j}^Y + u_{jk,i}^Y)/2, \\ T_{ijk}^\varepsilon &= (t_{ik,j}^Y + t_{jk,i}^Y)/2. \end{aligned} \tag{4.54}$$

将式 (4.53) 代入应力应变关系式 (2.3) 中, 可得到内点应力的积分方程, 即

$$\sigma_{ij}(p) = \int_S U_{ijk}^Y(p,Q)t_k(Q)\mathrm{d}S(Q) - \int_S T_{ijk}^Y(p,Q)u_k(Q)\mathrm{d}S(Q). \tag{4.55}$$

式中

$$\begin{aligned} U_{ijk}^Y &= \lambda\delta_{ij}U_{mmk}^\varepsilon + 2\mu U_{ijk}^\varepsilon, \\ T_{ijk}^Y &= \lambda\delta_{ij}T_{mmk}^\varepsilon + 2\mu T_{ijk}^\varepsilon. \end{aligned} \tag{4.56}$$

在求得边界节点的位移和面力后，很容易利用式 (4.55) 计算出域内点的应力。下面确定式 (4.56) 的新核函数 U_{ijk}^Y 和 T_{ijk}^Y。

需要注意的是，式 (4.54) 的微分是对源点 p 而不是对场点 Q 进行的。由于 Yue 基本解给出了场点的位移和应力，上述位移和面力对源点三个方向的微分可以采用差分方法求得 (Yue et al, 2007)。U_{ijk}^ε 中的 $u_{ik,j}^Y$ 可用下式计算：

$$\frac{\partial u_{ik}^Y}{\partial x} \approx \frac{1}{2D}[u_{ik}^Y(x+D,y,z) - u_{ik}^Y(x-D,y,z)],$$
$$\frac{\partial u_{ik}^Y}{\partial y} \approx \frac{1}{2D}[u_{ik}^Y(x,y+D,z) - u_{ik}^Y(x,y-D,z)], \qquad (4.57)$$
$$\frac{\partial u_{ik}^Y}{\partial z} \approx \frac{1}{2D}[u_{ik}^Y(x,y,z+D) - u_{ik}^Y(x,y,z-D)].$$

式中，右端项中 (x,y,z) 为源点 p 的整体坐标；D 为两个源点之间的微小距离。T_{ijk}^ε 中的 $t_{ik,j}^Y$ 也可以用类似方法计算。

为了求得 $u_{ik,j}^Y$ 和 $t_{ik,j}^Y$，需要计算与源点 p 相邻的 6 个点上作用单位集中力在 Q 点产生的位移和面力。很明显，式 (4.57) 中间距 D 的选择是获得高精度微分值的关键。第 8 章将对 D 的取值予以详细的讨论。

4.9 边界点应力的计算

在式 (4.55) 中，核函数 T_{ijk}^Y 的主项为 $1/r^3$，含该核函数的积分为超奇异积分。直接利用式 (4.55) 求解应力有很大的困难。此时，可以利用由边界上已知的节点位移和面力求出节点的应力。

单元 e 内任意点 (ξ_1,ξ_2) 的应力为

$$\sigma_{ij} = \lambda\delta_{ij}u_{k,k} + \mu(u_{i,j} + u_{j,i}), \qquad (4.58)$$

利用边界条件，有

$$\lambda n_i u_{k,k} + \mu(u_{i,j} + u_{j,i})n_j = t_i, \quad i = x,y,z. \qquad (4.59)$$

设单元 e 上任意点 (ξ_1,ξ_2) 的位移为 $u_i(\xi_1,\xi_2)$，则 $u_i(\xi_1,\xi_2)$ 对局部坐标的偏导数为

$$\frac{\partial u_i}{\partial \xi_k} = \frac{\partial u_i}{\partial x_j}\frac{\partial x_j}{\partial \xi_k} = u_{i,j}\frac{\partial x_j}{\partial \xi_k}, \quad i,j = x,y,z, \quad k = 1,2. \qquad (4.60)$$

在式 (4.59) 和式 (4.60) 中，单元节点的 t_i、$\dfrac{\partial u_i}{\partial \xi_k}$、$\dfrac{\partial x_k}{\partial \xi_k}$ 和 n_i 均可直接求得，因此只有 9 个未知量 $u_{i,j}(i,j=x,y,z)$。将式 (4.59) 和式 (4.60) 联立，正好形成 9 个线性方程，求得未知量 $u_{i,j}$。将 $u_{i,j}$ 值代入式 (4.58) 就可得到 6 个应力分量。

4.10 边界元法的子域法

基于 Kelvin 基本解的边界元法难以处理非均匀或几何形状很不规则的弹性体，为解决这一难题，提出了边界元法的子域法。在子域法中，按需要将弹性体分成几个区域，在每一区域建立边界积分方程，在相邻部分的交界面上，依据位移连续和面力平衡条件建立整体方程。

采用上述建立的 Yue 基本解的边界元法分析层状结构时，不需要沿材料界面划分单元。但是，当将其用于求解裂纹问题时，仍需要采用子域法。这是因为理想裂纹的上、下面几何上是完全重合的，对于位于裂纹上、下面相同位置上的两点，只能建立一组独立的边界积分方程；这样，线性方程组未知量的个数就会超过方程数。解决的方法是补充新的方程。这里介绍边界元法的子域法。

如图 4.9 所示，将弹性体划分为两个子域，对于每一个子域得到式 (4.30) 的线性方程组。为了便于建立最终的联立方程组，将两个子域边界上的物理量和相应的系数独立写出，于是有

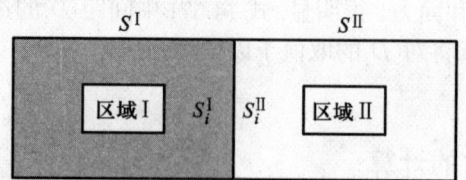

图 4.9 边界元法的子域法

$$\begin{bmatrix} A_{11}^{\mathrm{I}} & A_{12}^{\mathrm{I}} & A_{13}^{\mathrm{I}} \\ A_{21}^{\mathrm{I}} & A_{22}^{\mathrm{I}} & A_{23}^{\mathrm{I}} \\ A_{31}^{\mathrm{I}} & A_{32}^{\mathrm{I}} & A_{33}^{\mathrm{I}} \end{bmatrix} \begin{Bmatrix} U^{\mathrm{I}} \\ T^{\mathrm{I}} \\ T_i^{\mathrm{I}} \end{Bmatrix} = \begin{bmatrix} B_{11}^{\mathrm{I}} & B_{12}^{\mathrm{I}} & B_{13}^{\mathrm{I}} \\ B_{21}^{\mathrm{I}} & B_{22}^{\mathrm{I}} & B_{23}^{\mathrm{I}} \\ B_{31}^{\mathrm{I}} & B_{32}^{\mathrm{I}} & B_{33}^{\mathrm{I}} \end{bmatrix} \begin{Bmatrix} \overline{T}^{\mathrm{I}} \\ \overline{U}^{\mathrm{I}} \\ U_i^{\mathrm{I}} \end{Bmatrix}, \quad (4.61)$$

$$\begin{bmatrix} A_{11}^{\mathrm{II}} & A_{12}^{\mathrm{II}} & A_{13}^{\mathrm{II}} \\ A_{21}^{\mathrm{II}} & A_{22}^{\mathrm{II}} & A_{23}^{\mathrm{II}} \\ A_{31}^{\mathrm{II}} & A_{32}^{\mathrm{II}} & A_{33}^{\mathrm{II}} \end{bmatrix} \begin{Bmatrix} U_i^{\mathrm{II}} \\ U^{\mathrm{II}} \\ T^{\mathrm{II}} \end{Bmatrix} = \begin{bmatrix} B_{11}^{\mathrm{II}} & B_{12}^{\mathrm{II}} & B_{13}^{\mathrm{II}} \\ B_{21}^{\mathrm{II}} & B_{22}^{\mathrm{II}} & B_{23}^{\mathrm{II}} \\ B_{31}^{\mathrm{II}} & B_{32}^{\mathrm{II}} & B_{33}^{\mathrm{II}} \end{bmatrix} \begin{Bmatrix} T_i^{\mathrm{II}} \\ \overline{T}^{\mathrm{II}} \\ \overline{U}^{\mathrm{II}} \end{Bmatrix}, \quad (4.62)$$

式中，$\overline{T}^{\mathrm{I}}$、$\overline{U}^{\mathrm{I}}$ 和 $\overline{T}^{\mathrm{II}}$、$\overline{U}^{\mathrm{II}}$ 分别为两个子域外边界上给定节点面力与位移的列阵；T^{I}、U^{I} 和 T^{II}、U^{II} 分别为外边界上未知节点的面力与位移；T_i^{I}、U_i^{I} 和 T_i^{II}、U_i^{II} 分别为两子域内边界节点的面力与位移。

如果位移与面力均为整体坐标系下的分量，在两子域内边界上节点编号一一对应的情况下，内边界连续条件为

$$T_i^{\mathrm{I}} = -T_i^{\mathrm{II}}, \quad U_i^{\mathrm{I}} = U_i^{\mathrm{II}}. \quad (4.63)$$

利用式 (4.63), 将式 (4.61) 和式 (4.62) 联立形成一个线性方程组, 即

$$\begin{bmatrix} A_{11}^{\mathrm{I}} & A_{12}^{\mathrm{I}} & A_{13}^{\mathrm{I}} & B_{13}^{\mathrm{I}} & 0 & 0 \\ A_{21}^{\mathrm{I}} & A_{22}^{\mathrm{I}} & A_{23}^{\mathrm{I}} & B_{23}^{\mathrm{I}} & 0 & 0 \\ A_{31}^{\mathrm{I}} & A_{32}^{\mathrm{I}} & A_{33}^{\mathrm{I}} & B_{33}^{\mathrm{I}} & 0 & 0 \\ 0 & 0 & -B_{11}^{\mathrm{II}} & A_{11}^{\mathrm{II}} & A_{12}^{\mathrm{II}} & A_{13}^{\mathrm{II}} \\ 0 & 0 & -B_{21}^{\mathrm{II}} & A_{21}^{\mathrm{II}} & A_{22}^{\mathrm{II}} & A_{23}^{\mathrm{II}} \\ 0 & 0 & -B_{31}^{\mathrm{II}} & A_{31}^{\mathrm{II}} & A_{32}^{\mathrm{II}} & A_{33}^{\mathrm{II}} \end{bmatrix} \begin{Bmatrix} U^{\mathrm{I}} \\ T^{\mathrm{I}} \\ T_i^{\mathrm{I}} \\ U_i^{\mathrm{I}} \\ U^{\mathrm{II}} \\ T^{\mathrm{II}} \end{Bmatrix} = \begin{Bmatrix} B_{11}^{\mathrm{I}}\overline{T}^{\mathrm{I}} + B_{12}^{\mathrm{I}}\overline{U}^{\mathrm{I}} \\ B_{21}^{\mathrm{I}}\overline{T}^{\mathrm{I}} + B_{22}^{\mathrm{I}}\overline{U}^{\mathrm{I}} \\ B_{31}^{\mathrm{I}}\overline{T}^{\mathrm{I}} + B_{32}^{\mathrm{I}}\overline{U}^{\mathrm{I}} \\ B_{12}^{\mathrm{II}}\overline{T}^{\mathrm{II}} + B_{13}^{\mathrm{II}}\overline{U}^{\mathrm{II}} \\ B_{22}^{\mathrm{II}}\overline{T}^{\mathrm{II}} + B_{23}^{\mathrm{II}}\overline{U}^{\mathrm{II}} \\ B_{32}^{\mathrm{II}}\overline{T}^{\mathrm{II}} + B_{33}^{\mathrm{II}}\overline{U}^{\mathrm{II}} \end{Bmatrix}. \quad (4.64)$$

上式右端可通过矩阵运算得到一列阵 F, 用 X 表示左端的未知量列阵, 则式 (4.64) 可简写为

$$AX = F, \quad (4.65)$$

式中, A 为系数矩阵且为非对阵满阵。解线性方程组 (4.65), 便可得到两个子域外边界上的未知量和内边界上的未知量。

4.11 对称性处理

许多情况下, 考虑问题的对称性是可行的, 这样可以大大简化问题的分析。对于图 4.10 所示的弹性体, 假设弹性体的结构和荷载对称于坐标面 yOz 和 xOz, 并对称于坐标原点。

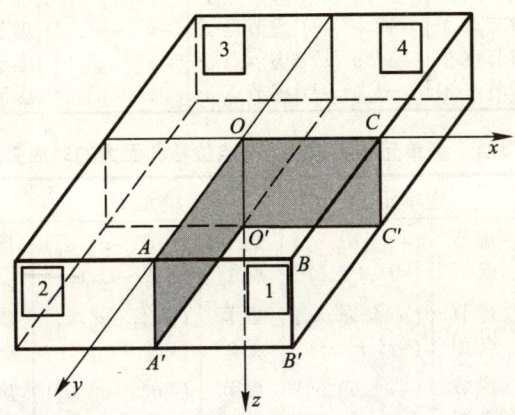

图 4.10 结构和荷载对称的弹性体

依据对称性, 图中结构可分成四个区域, 图中带框的数字表示分区编号。用有限元法分析对称问题时, 可取图 4.10 所示结构的四分之一划分单元, 并在对称面上给定约束。用边界元法分析该问题时, 仍取弹性体的四分之一 $ABCOA'B'C'O'$ 分析。一种方法是, 沿对称面和外边界划分单元, 在对称面上施加位移或面力约

束。另一种方法是,沿除对称面 $AA'O'O$ 和 $O'C'CO$ (图中阴影) 以外的外边界划分单元,其余四分之三的弹性体可按以下方式考虑。相对第一种方法,第二种方法要分析的单元数目减少。这里介绍第二种分析方法。

如图 4.11 所示,在 $z=0$ 的边界上有一单元 1,假设单元有四个节点。考虑弹性体的对称性,单元 1 有三个虚单元 1^1、1^2、1^3,这三个单元分别与单元 1 关于 yOz 坐标面、原点和 xOz 坐标面对称。实单元和虚单元的节点坐标之间的关系如表 4.1 所示,节点位移和面力之间的对应关系如表 4.2 所示。

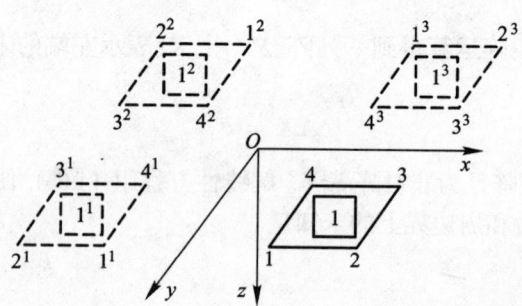

图 4.11 对称结构弹性体的单元划分

表 4.1 虚单元和实单元上节点坐标的对应关系

	单元 1		虚单元 1^1		虚单元 1^2		虚单元 1^3
节点 1	(x^1, y^1, z^1)	虚节点 1^1	$(-x^1, y^1, z^1)$	虚节点 1^2	$(-x^1, -y^1, z^1)$	虚节点 1^3	$(x^1, -y^1, z^1)$
节点 2	(x^2, y^2, z^2)	虚节点 2^1	$(-x^2, y^2, z^2)$	虚节点 2^2	$(-x^2, -y^2, z^2)$	虚节点 2^3	$(x^2, -y^2, z^2)$
节点 3	(x^3, y^3, z^3)	虚节点 3^1	$(-x^3, y^3, z^3)$	虚节点 3^2	$(-x^3, -y^3, z^3)$	虚节点 3^3	$(x^3, -y^3, z^3)$
节点 4	(x^4, y^4, z^4)	虚节点 4^1	$(-x^4, y^4, z^4)$	虚节点 4^2	$(-x^4, -y^4, z^4)$	虚节点 4^3	$(x^4, -y^4, z^4)$

表 4.2 虚单元和实单元上节点位移和面力的对应关系

	单元 1		虚单元 1^1		虚单元 1^2		虚单元 1^3
节点 1	(u_x^1, u_y^1, u_z^1) (t_x^1, t_y^1, t_z^1)	虚节点 1^1	$(-u_x^1, u_y^1, u_z^1)$ $(-t_x^1, t_y^1, t_z^1)$	虚节点 1^2	$(-u_x^1, -u_y^1, u_z^1)$ $(-t_x^1, -t_y^1, t_z^1)$	虚节点 1^3	$(u_x^1, -u_y^1, u_z^1)$ $(t_x^1, -t_y^1, t_z^1)$
节点 2	(u_x^2, u_y^2, u_z^2) (t_x^2, t_y^2, t_z^2)	虚节点 2^1	$(-u_x^2, u_y^2, u_z^2)$ $(-t_x^2, t_y^2, t_z^2)$	虚节点 2^2	$(-u_x^2, -u_y^2, u_z^2)$ $(-t_x^2, -t_y^2, t_z^2)$	虚节点 2^3	$(u_x^2, -u_y^2, u_z^2)$ $(t_x^2, -t_y^2, t_z^2)$
节点 3	(u_x^3, u_y^3, u_z^3) (t_x^3, t_y^3, t_z^3)	虚节点 2^1	$(-u_x^3, u_y^3, u_z^3)$ $(-t_x^3, t_y^3, t_z^3)$	虚节点 2^2	$(-u_x^3, -u_y^3, u_z^3)$ $(-t_x^3, -t_y^3, t_z^3)$	虚节点 2^3	$(u_x^3, -u_y^3, u_z^3)$ $(t_x^3, -t_y^3, t_z^3)$
节点 4	(u_x^4, u_y^4, u_z^4) (t_x^4, t_y^4, t_z^4)	虚节点 2^1	$(-u_x^4, u_y^4, u_z^4)$ $(-t_x^4, t_y^4, t_z^4)$	虚节点 2^2	$(-u_x^4, -u_y^4, u_z^4)$ $(-t_x^4, -t_y^4, t_z^4)$	虚节点 2^3	$(u_x^4, -u_y^4, u_z^4)$ $(t_x^4, -t_y^4, t_z^4)$

区域 1 外边界的单元总数为 ne。将区域 1 边界上的所有单元向区域 2、3 和 4 投影,这样,这三个区域上每一区域虚单元的总数均为 ne。对于四个区域,建立类似表 4.1 和表 4.2 所示的虚实单元上节点坐标、位移和面力之间的关系。

对于区域 1 的节点 P,建立以下边界积分方程:

$$c_{ij}(P)u_j(P) + \sum_{R=1}^{4}\sum_{e=1}^{ne}\sum_{\alpha=1}^{m}(u_j^\alpha H_{ij}^{e\alpha})_R = \sum_{R=1}^{4}\sum_{e=1}^{ne}\sum_{\alpha=1}^{m}(t_j^\alpha G_{ij}^{e\alpha})_R. \quad (4.66)$$

式中,R 为四个区域序号,$R=1,2,3,4$。

依据对称单元节点坐标、位移和面力的关系,将 $R=2,3,4$ 三个区域节点上面力和位移用 $R=1$ 区域上对应节点上的值代替,则式 (4.66) 变为

$$\begin{aligned}c_{ij}(P)u_j(P) + \sum_{R=1}^{4}\sum_{e=1}^{ne}\sum_{\alpha=1}^{m}[f_R^1(H_{i1}^{e\alpha})_R(u_x^\alpha)_1 + f_R^2(H_{i2}^{e\alpha})_R(u_y^\alpha)_1 + f_R^3(H_{i3}^{e\alpha})_R(u_z^\alpha)_1]\\= \sum_{R=1}^{4}\sum_{e=1}^{ne}\sum_{\alpha=1}^{m}[f_R^1(G_{i1}^{e\alpha})_R(t_x^\alpha)_1 + f_R^2(G_{i2}^{e\alpha})_R(t_y^\alpha)_1 + f_R^3(G_{i3}^{e\alpha})_R(t_z^\alpha)_1].\end{aligned}$$
$$(4.67)$$

式中,$f_R^d(d=1,2,3)$ 为 $R=2,3,4$ 区域上面力和位移用区域 1 中面力和位移代替时符号的变化;$(u_i^\alpha)_1$ 和 $(t_i^\alpha)_1$,$(i=x,y,z)$ 分别为区域 1 单元节点的位移和面力。依据表 4.2,f_R^d 的取值情况列在表 4.3 中。

表 4.3 f_R^d 的取值

R	$d=1$	$d=2$	$d=3$
1	1	1	1
2	1	−1	1
3	−1	−1	1
4	1	−1	1

这样,式 (4.67) 中仅含有区域 1 中节点上的位移和面力。对于区域 1 中每一个节点建立式 (4.67) 的边界积分方程,联立形成线性方程组;利用对称面上的位移条件调整方程系数矩阵的元素,形成可定解的线性方程组;解之,得到区域 1 节点上的位移和面力。区域 2、3 和 4 节点上的位移和面力可依据对称关系求得。可以发现,离散仅仅在区域 1 的外边界上进行,且边界积分方程中的位移和面力也仅为区域 1 上节点的值,这样计算工作量大大减少。

前面讨论了有两个对称面且关于原点对称的情形,当然也可以给出有一个对称面的情形。对于结构对称、荷载和约束反对称问题,也可采用上述方法建立相应的线性方程。这类问题与上述对称问题的区别为,式 (4.67) 中符号 f_R^d 的取值不同。

参考文献

杜庆华, 姚振汉. 1982. 边界积分方程–边界元法的基本理论及其在弹性力学方面的若干工程应用 [J]. 固体力学学报, 3: 1–22.

杜庆华, 嵇醒, 岑章志, 等. 1989. 边界积分方程-边界元法的力学基础与工程应用 [M]. 北京: 高等教育出版社.
姚振汉, 王海涛. 2010. 边界元法 [M]. 北京: 高等教育出版社.
张明, 姚振汉, 杜庆华. 1999. 双材料基本解弹塑性边界元法 [J]. 力学学报, 31: 563–570.
Beer G, Smith I, Duenser C. 2008. The boundary element method with programming: for engineering and scientists[M]. New York: Springer.
Eberwien U, Duenser C, Moser W. 2005. Efficient calculation of internal results in 2D elasticity BEM[J]. Engineering Analysis with Boundary Elements, 29: 447–453.
Gao X W, Davies T G. 2002. Boundary element programming in mechanics[M]. Cambridge: Cambridge University Press.
Lachat J C, Waston J O. 1976. Effective treatment of boundary integral equations: A formulation for three-dimensional elastostatics[J]. International Journal for Numerical Methods in Engineering, 10: 991–1005.
Lou Z W, Zhang M. 1992. Elasto-plastic boundary element analysis with Hetenyi's fundamental solution[J]. Engineering Analysis with Boundary Elements, 10: 231–239.
Pan E, Yang B, Cai G, et al. 2001. Stress analyses around holes in composite laminates using boundary element method[J]. Engineering Analysis with Boundary Elements, 25: 31–40.
Rizzo F J. 1967. An integral equation approach to boundary value problems of classical elastostatics[J]. The Quarterly Journal of Mathematics, 25: 83–95.
Yang B, Pan E, Yuan F G. 2003. Three-dimensional stress analyses in composite laminates with an elastically pinned hole[J]. International Journal of Solids and Structures, 40: 2017–2035.
Yue Z Q. 1995. On generalized Kelvin solutions in a multilayered elastic medium[J]. Journal of Elasticity, 40: 1–43.

第 5 章
Yue 基本解边界元法的断裂力学应用

5.1 引言

边界元法能有效地分析应力集中问题。正是由于这个原因,边界元法在断裂力学中得到了广泛的应用。基于 Kelvin 基本解的边界元法已广泛用于分析均匀各向同性介质中的裂纹问题。该类基本解的边界元法用于分析复合材料断裂力学时,效率相对较低。为此,人们采用其他形式的基本解建立相应的边界元法分析不同类型材料中的裂纹。

Yuuki et al (1989) 采用基于 Dunders-Hetenyi 基本解的边界元法分析了双材料中的界面裂纹问题。郝巨涛等 (1998) 建立层体边界元法分析二维层体材料中的裂纹问题。Pan et al (1999) 采用正交各向异性双材料的基本解建立边界元法,并分析断裂力学问题。Pan et al (2000) 采用基于横观各向同性材料和正交各向异性材料基本解的边界元法分析圆盘状和矩形裂纹。Ariza et al (2004) 发展横观各向同性材料基本解的边界元法来分析三维裂纹问题。Yue et al (2005) 和 Xiao et al (2005) 建立了横观各向同性双材料基本解的边界元法,利用子域法分析了圆盘状和椭圆盘状裂纹的断裂力学问题。Yue et al (2007) 基于横观各向同性双材料的基本解发展了对偶边界元法,计算了双材料中矩形裂纹的应力强度因子。

本章进一步发展了基于 Yue 基本解的边界元法,并分析了层状材料中的裂纹问题。首先引入分析裂纹的面力奇异单元,然后给出了面力奇异单元的数值方法,最后通过两个算例验证了基于 Yue 基本解的边界元法,并分析了采用面力奇异单元分析裂纹时的计算精度。

5.2 面力奇异单元及其数值方法

5.2.1 概述

在均匀各向同性介质中,裂纹尖端位移和应力的渐近场具有以下形式:

$$u_i = \sqrt{r} \sum_{n=1}^{\infty} a_n r^{\frac{n-1}{2}}, \tag{5.1}$$

$$\sigma_{ij} = \frac{1}{\sqrt{r}} \sum_{n=1}^{\infty} b_n r^{\frac{n-1}{2}}. \tag{5.2}$$

式中,a_n 和 b_n 为常数;r 为极坐标系下距裂纹尖端的距离。当 r 很小时,上述表达式是严格有效的。为了精确有效地计算裂纹尖端的位移和应力,任何数值方法都应该考虑 $\sqrt{r}$ 阶位移和 $1/\sqrt{r}$ 阶应力的变化。

如图 4.3 所示,对于标准的二次边界单元,单元相邻节点之间的距离是相等的,插值函数只能近似地描述位移和面力如下形式的变化 (Bains, 1992):

$$u_i = \sum_{n=1}^{3} a_{in} r^{n-1}, \tag{5.3}$$

$$t_i = \sum_{n=1}^{3} b_{in} r^{n-1}. \tag{5.4}$$

式 (5.3) 和式 (5.4) 不能描述裂纹尖端的 $\sqrt{r}$ 阶位移和 $1/\sqrt{r}$ 阶应力变化。这样,标准的多项式插值函数不能足够近似地分析裂纹尖端的位移和应力场。如果采用这种类型的单元,需要在裂纹尖端将单元的网格划分得非常细,才能获得令人满意的结果。如果采用能考虑裂纹尖端位移和应力场特点的插值函数,将会提高精度并且获得较高的计算效率。因此,发展这种单元是精确计算断裂力学参数的有效手段。

对于图 4.3 所示的 8 节点单元,将单元的边中节点 6 和 8 移至 $\xi_2 = -\frac{1}{2}$ 处,

单元边 $\xi_2 = -1$ 位于裂纹尖端。该类单元也称为四分之一节点单元, 这是因为边中节点 6 和 8 距裂纹尖端的距离为单元边 14 和 23 长度的四分之一。图 5.1 为位于裂纹尖端的四分之一节点单元。它能描述裂纹尖端位移和面力如下形式的变化 (Aliabadi, 1997):

$$u_i = \sqrt{r} \sum_{n=1}^{3} a_{in} r^{\frac{n-2}{2}}, \tag{5.5}$$

$$t_i = \sqrt{r} \sum_{n=1}^{3} b_{in} r^{\frac{n-2}{2}}. \tag{5.6}$$

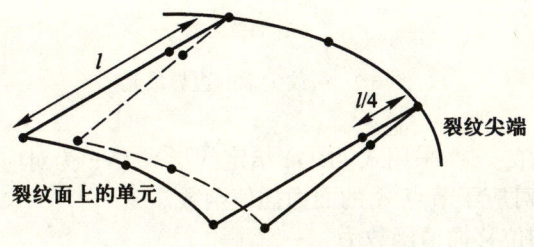

图 5.1 四分之一节点单元

从式 (5.5) 和式 (5.6) 中可以看出, 这种单元能准确描述裂纹尖端位移场的变化, 但不能准确描述裂纹尖端应力场的变化。Cruse et al (1977) 建议对临近裂纹尖端的单元插值函数乘以 $\sqrt{l/r}$, 这里 l 为单元的长度, r 与 $(1+\xi_2)^2$ 成比例, 单元边 $\xi_2 = -1$ 位于裂纹尖端。这样, 该类型单元就能准确地描述裂纹尖端应力场的变化。

5.2.2 面力奇异单元

如图 5.2 所示, 面力奇异单元为 8 节点单元, 单元边 $\xi_2 = -1$ 位于裂纹尖端。单元的坐标采用 8 节点变换式 (4.18a), 而位移和面力分别采用不同的插值函数。这样, 面力奇异单元能够描述裂纹尖端位移和应力的不同分布规律。

单元内任一点的整体坐标、位移和面力值可用下式表示:

$$x = \sum_{\alpha=1}^{8} N_\alpha(\xi_1, \xi_2) x^\alpha, y = \sum_{\alpha=1}^{8} N_\alpha(\xi_1, \xi_2) y^\alpha, z = \sum_{\alpha=1}^{8} N_\alpha(\xi_1, \xi_2) z^\alpha, \tag{5.7}$$

$$u_i = \sum_{\alpha=1}^{8} N_\alpha^d(\xi_1, \xi_2) u_i^\alpha, \qquad i = x, y, z, \tag{5.8}$$

$$t_i = \sum_{\alpha=1}^{8} N_\alpha^t(\xi_1, \xi_2) t_i^\alpha, \qquad i = x, y, z. \tag{5.9}$$

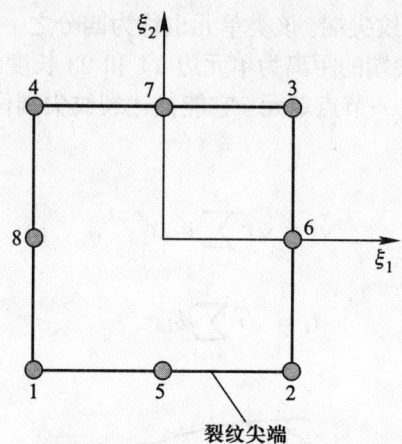

图 5.2 裂纹尖端的边界单元

其中插值函数 $N_\alpha(\xi_1,\xi_2)$ 采用式 (4.17) 给定的形式, N_α^d 为对应于节点 α 的位移插值函数, N_α^t 为对应于节点 α 的面力插值函数。

式 (5.8) 中的位移插值函数为

$$N_\alpha^d = \frac{1}{4}(1+\xi_1\xi_1^\alpha)[1-\xi_2^\alpha+\sqrt{2}\sqrt{1+\xi_2}\xi_2^\alpha][\xi_1\xi_1^\alpha+\sqrt{1+\xi_2}(\sqrt{1+\xi_2^\alpha}+\xi_2^\alpha)-\\ \xi_1^\alpha\sqrt{1+\xi_2^\alpha}-\xi_1^\alpha(1+\xi_2^\alpha)], \quad \alpha=1,2,3,4, \tag{5.10a}$$

$$N_\alpha^d = \frac{1}{2}\xi_1^\alpha\xi_1^\alpha(1+\xi_1\xi_1^\alpha)[(\sqrt{2}+2)\sqrt{1+\xi_2}-(1+\sqrt{2})(1+\xi_2)]+\\ \frac{1}{2}\xi_2^\alpha\xi_2^\alpha[1-\xi_2^\alpha+\sqrt{2}\sqrt{1+\xi_2}\xi_2^\alpha](1-\xi_1\xi_1), \quad \alpha=5,6,7,8. \tag{5.10b}$$

式中, $(\xi_1^\alpha,\xi_2^\alpha)$ 为 α 节点的坐标 (ξ_1,ξ_2)。

式 (5.9) 中的面力插值函数为

$$N_\alpha^t = \frac{1}{\sqrt{1+\xi_2}}N_\alpha^d, \quad \alpha=1,2,5, \tag{5.11a}$$

$$N_\alpha^t = \frac{\sqrt{1+\xi_2^\alpha}}{\sqrt{1+\xi_2}}N_\alpha^d, \quad \alpha=3,4,6,7,8. \tag{5.11b}$$

式中, ξ_2^α 表示节点 α 的 ξ_2 坐标值。

由于采用上述插值函数, 能自动生成 σ_{ij} 的 $r^{-1/2}$ 阶奇异性, 相应地面力也具有 $r^{-1/2}$ 阶奇异性, 故这种单元称为面力奇异单元。Jia et al (1989) 认为上述建议的插值函数能非常有效地计算裂纹的应力强度因子。位移插值函数 (见式 (5.10)) 用于邻近裂纹尖端在裂纹面上或辅助面上的单元。面力插值函数 (见式 (5.11)) 用于邻近裂纹尖端在辅助面上的单元, 在裂纹面上, 采用的面力插值函数与坐标的相同。这是因为在辅助面上面力具有奇异性, 而在裂纹面上面力是给定的。

Luchi et al (1987) 和 Jia et al (1989) 发展了上述面力奇异单元的数值方法，并分析了弹性静力学三维裂纹问题。这里，采用 Luchi et al (1987) 建议的面力奇异单元数值方法实现对层状材料裂纹的分析。

5.2.3 面力奇异单元的数值方法

当积分单元为面力奇异单元时，式 (4.20) 的积分可写为

$$G_{ij}^{e\alpha} = \int_{-1}^{1}\int_{-1}^{1} u_{ij}^Y(P,\boldsymbol{\xi})N_\alpha^t(\xi_1,\xi_2)J(\xi_1,\xi_2)\mathrm{d}\xi_1\mathrm{d}\xi_2. \tag{5.12}$$

式中，$\boldsymbol{\xi} = \boldsymbol{\xi}(\xi_1,\xi_2)$。

此处，u_{ij}^Y 的主项是 $1/r$。由于引入面力奇异单元插值函数，被积函数中出现高阶奇异性，这样需要采用新的数值方法计算该奇异积分。

1. 源点不在积分奇异单元上

如果源点不在积分奇异单元上，即奇异点 P 不属于面力奇异单元 e，可以进行如下坐标变换：

$$\begin{aligned}\xi_1 &= \eta_1, \\ \xi_2 &= \frac{1}{2}(1+\eta_2)^2 - 1.\end{aligned} \tag{5.13}$$

式中，$-1 \leqslant \eta_1 \leqslant 1$ 和 $-1 \leqslant \eta_2 \leqslant 1$。

式 (5.11) 中，插值函数 $N_\alpha^t(\alpha = 1,2,5)$ 含有 $(1+\xi_2)^{-1/2}$ 或者 $(1+\eta_2)^{-1}$。这时，在被积函数中出现新的雅可比行列式

$$J^* = \frac{\partial(\xi_1,\xi_2)}{\partial(\eta_1,\eta_2)} = 1+\eta_2. \tag{5.14}$$

在新坐标系下，式 (5.12) 积分经变量置换为

$$G_{ij}^{e\alpha} = \int_{-1}^{1}\int_{-1}^{1} u_{ij}^Y(P,\boldsymbol{\xi})N_\alpha^t(\boldsymbol{\xi})J(\boldsymbol{\xi})J^*(\eta_1,\eta_2)\mathrm{d}\eta_1\mathrm{d}\eta_2. \tag{5.15}$$

式中，$\boldsymbol{\xi} = \boldsymbol{\xi}(\xi_1,\xi_2) = \boldsymbol{\xi}[\xi_1(\eta_1,\eta_2),\xi_2(\eta_1,\eta_2)]$。奇异插值函数 $N_\alpha^t(\alpha=1,2,5)$ 和雅可比行列式 J^* 的积是有界的。这样，被积函数不再含有奇异性，可以采用高斯型求积公式计算坐标变换后的积分。

2. 源点在积分奇异单元上

如果源点在积分奇异单元上，即奇异点 P 属于面力奇异单元 e，将单元分为二个或三个三角形，在每个三角形中定义新的局部坐标系。被积函数的奇异性需要两次坐标变换才能消除。这两次坐标变换分别为从坐标系 (ξ_1,ξ_2) 到 (η_1,η_2) 和从坐标系 (η_1,η_2) 到 (η_1^*,η_2^*)。从 (ξ_1,ξ_2) 到 (η_1,η_2) 的变换与第 4 章介绍的处理弱奇异积分的坐标变换方法相同，从 (η_1,η_2) 到 (η_1^*,η_2^*) 为两个正方形单元之

间的变换。两次转换坐标的上、下限为 $-1 \leqslant \eta_1 \leqslant 1$ 和 $-1 \leqslant \eta_2 \leqslant 1$, $-1 \leqslant \eta_1^* \leqslant 1$ 和 $-1 \leqslant \eta_2^* \leqslant 1$。式 (5.12) 积分经变量置换为

$$G_{ij}^{e\alpha} = \sum_{k=1}^{2\text{或}3} \int_{-1}^{1}\int_{-1}^{1} u_{ij}^Y[P, \boldsymbol{\xi}^{(k)}(\eta_1^*, \eta_2^*)] N_\alpha^t[\boldsymbol{\xi}^{(k)}(\eta_1^*, \eta_2^*)] J J^* \mathrm{d}\eta_1^* \mathrm{d}\eta_2^*, \quad (5.16)$$

式中, $\boldsymbol{\xi}^{(k)}(\xi_1, \xi_2) = \boldsymbol{\xi}^{(k)}[\xi_1(\eta_1, \eta_2), \xi_2(\eta_1, \eta_2)] = \boldsymbol{\xi}^{(k)}[\eta_1(\eta_1^*, \eta_2^*), \eta_2(\eta_1^*, \eta_2^*)] = \boldsymbol{\xi}^{(k)}(\eta_1^*, \eta_2^*)$; J 为从整体坐标系到局部坐标系 (ξ_1, ξ_2) 变换的雅可比行列式; $J^* = J_1 J_2$ 中, J_1 为从坐标系 (ξ_1, ξ_2) 到 (η_1, η_2) 变换的雅可比行列式, J_2 为从坐标系 (η_1, η_2) 到 (η_1^*, η_2^*) 变换的雅可比行列式; 上标 k 表示单元被分割成的三角形的编号。不失一般性, 以下讨论奇异点 P 位于面力奇异单元角点 1 和边中点 5 时的处理方法。

1) 奇异点 P 位于面力奇异单元角点 1

此时, 单元分成两个三角形, 如图 5.3 所示。对于三角形 134, $\eta_2 = -1$ 对应于退化边。

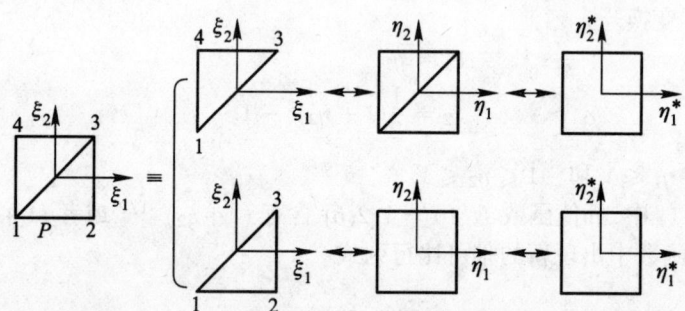

图 5.3 奇异点位于角点时单元的分割和坐标变换

对于三角形 134, 第一次坐标变换为

$$\begin{aligned}\xi_1 &= \frac{1}{2}(1+\eta_1)(1+\eta_2) - 1, \\ \xi_2 &= \eta_2.\end{aligned} \quad (5.17)$$

第二次坐标变换为

$$\begin{aligned}\eta_1 &= \eta_1^*, \\ \eta_2 &= \frac{1}{2}(1+\eta_2^*)^2 - 1,\end{aligned} \quad (5.18)$$

两次坐标变换的雅可比行列式为

$$J^* = \frac{1}{4}(1+\eta_2^*)^3. \quad (5.19)$$

对于三角形 123, 第一次坐标变换为

$$\begin{aligned}\xi_1 &= \eta_2, \\ \xi_2 &= \frac{1}{2}(1-\eta_1)(1+\eta_2) - 1.\end{aligned} \quad (5.20)$$

第二次坐标变换为

$$\begin{aligned}\eta_1 &= 1 - \frac{1}{2}(1-\eta_1^*)^2, \\ \eta_2 &= \frac{1}{2}(1+\eta_2^*)^2 - 1.\end{aligned} \quad (5.21)$$

两次坐标变换的雅可比行列式为

$$J^* = \frac{1}{4}(1-\eta_1^*)(1+\eta_2^*)^3. \quad (5.22)$$

两次坐标变换后,被积函数的奇异性得以消除,这样可以采用高斯型求积公式计算坐标变换后的奇异积分。

2) 奇异点 P 位于面力奇异单元边中点 5

此时,单元分成三个三角形,如图 5.4 所示。同样,对于每一个三角形需要两次坐标变换才能消去被积函数的奇异性。

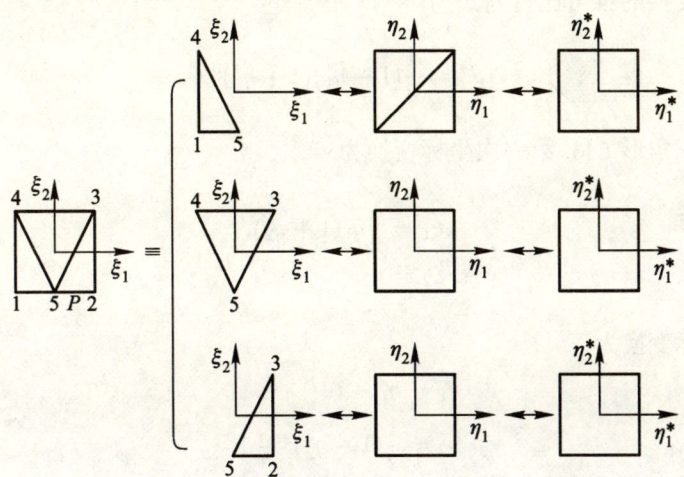

图 5.4 奇异点位于边中点时单元的分割和坐标变换

对于三角形 541, 第一次坐标变换为

$$\begin{aligned}\xi_1 &= -\frac{1}{2}(1+\eta_2), \\ \xi_2 &= \frac{1}{2}(1+\eta_1)(1+\eta_2) - 1.\end{aligned} \quad (5.23)$$

第二次坐标变换为

$$\eta_1 = \frac{1}{2}(1+\eta_1^*)^2 - 1,$$
$$\eta_2 = \frac{1}{2}(1+\eta_2^*)^2 - 1. \tag{5.24}$$

两次坐标变换的雅可比行列式为

$$J^* = \frac{1}{8}(1+\eta_1^*)(1+\eta_2^*)^3. \tag{5.25}$$

对于三角形 523, 第一次坐标变换为

$$\xi_1 = \frac{1}{2}(1+\eta_2),$$
$$\xi_2 = \frac{1}{2}(1-\eta_1)(1+\eta_2) - 1. \tag{5.26}$$

第二次坐标变换为

$$\eta_1 = 1 - \frac{1}{2}(1-\eta_1^*)^2,$$
$$\eta_2 = \frac{1}{2}(1+\eta_2^*)^2 - 1. \tag{5.27}$$

两次坐标变换的雅可比行列式为

$$J^* = \frac{1}{8}(1-\eta_1^*)(1+\eta_2^*)^3. \tag{5.28}$$

对于三角形 543, 第一次坐标变换为

$$\xi_1 = \frac{1}{2}\eta_1(1+\eta_2),$$
$$\xi_2 = \eta_2. \tag{5.29}$$

第二次坐标变换为

$$\eta_1 = \eta_1^*,$$
$$\eta_2 = \frac{1}{2}(1+\eta_2^*)^2 - 1. \tag{5.30}$$

两次坐标变换的雅可比行列式为

$$J^* = \frac{1}{4}(1+\eta_2^*)^3. \tag{5.31}$$

从上述坐标变换可以看出，第一次坐标变换将局部坐标系 (ξ_1,ξ_2) 下单元的三角形区域变换到 (η_1,η_2) 下的标准单元，第二次坐标变换是将 (η_1,η_2) 下的标准单元变换到 (η_1^*,η_2^*) 下的标准单元。

5.3 应力强度因子的计算

为利用数值结果计算应力强度因子，首先从裂纹尖端的位移场出发确定应力强度因子的计算公式。依据式 (2.9) 的裂纹尖端位移场，应力强度因子可以表示为

$$
\begin{aligned}
K_{\mathrm{I}} &= \frac{E}{4(1-\nu^2)} \lim_{r \to 0} \sqrt{\frac{\pi}{2r}} (u_2|_{\theta=\pi} - u_2|_{\theta=-\pi}), \\
K_{\mathrm{II}} &= \frac{E}{4(1-\nu^2)} \lim_{r \to 0} \sqrt{\frac{\pi}{2r}} (u_1|_{\theta=\pi} - u_1|_{\theta=-\pi}), \\
K_{\mathrm{III}} &= \frac{E}{4(1+\nu)} \lim_{r \to 0} \sqrt{\frac{\pi}{2r}} (u_3|_{\theta=\pi} - u_3|_{\theta=-\pi}).
\end{aligned} \quad (5.32)
$$

依据式 (2.8) 的裂纹尖端应力场，应力强度因子可以表示为

$$
\begin{aligned}
K_{\mathrm{I}} &= \lim_{r \to 0} \sqrt{2\pi r} \sigma_{22}|_{\theta=0}, \\
K_{\mathrm{II}} &= \lim_{r \to 0} \sqrt{2\pi r} \sigma_{12}|_{\theta=0}, \\
K_{\mathrm{III}} &= \lim_{r \to 0} \sqrt{2\pi r} \sigma_{23}|_{\theta=0}.
\end{aligned} \quad (5.33)
$$

式 (5.32) 和式 (5.33) 可以用来计算应力强度因子。为了获得更精确的计算结果，对于图 5.5 所示的面力奇异单元，利用式 (5.32) 可获得如下形式的应力强度因子插值计算公式：

$$K_{\mathrm{I}} = \frac{E}{4(1-\nu^2)} \sqrt{\frac{\pi}{2}} \frac{2\sqrt{2}(u_2^B - u_2^{B'}) - (u_2^A - u_2^{A'})}{\sqrt{l_c}}, \quad (5.34\mathrm{a})$$

$$K_{\mathrm{II}} = \frac{E}{4(1-\nu^2)} \sqrt{\frac{\pi}{2}} \frac{2\sqrt{2}(u_1^B - u_1^{B'}) - (u_1^A - u_1^{A'})}{\sqrt{l_c}}, \quad (5.34\mathrm{b})$$

$$K_{\mathrm{III}} = \frac{E}{4(1+\nu)} \sqrt{\frac{\pi}{2}} \frac{2\sqrt{2}(u_3^B - u_3^{B'}) - (u_3^A - u_3^{A'})}{\sqrt{l_c}}. \quad (5.34\mathrm{c})$$

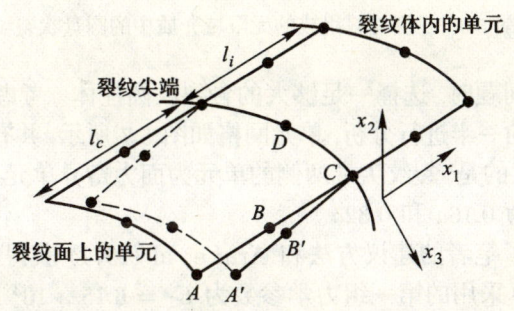

图 5.5 裂纹尖端的面力奇异单元

式中，A 和 A' 为裂纹上、下面单元的角点；B 和 B' 为裂纹上、下面单元的边中点；l_c 为单元垂直于裂纹尖端边的长度。

如面力奇异单元位于裂纹体内,且 $\theta = 0°$,面力 t_2 与 σ_{22} 方向一致。这样,应力强度因子可直接利用式 (5.33) 计算,即

$$K_{\mathrm{I}}^{C,D} = \sqrt{\pi l_i} t_2^{C,D}, \tag{5.35a}$$

$$K_{\mathrm{II}}^{C,D} = \sqrt{\pi l_i} t_1^{C,D}, \tag{5.35b}$$

$$K_{\mathrm{III}}^{C,D} = \sqrt{\pi l_i} t_3^{C,D}. \tag{5.35c}$$

式中,C 为单元的角点;D 为单元的边中点;l_i 为位于裂纹体内面力奇异单元垂直裂纹尖端单元边的长度。

5.4 数值验证

将本章介绍的数值方法耦合于第 4 章发展的层状材料基本解的边界法,并且编写了相应的 Fortran 程序。为了验证发展的边界元法和编写的程序,必须分析一些存在解析解或数值解的裂纹问题。文献回顾表明,三维层状材料中裂纹的解析解和数值解较少。这里,采用两个算例来验证。

算例 1: 三层复合材料中的圆盘状裂纹

如图 5.6 所示,有限厚度的弹性层与两个半无限域完全黏结,两个半无限域有相同的弹性参数。圆盘状裂纹位于有限厚度弹性层的中部,裂纹面与材料的交界面平行,裂纹上、下面上作用着均匀压应力。Arin et al(1971) 采用解析方法分析了此类裂纹问题。

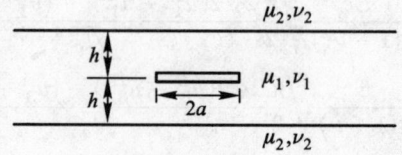

图 5.6 三层材料组成的无限域介质中的圆盘状裂纹

分析该裂纹问题时,选择一足够大的含裂纹圆柱体。考虑裂纹体的对称性,取含裂纹圆柱体的一半进行分析,单元网格如图 5.7 所示,共有 168 个单元、229 个节点。需要注意的是,裂纹尖端两侧的单元为面力奇异单元。垂直于裂纹尖端单元的边长分别为 $0.16a$ 和 $0.32a$。

表 5.1 给出了笔者的建议方法和 Arin et al (1971) 获得的计算结果,并列出绝对误差。计算采用的第一组力学参数为 $E_1 = 3.15 \times 10^3$ MPa,$\nu_1 = 0.35$ 和 $E_2 = 7.0 \times 10^4$ MPa,$\nu_1 = 0.22$。两种方法计算结果的最大绝对误差为 1.49%。圆盘状裂纹的应力强度因子值随中间层厚度的增大而增大,这是因为弹性模量较小的材料 1 使裂纹的张开变得更容易。

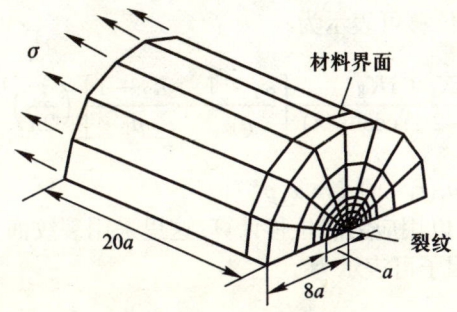

图 5.7 边界单元网格

(Yue et al, 2002; 经 Engineering Analysis with Boundary Elements 许可)

表 5.1 两种方法得到的应力强度因子 $\left(\dfrac{K_\mathrm{I}}{\sigma\sqrt{\pi a}}\right)$ 对比

(Yue et al, 2002; 经 Engineering Analysis with Boundary Elements 许可)

h/a	第一组力学参数			第二组力学参数		
	数值解	解析解	绝对误差/%	数值解	解析解	绝对误差/%
0.2	0.245 7	0.247 2	−0.25	2.693 7	2.707 9	−1.42
0.4	0.320 5	0.322 5	−0.20	1.575 7	1.589 6	−1.39
0.6	0.380 9	0.379 0	−0.18	1.194 4	1.156 9	3.75
0.8	0.429 7	0.424 7	0.50	0.988 4	0.954 4	3.40
1.0	0.471 3	0.456 4	1.49	0.872 3	0.841 8	3.05
1.2	0.491 8	0.489 9	1.19	0.815 0	0.778 9	3.61
1.4	0.532 5	0.520 9	1.16	0.721 4	0.747 9	2.35
1.6	0.553 1	0.542 3	1.08	0.757 6	0.726 5	3.11
1.8	0.568 6	0.557 2	1.14	0.708 9	0.715 5	−0.66
2.0	0.580 4	0.566 2	1.42	0.672 1	0.705 4	−1.33

计算采用的第二组力学参数为 $E_1 = 7.0 \times 10^4$ MPa, $\nu_1 = 0.22$ 和 $E_2 = 3.15 \times 10^3$ MPa, $\nu_2 = 0.35$。两种方法计算结果的最大绝对误差为 3.75%。圆盘状裂纹的应力强度因子值随中间层厚度的增大而减小，这是因为弹性模量较大的材料 1 限制了裂纹的张开。

算例 2：位于两种材料界面的矩形裂纹

界面裂纹尖端的应力和位移场具有振荡性。二维情形下，界面裂纹尖端的应力场为

$$\sigma_y + \mathrm{i}\tau_{xy} = \frac{K_\mathrm{I} + \mathrm{i}K_\mathrm{II}}{\sqrt{2\pi r}} \left(\frac{r}{l}\right)^{\mathrm{i}\varepsilon}, \tag{5.36}$$

式中，l 为裂纹的长度；ε 为双层材料的参数，定义为

$$\varepsilon = \frac{1}{2\pi} \ln\left[\left(\frac{\kappa_1}{\mu_1} + \frac{1}{\mu_2}\right) \Big/ \left(\frac{\kappa_2}{\mu_2} + \frac{1}{\mu_1}\right)\right], \tag{5.37a}$$

$$\kappa_i = \begin{cases} 3 - 4\nu_i, & \text{平面应变}, \\ (3 - 4\nu_i)/(1 + \nu_i), & \text{平面应力}. \end{cases} \tag{5.37b}$$

裂纹上、下面的相对位移可表示为

$$\delta_y + \mathrm{i}\delta_x = \frac{K_{\mathrm{I}} + \mathrm{i}K_{\mathrm{II}}}{2(1+2\mathrm{i}\varepsilon)\cosh(\varepsilon\pi)}\left[\frac{\kappa_1+1}{\mu_1}+\frac{\kappa_2+1}{\mu_2}\right]\left(\frac{r}{2\pi}\right)^{1/2}\left(\frac{r}{l}\right)^{\mathrm{i}\varepsilon}, \quad (5.38)$$

式中, $\delta_i = u_i(r,\pi) - u_i(r,-\pi), i = x,y$。

应力强度因子可以用应力和位移计算,这里采用裂纹面上的位移计算。利用式 (5.38),应力强度因子可表示为

$$\begin{aligned}\sqrt{K_{\mathrm{I}}^2 + K_{\mathrm{II}}^2} &= \frac{4\pi\sqrt{1+4\varepsilon^2}\cosh(\pi\varepsilon)}{(\kappa_1+1)/\mu_1 + (\kappa_2+1)/\mu_2}\lim_{r\to 0}\sqrt{\frac{\delta_x^2+\delta_y^2}{2\pi r}},\\ K_{\mathrm{II}}/K_{\mathrm{I}} &= \lim_{r\to 0}\frac{1-(\delta_y/\delta_x)(H_2/H_1)}{\delta_y/\delta_x + H_2/H_1},\end{aligned} \quad (5.39\mathrm{a})$$

式中

$$H_2/H_1 = \frac{\tan(\varepsilon\ln(r/l)) - 2\varepsilon}{1 + 2\varepsilon\tan(\varepsilon\ln(r/l))}. \quad (5.39\mathrm{b})$$

这样, 可利用式 (5.39a) 和裂纹面上接近裂纹尖端节点的位移值计算应力强度因子。

下面采用建议的数值方法分析界面裂纹。图 5.8 给出了位于双材料长方体材料界面上的矩形裂纹。该裂纹问题已由 Yuuki et al (1994) 采用边界元法获得数值结果, Murakami (1992) 也给出了该裂纹问题的计算结果。对于图 5.8 所示的裂纹体, 为便于比较, 选择与 Yuuki et al (1994) 相同的尺寸和材料参数。裂纹体的几何尺寸为 $B = 0.5W, H = 4W, a/W = 0.1$。材料的力学参数为 $E_1 = 206\,\mathrm{GPa}, \nu_1 = 0.27$ 和 $E_2 = 304\,\mathrm{GPa}, \nu_2 = 0.30$。

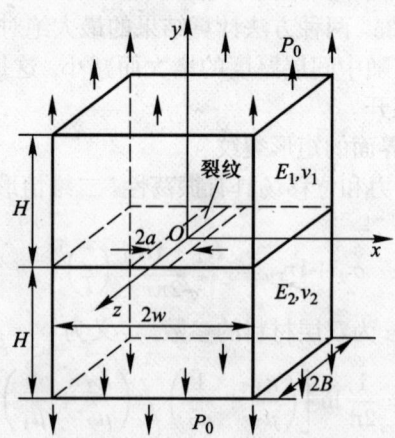

图 5.8 含界面裂纹的长方体

(Yue et al, 2002; 经 Engineering Analysis with Boundary Elements 许可)

界面裂纹尖端的剪应力和应变能释放率的定义为

$$\tau_{yz} = \frac{K_{\mathrm{III}}}{\sqrt{2\pi r}},$$

$$F_{\mathrm{I}} = \sqrt{K_{\mathrm{I}}^2 + K_{\mathrm{II}}^2},$$

$$G_{\mathrm{T}} = \frac{1}{16\cosh(\varepsilon\pi)}\left[\frac{\kappa_1+1}{\mu_1} + \frac{\kappa_2+1}{\mu_2}\right]F_{\mathrm{I}}^2 + \frac{1}{4}\left(\frac{1}{\mu_1} + \frac{1}{\mu_2}\right)K_{\mathrm{III}}^2 \quad (5.40)$$

$$= G_{\mathrm{in-plane}} + G_{\mathrm{III}}.$$

从上式可以看出，裂纹尖端应力 τ_{yz} 具有 $r^{-1/2}$ 阶奇异性。这样 K_{III} 可以用裂纹面上奇异单元边中点和角点的位移经插值计算，即采用式 (5.34c) 计算得到。

如图 5.8 所示，坐标面 xOy 和 yOz 是裂纹体的对称面。考虑裂纹体几何和外部荷载的对称性，取裂纹体的四分之一进行研究。计算时，采用边界元法的子域法，将裂纹体分成两个区域。区域 I 的边界元网格如图 5.9(a) 所示，该区域的单元数为 329，节点数为 100；区域 II 的边界元网格如图 5.9(b) 所示，该区域的单元数为 520，节点数为 248。

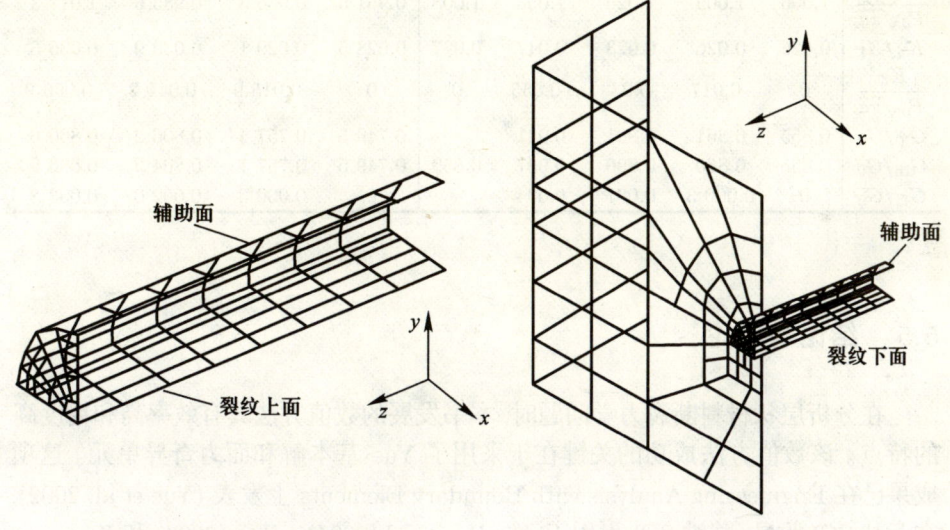

(a) 含裂纹上面的边界单元网格　　(b) 含裂纹下面的边界单元网格 (局部)
(Yue et al, 2002; 经 Engineering Analysis with　(Yue et al, 2002; 经 Engineering Analysis with
Boundary Elements 许可)　　　　　　　Boundary Elements 许可)

图 5.9　含裂纹上、下面的边界单元网格

首先分析均匀介质的裂纹体。这里选取三种不同的泊松比。表 5.2 给出了两种方法的计算结果，并且给出了两者的绝对误差。可以看出，绝对误差介于 0.74%～1.8% 之间，两种计算方法得到结果的一致性很好。

然后考虑位于材料交界面上的界面裂纹。定义如下物理量:

$$\overline{F}_{\mathrm{I}} = \frac{F_{\mathrm{I}}}{P_0\sqrt{\pi a}}, \quad G_0 = \frac{\kappa_1 + 1}{8\mu_1} P_0^2 \pi a.$$

表 5.3 给出了两种方法得到的应力强度因子和能量释放率。对比显示,两种方法得到结果的一致性较好。

表 5.2 两种方法得到的应力强度因子 $\left(\dfrac{K_{\mathrm{I}}}{P_0\sqrt{\pi a}}\right)$ 对比

(Yue et al, 2002; 经 Engineering Analysis with Boundary Elements 许可)

z/B	Murakami (1992)					本书的研究成果			
	0.0	0.375	0.75	0.937 5	2D	0.0	0.375	0.75	0.937 5
$\nu = 0$	1.003	1.003	1.002	1.001		0.994 4	0.991 5	0.991 3	0.983 2
$\nu = 0.27$	1.009	1.011	1.025	1.045	1.006	1.006 5	1.006 2	1.022 6	1.040 7
$\nu = 0.30$	1.010	1.013	1.031	1.055		1.007 6	1.008 1	1.028 5	1.051 4

表 5.3 两种方法得到的应力强度因子和能量释放率对比

(Yue et al, 2002; 经 Engineering Analysis with Boundary Elements 许可)

z/B	Murakami (1992)					本书的研究成果			
	0.0	0.375	0.75	0.937 5	2D	0.0	0.375	0.75	0.937 5
$\dfrac{\overline{F}_{\mathrm{I}}}{P_0\sqrt{\pi a}}$	1.006	1.009	1.026	1.053	1.008	0.951 5	0.956 3	0.985 6	1.017 3
$K_{\mathrm{II}}/K_{\mathrm{I}}$	0.026	0.026	0.023	0.017	0.027	0.028 5	0.029 1	0.030 9	0.036 3
$\dfrac{K_{\mathrm{III}}}{P_0\sqrt{\pi a}}$	0	-0.017	-0.033	-0.055		0	$-0.015\ 9$	$-0.041\ 2$	$-0.056\ 9$
G_{T}/G_0	0.855	0.861	0.891	0.941	—	0.749 5	0.757 4	0.806 2	0.860 6
G_{in}/G_0	0.855	0.860	0.890	0.937	0.859	0.749 5	0.757 1	0.804 2	0.856 9
G_{III}/G_0	0	0.000 0	0.001	0.004	—	0	0.000 3	0.002 0	0.003 8

5.5 结论与讨论

在分析层状材料断裂力学问题时,本书发展的数值方法具有效率高和精度高的特点。该数值方法成功的关键在于采用了 Yue 基本解和面力奇异单元。这项成果已在 Engineering Analysis with Boundary Elements 上发表 (Yue et al, 2002),文章被 SCI 收录,并被 SCI 引用 10 次。Pan et al (2004)、Han (2006) 和 Rangelov et al (2008) 介绍了笔者发展的方法。近年来,笔者又将该基本解的边界元法框架用于发展基于双层材料基本解的边界元法,并分析双层横观各向同性材料中圆盘状和椭圆盘状裂纹的断裂力学问题,研究成果分别发表在《Computational Mechanics》(Yue et al, 2005) 和《International Journal of Fracture》(Xiao et al, 2005),进一步显示建议方法具有很好的效率和精度。

参考文献

郝巨涛, 刘光廷. 1998. 层体边界元法在二维层体断裂分析中的应用 [J]. 力学学报, 30: 635–640.

Aliabadi M H. 1997. Boundary element formulations in fracture mechanics [J]. ASME Applied Mechanics Reviews, 50: 83–96.

Arin K, Erdogan F. 1971. Penny-shaped crack in an elastic layer bonded to dissimilar half spaces [J]. International Journal of Engineering Science, 9: 213–232.

Ariza M P, Dominguez J. 2004. Boundary element formulation for 3D transversely isotropic cracked bodies [J]. International Journal for Numerical Methods in Engineering, 60: 719–753.

Bains R S. 1992. Boundary Element Analysis of Three-dimensional Crack Problems: Weight Function Techniques [D]. Southampton: Wessex Institute of Technology.

Cruse T A, Wilson R B. 1977. Boundary-integral equation method for elastic fracture mechanics analysis, AFOSR-TR-78-0355 [R]. Connecticut: United Technologies Corporation.

Han F. 2006. Development of novel Green's functions and their applications to multiphase and multilayered structures [D]. Akron: The University of Akron.

Jia Z H, Shippy D J, Rizzo F J. 1989. Three-dimensional crack analysis using singular boundary elements [J]. International Journal for Numerical Methods in Engineering, 24: 2257–2273.

Luchi M L, Rizzuti S. 1987. Boundary elements of for three-dimensional elastic crack analysis [J]. International Journal for Numerical Methods in Engineering, 24: 2253–2271.

Murakami Y. 1992. Stress Intensity Factors Handbook [M]. Oxford: Pergamon Press.

Pan E, Amadei B. 1999. Boundary element analysis of fracture mechanics in anisotropic bimaterials [J]. Engineering Analysis with Boundary Elements, 23: 683–691.

Pan E, Yuan F G. 2000. Boundary element analysis of three-dimensional crack in anisotropic solids [J]. International Journal for Numerical Methods in Engineering, 48: 211–237.

Pan E, Han F. 2004. Green's functions for transversely isotropic piezoelectric multilayered half-spaces [J]. Journal of Engineering Mathematics, 49: 271–288.

Rangelov T, Dineva P, Gross D. 2008. Effects of material inhomogeneity on the dynamic behavior of cracked piezoelectric solids: a BIEM approach [J]. Zamm-Zeitschrift Fur Angewandte Mathematik Und Mechanik, 88: 86–99.

Xiao H T, Yue Z Q, Tham G L, et al. 2005. Analysis of elliptical cracks perpendicular to the interface of two joined transversely isotropic solids [J]. International Journal of Fracture, 133: 329–354.

Yue Z Q, Xiao H T. 2002. Generalized Kelvin solution based boundary element method for crack problems in multilayered solids [J]. Engineering Analysis with Boundary Elements, 26: 691–705.

Yue Z Q, Xiao H T, Tham G L, et al. 2005. Boundary element analysis of three-dimensional crack problems in two joined transversely isotropic solids [J]. Computational Mechanics, 36: 459–474.

Yue Z Q, Xiao H T, Pan E. 2007. Stress intensity factors of square crack inclined to interface of transversely isotropic bi-material [J]. Engineering Analysis with Boundary Elements, 31: 50–65.

Yuuki R, Cho S B. 1989. Efficient boundary element analysis of stress intensity factors for interface cracks in dissimilar materials [J]. Engineering Fracture Mechanics, 34: 179–188.

Yuuki R, Xu J Q. 1994. Boundary element analysis of dissimilar materials and interface crack [J]. Computational Mechanics, 14: 116–127.

第 6 章
梯度材料中的圆盘状裂纹分析

6.1 引言

三维裂纹问题是非常复杂的,求解要用到一些专门的数学工具。最简单的一种情形是圆盘状裂纹,求解时假设裂纹的厚度很小,近似地认为等于零,裂纹的尺寸相对于物体很小,可以认为物体无限大。一些大型构件中的缺陷可以抽象成圆盘状裂纹。Sneddon (1946) 假设在无穷远处沿裂纹面的法线方向作用着均匀张应力,采用汉克尔变换给出了该问题的数学解答。Segedin (1951) 推导出圆盘状裂纹面上作用着均匀剪应力时的数学解答。这些解不包括应力强度因子,因为当时还没有这一概念。

以往的分析大多涉及梯度材料中的平面裂纹,并假设梯度材料的弹性模量是坐标的指数函数,泊松比保持常数。Delale et al (1983) 分析了梯度材料中的平面裂纹问题,指出裂纹尖端的应力奇异性与均匀介质中的相同,且泊松比对应力强度因子的影响不明显。Jin et al (1994) 进一步得到下述结论: 只要梯度材料的力学参数是连续变化或分段可微的,裂纹尖端应力场的奇异性和角分布函数与均匀介质的相同。在 Paulino (2002) 组织出版的梯度材料断裂力学研究专辑中，涉及的裂纹绝大多数为平面裂纹。

通过对文献的详尽分析可以发现，梯度材料中三维裂纹的研究较少。对于梯度材料中几何形状简单的圆盘状裂纹，Ozturk et al (1995, 1996) 得到了解析解。分析时，假设圆盘状裂纹位于梯度材料夹层与半无限均匀介质之间的界面上，裂纹体上作用着扭转荷载或垂直于裂纹面的不同类型的法向荷载，给出了应力强度因子随弹性力学参数、梯度材料夹层厚度和荷载类型的变化规律。Li et al (1999) 采用有限元法分析了梯度材料中埋藏裂纹和表面裂纹的应力强度因子。

本章采用发展的数值方法计算了梯度材料中圆盘状裂纹的应力强度因子，并分析了裂纹的扩展。假设梯度材料夹层与两个半无限均匀介质完全黏结形成一无限域介质，圆盘状裂纹面平行于或垂直于梯度材料夹层，裂纹面上作用着均匀法向压应力和均匀剪应力。首先采用建议的边界元法计算了每一种情形下裂纹的应力强度因子，然后应用断裂力学叠加原理和断裂准则获得了复杂荷载作用下裂纹的扩展方向和临界荷载。

6.2 梯度材料中裂纹的分析方法

6.2.1 梯度材料中的裂纹问题

对于图 6.1 所示的梯度材料，梯度材料夹层与两个半无限均匀介质完全粘结，圆盘状裂纹位于均匀介质和梯度夹层之间的界面上，裂纹面上作用着均匀法向压应力 p_0。Ozturk et al (1996) 采用解析方法分析了该裂纹问题。下面应用建议的数值方法重新分析图 6.1 所示的裂纹问题，用来演示建议的分析方法，并验证其计算精度。

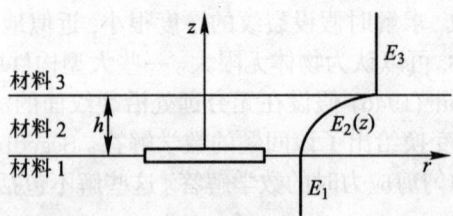

图 6.1 平行于梯度材料夹层的圆盘状裂纹

假设梯度材料的泊松比为常数，即 $\nu_1 = \nu_2 = \nu_3 = \nu$，梯度材料夹层的弹性模量为

$$E_2(z) = E_1 e^{\alpha z}, \tag{6.1a}$$

$$\alpha = \frac{1}{h}\ln(E_3/E_1). \tag{6.1b}$$

式中, h 为梯度材料夹层的厚度; α 为材料非均匀参数, 其值可正可负; E_1、E_2 和 E_3 为三层材料的弹性模量.

6.2.2 裂纹分析的子域法

传统边界元法分析裂纹问题时, 需要采用子域法. 相对于有限域裂纹问题, 无限域裂纹问题的分析要简单得多. 对于图 6.1 所示的裂纹问题, 选取均匀介质中球面的一半作为辅助面 (球体的半径为 a), 辅助面和裂纹面将裂纹体分成两个区域: 区域 I 为辅助面和裂纹面组成的半球体, 区域 II 为另一裂纹面与辅助面组成的无限域. 考虑裂纹体的对称性, 对辅助面和裂纹面的四分之一进行离散, 而对称面不需要离散. 两个区域具有相同的单元网格, 且在辅助面上节点一一对应, 两个区域边界上坐标相同点的外法线方向相反. 如图 6.2 所示, 边界单元网格共有 88 个单元和 289 个节点, 其中面力奇异单元有 16 个, 位于裂纹尖端的两侧.

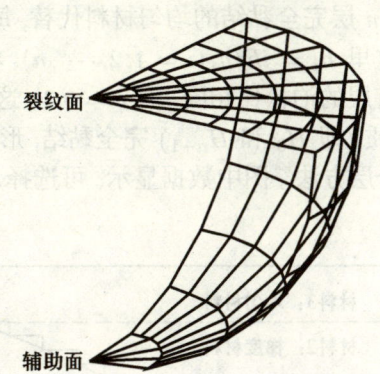

图 6.2 裂纹面和辅助面的单元网格

(Yue et al, 2003; 经 International Journal of Solids and Structures 许可)

对于区域 I, 建立线性方程组

$$\boldsymbol{A}\boldsymbol{u}_{\mathrm{I}} = \boldsymbol{B}\boldsymbol{t}_{\mathrm{I}}, \tag{6.2}$$

式中, $\boldsymbol{u}_{\mathrm{I}}$ 和 $\boldsymbol{t}_{\mathrm{I}}$ 分别为区域 I 边界上的位移和面力矢量; $\boldsymbol{A}$ 和 $\boldsymbol{B}$ 为对应的系数矩阵.

利用方程组 (6.2), 建立区域 II 的线性方程组

$$-\boldsymbol{A}^*\boldsymbol{u}_{\mathrm{II}} = \boldsymbol{B}\boldsymbol{t}_{\mathrm{II}}, \tag{6.3}$$

式中, $\boldsymbol{u}_{\mathrm{II}}$ 和 $\boldsymbol{t}_{\mathrm{II}}$ 分别为区域 II 边界上的位移和面力矢量; $\boldsymbol{A}^*$ 和 $\boldsymbol{B}$ 为对应的系数矩阵. 上式左端负号是考虑两个区域辅助面和裂纹面外法线方向相反而引入的.

除对角线元素外，矩阵 A 和 A^* 中其他元素完全相同。矩阵 A^* 对角线上的元素可以利用矩阵 A 对角线上的元素并且考虑区域 II 的无限域条件建立。也就是说，区域 II 的方程组 (6.3) 可以利用区域 I 的方程组 (6.2) 来建立，不需要利用数值积分重新计算系数矩阵。依据辅助边界上位移相等、面力大小相等方向相反的条件，将方程组 (6.2) 和方程组 (6.3) 按式 (4.64) 联立，形成线性方程组

$$GX = R, \tag{6.4}$$

式中，G 为整体系数矩阵，其行和列分别为单区域系数矩阵的两倍；X 为未知量的矢量，由整个边界上的位移和辅助面上的面力组成；R 为由裂纹面上面力计算得到的已知矢量。

6.2.3 梯度材料分层法

由于采用了 Yue 基本解，建议的边界元法能方便地处理梯度材料弹性参数任何形式的变化。对于弹性参数按式 (6.1) 分布的梯度材料，处理方法如下：厚度 h 的梯度材料夹层用 n 层完全黏结的均匀材料代替，每一层的厚度为 h/n，对于第 i 层，取 $z = h_i$，这里 $h_i = ih/n, (i = 1, 2, \cdots, n)$，将 z 代入式 (6.1) 中得到该层的弹性参数；所有层的泊松比相同，取 $\nu = 0.3$。这样，分层的梯度材料夹层与两个半无限均匀介质 (即 H_0 和 H_{n+1}) 完全黏结，形成无限域梯度材料。图 6.3 示出了梯度材料的分层方法。图中数据显示，可选择足够大的分层数来获得令人满意的逼近效果。

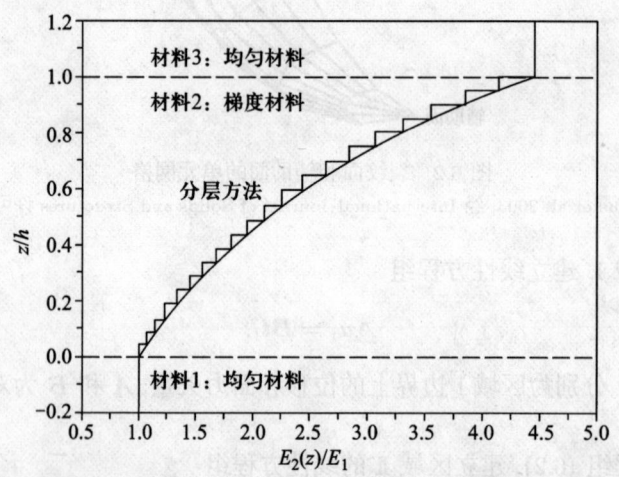

图 6.3 分层逼近 FGM 夹层的弹性模量变化 ($n = 20, h = 0.5a, \alpha = 3$)

(Yue et al, 2003; 经 International Journal of Solids and Structures 许可)

分析半无限域梯度材料时，由于采用了 Yue 基本解，可以将上部半无限域材

料的弹性模量 E_0 置一个很小的值, 如 $E_0 = 1.0 \times 10^{-15}$ MPa, 泊松比 ν_0 的大小对计算结果的影响非常小, 可取 $\nu_0 = 0.2$。

6.2.4 计算结果与解析解的对比分析

下面将得到的数值解与 Ozurt et al (1996) 的解析解进行对比分析。为便于讨论, 以下将应力强度因子记作 SIF (Stress Intensity Factor), 梯度材料记作 FGM (Functionally Graded Material)。

选取梯度材料的参数 $h/a = 0.5, \nu = 0.3, \alpha a = 0.4, 0.6, 2, 3$。表 6.1 列出了 FGM 分层逼近过程中两种方法计算结果的对比。对于 $\alpha a = 0.4$ 和 $n = 20$, 两种计算方法得到的 $\dfrac{K_\mathrm{I}}{p_0\sqrt{\pi a}}$ 和 $\dfrac{K_\mathrm{II}}{p_0\sqrt{\pi a}}$ 的绝对误差分别为 1.289% 和 0.053%; 对于 $\alpha a = 0.6$ 和 $n = 20$, 绝对误差分别为 1.3% 和 0.12%; 对于 $\alpha a = 2$ 和 $n = 20$, 绝对误差分别为 1.289% 和 0.053%; 对于 $\alpha a = 3$ 和 $n = 20$, 绝对误差分别为 0.03% 和 0.21%。

表 6.1 SIF 数值解与解析解的对比 ($h/a = 0.5$ 和 $\nu = 0.3$)

(Yue et al, 2003; 经 International Journal of Solids and Structures 许可)

FGM 夹层的分层数	$\alpha a = 0.4$		$\alpha a = 0.6$		$\alpha a = 2.0$		$\alpha a = 3.0$	
	$\dfrac{K_\mathrm{I}}{p_0\sqrt{\pi a}}$	$\dfrac{K_\mathrm{II}}{p_0\sqrt{\pi a}}$	$\dfrac{K_\mathrm{I}}{p_0\sqrt{\pi a}}$	$\dfrac{K_\mathrm{II}}{p_0\sqrt{\pi a}}$	$\dfrac{K_\mathrm{I}}{p_0\sqrt{\pi a}}$	$\dfrac{K_\mathrm{II}}{p_0\sqrt{\pi a}}$	$\dfrac{K_\mathrm{I}}{p_0\sqrt{\pi a}}$	$\dfrac{K_\mathrm{II}}{p_0\sqrt{\pi a}}$
5	0.622 53	0.013 62	0.610 30	0.021 85	0.534 97	0.063 21	0.493 12	0.078 92
6	0.623 40	0.013 08	0.611 53	0.021 02	0.539 18	0.061 61	0.498 10	0.076 95
7	0.623 95	0.012 87	0.611 97	0.020 56	0.541 26	0.060 40	0.502 65	0.074 94
8	0.624 62	0.012 24	0.613 43	0.019 85	0.545 24	0.058 70	0.507 40	0.073 43
9	0.624 87	0.012 26	0.613 78	0.019 88	0.545 93	0.058 56	0.507 99	0.073 28
10	0.625 47	0.012 00	0.613 89	0.019 19	0.547 45	0.056 92	0.510 13	0.071 77
11	0.625 49	0.012 16	0.614 69	0.019 75	0.547 35	0.057 19	0.510 21	0.071 55
12	0.625 84	0.011 57	0.615 29	0.018 91	0.550 85	0.056 36	0.515 09	0.070 64
13	0.625 36	0.011 99	0.614 55	0.019 49	0.549 40	0.057 47	0.513 17	0.070 08
14	0.626 17	0.011 32	0.615 70	0.018 52	0.551 84	0.055 32	0.515 92	0.069 59
15	0.626 51	0.011 51	0.616 21	0.018 82	0.551 56	0.055 01	0.514 80	0.068 85
16	0.626 18	0.011 80	0.615 67	0.019 26	0.549 91	0.056 15	0.514 25	0.070 39
17	0.626 68	0.011 48	0.616 45	0.018 77	0.553 18	0.056 49	0.517 60	0.071 09
18	0.626 71	0.011 14	0.616 54	0.018 27	0.554 71	0.054 91	0.517 39	0.068 95
19	0.626 01	0.011 56	0.615 54	0.018 87	0.552 92	0.056 00	0.518 36	0.070 37
20	0.626 19	0.011 57	0.615 77	0.018 89	0.552 10	0.056 52	0.517 47	0.070 47
Ozturk et al (1996)	0.613 3	0.012 1	0.602 6	0.017 7	0.543 6	0.050 6	0.513 5	0.068 4

可以发现, 随着 FGM 夹层分层数的增加, SIF 的数值解稳定地趋于解析解,

当 FGM 夹层的分层数为 20 时，数值解的精度已经足够好了。这说明，建议的边界元法和 FGM 分层逼近方法可以获得 FGM 中裂纹高精度的数值解。这部分研究成果已在《International Journal of Solids and Structures》上发表 (Yue et al, 2003)。

6.3 平行于 FGM 夹层裂纹的应力强度因子

6.3.1 概述

对于图 6.4 所示的平行于 FGM 夹层的圆盘状裂纹，裂纹面上作用着以下荷载：

$$\begin{aligned}
\sigma_{z'x'}^+ &= \sigma_{z'x'}^- = q, & 0 \leqslant r < a, \\
\sigma_{z'y'}^+ &= \sigma_{z'y'}^- = 0, & 0 \leqslant r < a, \\
\sigma_{z'z'}^+ &= \sigma_{z'z'}^- = p, & 0 \leqslant r < a.
\end{aligned} \tag{6.5}$$

式中，上标 + 和 − 为裂纹面的外法线方向，分别对应于裂纹面外法线与坐标轴 x'、y'、z' 夹角的方向余弦 $(0,0,1)$ 和 $(0,0,-1)$。

为方便起见，在均匀材料 1 中取二分之一球面作为辅助面 (球体的半径为 a)，该辅助面和裂纹面形成两个计算区域。由于裂纹体对称于坐标面 $z'Ox'$，可以仅取半个裂纹体考虑。在辅助面和裂纹面上划分单元，对称面不需要划分网格。两个区域的辅助面完全重合，且在两个区域辅助面和裂纹面上单元及节点一一对应，两个区域边界上坐标相同点的外法线方向相反。边界单元网格如图 6.5 所示，共有 553 个节点和 176 个单元，裂纹尖端有 32 个面力奇异单元。

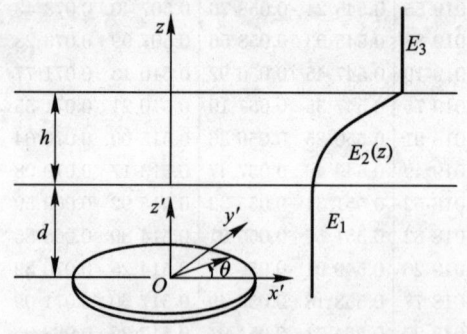 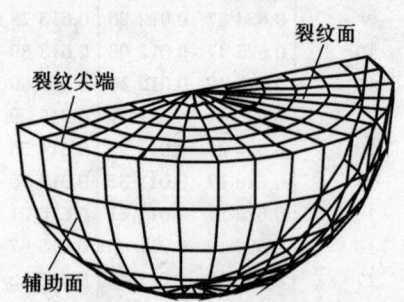

图 6.4 平行于FGM夹层的圆盘状裂纹　　图 6.5 裂纹面和辅助面的边界单元网格

6.3.2 压应力作用下的圆盘状裂纹

在式 (6.5) 中,取 $q = 0$ 和 $p = -p_0$,即裂纹面上作用着均匀的法向压应力。图 6.6 和图 6.7 给出了裂纹距材料界面距离 d 和非均匀参数 α 对 I 型和 II 型 SIF 的影响。$\alpha \neq 0$ 时,裂纹的变形模式为 I 和 II 复合型。图中给出了 α 取不同值时 SIF 值的变化曲线 ($\alpha a = -10, -5, -2, 2, 5, 10$)。注意: $\alpha = 0$ 对应于无限域均匀介质,数值解为 $\dfrac{K_I}{p_0\sqrt{\pi a}} = 0.6479$,精确解为 $2/\pi \approx 0.6366$,绝对误差为 1.13%。随着距离 d 的增加,FGM 夹层对裂纹的影响减弱,SIF 值趋向于无限域均匀介质中裂纹的 SIF 值。$\alpha > 0$ 时,I 型 SIF 值相对 $\alpha = 0.0$ 时的值减少,II 型 SIF 值出现且为正值。这是因为,$\alpha > 0$ 时 FGM 夹层的弹性模量增加,限制了裂纹的变形。$\alpha < 0$ 时 I 型 SIF 值相对 $\alpha = 0$ 时的值增加,II 型 SIF 出现且为负值。这是因为,$\alpha < 0$ 时 FGM 夹层的弹性模量减少,使裂纹更容易变形。裂纹上、下面沿切向滑动方向不同导致 $\alpha > 0$ 和 $\alpha < 0$ 时 II 型 SIF 值取不同的符号。

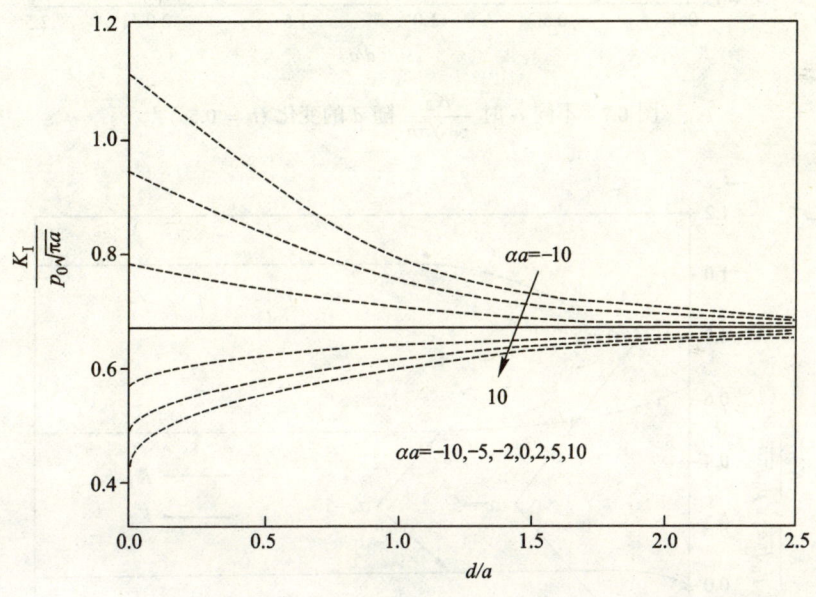

图 6.6　不同 α 时 $\dfrac{K_I}{p_0\sqrt{\pi a}}$ 随 d 的变化 ($h = 0.5a$)

图 6.8 给出了 FGM 夹层厚度 h 对 SIF 值的影响,这里 $d = 0.2a$,$\alpha a = -5, 5$。$\alpha a = -5$ 时,I 型和 II 型 SIF 的绝对值随 h 的增大而增大。$\alpha a = 5$ 时,I 型 SIF 值随 h/a 的增大而减少,II 型 SIF 值随 h 的增大而增大。这两种情形下,当 $h/a > 1.5$ 时随 FGM 夹层厚度的增加,SIF 值不再有明显的变化。

Yue et al (2003) 也讨论了裂纹面上作用着非均匀荷载 $p = -p_0(r/a)$ 和 $p = -p_0(r/a)^2$ 时,非均匀参数 α、FGM 夹层厚度 h 以及裂纹与材料界面距离 d

对 SIF 值的影响。

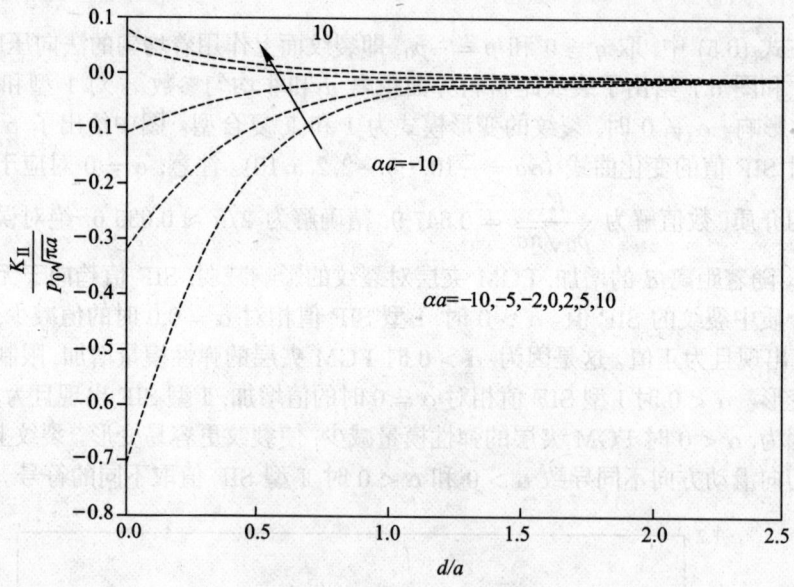

图 6.7 不同 α 时 $\dfrac{K_{\mathrm{II}}}{p_0\sqrt{\pi a}}$ 随 d 的变化 ($h = 0.5a$)

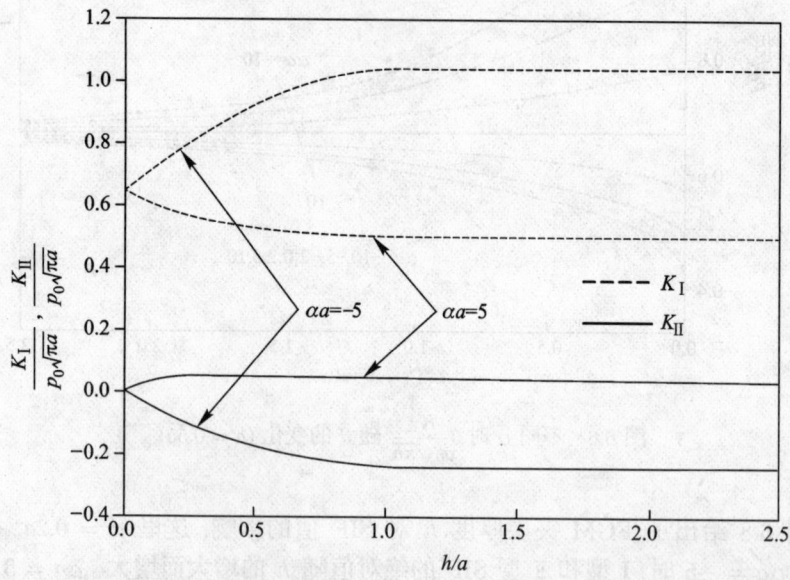

图 6.8 不同 α 时 $\dfrac{K_{\mathrm{I}}}{p_0\sqrt{\pi a}}$ 和 $\dfrac{K_{\mathrm{II}}}{p_0\sqrt{\pi a}}$ 随 h 的变化 ($d = 0.2a$)

6.3.3 剪应力作用下的圆盘状裂纹

在式 (6.5) 中，取 $q = -q_0$ 和 $p = 0$，即在裂纹上、下面上作用着均匀剪应力。q_0 作用下，裂纹的变形模式是 II 型和 III 型耦合的。在无限域均匀介质中，圆盘状裂纹的 SIF (Tada et al, 2000) 为

$$K_{\mathrm{I}} = 0, \tag{6.6a}$$

$$K_{\mathrm{II}} = \frac{4}{\pi(2-\nu)}\sqrt{\pi a}q_0\cos\theta, \tag{6.6b}$$

$$K_{\mathrm{III}} = \frac{4(1-\nu)}{\pi(2-\nu)}\sqrt{\pi a}q_0\sin\theta. \tag{6.6c}$$

显然，K_{II} 和 K_{III} 的最大值分别出现在裂纹尖端 $\theta = 0°, 90°$ 处。对于给定的裂纹问题，$\dfrac{K_{\mathrm{II,max}}}{q_0\sqrt{\pi a}}$ 精确解为 0.749 0，建议方法的数值解为 0.754 4，绝对误差为 0.54%；$\dfrac{K_{\mathrm{III,max}}}{q_0\sqrt{\pi a}}$ 精确解为 0.524 7，数值解为 0.524 3，绝对误差为 0.04%。

图 6.9 和图 6.10 分别给出了裂纹位于材料界面 (即 $d = 0$) 时，材料参数 α 对 II 型和 III 型 SIF 值的影响。相对于 $\alpha = 0$ 时的 SIF 值，$\alpha > 0$ 时 SIF 值减少，弹性模量较大的 FGM 夹层限制了裂纹的滑移变形；$\alpha < 0$ 时 SIF 值增加，弹性模量较小的 FGM 夹层使裂纹上、下面滑移变形更容易。

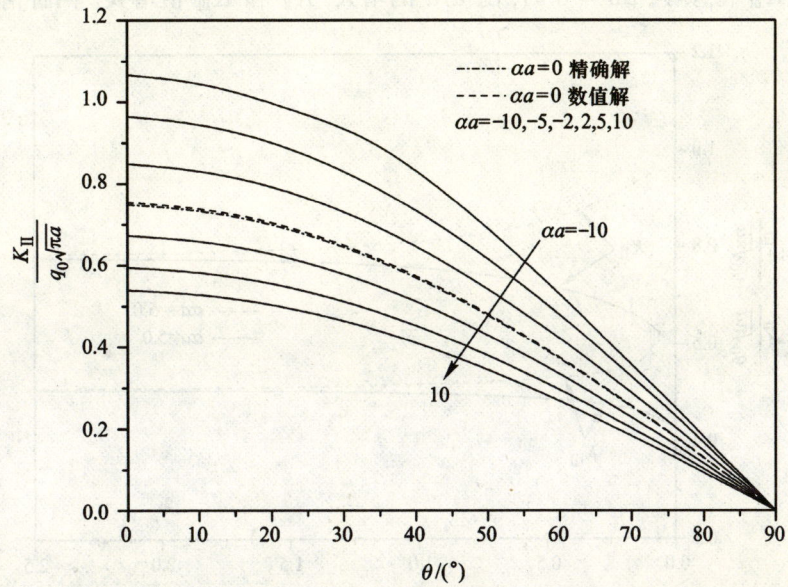

图 6.9 不同 α 时 $\dfrac{K_{\mathrm{II}}}{q_0\sqrt{\pi a}}$ 随 θ 的变化 ($d = 0$ 和 $h = 0.5a$)

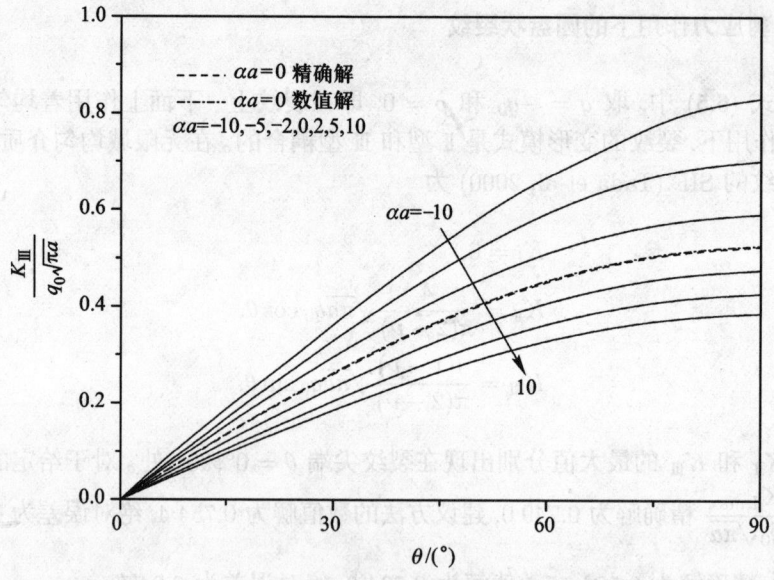

图 6.10 不同 α 时 $\dfrac{K_{\text{III}}}{q_0\sqrt{\pi a}}$ 随 θ 的变化 ($d=0$ 和 $h=0.5a$)

图 6.11 给出了 SIF 随距离 d 的变化,这里 $\alpha a = -5, 5$ 和 $h/a = 0.5$。图 6.11 中给出了 $\theta = 0°$ 处的 K_{II} 值和 $\theta = 90°$ 处的 K_{III} 值。$\alpha a = -5$ 时,随 d/a 的增大, K_{II} 和 K_{III} 值减小;$\alpha a = 5$ 时,随 d/a 的增大,K_{II} 和 K_{III} 值增大。两种情形下,

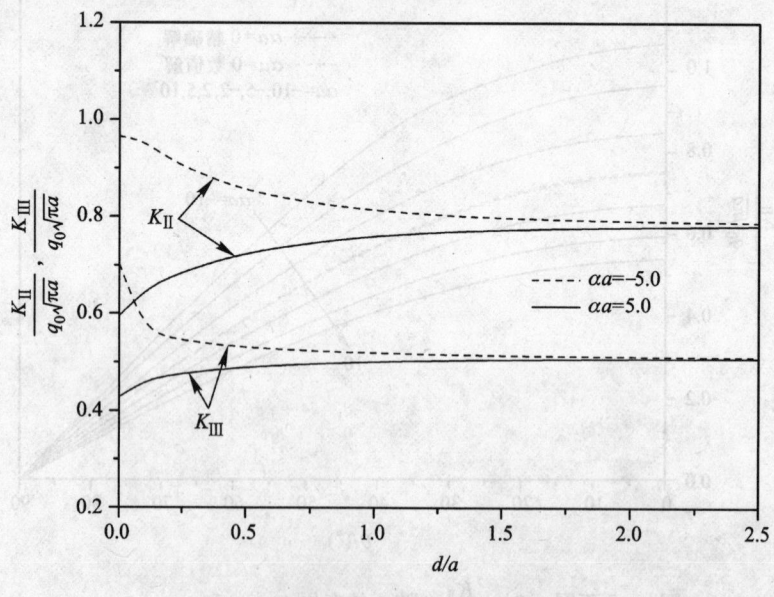

图 6.11 不同 α 时 $\dfrac{K_{\text{II}}}{q_0\sqrt{\pi a}}$ 和 $\dfrac{K_{\text{III}}}{q_0\sqrt{\pi a}}$ 随 d 的变化 ($h = 0.5a$)

随着 d/a 的增大，K_{II} 和 K_{III} 趋于均匀介质的 SIF 值。

图 6.12 给出了 SIF 值随夹层厚度 h 的变化，这里 $\alpha a = -5, 5$ 和 $d/a = 0.2$。图 6.12 中给出了 $\theta = 0°$ 处的 K_{II} 值和 $\theta = 90°$ 处的 K_{III} 值。$\alpha a = -5$ 时，随 h/a 的增大，K_{II} 和 K_{III} 值增大；$\alpha a = 5$ 时，随 h/a 的增大，K_{II} 和 K_{III} 值减小。当 $h/a > 1$ 时，随 FGM 夹层厚度的增加，SIF 值不再有明显的变化。

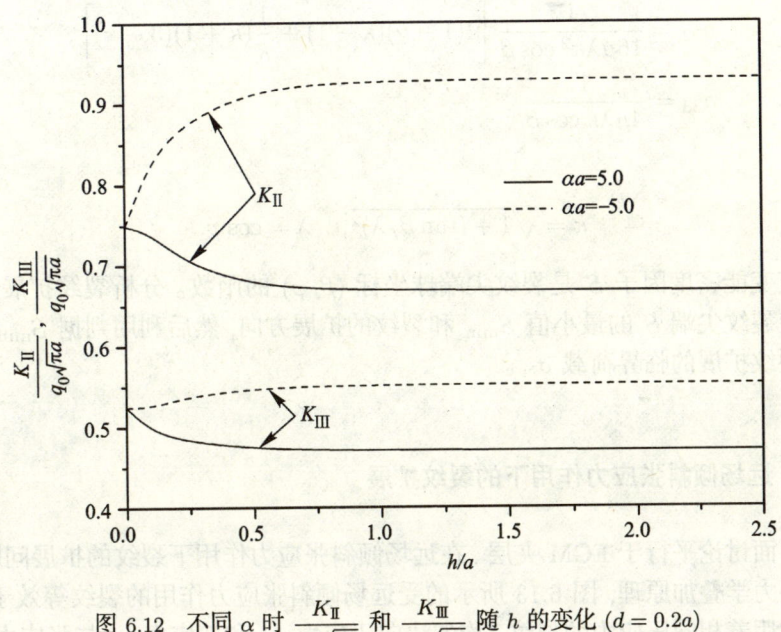

图 6.12 不同 α 时 $\dfrac{K_{II}}{q_0\sqrt{\pi a}}$ 和 $\dfrac{K_{III}}{q_0\sqrt{\pi a}}$ 随 h 的变化 ($d = 0.2a$)

6.4 平行于 FGM 夹层裂纹的扩展分析

6.4.1 椭圆盘状裂纹的应变能密度因子

应用椭圆盘状裂纹尖端的应力和应变表达式 (Sih, 1973; Sih et al, 1974)，式 (2.31) 可进一步表示为

$$\frac{dW}{dV} = \frac{S}{r} + \text{非奇异项}, \tag{6.7}$$

式中，S 为应变能密度因子，定义为

$$S = a_{11}K_I^2 + 2a_{12}K_I K_{II} + a_{22}K_{II}^2 + a_{33}K_{III}^2. \tag{6.8}$$

K_I、K_{II} 和 K_{III} 沿裂纹尖端变化，式 (6.8) 中的系数 a_{11}、a_{12}、a_{22} 和 a_{33} 可

表示为裂纹尖端球坐标 (β,φ) 的函数, 即

$$a_{11} = \frac{\kappa+1}{16\mu\kappa^2\cos\beta}\left[2(1-2\nu)+\frac{\kappa-1}{\kappa}\right], \tag{6.9a}$$

$$a_{12} = \frac{\sqrt{\kappa^2-1}}{8\mu\lambda\kappa^2\cos\beta}\left[\frac{1}{\kappa}-(1-2\nu)\right], \tag{6.9b}$$

$$a_{22} = \frac{1}{16\mu\lambda\kappa^2\cos\beta}\left[4(1-\nu)(\kappa-1)+\frac{1}{\kappa}(\kappa+1)(3-\kappa)\right], \tag{6.9c}$$

$$a_{33} = \frac{1}{4\mu\lambda\kappa\cos\beta}, \tag{6.9d}$$

式中

$$\kappa = \sqrt{1+(\tan\beta/\lambda)^2}, \quad \lambda = \cos\varphi. \tag{6.9e}$$

应变能密度因子 S 是裂纹尖端球坐标 (β,φ) 的函数。分析裂纹扩展时, 首先确定裂纹尖端 S 的最小值 $S_{\min}$ 和裂纹的扩展方向, 然后利用判据 $S_{\min}=S_{\mathrm{C}}$ 确定裂纹扩展的临界荷载 σ_{cr}。

6.4.2 远场倾斜张应力作用下的裂纹扩展

下面讨论平行于 FGM 夹层、在远场倾斜张应力作用下裂纹的扩展问题。应用断裂力学叠加原理, 图 6.13 所示的受远场倾斜张应力作用的裂纹等效于裂纹面上作用着相同压应力的裂纹。均匀法向压应力 p_0 和剪应力 q_0 与张应力 σ 有如下关系:

$$p_0 = \sigma\sin^2\gamma, \tag{6.10a}$$

$$q_0 = \sigma\sin\gamma\cos\gamma. \tag{6.10b}$$

式中, γ 为张应力 σ 与裂纹面之间的夹角。

这样, p_0 和 q_0 作用下裂纹的 SIF 值可用来分析远场倾斜张应力 σ 作用下裂纹的扩展。应变能密度因子 S 可用前面得到的 SIF 值和式 (6.8) 计算得到。注意, 张应力 σ 作用在坐标面 $x'Oz'$ 内。

1. 裂纹尖端最小应变能密度因子

设 $S_{\min}=S(\beta_0,\varphi_0)$, 即 $S_{\min}$ 出现在裂纹尖端 (β_0,φ_0) 处。圆盘状裂纹的 $S_{\min}$ 出现在垂直于裂纹尖端切线的方向, 即 $\varphi_0 \equiv 0°$。图 6.14 给出了 β_0 随 α 和 θ 的变化规律。从中可以发现, β_0 随 α 值的增大而增大。在 $0°\leqslant\theta\leqslant 90°$ 和 $90°\leqslant\theta\leqslant 180°$ 两个区间内, β_0 的变化幅度不同。在 $0°\leqslant\theta\leqslant 90°$ 区间内, β_0 受 α 的影响要大一些, 特别是 $\alpha<0$ 时。这种现象是由于 q_0 和 p_0 引起的 II 型 SIF 值在区间 $0°\leqslant\theta\leqslant 90°$ 和 $90°\leqslant\theta\leqslant 180°$ 具有不同的分布规律所致。

6.4 平行于 FGM 夹层裂纹的扩展分析

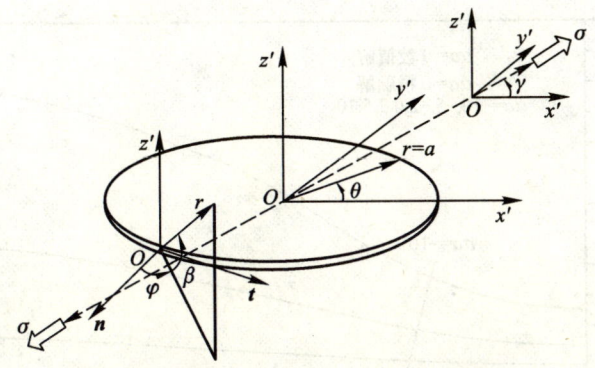

图 6.13 倾斜张应力作用下的圆盘状裂纹

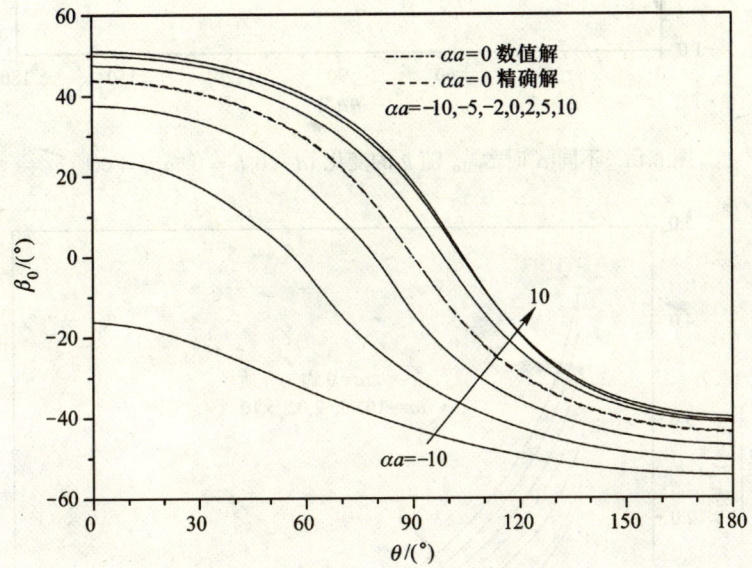

图 6.14 不同 α 时 β_0 随 θ 的变化 ($d=0, h=0.5a, \gamma=60°$)

图 6.15 给出了 $\gamma = 60°$ 时 $S_{\min}$ 随 α 和 θ 的变化规律。图 6.15 中，θ 值较大时 $S_{\min}$ 变化较明显，尤其 $\alpha < 0$ 时更明显。这是因为，$\alpha < 0$ 时由 p_0 和 q_0 产生的 K_{II} 值均为负号，且由 p_0 引起的 K_{II} 的绝对值比相应位置 $\alpha > 0$ 时产生的 K_{II} 值大得多。图 6.15 中，$\alpha > 0$ 时，最大的 $S_{\min}$ 出现在 $\theta = 0°$；$\alpha < 0$ 时，最大的 $S_{\min}$ 出现在 $\theta = 180°$。以下以此为依据来确定裂纹扩展的临界荷载 σ_{cr}。

2. 裂纹扩展的临界荷载

图 6.16 给出了裂纹的 σ_{cr} 随 α 和 γ 值的变化规律，这里 $d = 0$ 和 $h = 0.5a$。图 6.16 中，$\alpha > 0$ 和 $\alpha < 0$ 时 σ_{cr} 曲线分别位于 $\alpha = 0$ 曲线的两侧，且随着 α 的增大而增大；对于给定的 α 值，σ_{cr} 随加载角 γ 的增大而减小。

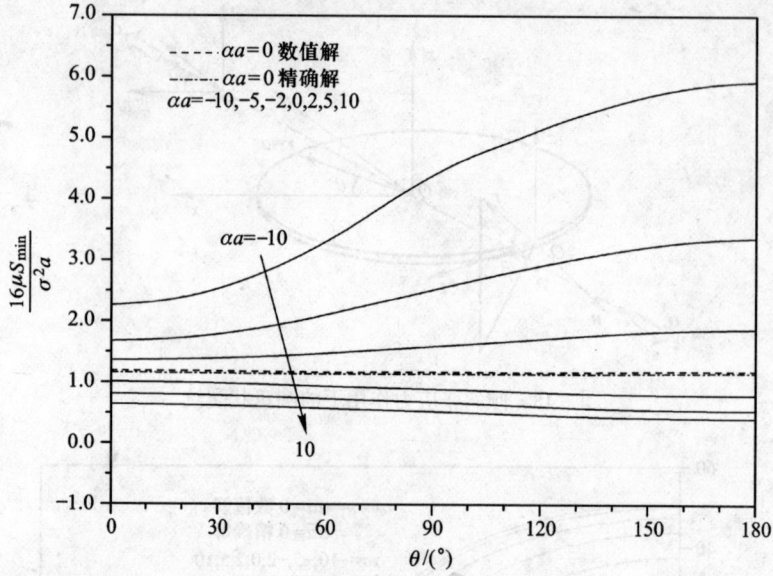

图 6.15 不同 α 时 $S_{\min}$ 随 θ 的变化 ($d=0, h=0.5a, \gamma=60°$)

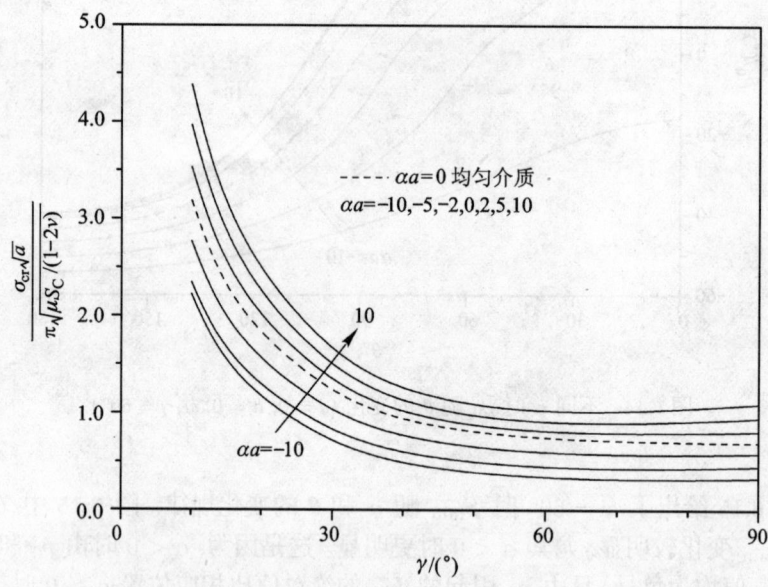

图 6.16 不同 α 时 σ_{cr} 随 γ 的变化 ($d=0, h=0.5a$)

图 6.17 给出了 σ_{cr} 随距离 d 的变化趋势, 这里 $h=0.5a$。图 6.17 中, 随着 d/a 的增大, $\alpha a=5$ 时 σ_{cr} 减小, $\alpha a=-5$ 时 σ_{cr} 增大, 且 σ_{cr} 趋向于均匀介质中的 σ_{cr} 值。此外, 加载角 γ 较小时, σ_{cr} 受 d/a 的影响大。$\alpha>0$ 和 $\alpha<0$ 时 σ_{cr} 也应具有上述变化趋势。

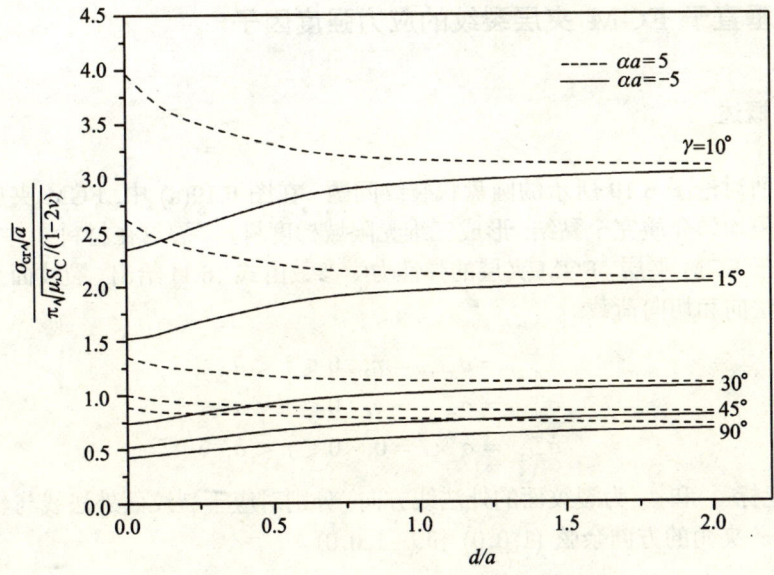

图 6.17 不同 α 和 γ 时 σ_{cr} 随 d 的变化 ($h = 0.5a$)

图 6.18 给出了 σ_{cr} 随 FGM 夹层厚度 h 的变化,这里 $d = 0.2a$。图中,随着 h/a 的增大,$\alpha a = 5$ 时 σ_{cr} 增大,$\alpha a = -5$ 时 σ_{cr} 减小,且 σ_{cr} 逐渐趋向于稳定值。此外,加载角 γ 较小时,σ_{cr} 受 h/a 的影响相对较大。$\alpha > 0$ 和 $\alpha < 0$ 时 σ_{cr} 也应具有上述变化趋势。

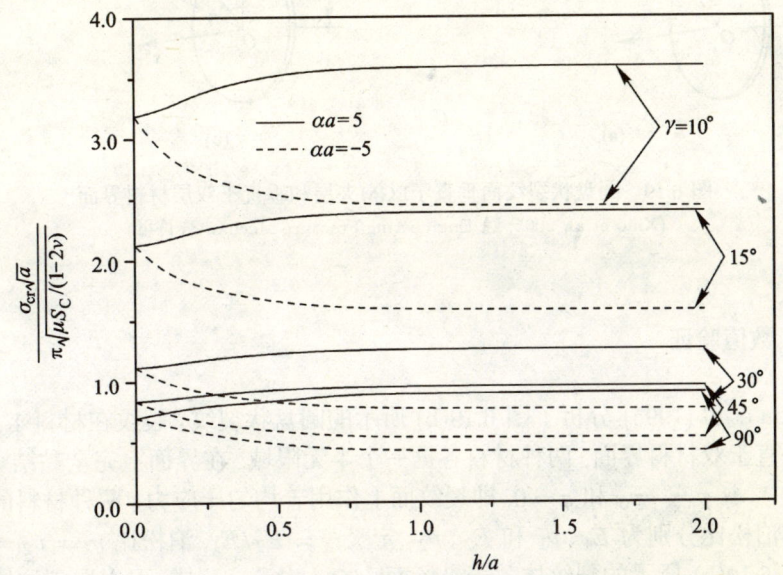

图 6.18 不同 α 和 γ 时 σ_{cr} 随 h 的变化 ($d = 0.2a$)

6.5 垂直于 FGM 夹层裂纹的应力强度因子

6.5.1 概述

下面讨论图 6.19 所示的圆盘状裂纹问题。在图 6.19(a) 中，FGM 夹层与两个半无限均匀介质完全黏结，形成三维无限域梯度材料，裂纹在材料 1 中，裂纹面垂直于 FGM 夹层。FGM 夹层的弹性力学参数由式 (6.1) 给出。裂纹面上作用着如下法向和切向荷载：

$$\begin{aligned}\sigma_{x'x'}^+ &= \sigma_{x'x'}^- = p, \quad 0 \leqslant r < a, \\ \sigma_{x'y'}^+ &= \sigma_{x'y'}^- = q, \quad 0 \leqslant r < a, \\ \sigma_{x'z'}^+ &= \sigma_{x'z'}^- = 0, \quad 0 \leqslant r < a,\end{aligned} \tag{6.11}$$

式中，上标 + 和 − 为裂纹面的外法线方向，分别对应于裂纹面外法线与坐标轴 x'、y'、z' 夹角的方向余弦 $(1,0,0)$ 和 $(-1,0,0)$。

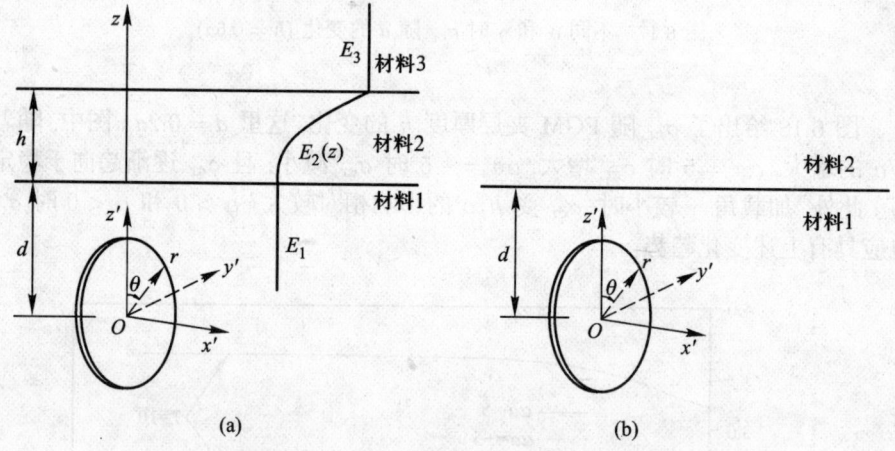

图 6.19 圆盘状裂纹面垂直于FGM夹层和垂直于双层材料界面
(Xiao et al, 2005; 经 Engineering Fracture Mechanics 许可)

6.5.2 数值验证

Kou et al (1995) 分析了图 6.19(b) 所示的圆盘状裂纹。裂纹在材料 1 中，裂纹面垂直于双材料界面，两种材料各据一个半无限域，在界面上完全黏结。在式 (6.11) 中，取 $p = -p_0$ 和 $q = 0$，即裂纹面上作用着均匀压应力。两种材料的弹性模量和泊松比分别为 E_1、ν_1 和 E_2、ν_2。定义 $\chi = E_2/E_1$，泊松比 $\nu_1 = \nu_2 = 0.3$。

图 6.19(b) 所示的裂纹体关于坐标面 $x'Oz'$ 对称。这样，可以取裂纹体的一半分析。为方便起见，在材料 1 中取四分之一球面作为辅助面 (球体的半径为 a)。

6.5 垂直于 FGM 夹层裂纹的应力强度因子

该辅助面与外法线方向为 $(1,0,0)$ 的裂纹面形成一个有限域 (区域 I), 与外法线方向为 $(-1,0,0)$ 的裂纹面形成一个无限域 (区域 II)。这样仅仅需要对辅助面和裂纹上、下面进行离散, 对称面 $x'Oz'$ 不需要离散。区域 I 的辅助面和裂纹面的单元网格如图 6.20 所示, 共有 553 个节点和 176 个单元, 其中在裂纹尖端两侧有 32 个面力奇异单元。区域 II 的边界元网格与图 6.20 所示的网格完全一样, 且节点一一对应, 两个区域边界上坐标相同点的外法线方向相反。

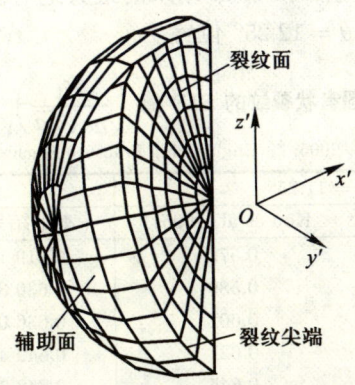

图 6.20 裂纹面和辅助面的边界元网格
(Xiao et al, 2005; 经 Engineering Fracture Mechanics 许可)

图 6.21 给出了 SIF 随 χ 和 θ 的变化曲线, 这里 $d = 1.2a$。需要注意的是:

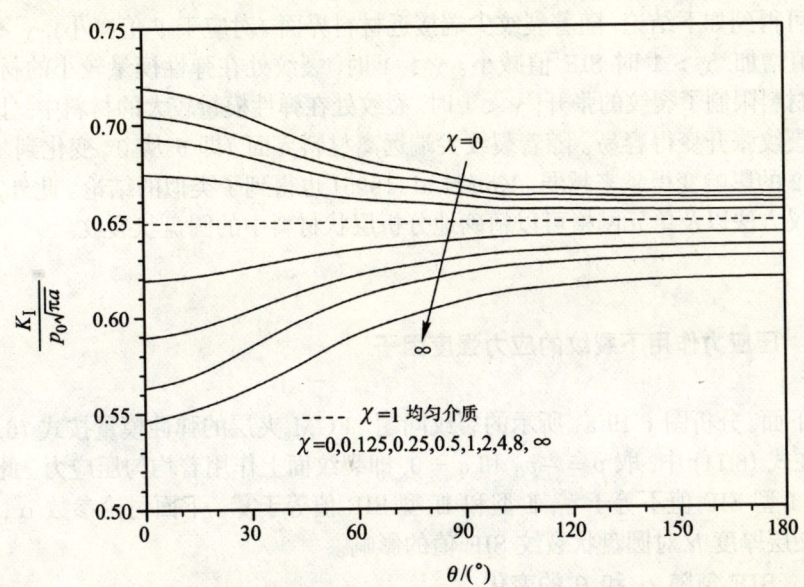

图 6.21 不同 χ 时 $\dfrac{K_I}{p_0\sqrt{\pi a}}$ 随 θ 的变化
(Xiao et al, 2005; 经 Engineering Fracture Mechanics 许可)

$\chi = 1$ 对应于无限域均匀介质, $\chi = 0$ 对应于半限域均匀介质, $\chi = \infty$ 对应于一个与半无限刚性介质完全黏结的半无限均匀介质。图 6.21 中, 受到材料 2 的影响, 材料 1 中圆盘状裂纹的 SIF 值发生变化。表 6.2 列出了建议方法和 Kou et al (1995) 的数值结果。$\chi = 1$ 时, 圆盘状裂纹 $\dfrac{K_I}{p_0\sqrt{\pi a}}$ 的解析解为 $2/\pi \approx 0.6366$, 建议方法和 Kou et al 的数值解分别为 0.6487 和 0.647, 其绝对误差小于 2%。对于 $\chi \ne 1$ 的情形, 建议方法与 Kou et al 结果的最大绝对误差为 2.1%, 对应的 SIF 值出现在 $\chi = \infty$ 曲线的 $\theta = 12.25°$ 位置。

表 6.2 双层材料中圆盘状裂纹的 SIF 值 $\left(\dfrac{K_I}{p_0\sqrt{\pi a}}\right)$ $(d = 1.2a, \nu = 0.3)$

(Xiao et al, 2005; 经 Engineering Fracture Mechanics 许可)

χ	$\theta = 11.25°$		$\theta = 168.75°$	
	本书结果	Kou et al (1995)	本书结果	Kou et al (1995)
∞	0.5504	0.572	0.6191	0.634
8.000	0.5670	0.589	0.6303	0.637
4.000	0.5919	0.602	0.6360	0.639
2.000	0.6203	0.621	0.6424	0.642
1.000	0.6487	0.645	0.6487	0.646
0.500	0.6731	0.672	0.6529	0.650
0.250	0.6910	0.694	0.6564	0.654
0.125	0.7023	0.712	0.6586	0.657
0.000	0.7162	0.735	0.6610	0.661

可得到如下结论: 随着裂纹尖端接近材料界面 (对应于 θ 值减小), $\chi < 1$ 时 SIF 值增加, $\chi > 1$ 时 SIF 值减小。$\chi > 1$ 时, 裂纹处在弹性模量较小的材料中, 上部材料限制了裂纹的张开; $\chi < 1$ 时, 裂纹处在弹性模量较大的材料中, 上部材料使裂纹张开变得容易。随着裂纹尖端远离材料界面 (即 θ 从 0° 变化到 180°), 材料 2 的影响变得越来越弱。Kou et al (1995) 也得到了类似的结论。此外, 还说明建议方法以及单元网格可以精确地分析层状材料中的圆盘状裂纹。

6.5.3 压应力作用下裂纹的应力强度因子

下面, 分析图 6.19(a) 所示的裂纹问题。FGM 夹层的弹性模量按式 (6.1) 变化。在式 (6.11) 中, 取 $p = -p_0$ 和 $q = 0$, 即裂纹面上作用着均匀压应力。此种情况下, I 型 SIF 值不等于零, II 型和 III 型 SIF 值等于零。下面讨论参数 α、距离 d 和夹层厚度 h 对圆盘状裂纹 SIF 值的影响。

1. SIF 值随 α 和 θ 的变化

图 6.22 给出了 SIF 随 α 和 θ 的变化趋势, 这里 $h = 0.5a, d = 1.2a$; 表 6.3 给出了相应的数据。图 6.22 中, $\alpha > 0$ 和 $\alpha < 0$ 的 SIF 曲线分别位于 $\alpha = 0$ 的 SIF

曲线的两侧。注意：$\alpha = 0$ 对应于无限域均匀材料。随着 α 绝对值的增加，SIF 值单调地离开 $\alpha = 0$ 的 SIF 曲线。SIF 值随裂纹尖端位置（即 θ 值）的变化而变化。距 FGM 夹层最近的裂纹尖端对应于 $\theta = 0°$，最远处对应于 $\theta = 180°$。随着裂纹尖端从 $\theta = 0°$ 到 $180°$，$\alpha > 0$ 时 SIF 值单调增加，$\alpha < 0$ 时 SIF 值单调减小。这说明，处于弹性模量较小材料中的裂纹 ($\alpha > 0$)，受到弹性模量较大的 FGM 夹层的影响，裂纹的张开受到限制，并且这种限制随着裂纹尖端接近 FGM 夹层而

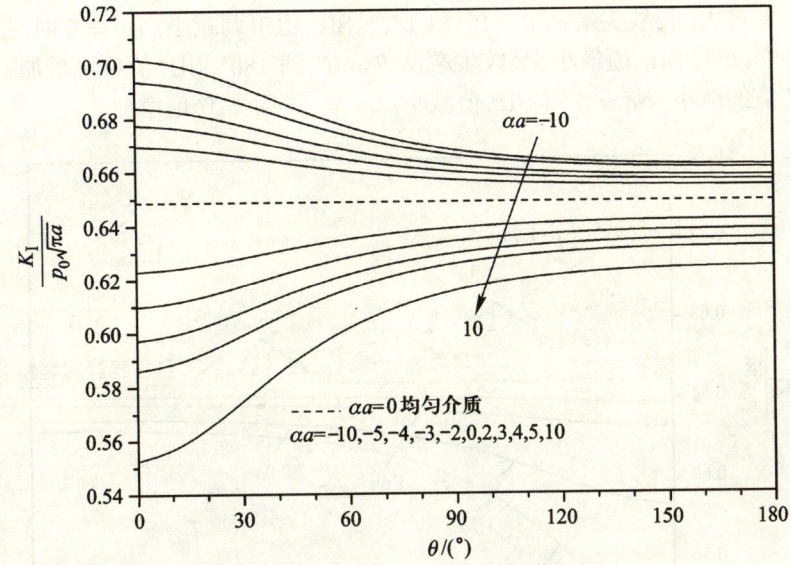

图 6.22　不同 α 时 $\dfrac{K_\mathrm{I}}{p_0\sqrt{\pi a}}$ 随 θ 的变化 ($d = 1.2a, h = 0.5a$)
(Xiao et al, 2005; 经 Engineering Fracture Mechanics 许可)

表 6.3　不同 α 时 $\dfrac{K_\mathrm{I}}{p_0\sqrt{\pi a}}$ 随 θ 的变化 ($d = 1.2a, h = 0.5a$)

(Xiao et al, 2005; 经 Engineering Fracture Mechanics 许可)

αa \ θ	0°	180°
−10	0.702 09	0.661 84
−5	0.693 85	0.660 69
−4	0.684 09	0.657 88
−3	0.677 63	0.656 27
−2	0.669 58	0.654 20
0	0.648 62	0.648 62
2	0.623 01	0.641 58
3	0.609 82	0.637 95
4	0.597 28	0.634 57
5	0.586 01	0.631 64
10	0.552 42	0.624 13

变得明显。另一方面,处于弹性模量较大材料中的裂纹 ($\alpha < 0$),受到弹性模量较小的 FGM 夹层的影响,裂纹的张开更容易,并且这种影响随着裂纹尖端接近 FGM 夹层而变得明显。

2. SIF 值随裂纹距 FGM 夹层距离 d 的变化

图 6.23 给出裂纹距 FGM 夹层不同距离时 SIF 值的变化,这里 $h = 0.5a$,$\alpha = -5$ 或 5;表 6.4 给出了相应的数据。与上述得到的结果类似,$\alpha a = -5$ 和 5 的 SIF 曲线分别位于 $\alpha = 0$ 的 SIF 曲线的两侧。$\alpha a = -5$ 时,裂纹尖端 $\theta = 0°$ 处的 SIF 值最大,裂纹尖端从 $\theta = 0°$ 到 $180°$,SIF 值单调减小。$\alpha a = 5$ 时,裂纹尖端 $\theta = 0°$ 处的 SIF 值最小,裂纹尖端从 $\theta = 0°$ 到 $180°$,SIF 值单调增加。此外,随着 d 值的减小,$\alpha a = 5$ 时 SIF 值减小,$\alpha a = -5$ 时 SIF 值增加。

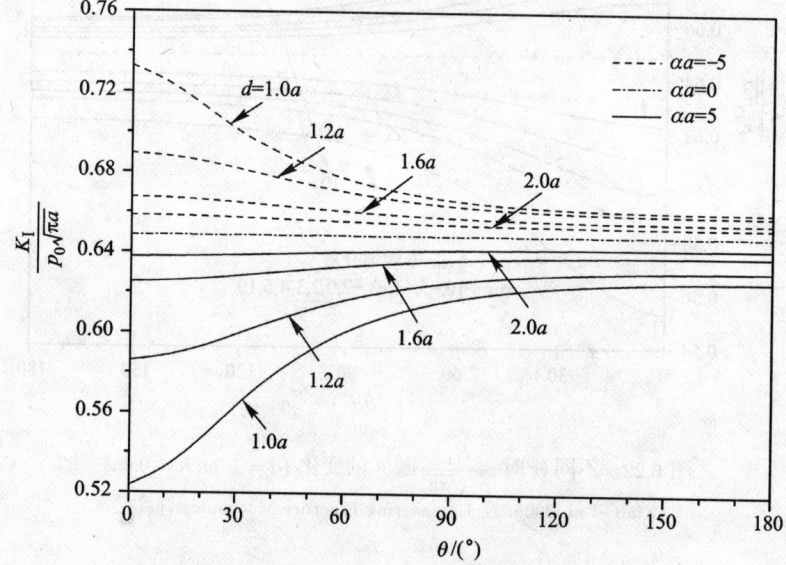

图 6.23 不同 α 和 d 时 $\dfrac{K_{\mathrm{I}}}{p_0\sqrt{\pi a}}$ 随 θ 的变化 ($h = 0.5a$)

(Xiao et al, 2005; 经 Engineering Fracture Mechanics 许可)

表 6.4 不同 α 和 d 时 $\dfrac{K_{\mathrm{I}}}{p_0\sqrt{\pi a}}$ 随 θ 的变化 ($h = 0.5a$)

(Xiao et al, 2005; 经 Engineering Fracture Mechanics 许可)

d	$\alpha a = 5$		$\alpha a = -5$	
	$\theta = 0°$	$\theta = 180°$	$\theta = 0°$	$\theta = 180°$
a	0.523 75	0.626 30	0.732 85	0.660 84
$1.2a$	0.586 01	0.631 64	0.689 15	0.659 11
$1.6a$	0.625 21	0.638 98	0.667 46	0.655 39
$2a$	0.637 80	0.642 71	0.658 40	0.653 14

3. SIF 值随 FGM 夹层厚度 h 的变化

图 6.24 给出了 FGM 夹层厚度 h 对 SIF 值的影响,这里 $\alpha a = -2, 2$ 和 $d = 1.0a$;表 6.5 给出了相应的数据。图 6.24 中选取不同裂纹尖端的 SIF 值进行

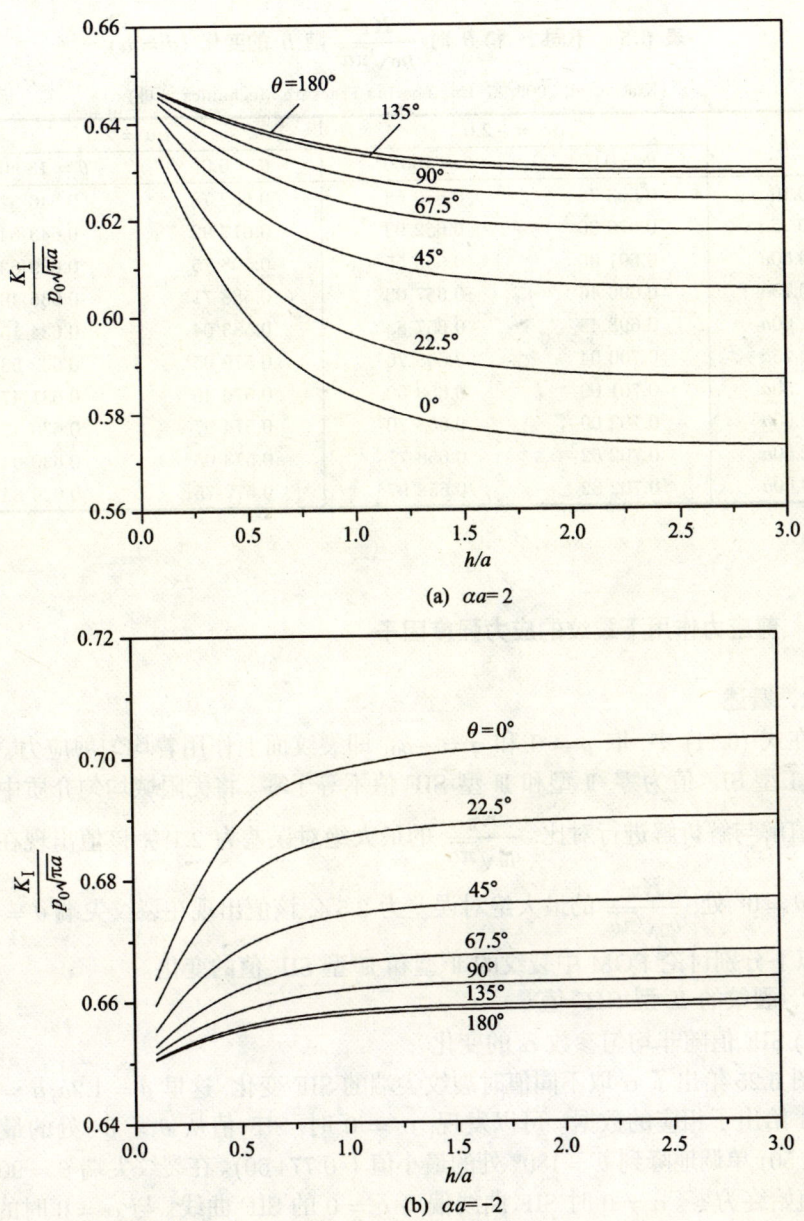

图 6.24 不同 α 和 θ 时 $\dfrac{K_\mathrm{I}}{p_0\sqrt{\pi a}}$ 随 h 的变化 $(d = a)$

(Xiao et al, 2005; 经 Engineering Fracture Mechanics 许可)

对比。注意: $d = 1.0a$ 时 $\theta = 0°$ 的裂纹尖端与 FGM 夹层接触。可以发现，随着 h 的增加，$\alpha a = -2$ 时 SIF 值增加，$\alpha a = 2$ 时 SIF 值减小。特别地，$h > 2.5a$ 时，厚度 h 的增加不会引起 SIF 值明显的变化。这些发现与 Choi (2001) 分析二维平面应变 FGM 中裂纹的计算结果一致。

表 6.5 不同 α 和 θ 时 $\dfrac{K_{\mathrm{I}}}{p_0\sqrt{\pi a}}$ 随 h 的变化 ($d = a$)

(Xiao et al, 2005; 经 Engineering Fracture Mechanics 许可)

h	$\alpha a = -2.0$		$\alpha a = 2.0$	
	$\theta = 0.0°$	$\theta = 180.0°$	$\theta = 0.0°$	$\theta = 180.0°$
$0.10a$	0.663 78	0.650 58	0.632 78	0.646 52
$0.25a$	0.676 30	0.652 93	0.617 92	0.643 64
$0.50a$	0.691 06	0.655 55	0.598 75	0.639 63
$0.75a$	0.696 46	0.657 03	0.588 71	0.636 48
$1.00a$	0.698 48	0.657 83	0.583 04	0.634 15
$1.25a$	0.700 04	0.658 26	0.579 05	0.632 53
$1.50a$	0.701 09	0.658 50	0.576 46	0.631 47
$2.00a$	0.702 00	0.658 70	0.574 07	0.630 42
$2.50a$	0.702 52	0.658 77	0.573 05	0.630 04
$3.00a$	0.702 82	0.658 97	0.572 75	0.629 84

6.5.4 剪应力作用下裂纹的应力强度因子

1. 概述

在式 (6.11) 中，取 $p = 0$ 和 $q = -q_0$，即裂纹面上作用着均匀剪应力。该情形下，I 型 SIF 值为零，II 型和 III 型 SIF 值不等于零。将无限域均匀介质中裂纹的数值解与解析解进行对比，$\dfrac{K_{\mathrm{II}}}{q_0\sqrt{\pi a}}$ 的最大绝对误差为 2.1%，该值出现在裂纹尖端 $\theta = 0°$ 处；$\dfrac{K_{\mathrm{III}}}{q_0\sqrt{\pi a}}$ 的最大绝对误差为 2.5%，该值出现在裂纹尖端 $\theta = 22.5°$ 处。以下分别讨论 FGM 中裂纹的 II 型和 III 型 SIF 值的变化。

2. 裂纹的 II 型 SIF 值

1) SIF 值随非均匀参数 α 的变化

图 6.25 给出了 α 取不同值时裂纹尖端的 SIF 变化，这里 $d = 1.2a, h = 0.5a$；表 6.6 给出了相应的数据。可以发现，$\alpha = 0$ 时，SIF 值从 $\theta = 0°$ 处的最大值 (0.774 50) 单调地降到 $\theta = 180°$ 处的最小值 (−0.774 50)。在裂纹尖端 $\theta = 90°$ 处，SIF 值始终为零。$\alpha \neq 0$ 时 SIF 曲线偏离 $\alpha = 0$ 的 SIF 曲线。与 $\alpha = 0$ 时的 SIF 值比较，$\alpha < 0$ 时 SIF 值增加，$\alpha > 0$ 时 SIF 值减小。α 绝对值越大, SIF 值的变化就越明显。这种影响在 $\theta = 0°$ 处最为明显，在 $\theta = 110°$ 处为零，然后逐渐增大，到 $\theta = 180°$ 处达到最大。

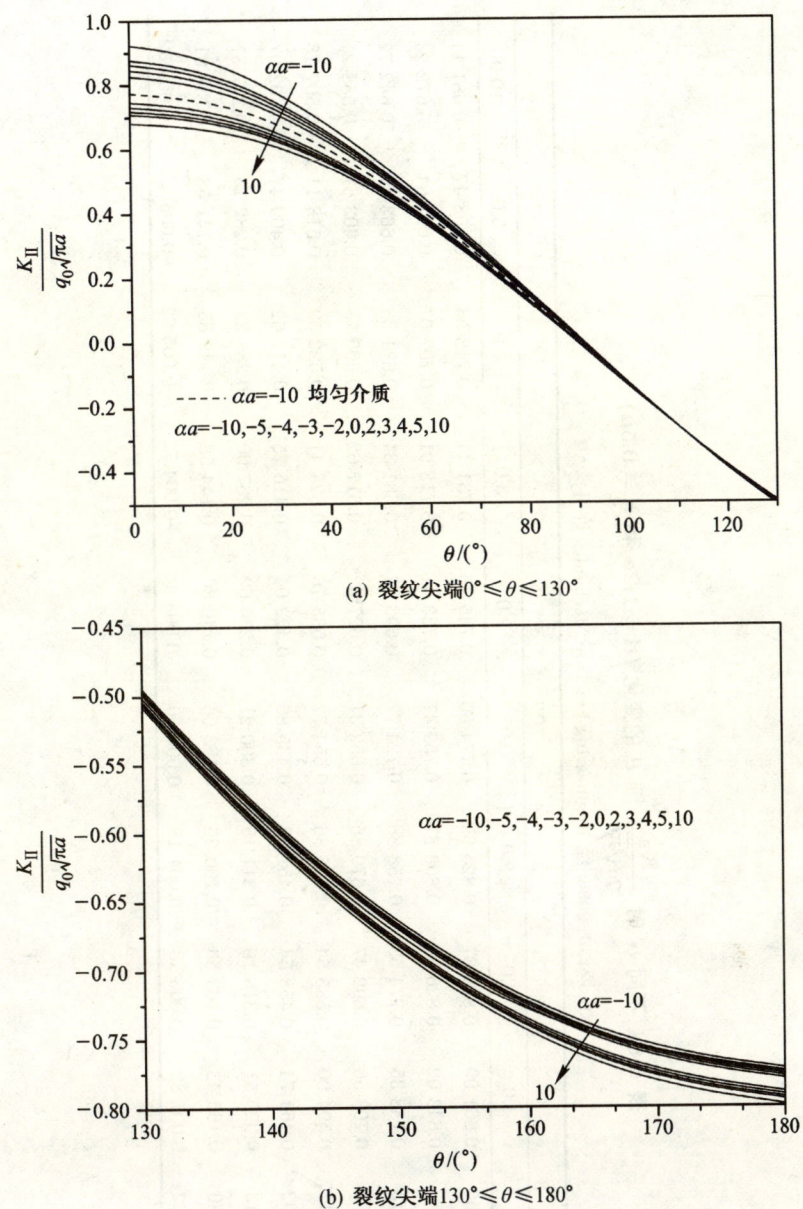

图 6.25 不同 α 时 $\dfrac{K_{\mathrm{II}}}{q_0\sqrt{\pi a}}$ 随 θ 的变化 ($d=1.2a, h=0.5a$)

(Xiao et al, 2005; 经 Engineering Fracture Mechanics 许可)

2) SIF 值随裂纹距 FGM 夹层距离 d 的变化

图 6.26 给出了 d 取不同值时 SIF 随 θ 的变化曲线,这里 $h=0.5a, \alpha a=-5,5$;表 6.7 给出了相应的数据。与图 6.25 显示的结果类似,对于给定的 d 和 α 值,SIF 值从 $\theta=0°$ 处的最大值减小到 $\theta=180°$ 处的最小值。在 $\theta=90°$ 处,SIF

表 6.6 不同 α 时 $\dfrac{K_{\text{II}}}{q_0\sqrt{\pi a}}$ 随 θ 的变化 ($d = 1.2a$ 和 $h = 0.5a$)

(Xiao et al, 2005; 经 Engineering Fracture Mechanics 许可)

$\theta/(°)$						αa					
	−10.0	−5.0	−4.0	−3.0	−2.0	0.0	2.0	3.0	4.0	5.0	10.0
0.00	0.921 77	0.876 56	0.861 99	0.845 07	0.825 99	0.774 50	0.746 46	0.731 11	0.718 53	0.708 47	0.681 11
11.25	0.899 22	0.856 80	0.843 02	0.826 98	0.808 87	0.759 47	0.733 41	0.718 91	0.707 07	0.697 64	0.672 24
22.50	0.835 70	0.800 15	0.788 35	0.774 53	0.758 88	0.724 77	0.693 72	0.681 34	0.671 33	0.663 42	0.642 72
33.75	0.740 45	0.712 95	0.703 56	0.692 47	0.679 85	0.652 31	0.627 42	0.617 62	0.609 78	0.603 67	0.588 21
45.00	0.621 30	0.601 11	0.594 00	0.585 54	0.575 86	0.554 72	0.535 76	0.528 41	0.522 59	0.518 11	0.507 18
56.25	0.484 20	0.469 92	0.464 74	0.458 54	0.451 42	0.435 86	0.422 04	0.416 75	0.412 62	0.409 48	0.402 07
67.50	0.333 83	0.324 13	0.320 51	0.316 16	0.311 15	0.300 21	0.290 62	0.287 00	0.284 21	0.282 13	0.277 37
78.75	0.175 03	0.168 80	0.166 43	0.163 56	0.160 25	0.153 06	0.146 86	0.144 58	0.142 85	0.141 58	0.138 81
90.00	0.012 79	0.009 22	0.007 82	0.006 13	0.004 18	0.000 00	−0.003 48	−0.004 72	−0.005 62	−0.006 25	−0.007 52

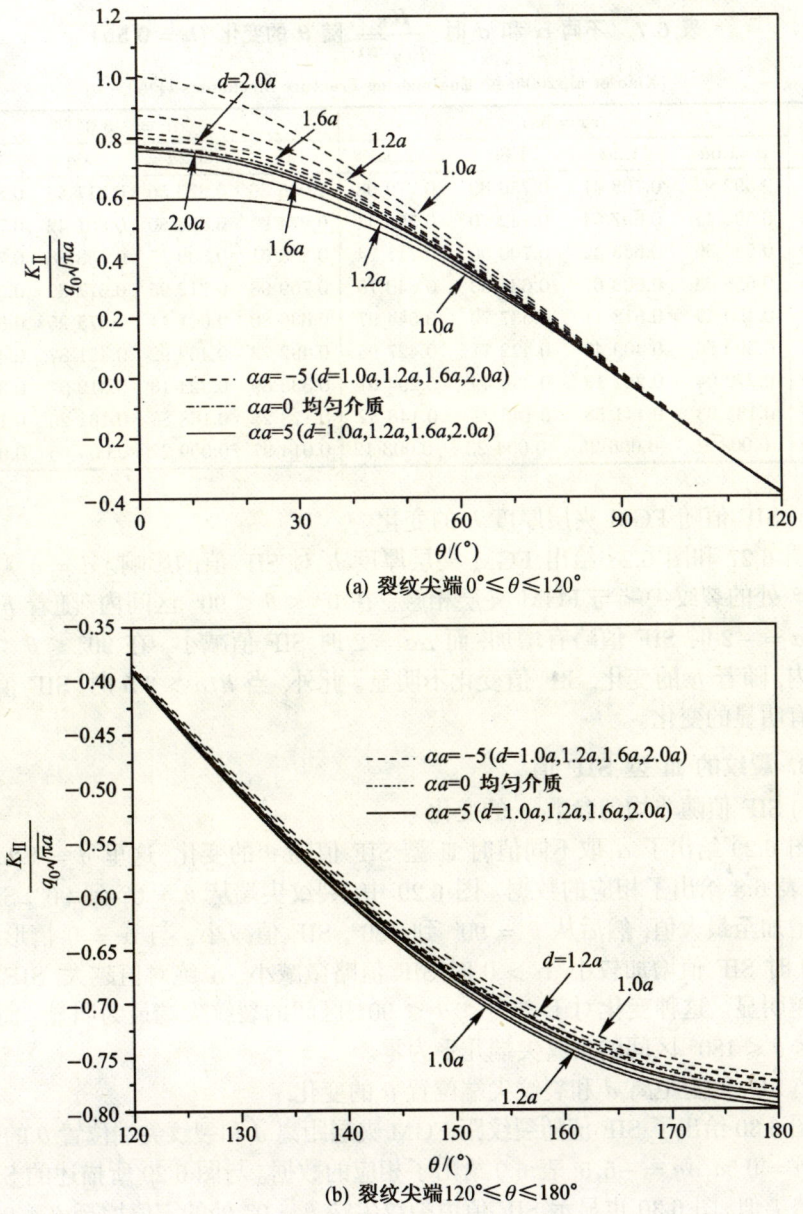

图 6.26 不同 α 和 d 时 $\dfrac{K_{\mathrm{II}}}{q_0\sqrt{\pi a}}$ 随 θ 的变化 ($h = 0.5a$)

(Xiao et al, 2005; 经 Engineering Fracture Mechanics 许可)

值接近零。d 越大, SIF 值的变化就越小。随着 d 的增大, $\alpha > 0$ 时 SIF 值增加, $\alpha < 0$ 时 SIF 值减小, 且 SIF 值趋于 $\alpha = 0$ 时的对应值。d 值变化对 $\theta = 0°$ 处裂纹尖端 SIF 值的影响最大, 第一个 SIF 变化峰值出现, 到 $\theta = 110°$ 处裂纹尖端的 SIF 值变化最小, 在 $\theta = 180°$ 处 SIF 值变化达到第二个峰值。

表 6.7 不同 α 和 d 时 $\dfrac{K_{\mathrm{II}}}{q_0\sqrt{\pi a}}$ 随 θ 的变化 ($h = 0.5a$)

(Xiao et al, 2005; 经 Engineering Fracture Mechanics 许可)

$\theta/(°)$	$\alpha a = 5.0$				$\alpha a = -5.0$			
	$d=1.0a$	$1.2a$	$1.6a$	$2.0a$	$1.0a$	$1.2a$	$1.6a$	$2.0a$
0.00	0.592 92	0.708 47	0.756 82	0.770 08	1.006 36	0.876 56	0.817 48	0.801 31
11.25	0.595 45	0.697 64	0.742 70	0.755 41	0.974 94	0.856 80	0.801 42	0.785 87
22.50	0.590 36	0.663 42	0.700 50	0.711 74	0.888 61	0.800 15	0.753 88	0.740 00
33.75	0.558 03	0.603 67	0.631 53	0.640 79	0.769 98	0.712 95	0.677 39	0.665 80
45.00	0.490 49	0.518 11	0.537 79	0.544 97	0.636 80	0.601 11	0.575 25	0.566 14
56.25	0.392 66	0.409 48	0.422 71	0.427 95	0.492 73	0.469 92	0.451 87	0.445 10
67.50	0.272 04	0.282 13	0.290 49	0.294 07	0.338 89	0.324 13	0.312 07	0.307 33
78.75	0.135 93	0.141 58	0.146 31	0.148 52	0.178 25	0.168 80	0.161 25	0.158 22
90.00	-0.008 80	-0.006 25	-0.004 23	-0.003 12	0.014 97	0.009 22	0.005 06	0.003 42

3) SIF 值随 FGM 夹层厚度 h 的变化

图 6.27 和图 6.28 给出 FGM 夹层厚度 h 对 SIF 值的影响。$d = a$ 意味着 $\theta = 0°$ 处的裂纹尖端与 FGM 夹层相触。在 $0° \leqslant \theta \leqslant 90°$ 区间内，随着 h 的增加，$\alpha a = -2$ 时 SIF 值略有增加，而 $\alpha a = 2$ 时 SIF 值减小。在 $90° \leqslant \theta \leqslant 180°$ 区间内，随着 h 的变化，SIF 值变化不明显。此外，当 $h/a > 2.5$ 时，SIF 值同样不再有明显的变化。

3. 裂纹的 III 型 SIF 值

1) SIF 值随非均匀参数 α 的变化

图 6.29 给出了 α 取不同值时 III 型 SIF 值随 θ 的变化，这里 $d = 1.2a, h = 0.5a$；表 6.8 给出了相应的数据。图 6.29 中，裂纹尖端从 $\theta = 0°$ 到 $90°$，SIF 值由零增加至最大值，然后从 $\theta = 90°$ 到 $180°$，SIF 值减小。与 $\alpha = 0$ 情形相比，$\alpha < 0$ 时 SIF 值增加较小，$\alpha > 0$ 时 SIF 值略微减小。α 绝对值越大，SIF 值的变化越明显。这种变化对于 $30° \leqslant \theta \leqslant 90°$ 区间的裂纹尖端最为明显，而对于 $140° \leqslant \theta \leqslant 180°$ 区间的裂纹尖端几乎为零。

2) SIF 值随距离 d 和裂纹尖端位置 θ 的变化

图 6.30 给出了 SIF 值随裂纹距 FGM 夹层距离 d 和裂纹尖端位置 θ 的变化，这里 $h = 0.5a, \alpha a = -5, 5$；表 6.9 给出了相应的数据。与图 6.29 所描述的 SIF 变化趋势类似，图 6.30 也显示 SIF 值由裂纹尖端 $\theta = 0°$ 处的零值增至 $\theta = 90°$ 处的最大值，然后减小至 $\theta = 180°$ 处的零值。d 值越大，SIF 值的变化越小。随着 d 值的增大，$\alpha > 0$ 时 SIF 值增加，$\alpha < 0$ 时 SIF 值减小，且 SIF 值趋向于 $\alpha = 0$ 时的 SIF 值。同样，对于 $30° \leqslant \theta \leqslant 90°$ 区间的裂纹尖端，d 变化对 SIF 值的影响最为明显，而对于 $140° \leqslant \theta \leqslant 180°$ 区间的裂纹尖端，这种影响不明显。

3) SIF 值随 FGM 夹层厚度 h 的变化

图 6.31 和图 6.32 给出了 SIF 值随 FGM 夹层厚度 h 的变化，这里 $\alpha a = -2, 2, d = a$。图 6.31 中，对于 $0° \leqslant \theta \leqslant 90°$ 区间的裂纹尖端，随着 h 的增加，

6.5 垂直于 FGM 夹层裂纹的应力强度因子 117

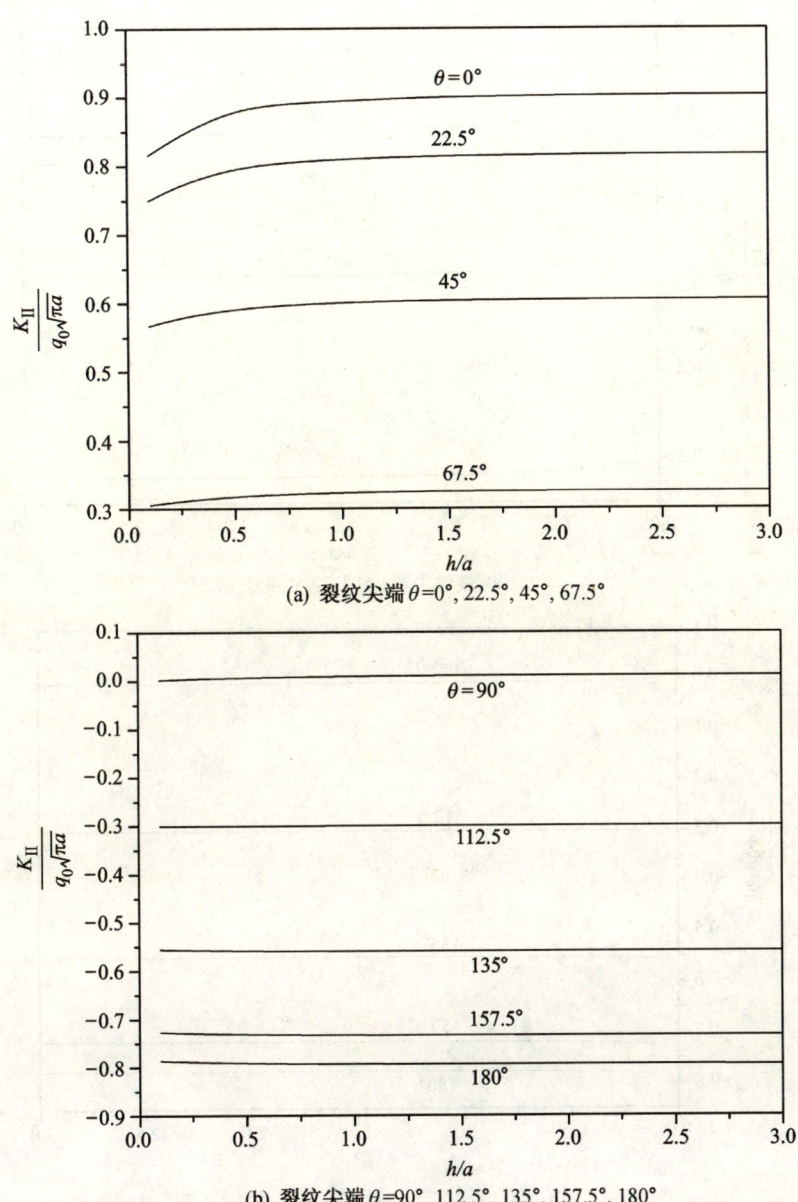

(a) 裂纹尖端 $\theta=0°, 22.5°, 45°, 67.5°$

(b) 裂纹尖端 $\theta=90°, 112.5°, 135°, 157.5°, 180°$

图 6.27 不同 θ 时 $\dfrac{K_{\mathrm{II}}}{q_0\sqrt{\pi a}}$ 随 h 的变化 $(d=1.0a, \alpha a=-2)$
(Xiao et al, 2005; 经 Engineering Fracture Mechanics 许可)

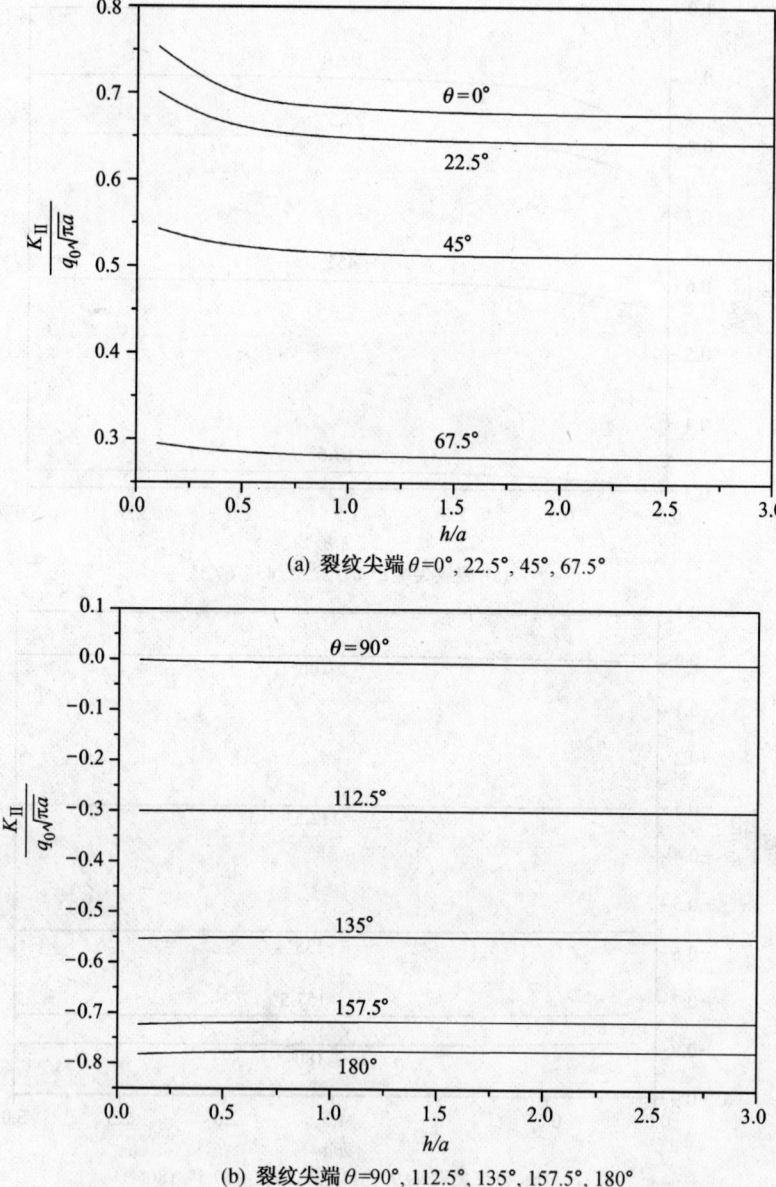

(a) 裂纹尖端 $\theta=0°, 22.5°, 45°, 67.5°$

(b) 裂纹尖端 $\theta=90°, 112.5°, 135°, 157.5°, 180°$

图 6.28 不同 θ 时 $\dfrac{K_{II}}{q_0\sqrt{\pi a}}$ 随 h 的变化 ($d=1.0a, \alpha a=2$)
(Xiao et al, 2005; 经 Engineering Fracture Mechanics 许可)

6.5 垂直于 FGM 夹层裂纹的应力强度因子

表 6.8 不同 α 时 $\dfrac{K_{\mathrm{III}}}{q_0\sqrt{\pi a}}$ 随 θ 的变化 ($d = 1.2a, h = 0.5a$)

(Xiao et al, 2005; 经 Engineering Fracture Mechanics 许可)

$\theta/(°)$	αa										
	−10.0	−5.0	−4.0	−3.0	−2.0	0.0	2.0	3.0	4.0	5.0	10.0
0.00	0.000 00	0.000 00	0.000 00	0.000 00	0.000 00	0.000 00	0.000 00	0.000 00	0.000 00	0.000 00	0.000 00
11.25	0.139 16	0.130 67	0.128 00	0.124 93	0.121 52	0.114 27	0.107 90	0.105 42	0.103 45	0.101 90	0.097 79
22.50	0.262 01	0.248 47	0.244 05	0.238 93	0.233 18	0.220 85	0.209 95	0.205 71	0.202 33	0.199 71	0.192 91
33.75	0.360 96	0.346 00	0.340 92	0.334 95	0.328 18	0.313 52	0.300 45	0.295 37	0.291 34	0.288 23	0.280 40
45.00	0.434 91	0.420 78	0.415 80	0.409 88	0.403 10	0.388 30	0.375 04	0.369 88	0.365 81	0.362 68	0.355 03
56.25	0.485 85	0.473 56	0.469 10	0.463 75	0.457 59	0.444 02	0.431 82	0.427 08	0.423 34	0.420 49	0.413 65
67.50	0.516 86	0.506 71	0.502 95	0.498 40	0.493 14	0.481 49	0.470 97	0.466 88	0.463 67	0.461 21	0.455 42
78.75	0.531 40	0.523 32	0.520 28	0.516 59	0.512 30	0.502 76	0.494 10	0.490 74	0.488 08	0.486 06	0.481 30
90.00	0.531 93	0.525 70	0.523 33	0.520 45	0.517 09	0.509 57	0.502 71	0.500 02	0.497 90	0.496 27	0.492 44

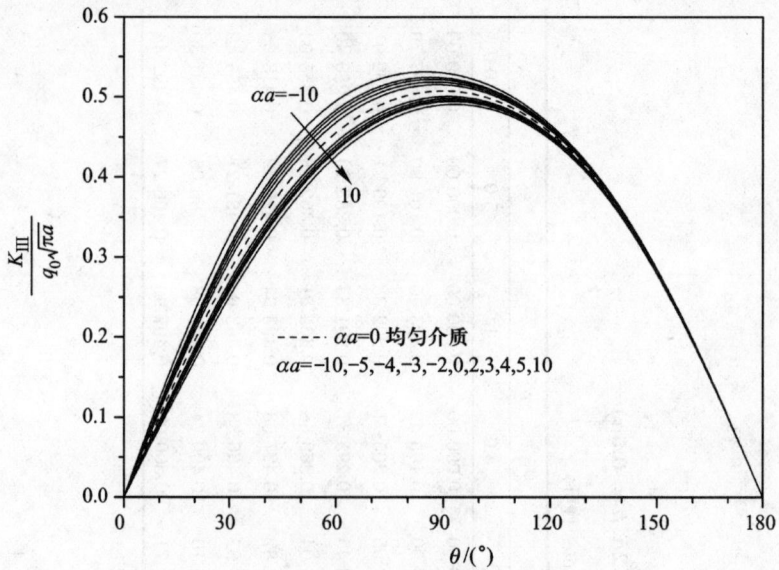

图 6.29 不同 α 时 $\dfrac{K_{\text{III}}}{q_0\sqrt{\pi a}}$ 随 θ 的变化 ($d=1.2a, h=0.5a$)
(Xiao et al, 2005; 经 Engineering Fracture Mechanics 许可)

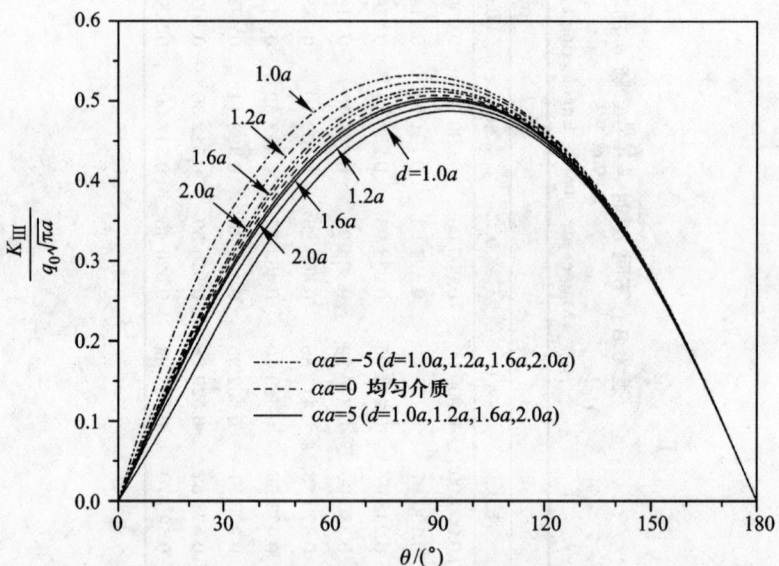

图 6.30 不同 d 和 α 时 $\dfrac{K_{\text{III}}}{q_0\sqrt{\pi a}}$ 随 θ 的变化 ($\alpha a=-5,5, h=0.5a$)
(Xiao et al, 2005; 经 Engineering Fracture Mechanics 许可)

$\alpha a=-2$ 时 SIF 值略有增加，$\alpha a=2$ 时 SIF 值减小。可是，对于 $90°\leqslant\theta\leqslant 180°$ 区间的裂纹尖端，随着 h 的增加，SIF 值几乎没有变化。此外，当 $h/a>2.5$ 时，

SIF 值也几乎没有变化。图 6.31 中，成对出现的裂纹尖端 $\theta = 67.5°$ 和 $112.5°$，$45°$ 和 $135°$，$22.5°$ 和 $157.5°$，或 $11.25°$ 和 $168.75°$ 分别对称于裂纹面的局部坐标系 y' 轴。

表 6.9 不同 d 和 α 时 $\dfrac{K_{\text{III}}}{q_0\sqrt{\pi a}}$ 随 θ 的变化 $(\alpha a = -5, 5, h = 0.5a)$

(Xiao et al, 2005; 经 Engineering Fracture Mechanics 许可)

$\theta/(°)$	$\alpha a = 5$				$\alpha a = -5$			
	$d = a$	$1.2a$	$1.6a$	$2a$	$d = a$	$1.2a$	$1.6a$	$2a$
0	0.000 00	0.000 00	0.000 00	0.000 00	0.000 00	0.000 00	0.000 00	0.000 00
11.25	0.079 25	0.101 90	0.109 54	0.111 64	0.161 97	0.130 67	0.120 00	0.117 31
22.5	0.171 22	0.199 71	0.212 26	0.216 03	0.287 25	0.248 47	0.231 25	0.226 42
33.75	0.263 61	0.288 23	0.302 51	0.307 27	0.378 74	0.346 00	0.326 83	0.320 78
45	0.343 35	0.362 68	0.376 46	0.381 48	0.445 76	0.420 78	0.402 67	0.396 29
56.25	0.405 60	0.420 49	0.432 63	0.437 39	0.492 17	0.473 56	0.457 92	0.451 89
67.5	0.449 75	0.461 21	0.471 41	0.475 59	0.520 43	0.506 71	0.493 89	0.488 60
78.75	0.477 15	0.486 06	0.494 40	0.497 90	0.533 29	0.523 32	0.513 17	0.508 74
90	0.489 26	0.496 27	0.503 02	0.505 85	0.532 81	0.525 70	0.517 85	0.514 29

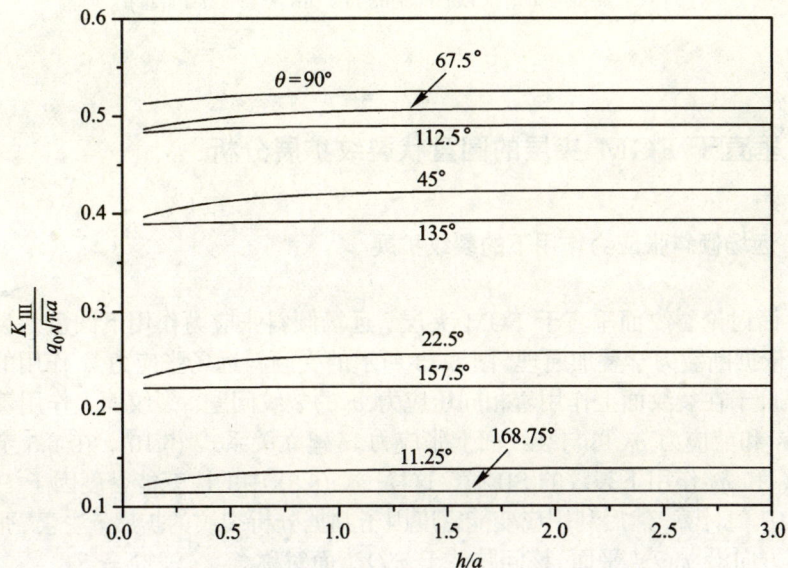

图 6.31 不同 θ 时 $\dfrac{K_{\text{III}}}{q_0\sqrt{\pi a}}$ 随 h 的变化 $(d = a, \alpha a = -2)$

(Xiao et al, 2005; 经 Engineering Fracture Mechanics 许可)

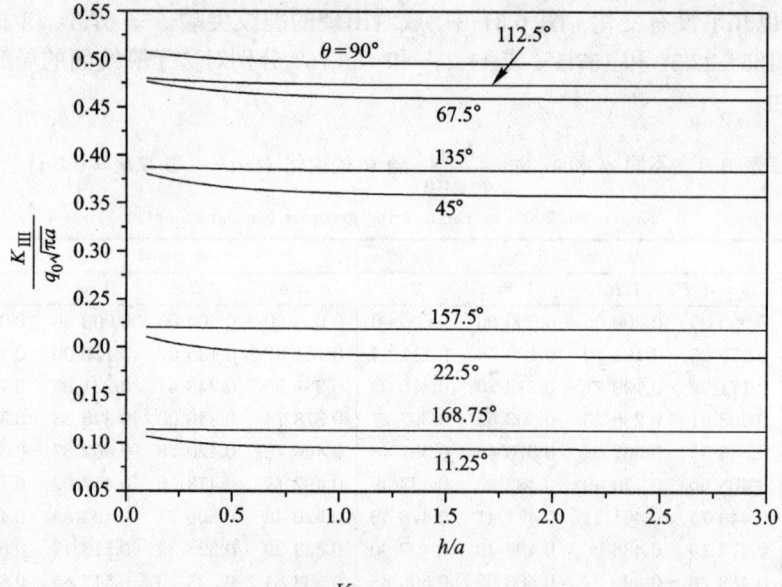

图 6.32 不同 θ 时 $\dfrac{K_{\text{III}}}{q_0\sqrt{\pi a}}$ 随 h 的变化 $(d=a, \alpha a=2)$
(Xiao et al, 2005; 经 Engineering Fracture Mechanics 许可)

6.6 垂直于 FGM 夹层的圆盘状裂纹扩展分析

6.6.1 远场倾斜张应力作用下的裂纹扩展

下面讨论裂纹面垂直于 FGM 夹层、远场倾斜张应力作用下圆盘状裂纹的扩展。依据断裂力学叠加原理，图 6.33 所示的受倾斜远场张应力 σ 作用的裂纹问题等价于在裂纹面上作用着相同压应力 σ 的裂纹问题。裂纹面上作用着法向应力 p_0 和剪应力 q_0 可与裂纹面上张应力 σ 建立关系式 (6.10)。在 6.5 节中得到了 p_0 和 q_0 作用下裂纹的 SIF 值，这样，式 (6.8) 中的应变能密度因子 S 可由这些 SIF 值计算，然后利用应变能密度因子判据分析裂纹的扩展。注意：张应力 σ 作用方向沿 $x'Oz'$ 平面，该问题关于 $x'Oz'$ 面对称。

1. 裂纹尖端的最小应变能密度因子

图 6.34 给出了非均匀参数 α 对 $S_{\min}$ 的影响，这里 $d=1.2a, h=0.5a, \gamma=60°$。$\alpha>0$ 和 $\alpha<0$ 时的 $S_{\min}$ 曲线分别位于 $\alpha=0$ 时 $S_{\min}$ 曲线的两侧。随着 α 增大，裂纹尖端同一点处的 $S_{\min}$ 减小。在 $\theta=0°$ 的裂纹尖端附近，α 变化对 $S_{\min}$ 的影响最大。

2. 裂纹扩展的临界荷载

图 6.35 给出了 σ_{cr} 随加载角 γ 和非均匀参数 α 的变化规律，这里 $d=$

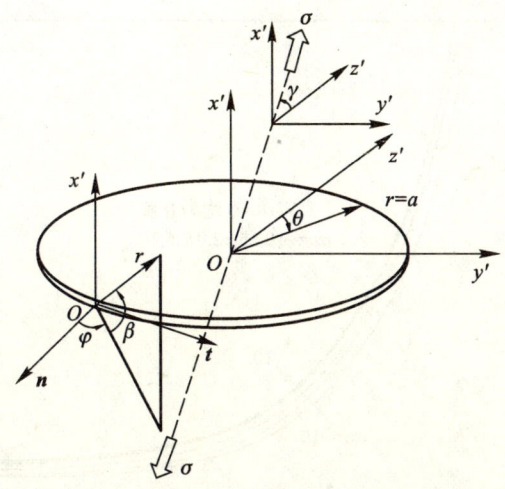

图 6.33　倾斜张应力作用下的圆盘状裂纹

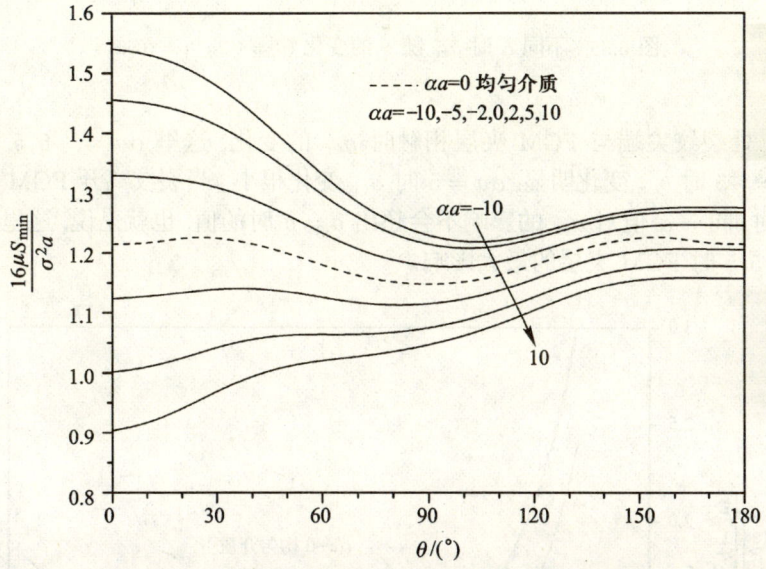

图 6.34　不同 α 时 $S_{\min}$ 随 θ 的变化 $(d=1.2a, h=0.5a, \gamma=60°)$

$1.2a, h = 0.5a$。对于给定的 α 值，随着加载角 γ 的增大，σ_{cr} 减小。$\alpha > 0$ 和 $\alpha < 0$ 时的曲线 σ_{cr} 分别位于 $\alpha = 0$ 时 σ_{cr} 曲线的两侧。随着 α 的增大，σ_{cr} 增大。$\alpha < 0$ 时，FGM 夹层对 σ_{cr} 的影响明显；$\alpha > 0$ 时，FGM 夹层对 σ_{cr} 的影响相对较弱。这种现象可用图 6.34 来解释。图 6.34 中，$\alpha > 0$ 时，靠近 FGM 夹层裂纹尖端的 $S_{\min}$ 减小，求解 σ_{cr} 时用到远离 FGM 夹层裂纹尖端的 $S_{\min}$，此处 α 对 $S_{\min}$ 的影响很小；$\alpha < 0$ 时，情况正好相反。

远场张应力作用下，裂纹的扩展方向趋向垂直于外部荷载。图 6.36 给出

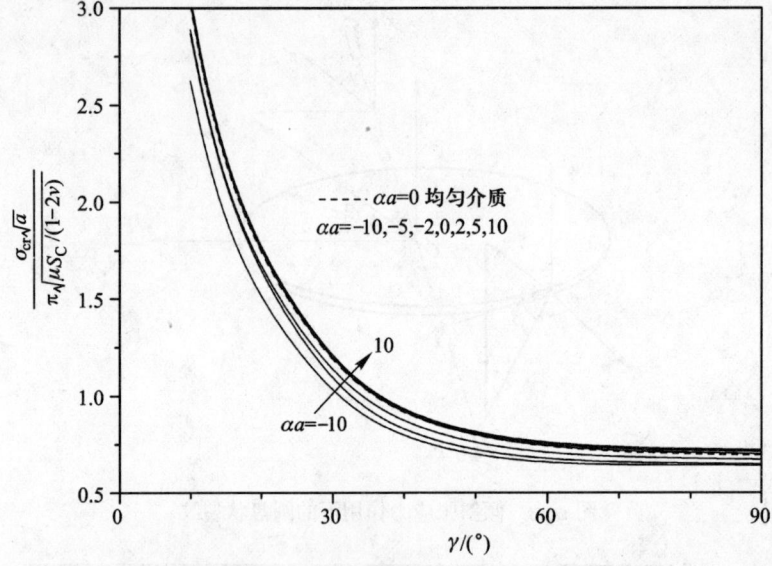

图 6.35 不同 α 时 σ_{cr} 随 γ 的变化 $(d=1.2a, h=0.5a)$

$\theta=0°$ 处裂纹尖端与 FGM 夹层相触时 σ_{cr} 的变化,这里 $\alpha a = -5, 5$ 和 $d = a$。$\alpha a = -5$ 时 σ_{cr} 变化明显,$\alpha a = 5$ 时 σ_{cr} 变化很小。当裂纹离开 FGM 夹层即 $d > a$ 时,同一 α 值对 σ_{cr} 的影响不会超出 $d = a$ 时的值,也就是说,这里给出了 $\alpha a = -5, 5$ 时 FGM 夹层的最大影响。

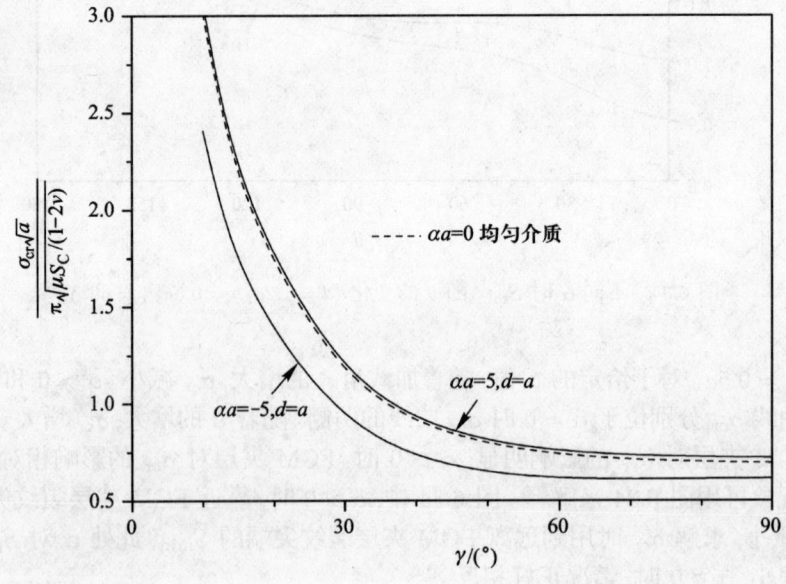

图 6.36 不同 α 时 σ_{cr} 随 γ 的变化 $(d=a, h=0.5a)$

图 6.37 给出了 σ_{cr} 随 FGM 夹层厚度 h 的变化,这里 $\alpha a = -2, 2$ 和 $d = 1.2a$。当加载角 γ 较小时,FGM 夹层厚度对 σ_{cr} 的影响明显。$\alpha a = -2$ 时,随着 FGM 夹层厚度的增大,σ_{cr} 减少,当 $h = a$ 时 σ_{cr} 变化很小; $\alpha a = 2$ 时,随着 FGM 夹层厚度增大,σ_{cr} 增大但变化不明显。这种影响规律可进一步推广到 $\alpha > 0$ 和 $\alpha < 0$ 的更一般情形。

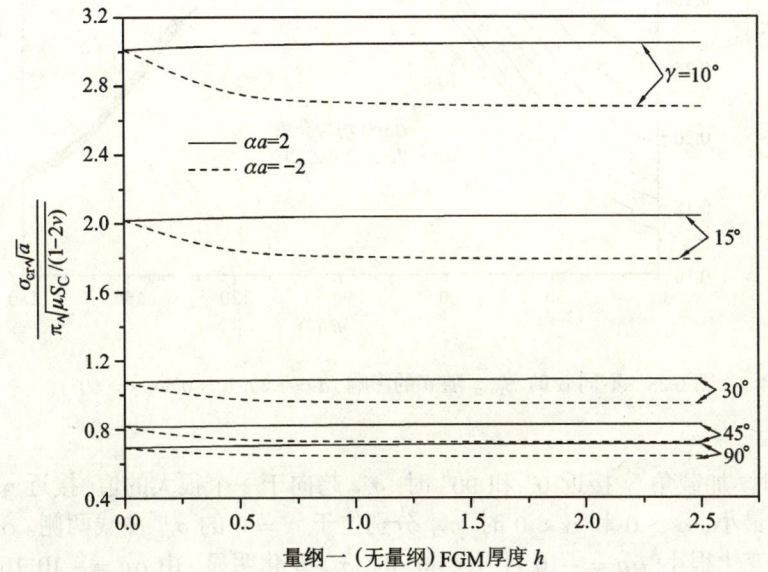

图 6.37 不同 α 和 γ 时 σ_{cr} 随 h 的变化 $(d = 1.2a)$

6.6.2 远场倾斜压应力作用下的裂纹扩展

当图 6.33 所示的裂纹体受到远场倾斜压应力作用时,施加的荷载 σ 可以改变方向,由原来的张应力变成压应力。为计算倾斜压应力作用下的裂纹扩展,可将式 (6.10) 中的 σ 变成 $-\sigma$。

1. 裂纹尖端的最小应变能密度因子

图 6.38 给出了远场倾斜压应力作用下裂纹尖端的 $S_{\min}$ 变化规律,这里 $\gamma = 60°, d = 1.2a, h = 0.5a$。图 6.38 中,$\alpha > 0$ 和 $\alpha < 0$ 时 $S_{\min}$ 曲线分别位于 $\alpha = 0$ 时 $S_{\min}$ 曲线的两侧。随着 α 的增大,裂纹尖端同一点处的 $S_{\min}$ 减小。在 $0° \leqslant \theta \leqslant 90°$ 区间的裂纹尖端,α 对 $S_{\min}$ 的影响最大。在远场倾斜压应力和张应力作用下,裂纹扩展方向是不同的。在远场倾斜压应力作用下,裂纹的扩展方向趋向于外部荷载的加载方向。

2. 裂纹扩展的临界荷载

图 6.39 给出了 α 和 γ 对 σ_{cr} 的影响,这里 $\alpha a = -10, 10, d = 1.2a, h = 0.5a$。

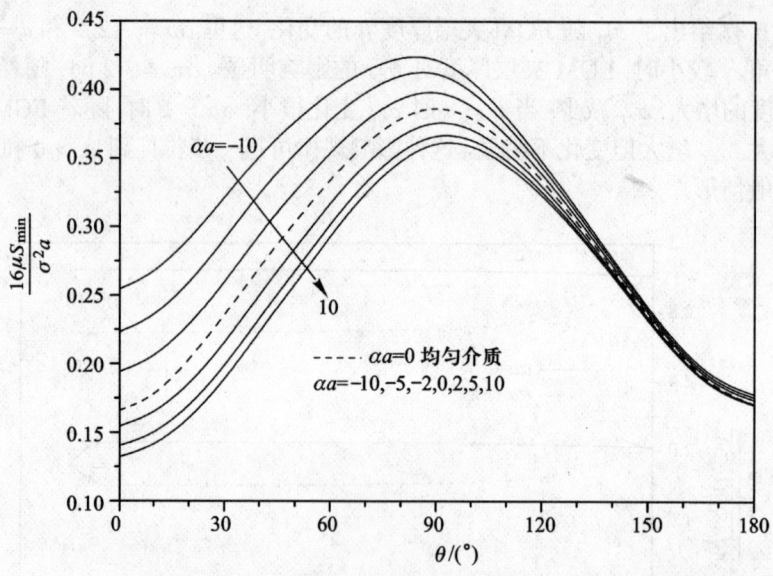

图 6.38 不同 α 时 $S_{\min}$ 随 θ 的影响 ($d = 1.2a, h = 0.5a, \gamma = 60°$)

$\alpha = 0$ 时，加载角 γ 接近 $0°$ 和 $90°$ 时，σ_{cr} 趋向于一个很大的值；接近 $\gamma = 45°$ 时，σ_{cr} 最小。$\alpha > 0$ 和 $\alpha < 0$ 时，σ_{cr} 分别位于 $\alpha = 0$ 的 σ_{cr} 曲线两侧。$\alpha a = 10$ 时，σ_{cr} 变化很小；$\alpha a = -10$ 且 $\gamma < 45°$ 时，σ_{cr} 变化明显。由 $\alpha a = -10, 10$ 时 σ_{cr} 的变化规律，可推出 $\alpha > 0$ 和 $\alpha < 0$ 时 σ_{cr} 更一般的变化规律。

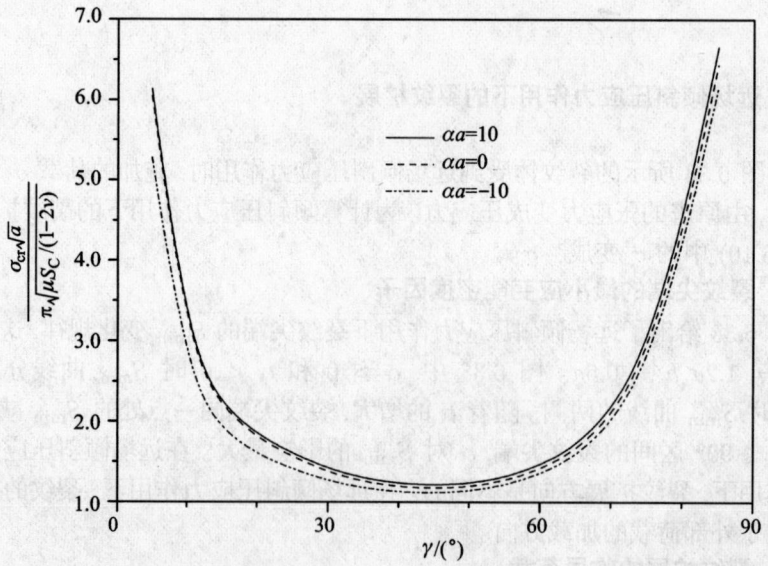

图 6.39 不同 α 时 σ_{cr} 随 γ 的变化 ($d = 1.2a, h = 0.5a$)

图 6.40 给出了 $\sigma_{\rm cr}$ 随 α 和 γ 的变化,这里 $h = 0.5a, \alpha a = -5, 5$ 和 $d = a$。 $\alpha a = -5$ 时 $\sigma_{\rm cr}$ 变化明显,$\alpha a = 5$ 时 $\sigma_{\rm cr}$ 变化不明显。$d > a$ 时,同一 α 值对 $\sigma_{\rm cr}$ 的影响不会超出 $d = a$ 时的值,也就是说,这里给出了 $\alpha a = -5$ 或 5 时 FGM 夹层的最大影响。图 6.40 中也给出 $d = 1.2a$ 时的变化规律,这与上面的结论正好吻合。

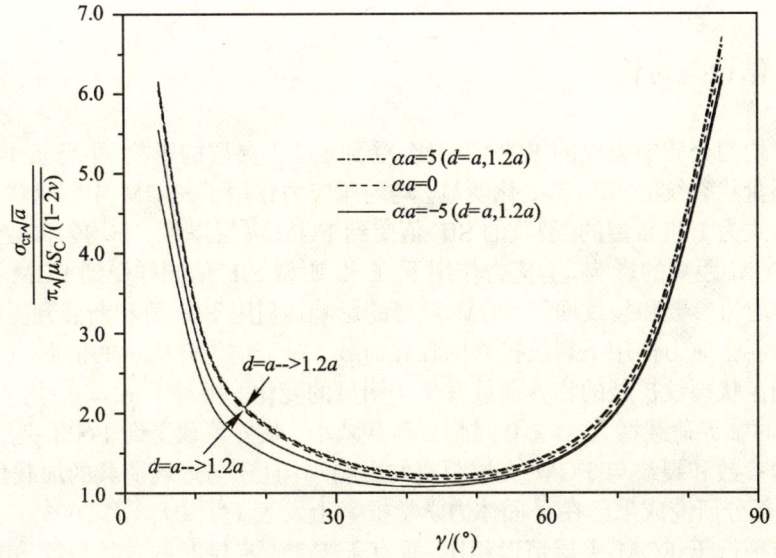

图 6.40 不同 α 和 d 时 $\sigma_{\rm cr}$ 随 γ 的变化 ($h = 0.5a$)

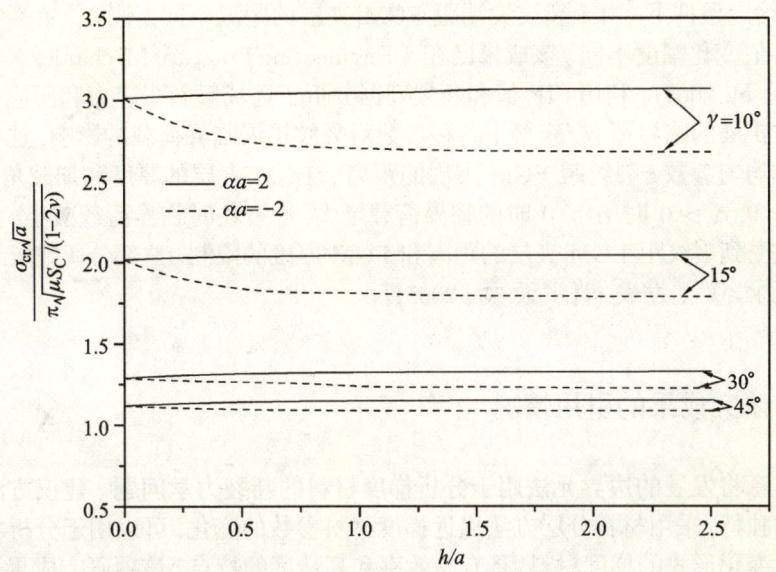

图 6.41 不同 α 和 γ 时 $\sigma_{\rm cr}$ 随 h 的变化 ($d = 1.2a$)

图 6.41 给出了 σ_{cr} 随 FGM 夹层厚度 h 的变化规律, 这里 $d = 1.2a, \alpha a = -2, 2$。考虑到上述 σ_{cr} 随加载角 γ 的变化规律, 取 $\gamma = 10°, 15°, 30°, 45°$。$\alpha a = 2$ 时 σ_{cr} 随厚度 h 的增大而增大, 但并不明显。$\alpha a = -2$ 时, 随厚度 h 的增大, σ_{cr} 减小, 特别是当加载角较小时, σ_{cr} 减小更明显, 但当 $h > a$ 时, 随厚度 h 的增大 σ_{cr} 变化不明显。

6.7 结论与讨论

与均匀介质中裂纹的 SIF 值相比, 受到 FGM 夹层的影响, 平行于 FGM 夹层的圆盘状裂纹的 SIF 值变化明显。均匀压应力作用下, FGM 中圆盘状裂纹的变形模式为 I 和 II 型的, 裂纹的 SIF 值受到 FGM 夹层厚度、非均匀参数和裂纹面与 FGM 距离的影响。剪应力作用下, II 和 III 型 SIF 值同样受到 FGM 夹层厚度、非均匀参数和裂纹面与 FGM 距离的影响。利用 SIF 值和断裂判据分析了远场倾斜张应力作用下裂纹扩展的临界荷载。对于均匀介质中的情形, FGM 材料中圆盘状裂纹扩展的临界荷载发生了明显的变化。相对于 $\alpha = 0$ (均匀介质), $\alpha > 0$ 时临界荷载增大, $\alpha < 0$ 时临界荷载减小。临界荷载受到 FGM 夹层厚度、非均匀参数和裂纹与 FGM 夹层距离的影响, 并且还与远场荷载的加载角 γ 有关。这部分研究成果已在《固体力学学报》上发表 (肖洪天 等, 2005)。

与平行于 FGM 夹层情形相比, 垂直于 FGM 夹层时圆盘状裂纹 SIF 值的变化略有不同。裂纹的 SIF 值同样受到 FGM 夹层厚度、非均匀参数和裂纹面与 FGM 距离的影响。均匀压应力作用下, FGM 中圆盘状裂纹的变形模式仍为 I 型。给定条件下, 由于裂纹尖端距 FGM 夹层的距离不同, 不同位置裂纹尖端的 SIF 值变化幅度不同。该成果已在《Engineering Fracture Mechanics》上发表 (Xiao et al, 2005)。利用 SIF 值和断裂判据分析了远场倾斜张应力和压应力作用下裂纹扩展的临界荷载, 获得了各种参数对裂纹扩展临界荷载的影响, 这些参数包括非均匀参数、裂纹距 FGM 夹层的距离、FGM 夹层的厚度和加载角。相对于 $\alpha = 0$, $\alpha > 0$ 时 $\alpha > 0$ 时的临界荷载增大, $\alpha < 0$ 时临界荷载减小, 并且这种影响受到裂纹距 FGM 夹层的距离和 FGM 厚度的限制。这部分研究成果已在《工程力学》上发表 (肖洪天 等, 2005)。

6.8 研究成果的引用情况

本章将发展的边界元法用于分析梯度材料的断裂力学问题。建议方法的研究思路独特, 采用材料分层方法逼近梯度材料参数的变化, 可以用于分析材料参数任意变化形式的梯度材料, 具有高效率和高精度的特点。该项研究成果受到国内外同行的关注。

在《International Journals of Solids and Structures》上发表的文章 (Yue et al, 2003) 被 SCI、EI 收录, 至今被 SCI 引用 18 次。Zhang et al (2010)、Zhang et al (2004, 2011)、Kandula et al (2005)、Huang et al (2007) 和 Gao et al (2008) 介绍了笔者提出的梯度材料断裂力学的新方法。Panzcca et al (2007) 认为笔者应用非均匀介质格林 (Green) 函数分析了裂纹问题。Dineva et al (2007) 认为笔者发展的方法是一种有效的梯度材料断裂力学问题分析方法。Wang et al (2004, 2005, 2006) 介绍了笔者的研究工作, 指出 "笔者分析了梯度材料中的裂纹问题, 研究了梯度材料夹层参数对圆盘状裂纹的应力强度因子的影响"。Manolis et al (2004) 详细地介绍了笔者的工作, 指出 "作者分析了梯度材料裂纹的 I 型和 II 型应力强度因子, 梯度材料夹层与两个均匀的各向同性介质完全黏结, 梯度材料弹性参数成指数形式变化。所发展的边界元法基于广义 Kelvin 基本解, 采用此方法分析了梯度材料非均匀性和夹层厚度对位于材料界面上椭圆盘状裂纹应力强度因子的影响"。

发表在《Engineering Fracture Mechanics》上的文章 (Xiao et al, 2005) 被 SCI、EI 收录, 并被 SCI 引用 12 次。Ramirez et al (2006)、Noda et al (2008)、Dag et al (2008) 和 Giunta et al (2010) 介绍了笔者发展的方法和梯度材料断裂力学分析成果。Mykhas'kiv et al (2007, 2008, 2009) 发展了一种类似笔者建议的方法, 来避免沿层面的积分, 并介绍了笔者发展的边界元法以及分析梯度材料断裂力学的分析成果。Birman et al (2007) 在回顾梯度材料断裂力学进展时, 列出了 45 篇有代表性的文章, 并给予介绍, 其中包括笔者发表的这篇文章。

参考文献

肖洪天, 岳中琦. 2005. 平行于功能梯度材料夹层的圆盘状裂纹起裂条件 [J]. 固体力学学报, 26(1): 22-28.

肖洪天, 岳中琦, 陈英儒. 2005. 倾斜应力作用下垂直于功能梯度材料夹层的圆盘状裂纹扩展 [J]. 工程力学, 22(6): 41-45.

Birman V, Byrd L W. 2007. Modeling and analysis of functionally graded materials and structures [J]. ASME Applied Mechanics Reviews, 60(1-6): 195-216.

Choi H J. 2001. The problem for bonded half-planes containing a crack at an arbitrary angle to the graded interfacial zone [J]. International Journal of Solids and Structures, 38: 6559-6588.

Dag S, Yildirin B, Erdogan F. 2008. Three dimensional analysis of periodic cracking in FGM coatings under thermal stresses [C] // Paulino G H, et al (Ed.), Multiscale and functionally graded materials, Book Series: AIP Conference proceedings, 973: 676-681.

Delale F, Erdogan F. 1983. The crack problem for a nonhomogeneous plane. ASME Journal of Applied Mechanics, 50: 609-614.

Dineva P S, Rangelov T V, Manolis G D. 2007. Elastic wave propagation in a class of cracked, functionally graded materials by BIEM [J]. Computational Mechanics, 39(3): 293-308.

Gao X W, Zhang C, Sladek J, et al. 2008. Fracture analysis of functionally graded materials by a BEM. Composite Science and Technology, 68 (5): 1209–1215.

Giunta G, Belouettar S, Carrera E. 2010. Analysis of FGM beams by means of classical and advanced theories [J]. Mechanics of Advanced Materials and Structures, 17: 622–635.

Huang C S, Chang M J. 2007. Corner stress singularities in an FGM thin plate [J]. International Journal of Solids and Structures, 44: 2802–2819.

Jin Z, Noda N. 1994. Crack-tip singular fields in nonhomogeneous materials [J]. ASME Journal of Applied Mechanics, 61: 738–740.

Kandula S S V, Abanto-Bueno J, Geubelle P H, et al. 2005. Cohesive modeling of dynamic fracture in functionally graded materials [J]. International Journal of Fracture, 132: 275–296.

Kou C H, Keer L M. 1995. Three-dimensional analysis of cracking in a multilayered composite. ASME Journal of Applied Mechanics, 62: 273–281.

Li C, Zuo Z, Duan Z P. 1999. Stress intensity factors for functionally graded solid cylinders [J]. Engineering Fracture Mechanics, 63: 735–749.

Manolis G D, Dineva P S, Rangelov T V. 2004. Wave scattering by cracks in inhomogeneous continua [J]. International Journal of Solids and Structures, 41: 3905–3927.

Mykhas'kiv V V, Zhbadyns'kyi I Y. 2007. Solution of nonstationary problems for composite bodies with cracks by the method of integral equations [J]. Materials Science, 43: 27–37.

Mykhas'kiv V V, Zhbadynskyi I Y. 2008. Effect of the compliant interlayer on the dynamic stress intensity factor in a piecewise-homogeneous solid with a circular crack [J]. Journal of Applied Mechanics and Technical Physics, 49: 510–518.

Mykhas'kiv V V, Stankevych V, Zhbadynskyi I, et al. 2009. 3-D dynamic interaction between a penny-shaped crack and a thin interlayer joining two elastic half-spaces. International Journal of Fracture, 159: 137–149.

Noda N A, Liang B, Xu C H. 2008. Stress intensity formulas for three dimensional crack in the vicinity of an interface [C] // Paulino G H. et al. Multiscale and functionally graded materials, Book Series: AIP Conference proceedings, 973: 808–813.

Ozturk M, Erdogan F. 1995. An axisymmetric crack in bonded materials with a nonhomogeneous interfacial zone under torsion [J]. ASME Journal of Applied Mechanics, 62: 116–125.

Ozturk M, Erdogan F. 1996. Axisymmetric crack problem in bonded materials with a graded interfacial region [J]. International Journal of Solids and Structures, 33: 193–219.

Panzeca T, Cucco F, Terravecchia S. 2007. Boundary discretization based on the residual energy using the SGBEM [J]. International Journal of Solids and Structures, 44: 7239–7260.

Paulino G H. 2002. Fracture of functionally graded materials [J]. Engineering Fracture Mechanics, 69: 1519–1520.

Ramirez F, Heyliger P R, Pan E. 2006. Static analysis of functionally graded elastic anisotropic plates using a discrete layer approach [J]. Composites Part B-Engineering, 37: 10–20.

Segedin C M. 1951. Note on a penny-shaped crack [J]. Proceedings of the Cambridge Philosophical Society, 47: 396–400.

Sih G C. 1973. A special theory of crack propagation: methods of analysis and solutions of crack problems [M]. Leyden: Noordhoof.

Sih G C, Cha C K. 1974. A fracture criterion for three-dimensional crack problems [J]. Engineering Fracture Mechanics, 6: 699–723.

Sneddon I N. 1946. The distribution in the neighborhood of a crack in an elastic solid [J]. Proceedings of the Royal Society, A187: 229–260.

Tada H, Paris O C, Irwin G R. 2000. The stress analysis of cracks handbook [M]. 3rd ed. London and Bury St Edmunds: Professional Engineering Publishing Limited.

Wang B L, Mai Y W. 2005. A periodic array of cracks in functional graded materials subjected to thermo-mechanical loading [J]. International Journal of Engineering Science, 43: 432－446.

Wang B L, Mai Y W. 2006. A periodic array of cracks in functionally graded materials subjected to transient loading [J]. International Journal of Engineering Science, 44: 351－364.

Wang Y S, Huang G Y, Gross D. 2004. On the mechanical modeling of functionally graded interfacial zone with a Griffith crack: plane deformation [J]. International Journal of Fracture, 125: 189－205.

Xiao H T, Yue Z Q, Tham G L, et al. 2005. Stress intensity factors for penny-shaped cracks perpendicular to graded interfacial zone of bonded bi-materials [J]. Engineering Fracture Mechanics, 72: 121－143.

Yue Z Q, Xiao H T, Tham G L. 2003. Boundary element analysis of crack problems in functionally graded materials [J]. International Journal of Solids and Structures, 40: 3273－3291.

Zhang C Z, Sladek J, Sladek V. 2004. Crack analysis in unidirectionally and bidirectionally functionally graded materials [J]. International Journal of Fracture, 129: 385－406.

Zhang C Z, Cui M, Wang J, et al. 2011. 3D crack analysis in functionally graded materials [J]. Engineering Fracture Mechanics, 78: 585－604.

Zhang L L, Fang X Q, Liu J X, et al. 2010. The multiple scattering of non-homogeneous shear waves from two cavities in functionally graded materials [J]. Philosophical Magazine, 90: 3375－3387.

第 7 章
梯度材料中的椭圆盘状裂纹分析

7.1 引言

Lin et al (1998) 研究表明，裂纹扩展过程中，初期不规则的裂纹尖端很快变成近似半椭圆盘状裂纹。也就是讲，通常情况下表面缺陷的几何形状为椭圆盘状的。因此，有限厚度板中半椭圆盘状表面裂纹具有重要的应用价值 (Standford, 2003)。Irwin (1962) 认为这种缺陷的应力强度因子可利用无限域介质中椭圆盘状裂纹的值并借用经验修正法计算得到，并给出了表面浅裂纹的应力强度因子的计算公式；其他学者 (例如, Sih, 1973) 给出了表面深裂纹的应力强度因子的经验计算公式。因此，从这一角度来看，无限域介质中椭圆盘状裂纹问题具有研究价值。

Green et al (1950) 研究了上、下面作用着均匀压应力时椭圆盘状裂纹的解。Kassir et al (1966) 采用三维势函数法分析了均匀剪应力作用下椭圆盘状裂纹的应力强度因子。Kassir et al (1975) 研究了垂直于半无限均匀介质自由面的椭圆盘状裂纹，裂纹面上作用着均匀压应力。Zheng et al (1995) 应用权函数法计算了非均匀应力作用下位于空心圆柱体表面半椭圆盘状裂纹的应力强度因子。Noda et al (2003) 研究了双材料中椭圆盘状裂纹的应力强度因子，裂纹面平行于材料界面，且上、下面上作用着均匀压应力。Hachi et al (2005) 采用杂交权函数法计算了圆柱体中半椭圆裂纹的应力强度因子。

本章将讨论梯度材料中椭圆盘状裂纹问题。假设梯度材料夹层与两个均匀的半无限均匀介质完全黏结，形成无限域介质，椭圆盘状裂纹面平行于或垂直于梯度材料夹层，裂纹面上作用着均匀法向压应力和均匀剪应力。首先，采用建议方法计算了每一种荷载作用下裂纹的应力强度因子，然后，应用应力强度因子数值解和断裂判据分析了倾斜荷载作用下椭圆盘状裂纹的扩展方向和临界荷载。

7.2 平行于 FGM 夹层裂纹的应力强度因子

7.2.1 概述

如图 7.1 (a) 所示，椭圆盘状裂纹面平行于 FGM 夹层。FGM 的弹性模量按式 (6.1) 变化，泊松比为常数，取 $\nu = 0.3$。取裂纹的长短轴之比 $a/b = 2$。裂纹面上作用着以下荷载：

$$\begin{aligned}\sigma_{z'x'}^+ &= \sigma_{z'x'}^- = q \\ \sigma_{z'y'}^+ &= \sigma_{z'y'}^- = 0 \\ \sigma_{z'z'}^+ &= \sigma_{z'z'}^- = p\end{aligned} \tag{7.1}$$

式中，上标 + 和 − 表示裂纹面的外法线方向，分别对应于裂纹面外法线与坐标

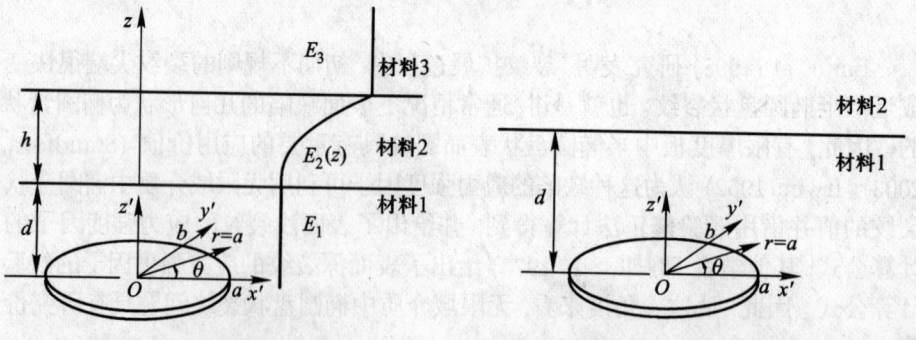

(a) 平行于FGM夹层的椭圆盘状裂纹，$a=2b$　　(b) 平行于双材料界面的椭圆盘状裂纹，$a=2b$

图 7.1 平行于 FGM 夹层或双材料界面的椭圆盘状裂纹

(Xiao et al, 2005; 经 Mechanics of Materials 许可)

7.2 平行于 FGM 夹层裂纹的应力强度因子

轴 x'、y'、z' 夹角的方向余弦 $(0,0,1)$ 和 $(0,0,-1)$。

很明显，裂纹体关于坐标面 $x'Oz'$ 对称。这样，可以考虑半个裂纹体。在材料 1 中选取半个椭球面作为辅助面，将裂纹体分为两个区域。区域 I 为由辅助面和裂纹面构成的四分之一椭球，如图 7.2 所示，离散的椭球面有 553 个节点和 176 个单元，其中在裂纹尖端两侧有 32 个面力奇异单元，奇异单元的两边垂直于裂纹尖端的切线方向。区域 II 为以辅助面和另一裂纹面为内边界的无限域，两个区域的辅助面完全重合，且在两个区域辅助面和裂纹面上单元及节点一一对应，两个区域边界上坐标相同点的外法线方向相反。

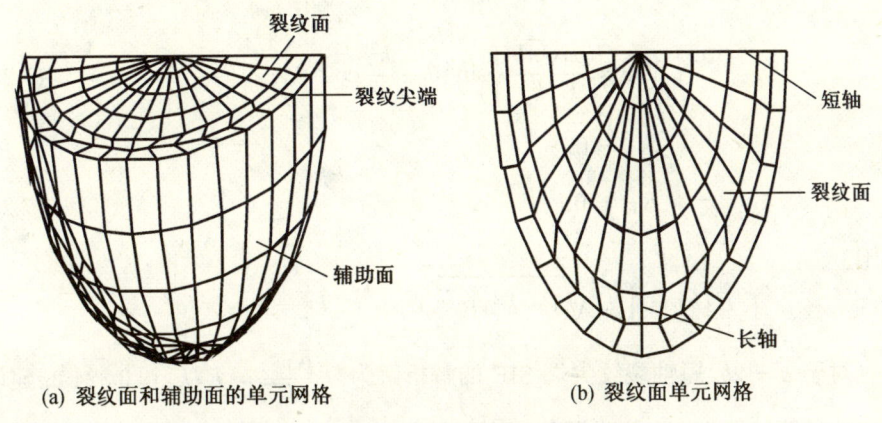

(a) 裂纹面和辅助面的单元网格　　　　　(b) 裂纹面单元网格

图 7.2　椭圆盘状裂纹单元网格的划分
(Xiao et al, 2005; 经 Mechanics of Materials 许可)

对于图 7.1 (b) 所示的双材料中的椭圆盘状裂纹，裂纹面平行于双材料界面，且作用着均匀压应力 $p = -p_0$。Noda et al (2003) 采用格林函数和体力法分析了该裂纹问题，给出了不同情形下裂纹的应力强度因子。表 7.1 给出了裂纹距双材料界面不同距离时短轴裂纹尖端的 SIF 值，这里 $E_2/E_1 = 0.5$。可以发现，对于

表 7.1　平行于双材料界面椭圆盘状裂纹的 SIF 值

(Xiao et al, 2005; 经 Mechanics of Materials 许可)

$d/2b$	$\dfrac{K_I}{p_0\sqrt{\pi b}}$				$\dfrac{K_{II}}{p_0\sqrt{\pi b}}$			
	A	B	$A-B$	$(A-B)/A\%$	A	B	$A-B$	$(A-B)/A\%$
0.1	0.975 6	0.955 85	0.019 75	2.024 4	0.073 5	0.072 23	0.001 27	1.727 9
0.2	0.955 4	0.935 78	0.019 62	2.053 6	0.057 7	0.060 18	0.002 48	−4.298 1
0.3	0.934 7	0.921 24	0.013 46	1.440 0	0.044 2	0.042 89	0.001 31	2.963 8
0.4	0.914 3	0.909 57	0.004 73	0.517 3	0.032 2	0.029 51	0.002 69	8.354 0
0.5	0.896 3	0.895 91	0.003 90	0.043 5	0.022 7	0.018 01	0.000 47	20.660 8
1.0	0.848 17	0.849 74	−0.001 57	−0.185 1	0.004 14	0.005 39	−0.001 25	−30.193 2
2.0	0.829 82	0.828 78	0.001 04	0.125 3	0.000 38	0.000 47	−0.000 09	−23.684 2

注：A 为 Noda et al (2003) 的结果，B 为建议方法的结果。

$\dfrac{K_{\mathrm{I}}}{p_0\sqrt{\pi b}}$,建议方法和 Noda et al 的计算结果绝对误差小于 2.0%,对于 $\dfrac{K_{\mathrm{II}}}{p_0\sqrt{\pi b}}$,两者的绝对误差约为 0.3%,计算结果的精度是令人满意的。

7.2.2 压应力作用下的椭圆盘状裂纹

无限域均匀介质中椭圆盘状裂纹面上作用着均匀压应力,即在式 (7.1) 中取 $p=-p_0$, $q=0$,应力强度因子为 (Tada et al, 2000)

$$K_{\mathrm{I}} = \frac{p_0\sqrt{\pi b}}{E(k)}\left\{\sin^2\theta + \frac{b^2}{a^2}\cos^2\theta\right\}^{1/4}, \tag{7.2a}$$

$$K_{\mathrm{II}} = 0, \tag{7.2b}$$

$$K_{\mathrm{III}} = 0. \tag{7.2c}$$

式中,

$$E(k) = \int_0^{\pi/2}\sqrt{1-k^2\sin^2\varphi}\,\mathrm{d}\varphi, \qquad k^2 = 1 - b^2/a^2.$$

对于 $a=2b$,短轴裂纹尖端 SIF 的解析解为 $\dfrac{K_{\mathrm{I}}}{p_0\sqrt{\pi b}} = E(k) \approx 0.824\,2$,建议方法的计算结果为 0.825 7,其绝对误差约为 1.0%。

接下来讨论梯度材料中椭圆盘状裂纹问题。图 7.3 ~ 图 7.14 给出了均匀压应力作用下裂纹的应力强度因子,描述了 SIF 值随 FGM 夹层非均匀参数 α、厚度 h 和裂纹距 FGM 夹层距离 d 的变化。受到裂纹几何尺寸和 FGM 夹层非均匀性的影响,均匀压应力作用下椭圆盘状裂纹的变形模式为 I 型、II 型和 III 型耦合。基于裂纹体的变形特点,I 型和 II 型变形模式是关于 x' 轴对称的,III 型变形模式是关于 x' 轴反对称的。为简洁起见,图中仅给出了 $0° \leqslant \theta \leqslant 90°$ 范围内裂纹尖端的 SIF 值。

1. SIF 随非均匀参数 α 的变化

图 7.3 ~ 图 7.5 分别给出了 I 型、II 型和 III 型 SIF 值随 α 的变化,这里 $h=0.5a$ 和 $d=0$,表 7.2 ~ 表 7.4 给出了相应的数据。注意: $d=0$ 意味着裂纹位于材料界面上,$\alpha=0$ 对应于无限域均匀介质。图中,$\alpha>0$ 和 $\alpha<0$ 的 SIF 曲线分别位于 $\alpha=0$ 的 SIF 曲线两侧。图 7.3 中,随着 α 的减小,K_{I} 增大,这是因为弹性模量较小的 FGM 夹层使裂纹的张开更容易。图 7.4 和 图 7.5 中,$\alpha>0$ 时,K_{II} 和 K_{III} 值均为正值,$\alpha<0$ 时,K_{II} 和 K_{III} 值均为负值。这意味着 $\alpha>0$ 和 $\alpha<0$ 时裂纹上、下面的滑移方向不同。另外,$\alpha<0$ 时比 $\alpha>0$ 时 SIF 值的变化要明显。

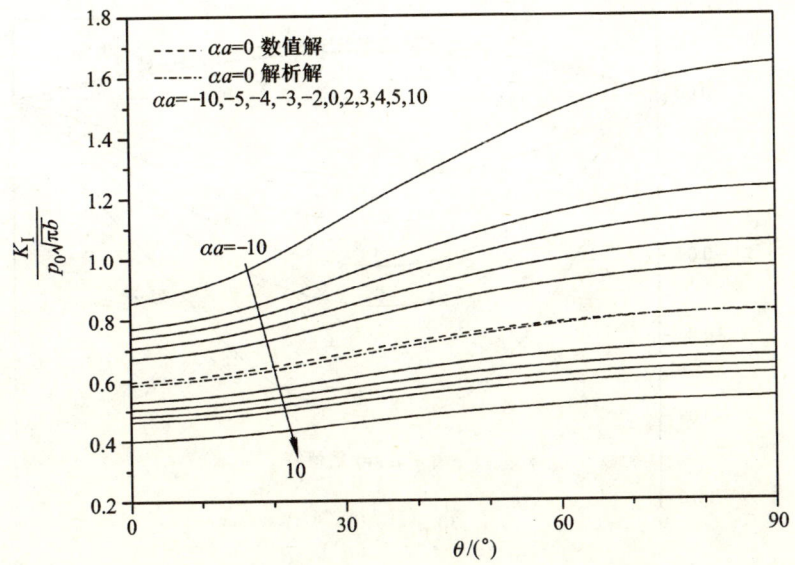

图 7.3 不同 α 时 $\dfrac{K_{\mathrm{I}}}{p_0\sqrt{\pi b}}$ 随 θ 的变化 ($h=0.5a$ 和 $d=0$)
(Xiao et al, 2005; 经 Mechanics of Materials 许可)

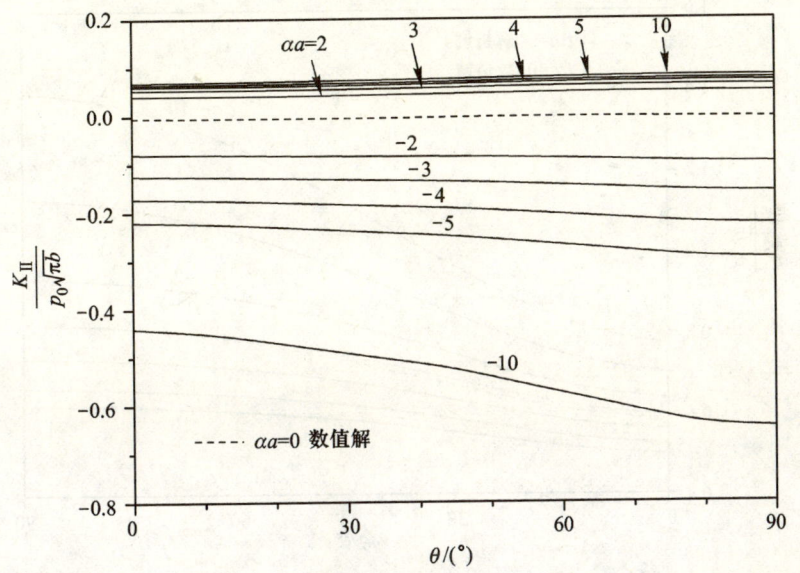

图 7.4 不同 α 时 $\dfrac{K_{\mathrm{II}}}{p_0\sqrt{\pi b}}$ 随 θ 的变化 ($h=0.5a$ 和 $d=0$)
(Xiao et al, 2005; 经 Mechanics of Materials 许可)

图 7.6 ~ 图 7.8 分别给出了 I 型、II 型和 III 型 SIF 值随 α 的变化, 这里 $h=0.5a$ 和 $d=0.2a$。$d=0.2a$ 意味着裂纹离开材料界面距离为 $0.2a$。与 $d=0$

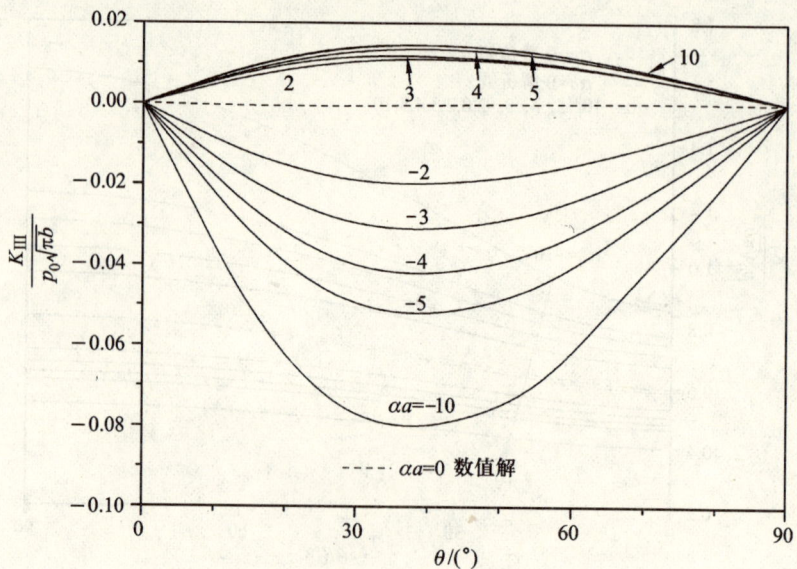

图 7.5 不同 α 时 $\dfrac{K_{\mathrm{III}}}{p_0\sqrt{\pi b}}$ 随 θ 的变化 ($h=0.5a$ 和 $d=0$)
(Xiao et al, 2005; 经 Mechanics of Materials 许可)

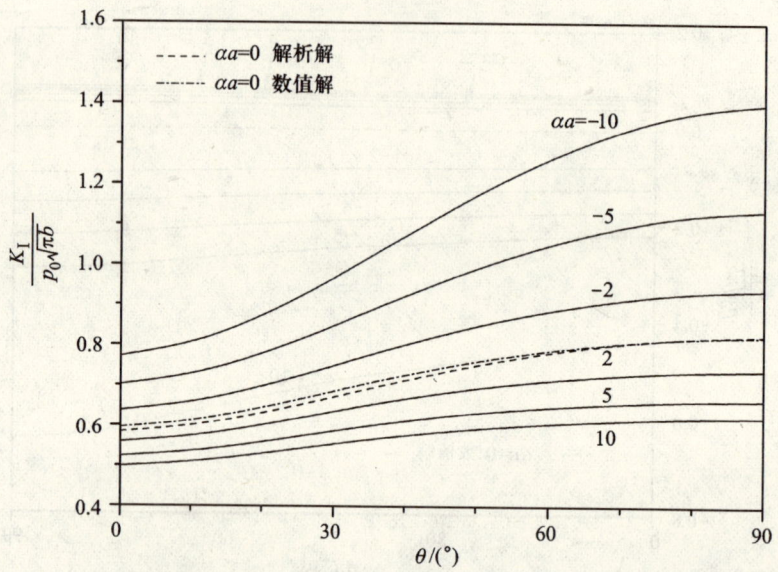

图 7.6 不同 α 时 $\dfrac{K_{\mathrm{I}}}{p_0\sqrt{\pi b}}$ 随 θ 的变化 ($h=0.5a$ 和 $d=0.2a$)
(Xiao et al, 2005; 经 Mechanics of Materials 许可)

情形相比，$d=0.2a$ 时 FGM 夹层对 SIF 值的影响变弱。距离 d 对 SIF 的影响在图 7.9～图 7.11 中看得更清楚。

表 7.2 不同 α 时 $\dfrac{K_{\mathrm{I}}}{p_0\sqrt{\pi b}}$ 随 θ 的变化 ($h = 0.5a$ 和 $d = 0$)

(Xiao et al, 2005; 经 Mechanics of Materials 许可)

$\theta/(°)$	\multicolumn{11}{c}{αa}
	10.0	5.0	4.0	3.0	2.0	0.0	-2.0	-3.0	-4.0	-5.0	-10.0
0.00	0.399 25	0.461 73	0.480 81	0.503 32	0.529 63	0.595 06	0.669 98	0.706 53	0.740 34	0.770 35	0.854 07
11.25	0.408 62	0.472 63	0.492 34	0.515 67	0.543 04	0.611 65	0.691 37	0.730 80	0.767 86	0.801 33	0.903 65
22.50	0.433 01	0.500 36	0.521 54	0.546 85	0.576 82	0.653 34	0.745 29	0.792 15	0.837 59	0.880 10	1.030 64
33.75	0.463 88	0.533 78	0.556 45	0.583 83	0.616 79	0.702 45	0.809 40	0.865 80	0.922 07	0.976 33	1.188 95
45.00	0.490 69	0.563 25	0.587 26	0.616 51	0.652 22	0.745 76	0.865 60	0.930 74	0.996 61	1.061 26	1.325 75
56.25	0.508 96	0.584 95	0.610 34	0.641 38	0.679 48	0.780 2	0.911 62	0.984 94	1.059 96	1.134 76	1.454 07
67.50	0.527 68	0.602 42	0.628 00	0.659 55	0.698 47	0.803 08	0.942 55	1.021 73	1.104 07	1.187 45	1.556 28
78.75	0.532 90	0.611 47	0.638 13	0.670 91	0.711 29	0.819 66	0.964 84	1.047 65	1.134 30	1.222 48	1.617 45
90.00	0.539 71	0.616 17	0.642 47	0.674 92	0.715 08	0.823 47	0.969 83	1.053 83	1.142 13	1.232 38	1.641 25

表 7.3 不同 α 时 $\dfrac{K_{\mathrm{II}}}{p_0\sqrt{\pi b}}$ 随 θ 的变化（$h=0.5a$ 和 $d=0$）

(Xiao et al, 2005; 经 Mechanics of Materials 许可)

$\theta/(°)$	|	|	|	|	α					
	10.0	5.0	4.0	3.0	2.0	0.0	-2.0	-3.0	-4.0	-5.0	-10.0
0.00	0.069 28	0.065 35	0.061 28	0.053 81	0.041 41	-0.004 40	-0.079 37	-0.124 28	-0.171 65	-0.219 53	-0.440 52
11.25	0.069 92	0.065 53	0.061 37	0.053 81	0.041 36	-0.004 67	-0.080 25	-0.125 72	-0.173 89	-0.222 78	-0.450 38
22.50	0.071 90	0.066 48	0.062 10	0.054 32	0.041 65	-0.005 12	-0.082 55	-0.129 58	-0.179 87	-0.231 33	-0.474 70
33.75	0.074 22	0.068 18	0.063 68	0.055 79	0.042 95	-0.004 59	-0.084 31	-0.133 34	-0.186 19	-0.240 68	-0.500 31
45.00	0.075 76	0.070 06	0.065 70	0.057 92	0.045 01	-0.002 97	-0.084 70	-0.135 82	-0.191 09	-0.248 40	-0.521 76
56.25	0.079 28	0.073 40	0.069 02	0.061 14	0.047 89	-0.001 66	-0.087 39	-0.141 87	-0.201 11	-0.263 05	-0.563 62
67.50	0.080 47	0.074 64	0.070 28	0.062 35	0.048 94	-0.002 03	-0.091 28	-0.148 32	-0.210 76	-0.276 33	-0.596 70
78.75	0.082 52	0.076 20	0.071 68	0.063 48	0.049 62	-0.003 30	-0.096 64	-0.156 67	-0.222 79	-0.292 63	-0.639 98
90.00	0.081 88	0.075 63	0.071 14	0.062 97	0.049 11	-0.003 96	-0.097 82	-0.158 27	-0.224 90	-0.295 33	-0.645 68

7.2 平行于 FGM 夹层裂纹的应力强度因子

表 7.4 不同 α 时 $\dfrac{K_{\mathrm{III}}}{p_0\sqrt{\pi b}}$ 随 θ 的变化 ($h=0.5a$ 和 $d=0$) (Xiao et al, 2005; 经 Mechanics of Materials 许可)

$\theta/(°)$	αa									
	10.0	5.0	4.0	3.0	2.0	0.0	-2.0	-3.0	-4.0	-5.0	-10.0
0.00	0.000 00	0.000 00	0.000 00	0.000 00	0.000 00	0.000 00	0.000 00	0.000 00	0.000 00	0.000 00	0.000 00
11.25	0.006 38	0.007 45	0.007 31	0.006 68	0.005 33	-0.000 49	-0.010 12	-0.015 53	-0.020 88	-0.025 81	-0.041 08
22.50	0.010 73	0.012 71	0.012 53	0.011 52	0.009 28	-0.000 67	-0.017 32	-0.026 72	-0.036 04	-0.044 62	-0.070 51
33.75	0.012 20	0.014 88	0.014 80	0.013 73	0.011 17	-0.000 45	-0.020 23	-0.031 49	-0.042 59	-0.052 73	-0.081 32
45.00	0.011 43	0.014 41	0.014 44	0.013 52	0.011 05	-0.000 19	-0.019 60	-0.030 83	-0.041 76	-0.051 70	-0.078 95
56.25	0.010 32	0.012 77	0.012 79	0.011 99	0.009 84	0.000 04	-0.017 00	-0.026 89	-0.036 54	-0.045 37	-0.070 27
67.50	0.007 24	0.009 14	0.009 19	0.008 65	0.007 18	0.000 16	-0.012 03	-0.018 93	-0.025 64	-0.031 64	-0.046 18
78.75	0.003 71	0.004 77	0.004 83	0.004 57	0.003 83	0.000 20	-0.006 16	-0.009 78	-0.013 33	-0.016 54	-0.025 38
90.00	0.000 00	0.000 00	0.000 00	0.000 00	0.000 00	0.000 00	0.000 00	0.000 00	0.000 00	0.000 00	0.000 00

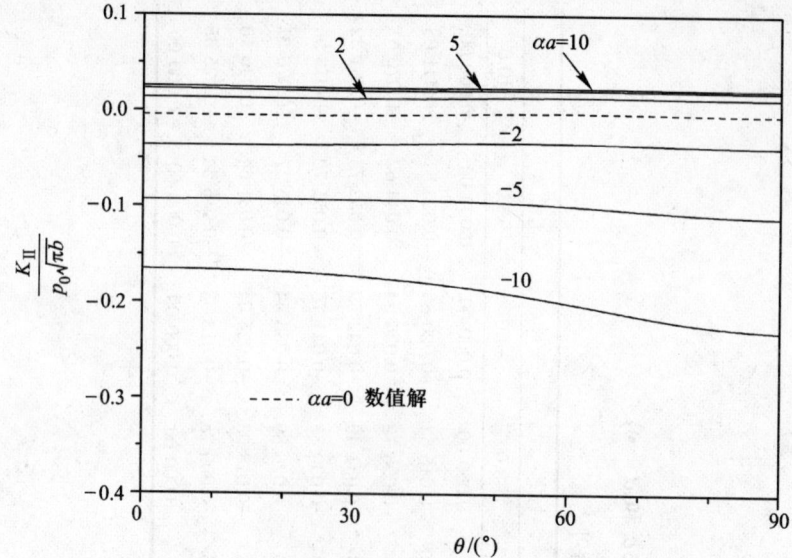

图 7.7 不同 α 时 $\dfrac{K_{\mathrm{II}}}{p_0\sqrt{\pi b}}$ 随 θ 的变化 ($h = 0.5a$ 和 $d = 0.2a$)
(Xiao et al, 2005; 经 Mechanics of Materials 许可)

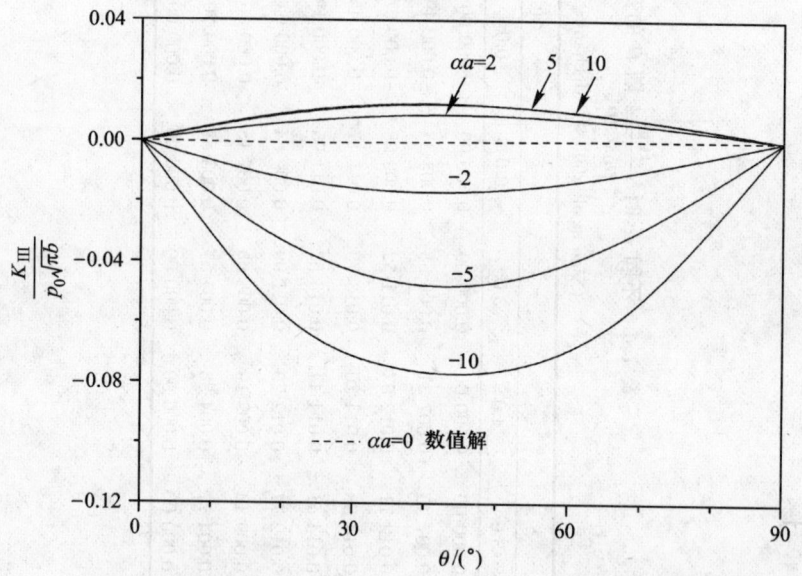

图 7.8 不同 α 时 $\dfrac{K_{\mathrm{III}}}{p_0\sqrt{\pi b}}$ 随 θ 的变化 ($h = 0.5a$ 和 $d = 0.2a$)
(Xiao et al, 2005; 经 Mechanics of Materials 许可)

2. SIF 值随距离 d 的变化

图 7.9 ~ 图 7.11 分别给出了 I 型、II 型和 III 型 SIF 值随距离 d 的变化,这

里 $\alpha a = -10, -5, -2, 2, 5, 10$, $h = 0.5a$ 和 $\theta = 0°, 90°$。随着距离 d 的增加，FGM 夹层对裂纹 SIF 值的影响减弱，$d/a > 3.5$ 时，FGM 夹层的影响可以忽略。

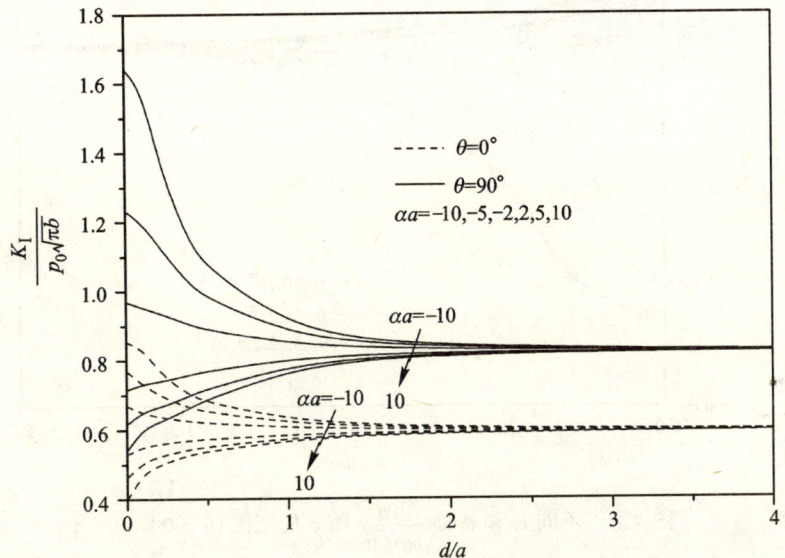

图 7.9 不同 α 和 θ 时 $\dfrac{K_\mathrm{I}}{p_0\sqrt{\pi b}}$ 随 d 的变化 ($h = 0.5a$)

(Xiao et al, 2005; 经 Mechanics of Materials 许可)

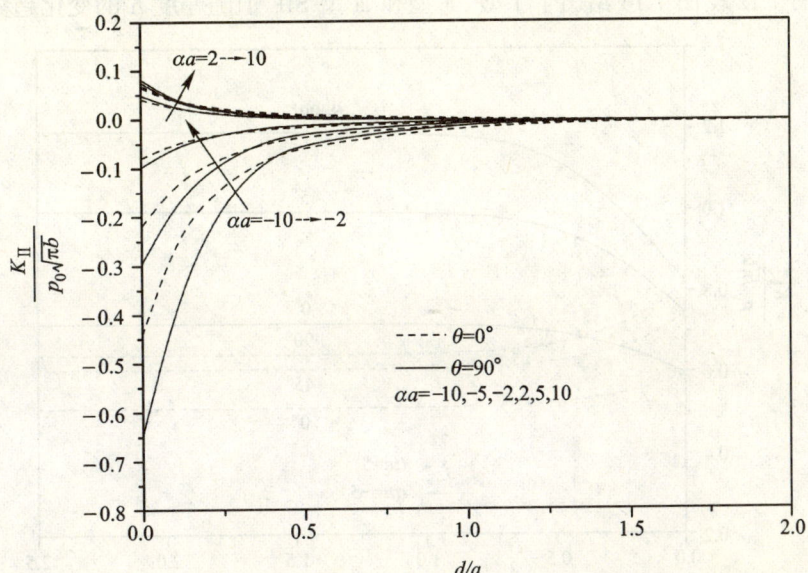

图 7.10 不同 α 和 θ 时 $\dfrac{K_\mathrm{II}}{p_0\sqrt{\pi b}}$ 随 d 的变化 ($h = 0.5a$)

(Xiao et al, 2005; 经 Mechanics of Materials 许可)

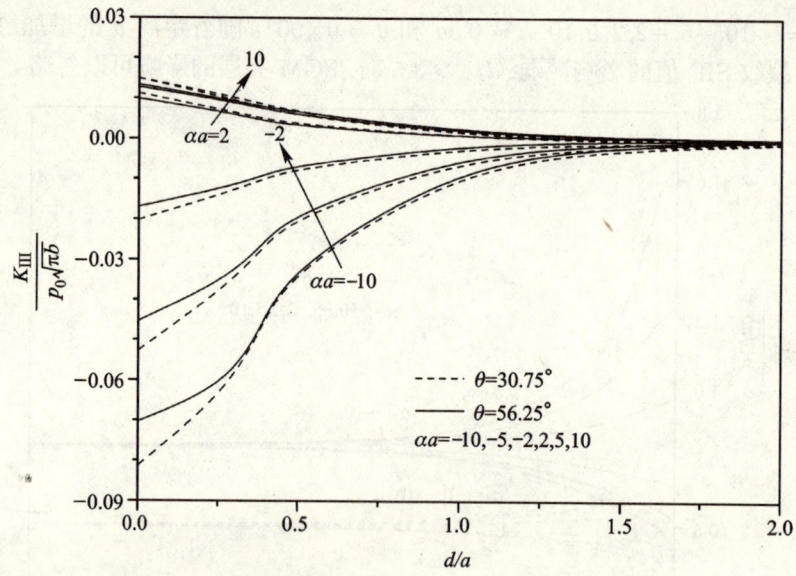

图 7.11 不同 α 和 θ 时 $\dfrac{K_{\text{III}}}{p_0\sqrt{\pi b}}$ 随 d 的变化 $(h=0.5a)$

(Xiao et al, 2005; 经 Mechanics of Materials 许可)

3. SIF 值随 FGM 夹层厚度 h 的变化

图 7.12～图 7.14 给出了 I 型、II 型和 III 型 SIF 值随厚度 h 的变化趋势, 这

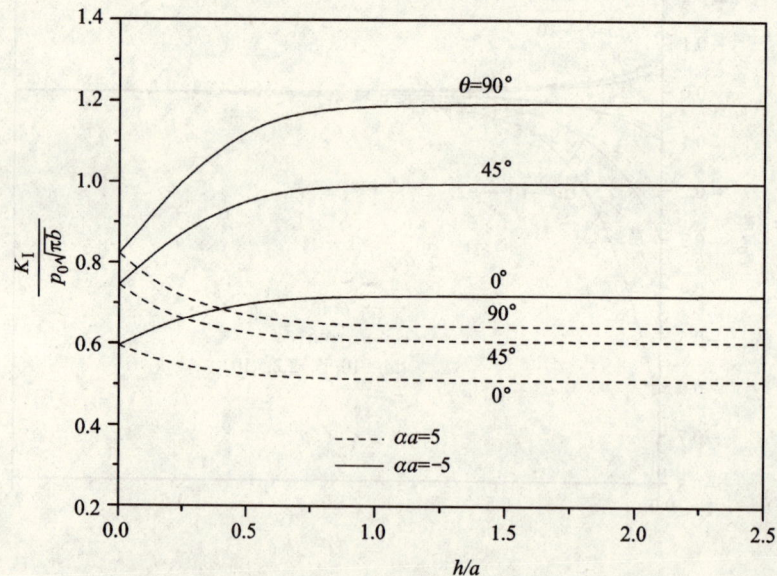

图 7.12 不同 α 和 θ 时 $\dfrac{K_{\text{I}}}{p_0\sqrt{\pi b}}$ 随 h 的变化 $(d=0.2a)$

(Xiao et al, 2005; 经 Mechanics of Materials 许可)

里 $\alpha a = -5, 5$ 和 $d = 0.2a$。随着 h 的增加，$\alpha a = -5$ 时 I 型 SIF 值增加，$\alpha a = 5$ 时 II 型 SIF 值减小。对于 $\alpha a = -5$ 和 5，随着 h 的增加，II 型和 III 型 SIF 的绝对值增大，$h > a$ 时，随着 h 的增加，SIF 值变化不再明显。

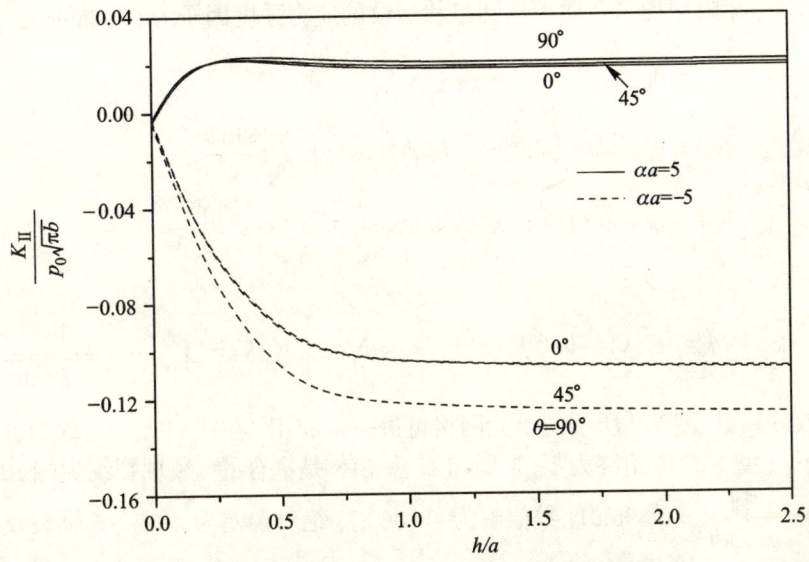

图 7.13 不同 α 和 θ 时 $\dfrac{K_{II}}{p_0\sqrt{\pi b}}$ 随 h 的变化 ($d = 0.2a$)

(Xiao et al, 2005; 经 Mechanics of Materials 许可)

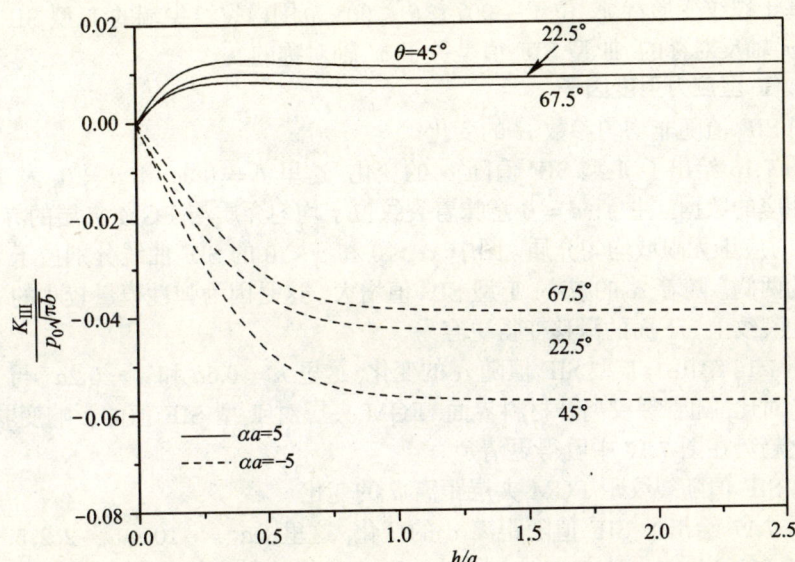

图 7.14 不同 α 和 θ 时 $\dfrac{K_{III}}{p_0\sqrt{\pi b}}$ 随 h 的变化 ($d = 0.2a$)

(Xiao et al, 2005; 经 Mechanics of Materials 许可)

7.2.3 剪应力作用下的椭圆盘状裂纹

在式 (7.1) 中，取 $p = 0$ 和 $q = -q_0$，即裂纹面上作用着均匀剪应力。此种荷载作用下，无限域均匀介质中椭圆盘状裂纹的应力强度因子为 (Tada et al, 2000)

$$K_{\rm I} = 0, \tag{7.3a}$$

$$K_{\rm II} = q_0 \sqrt{\pi b} k^2 \left[\sin^2\theta + (b/a)^2 \cos^2\theta\right]^{-1/4} \frac{\sin\theta}{C}, \tag{7.3b}$$

$$K_{\rm III} = q_0 \sqrt{\pi b} (1-\nu) k^2 k' \left[\sin^2\theta + (b/a)^2 \cos^2\theta\right]^{-1/4} \frac{\cos\theta}{C}. \tag{7.3c}$$

式中

$$C = \left(k^2 + \nu k'^2\right) E(k) - \nu k'^2 K(k), \quad k' = b/a, \quad K(k) = \int_0^{\pi/2} \frac{\mathrm{d}\varphi}{\sqrt{1 - k^2 \sin^2\varphi}}.$$

取 $a = 2b$，图 7.2 所示的单元网格可进一步应用。在式 (7.3) 中，均匀剪应力作用下，I 型 SIF 值始终为零，II 型和 III 型 SIF 是耦合的。短轴裂纹尖端 SIF 的解析解 $\dfrac{K_{\rm II}}{q_0 \sqrt{\pi b}} \approx 0.895\,61$，数值解为 $0.906\,87$，绝对误差为 1.0%；长轴裂纹尖端 SIF 的解析解 $\dfrac{K_{\rm III}}{q_0 \sqrt{\pi b}} \approx 0.443\,30$，数值解为 $0.438\,19$，绝对误差为 0.5%。下面分别讨论不同因素对 FGM 中椭圆盘状裂纹应力强度因子的影响。

基于裂纹变形特征，位于 $-90° \leqslant \theta \leqslant 90°$ 范围内裂纹尖端的 II 型 SIF 值是关于 x' 轴反对称的，III 型 SIF 值是关于 x' 轴对称的。

1. II 型应力强度因子

1) SIF 值随非均匀参数 α 的变化

图 7.15 给出了 II 型 SIF 值随 α 的变化，这里 $h = 0.5a$ 和 $d = 0$，表 7.5 给出了相应的数据。注意：$d = 0$ 意味着裂纹位于均匀介质与 FGM 夹层的界面上，$\alpha = 0$ 对应于无限域均匀介质。图中，$\alpha > 0$ 和 $\alpha < 0$ 的 SIF 曲线分别位于 $\alpha = 0$ 曲线的两侧。随着 α 的减小，II 型 SIF 值增大。这是因为弹性模量较小的 FGM 夹层使裂纹上、下面的滑移变得更容易。

图 7.16 给出了 II 型 SIF 值随 α 的变化，这里 $h = 0.5a$ 和 $d = 0.2a$。与 $d = 0$ 的情形对比，随着裂纹离开材料界面，FGM 夹层对 II 型 SIF 值的影响变弱。这种变化趋势在图 7.17 中看得更清楚。

2) SIF 值随裂纹距 FGM 夹层距离 d 的变化

图 7.17 给出了 SIF 值随距离 d 的变化，这里 $\alpha a = -10, -5, -2, 2, 5, 10$ 和 $\theta = 45°, 90°$。$d > 2a$ 时，FGM 夹层对 II 型 SIF 值的影响可以忽略。

3) SIF 值随 FGM 夹层厚度 h 的变化

图 7.18 给出了 SIF 值随厚度 h 的变化，这里 $\alpha a = -5, 5$，$d = 0.2a$ 和 $\theta = 11.25°, 22.5°, 45°, 90°$。$d = 0.2a$ 意味着裂纹距 FGM 夹层的距离为 $0.2a$。随

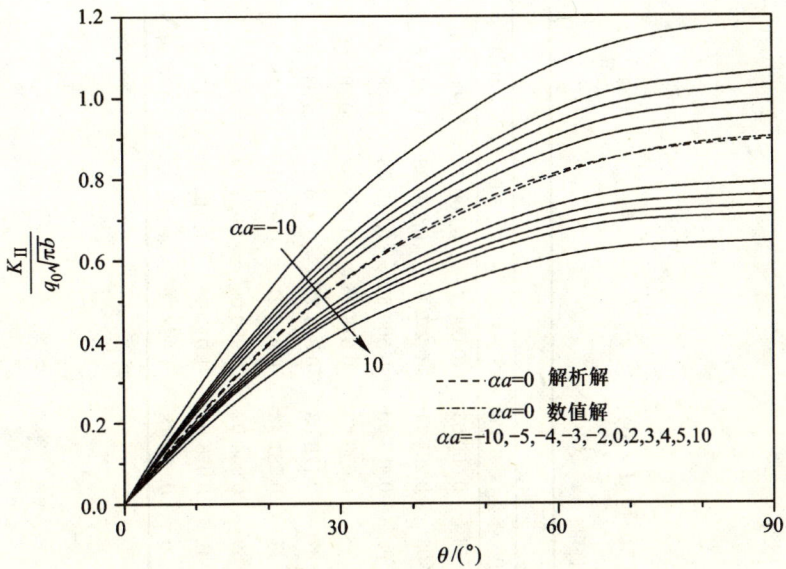

图 7.15 不同 α 时 $\dfrac{K_{\mathrm{II}}}{q_0\sqrt{\pi b}}$ 随 θ 的变化 ($h = 0.5a$ 和 $d = 0$)

(Xiao et al, 2005; 经 Mechanics of Materials 许可)

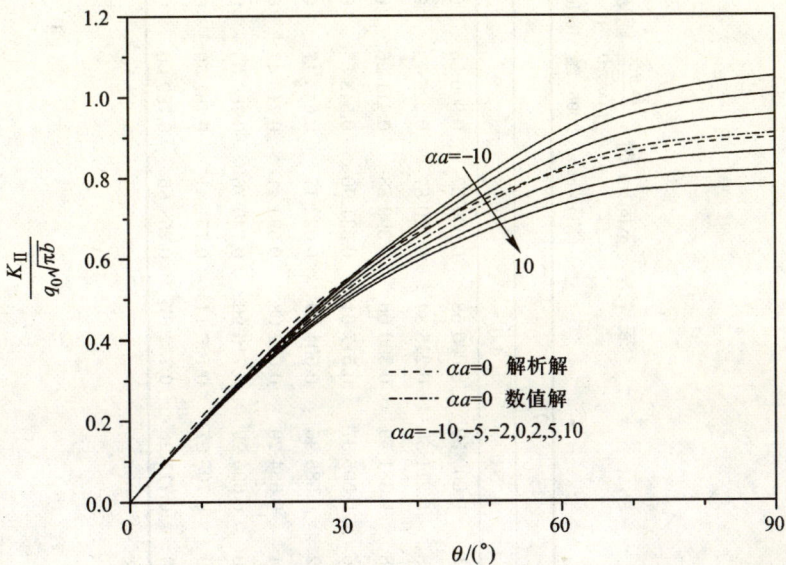

图 7.16 不同 α 时 $\dfrac{K_{\mathrm{II}}}{q_0\sqrt{\pi b}}$ 随 θ 的变化 ($h = 0.5a$ 和 $d = 0.2a$)

(Xiao et al, 2005; 经 Mechanics of Materials 许可)

148 第 7 章 梯度材料中的椭圆盘状裂纹分析

表 7.5 不同 α 时 $\dfrac{K_{\mathrm{II}}}{q_0\sqrt{\pi b}}$ 随 θ 的变化 ($h = 0.5a$ 和 $d = 0$)

(Xiao et al, 2005; 经 Mechanics of Materials 许可)

$\theta/(°)$	αa									
	10.0	5.0	4.0	3.0	2.0	0.0	−2.0	−3.0	−4.0	−5.0	−10.0
0.00	0.000 61	0.000 59	0.000 58	0.000 57	0.000 55	0.000 72	0.000 58	0.000 63	0.000 7	0.000 78	0.001 13
11.25	0.194 48	0.211 50	0.215 84	0.220 87	0.226 72	0.234 56	0.257 03	0.265 11	0.272 9	0.280 38	0.316 81
22.50	0.349 98	0.381 59	0.390 06	0.399 88	0.411 26	0.438 77	0.469 98	0.485 59	0.500 65	0.515 03	0.583 84
33.75	0.460 56	0.505 37	0.517 61	0.531 90	0.548 55	0.596 07	0.634 08	0.656 63	0.678 25	0.698 62	0.791 58
45.00	0.536 42	0.588 96	0.604 19	0.622 17	0.643 17	0.701 23	0.750 87	0.779 03	0.805 73	0.830 61	0.934 29
56.25	0.594 74	0.654 20	0.672 08	0.693 41	0.718 47	0.786 80	0.847 71	0.881 43	0.913 27	0.942 62	1.058 20
67.50	0.633 00	0.696 99	0.716 90	0.740 76	0.769 03	0.850 79	0.915 69	0.954 02	0.990 09	1.023 10	1.132 94
78.75	0.638 49	0.705 27	0.726 14	0.751 41	0.781 49	0.889 75	0.936 31	0.976 04	1.012 63	1.045 28	1.173 34
90.00	0.644 80	0.711 26	0.732 67	0.758 65	0.789 60	0.901 42	0.949 69	0.990 78	1.028 76	1.062 62	1.176 56

7.2 平行于 FGM 夹层裂纹的应力强度因子 · 149

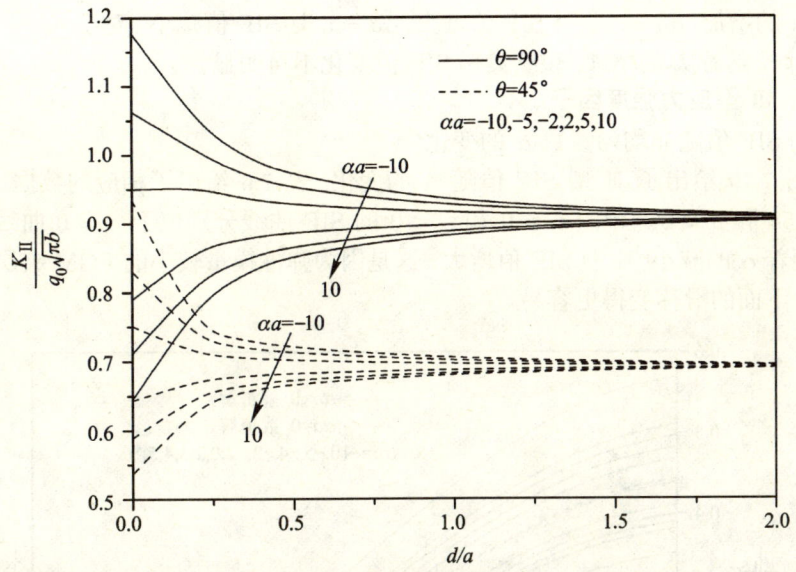

图 7.17 不同 α 和 θ 时 $\dfrac{K_{\mathrm{II}}}{q_0\sqrt{\pi b}}$ 随 d 的变化 ($h = 0.5a$)

(Xiao et al, 2005; 经 Mechanics of Materials 许可)

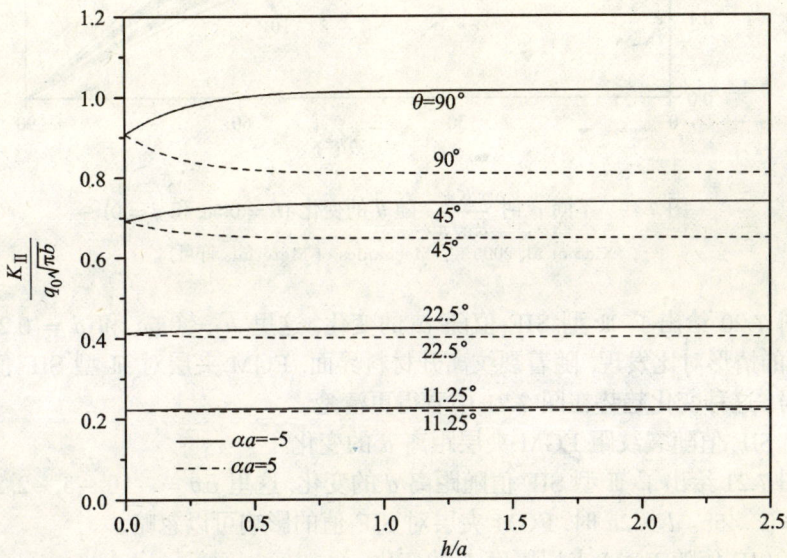

图 7.18 不同 θ 和 α 时 $\dfrac{K_{\mathrm{II}}}{q_0\sqrt{\pi b}}$ 随 h 的变化 ($d = 0.2a$)

(Xiao et al, 2005; 经 Mechanics of Materials 许可)

厚度 h 的增加, $\alpha a = -5$ 时 SIF 值增大, $\alpha a = 5$ 时 SIF 值减小。对于 $\alpha a = -5, 5$, $h > a$ 时, 随着 h 的增加, 裂纹尖端 SIF 值变化不再明显。

2. Ⅲ 型应力强度因子

1) SIF 值随非均匀参数 α 的变化

图 7.19 给出了 Ⅲ 型 SIF 值随 α 的变化, 表 7.6 给出了相应的数据, 这里 $h = 0.5a$ 和 $d = 0$。图中, $\alpha > 0$ 和 $\alpha < 0$ 的 SIF 曲线分别位于 $\alpha = 0$ 曲线的两侧。随着 α 的减小, Ⅲ 型 SIF 值增大。这是因为弹性模量较小的 FGM 夹层使裂纹上、下面的滑移变得更容易。

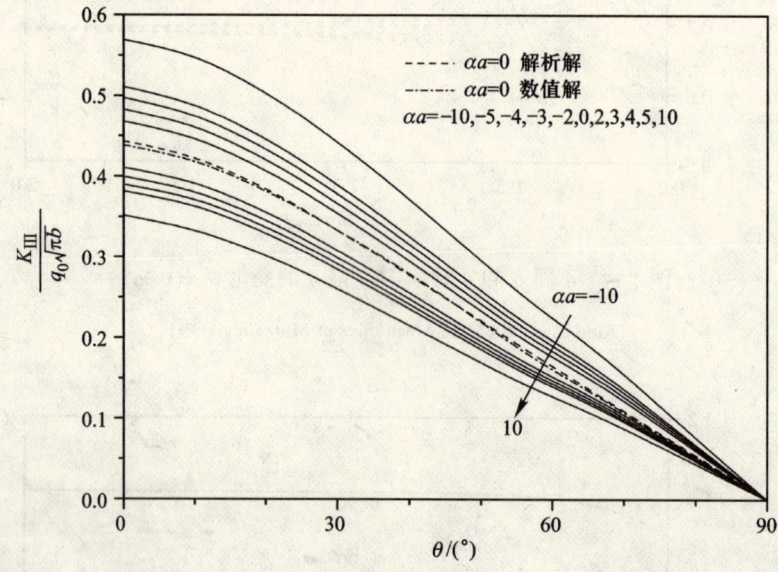

图 7.19 不同 α 时 $\dfrac{K_{\mathrm{III}}}{q_0\sqrt{\pi b}}$ 随 θ 的变化 ($h = 0.5a$ 和 $d = 0$)

(Xiao et al, 2005; 经 Mechanics of Materials 许可)

图 7.20 给出了 Ⅲ 型 SIF 值随 α 的变化, 这里 $h = 0.5a$ 和 $d = 0.2a$。与 $d = 0$ 的情形对比发现, 随着裂纹离开材料界面, FGM 夹层对 Ⅲ 型 SIF 值的影响变弱。这种变化趋势在图 7.21 中看得更清楚。

2) SIF 值随裂纹距 FGM 夹层距离 d 的变化

图 7.21 给出了 Ⅲ 型 SIF 值随距离 d 的变化, 这里 $\alpha a = -10, -5, -2, 2, 5, 10$ 和 $\theta = 0°, 45°$。$d > 2a$ 时, FGM 夹层对 SIF 值的影响可以忽略。

3) SIF 值随 FGM 夹层厚度 h 的变化

图 7.22 给出了 Ⅲ 型 SIF 值随厚度 h 的变化, 这里 $\alpha a = -5, 5$, $d = 0.2a$ 和 $\theta = 0°, 11.25°, 22.5°, 45°$。随着 h 的增加, $\alpha a = -5$ 时 SIF 值增大, $\alpha a = 5$ 时 SIF 值减小。对于 $\alpha a = -5, 5$, $h > a$ 时, 随着 h 的增加, 裂纹尖端 Ⅲ 型 SIF 值不再有明显的变化。

表 7.6 不同 α 时 $\dfrac{K_{\text{III}}}{q_0\sqrt{\pi b}}$ 随 θ 的变化 ($h = 0.5a$ 和 $d = 0$)
(Xiao et al, 2005; 经 Mechanics of Materials 许可)

$\theta/(°)$	αa										
	10.0	5.0	4.0	3.0	2.0	0.0	−2.0	−3.0	−4.0	−5.0	−10.0
0.00	0.351 61	0.381 38	0.389 67	0.399 34	0.410 55	0.438 19	0.467 73	0.482 78	0.497 24	0.511 01	0.569 22
11.25	0.332 86	0.363 83	0.371 84	0.381 16	0.391 96	0.419 01	0.447 14	0.461 67	0.475 61	0.488 87	0.549 22
22.50	0.293 68	0.320 35	0.327 62	0.336 07	0.345 86	0.371 74	0.396 09	0.409 38	0.422 18	0.434 33	0.490 97
33.75	0.244 26	0.267 72	0.273 96	0.281 23	0.289 68	0.314 33	0.333 56	0.345 28	0.356 59	0.367 36	0.418 04
45.00	0.192 42	0.210 96	0.215 99	0.221 83	0.228 63	0.251 45	0.264 15	0.273 71	0.282 94	0.291 76	0.334 02
56.25	0.140 83	0.154 41	0.158 19	0.162 59	0.167 72	0.179 88	0.194 92	0.202 33	0.209 53	0.216 48	0.247 68
67.50	0.099 81	0.109 96	0.112 75	0.115 96	0.119 72	0.122 43	0.139 59	0.145 26	0.150 86	0.156 38	0.177 24
78.75	0.049 42	0.053 58	0.054 92	0.056 49	0.058 32	0.059 99	0.067 99	0.070 61	0.073 17	0.075 60	0.085 92
90.00	0.000 00	0.000 00	0.000 00	0.000 00	0.000 00	0.000 00	0.000 00	0.000 00	0.000 00	0.000 00	0.000 00

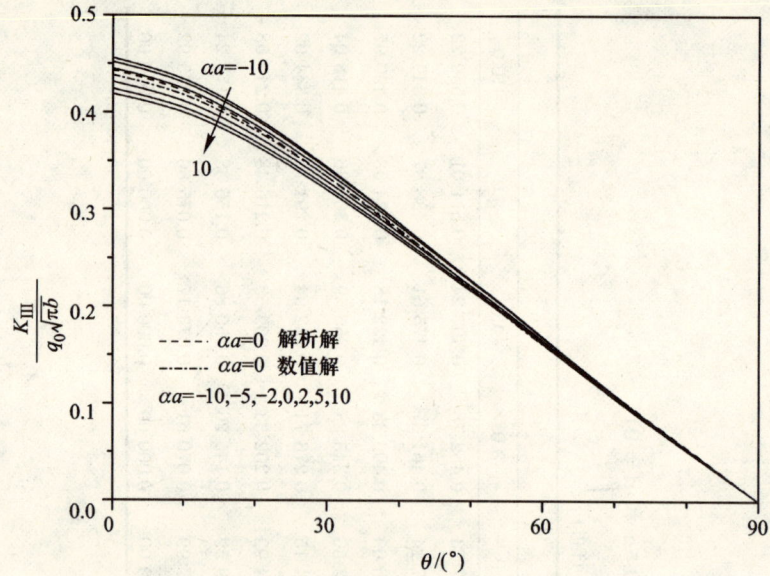

图 7.20 不同 α 时 $\dfrac{K_{\text{III}}}{q_0\sqrt{\pi b}}$ 随 θ 的变化 ($h = 0.5a$ 和 $d = 0.2a$)

(Xiao et al, 2005; 经 Mechanics of Materials 许可)

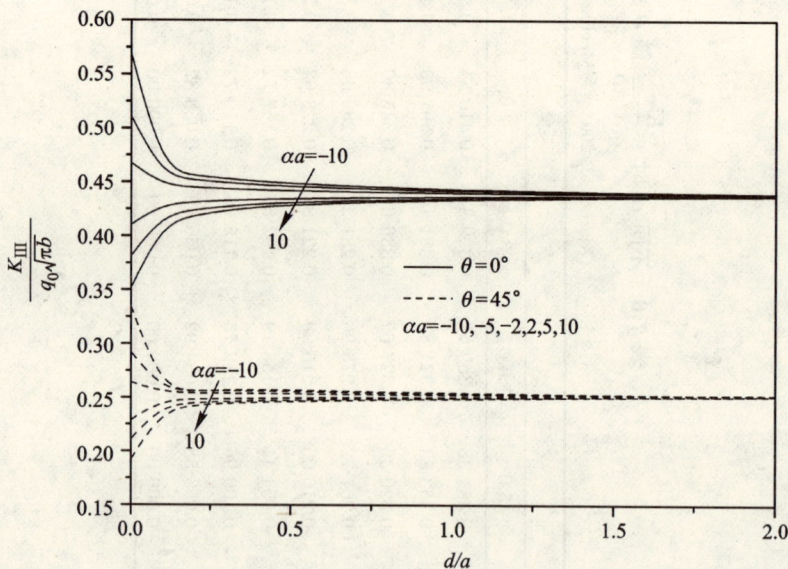

图 7.21 不同 α 和 θ 时 $\dfrac{K_{\text{III}}}{q_0\sqrt{\pi b}}$ 随 d 的变化 ($h = 0.5a$)

(Xiao et al, 2005; 经 Mechanics of Materials 许可)

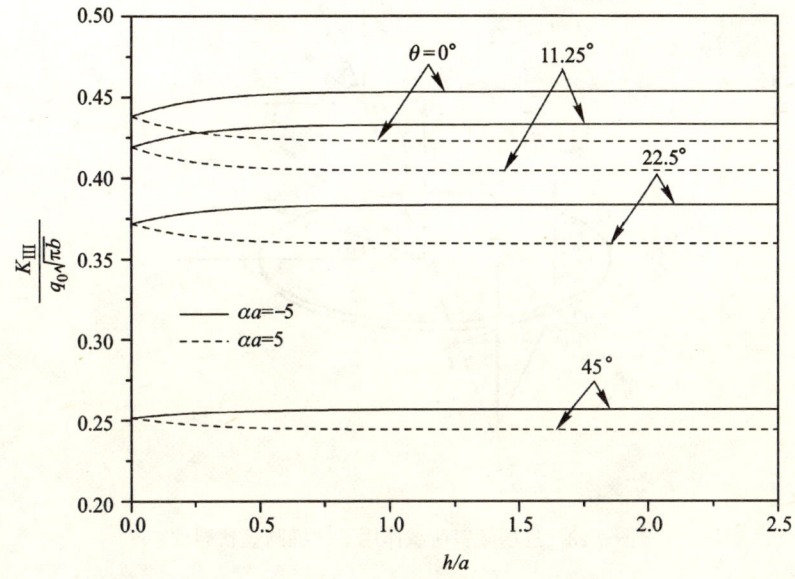

图 7.22 不同 α 和 θ 时 $\dfrac{K_{\text{III}}}{q_0\sqrt{\pi b}}$ 随 h 的变化 $(d=0.2a)$

(Xiao et al, 2005; 经 Mechanics of Materials 许可)

7.3 平行于 FGM 夹层裂纹的扩展分析

本节应用 7.2 节得到的应力强度因子数据, 分析梯度材料中远场张应力作用下椭圆盘状裂纹的扩展问题。首先利用断裂力学叠加原理, 即式 (6.10), 计算出倾斜荷载作用下裂纹的应力强度因子; 然后应用式 (6.8) 计算裂纹尖端的应变能密度因子; 最后依据应变能密度因子断裂判据, 计算裂纹的扩展方向和临界荷载。

1. 裂纹尖端最小应变能密度因子

对于图 7.23 所示的椭圆盘状裂纹, 远场倾斜荷载 σ 始终平行于坐标面 $y'Oz'$。在裂纹尖端建立局部球坐标系 (r,β,φ), 取 $S_{\min}=S(\beta_0,\varphi_0)$。表 7.7 给出了 (β_0,φ_0) 随非均匀参数 α 和裂纹尖端位置 θ 的变化, 这里 $h=0.5a$, $d=0$ 和 $\gamma=60°$。Sih et al (1974) 指出, 在均匀介质中, φ_0 仅与裂纹尖端的几何形状有关, 在由 φ_0 确定的坐标面内, 对应的 β_0 值依赖于裂纹几何形状、荷载和材料泊松比。本书计算显示 φ_0 与非均匀参数 α 无关。图 7.24 给出裂纹位于材料界面时 β_0 随 α 的变化, 这里 $h=0.5a$, $d=0$ 和 $\gamma=60°$。随着 α 的减小, β_0 增大, 这是因为随着 α 的减小, 应力强度因子明显增大。在 p_0 和 q_0 作用下, $-90°\leqslant\theta\leqslant0°$ 和 $0°\leqslant\theta\leqslant90°$ 范围内裂纹尖端 II 型和 III 型 SIF 值有不同分布特点。在这两个区间内, 对于给定的 θ 值, β_0 也有不同的分布形式。

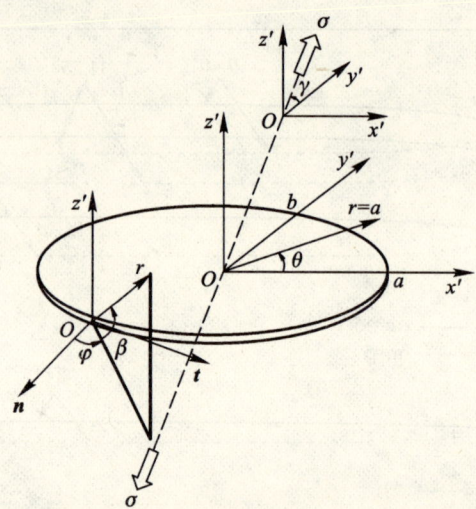

图 7.23 远场倾斜荷载作用下的椭圆盘状裂纹

表 7.7 (β_0, φ_0) 随 α 和裂纹尖端位置 θ 的变化 $(d=0)$

$\theta/(°)$	$\varphi_0/(°)$	$\beta_0/(°)$						
		$\alpha a = 10$	5	2	0	-2	-5	-10
-90.00	0.000 00	39.131 4	39.346 3	40.277 4	42.312 3	43.549 0	45.657 0	47.349 2
-78.75	16.014 1	38.709 3	38.884 5	39.784 0	41.867 7	43.144 0	45.377 6	47.623 5
-67.50	27.938 4	37.853 4	38.032 3	38.932 1	40.746 0	42.415 7	44.821 1	47.025 0
-56.25	34.718 5	35.655 0	35.754 1	36.684 4	38.619 7	40.578 3	43.473 0	46.617 5
-45.00	36.869 9	32.631 2	32.851 1	33.956 8	35.838 8	38.455 9	41.936 4	45.927 2
-33.75	34.718 5	29.253 9	29.711 3	31.157 9	33.011 2	36.683 5	40.972 5	46.048 5
-22.50	27.938 4	23.689 4	24.302 8	26.439 2	28.940 3	33.942 3	39.496 7	45.942 7
-11.25	16.014 1	10.331 0	11.892 6	15.995 6	20.465 0	28.122 1	35.895 5	44.101 1
0.00	0.000 0	-18.100 5	-15.187 2	-8.767 9	0.000 0	12.945 6	26.557 0	38.263 7
11.25	-16.014 1	-34.042 8	-31.656 6	-27.181 0	-20.465 0	-10.015 9	7.844 6	26.255 4
22.50	-27.938 4	-40.285 4	-38.012 8	-34.173 8	-28.940 3	-20.991 9	-6.768 3	11.882 5
33.75	-34.718 5	-43.295 9	-41.215 6	-37.675 4	-33.011 2	-25.900 8	-13.481 4	2.974 7
45.00	-36.869 9	-45.214 6	-43.286 0	-39.993 3	-35.838 8	-28.903 4	-16.994 1	0.586 0
56.25	-34.718 5	-47.193 2	-45.392 8	-42.359 6	-38.619 7	-31.850 7	-19.838 1	-1.824 8
67.50	-27.938 4	-48.130 3	-46.657 1	-44.028 8	-40.746 0	-34.409 4	-22.620 5	-2.484 7
78.75	-16.014 1	-48.439 1	-46.986 8	-44.514 7	-41.867 7	-35.439 7	-23.645 9	-2.271 2
90.00	0.000 0	-48.385 8	-47.061 4	-44.758 2	-42.312 3	-36.126 5	-24.743 7	-1.285 7

图 7.25 给出了 S_{min} 随 α 和裂纹尖端位置 θ 的变化, 这里 $h=0.5b, d=0$ 和 $\gamma=60°$。均匀介质中裂纹的 S_{min} 最大值出现在裂纹短轴的尖端, 图中 $\alpha=0$ 时的 S_{min} 曲线是采用应力强度因子的解析式和数值解分别计算得到的。α 对 S_{min} 有明显的影响, 特别是对于 $\alpha<0$。对于任意给定的 θ 值, 随着 α 的减小, S_{min} 增大。$\alpha>0$ 时, S_{min} 最大值位于 $\theta=90°$ 的裂纹尖端; $\alpha<0$ 时, S_{min} 最大值

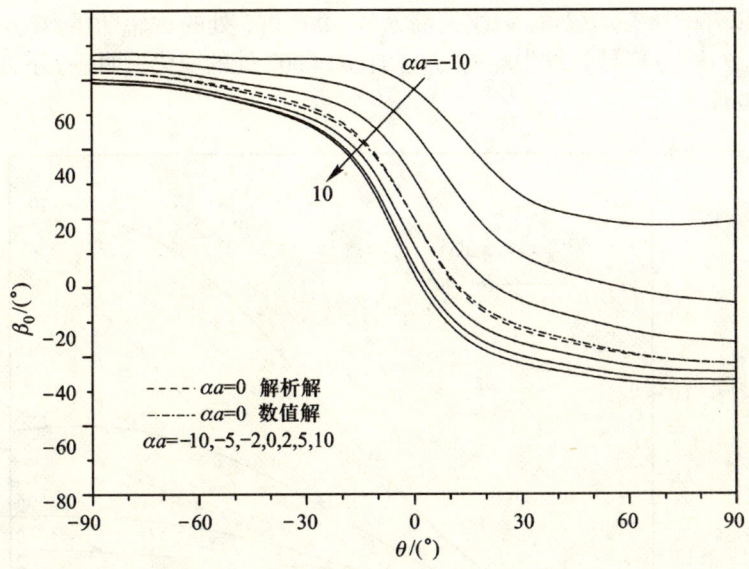

图 7.24 不同 α 时 β_0 随 θ 的变化 ($d=0$, $h=0.5a$ 和 $\gamma=60°$)

位于 $\theta = -90°$ 的裂纹尖端。为了确定梯度材料中裂纹扩展的临界荷载 σ_{cr},对于 $\alpha < 0$,使裂纹尖端 $\theta = -90°$ 处的 $S_{min} = S_C$,对于 $\alpha > 0$,使裂纹尖端 $\theta = 90°$ 处的 $S_{min} = S_C$。

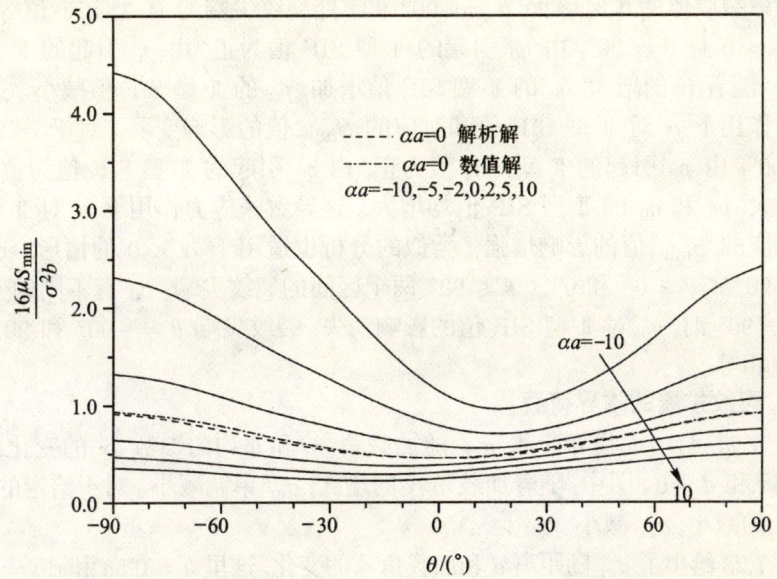

图 7.25 不同 α 时 S_{min} 随 θ 的变化 ($d=0$, $h=0.5a$ 和 $\gamma=60°$)

图 7.26 给出了 S_{min} 随加载角 γ 的变化,这里 $\theta = -90°, 90°$。图中,对于除

$\gamma = 0°$ 以外的所有加载角,裂纹尖端 $\theta = -90°, 90°$ 处的 $S_{\min}$ 值随着 α 的减小而增大。$\theta = -90°$ 处裂纹尖端的 $S_{\min}$ 比 $\theta = 90°$ 处的变化更明显。下面讨论这种变化的原因。

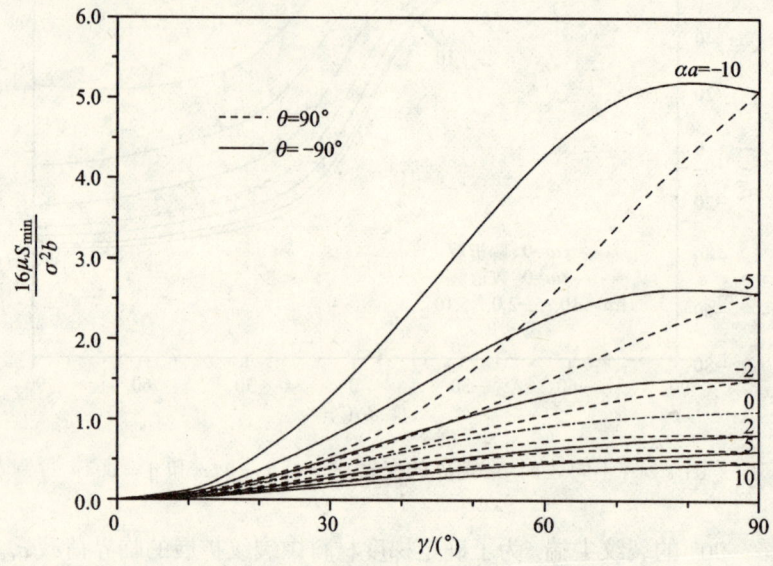

图 7.26 不同 α 和 θ 时 $S_{\min}$ 随 γ 的变化 ($d = 0$ 和 $h = 0.5a$)

考虑裂纹体的几何形状,$\theta = -90°, 90°$ 处裂纹尖端的 III 型 SIF 值等于零。对于 $\alpha > 0$ 且 $\theta = 90°$,由 q_0 引起的 II 型 SIF 值为正,由 p_0 引起的 II 型 SIF 值为负,随着 α 的增大,q_0 的 II 型 SIF 值增加,p_0 的 II 型 SIF 值减小。这导致张应力作用下 α 对 II 型 SIF 值和对应的 $S_{\min}$ 值的影响变弱。对于 $\alpha > 0$ 且 $\theta = -90°$,由 p_0 引起的 II 型 SIF 值为正,由 q_0 引起的 II 型 SIF 值为负,随着 α 的增大,p_0 和 q_0 的 II 型 SIF 值均增大。这导致张应力作用下 α 对 II 型 SIF 值和对应的 $S_{\min}$ 值的影响增强。类似的分析也适用于 $\alpha < 0$ 的情形。这也导致在 $-90° \leqslant \theta \leqslant 0°$ 和 $0° \leqslant \theta \leqslant 90°$ 两个区间的裂纹尖端,β_0 有不同的变化规律。$\gamma = 90°$ 时,q_0 对 II 型 SIF 值的影响消失,裂纹尖端 $\theta = -90°$ 和 $90°$ 处的 $S_{\min}$ 值相等。

2. 裂纹扩展的临界荷载

图 7.27 给出了临界荷载 σ_{cr} 随加载角 γ 和非均匀参数 α 的变化,这里 $h = 0.5a$ 和 $d = 0$。图中,随着加载角 γ 的增大,σ_{cr} 单调减小。对于给定的 γ 值,随着 α 的减小,σ_{cr} 减小。

图 7.28 给出了 σ_{cr} 随距离 d 和加载角 γ 的变化,这里 $h = 0.5a$ 和 $\alpha a = -5, 5$。很明显,对于给定的加载角 γ,随着裂纹离开 FGM 夹层,$\alpha a = 5$ 时 σ_{cr} 值减小,$\alpha a = -5$ 时 σ_{cr} 值增加。σ_{cr} 这种变化趋势也适用于 $\alpha > 0$ 和 $\alpha < 0$ 的一般情形。

7.3 平行于 FGM 夹层裂纹的扩展分析　157

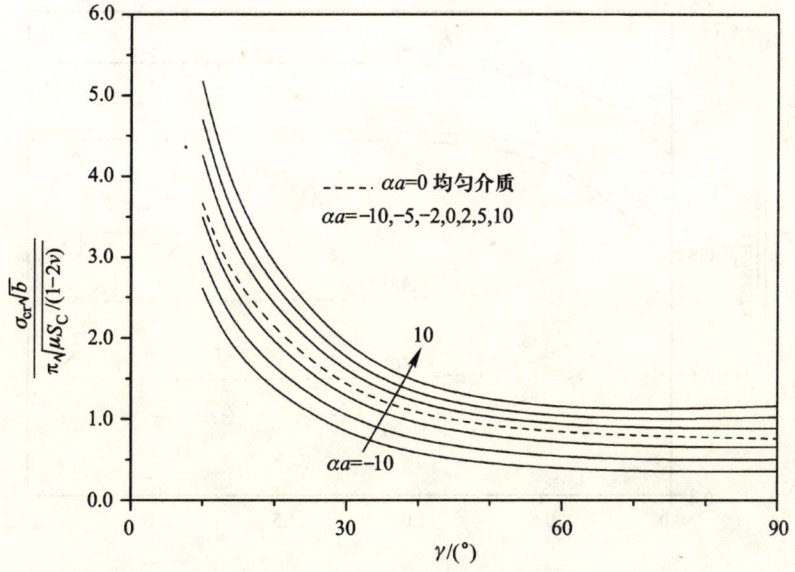

图 7.27　不同 α 时 σ_{cr} 随 γ 的变化 ($d=0$ 和 $h=0.5a$)

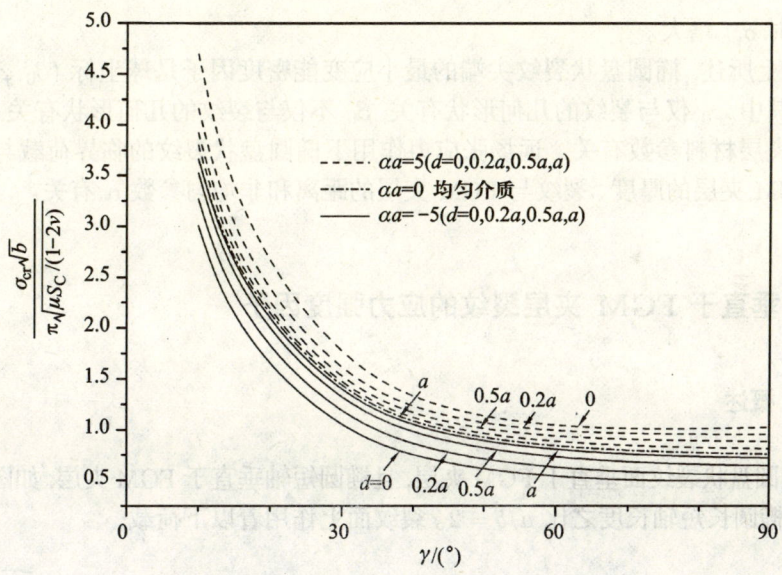

图 7.28　不同 α 和 d 时 σ_{cr} 随 γ 的变化 ($h=0.5a$)

图 7.29 给出了 σ_{cr} 随厚度 h 的变化，这里 $\alpha a = 5, -5$ 和 $\gamma = 45°, 60°, 90°$。$h/a = 0$ 对应于无限域均匀介质。图中，随着厚度 h 的增加，$\alpha a = 5$ 时 σ_{cr} 增大，$\alpha a = -5$ 时 σ_{cr} 减小。$h \leqslant a$ 时，σ_{cr} 变化明显；$h > a$ 时，σ_{cr} 变化相对较弱。更一般的，与均匀介质中椭圆盘状裂纹相比，随着厚度 h 的增加，$\alpha < 0$ 时 σ_{cr} 减小，

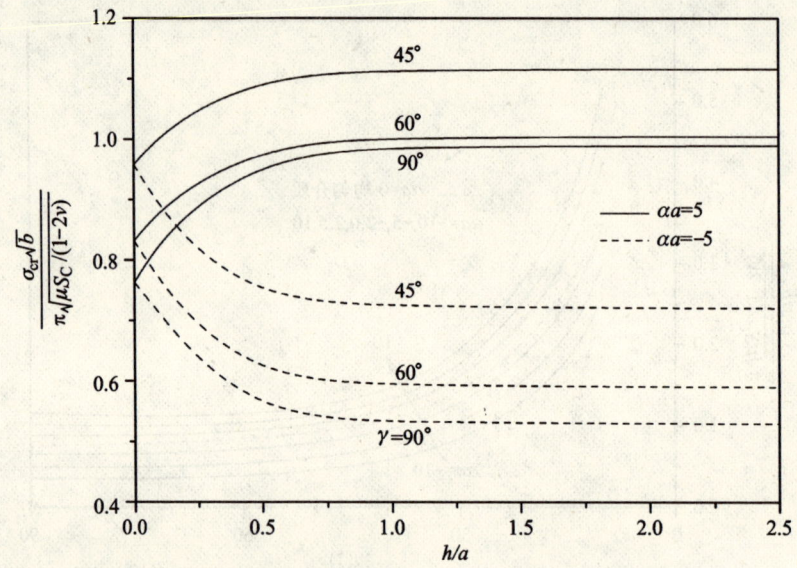

图 7.29 不同 α 和 γ 时 σ_{cr} 随 h 的变化 $(d = 0.2a)$

$\alpha > 0$ 时 σ_{cr} 增大。

综上所述，椭圆盘状裂纹尖端的最小应变能密度因子是球坐标 (β_0, φ_0) 的函数，其中 φ_0 仅与裂纹的几何形状有关，β_0 不仅与裂纹的几何形状有关，还与 FGM 夹层材料参数有关。远场张应力作用下椭圆盘状裂纹的临界荷载与加载角、FGM 夹层的厚度、裂纹与 FGM 夹层的距离和非均匀参数 α 有关。

7.4 垂直于 FGM 夹层裂纹的应力强度因子

7.4.1 概述

椭圆盘状裂纹面垂直于 FGM 夹层，且椭圆短轴垂直于 FGM 夹层，如图 7.30 所示。椭圆长短轴长度之比 $a/b = 2$。裂纹面上作用着以下荷载：

$$\sigma_{x'x'}^{+} = \sigma_{x'x'}^{-} = p, \tag{7.4a}$$

$$\sigma_{x'y'}^{+} = \sigma_{x'y'}^{-} = 0, \tag{7.4b}$$

$$\sigma_{x'z'}^{+} = \sigma_{x'z'}^{-} = q. \tag{7.4c}$$

式中，上标 + 和 − 表示裂纹面的外法线方向，分别对应于裂纹面外法线与坐标轴 x'、y'、z' 夹角的方向余弦 $(1, 0, 0)$ 和 $(-1, 0, 0)$。

7.4 垂直于 FGM 夹层裂纹的应力强度因子

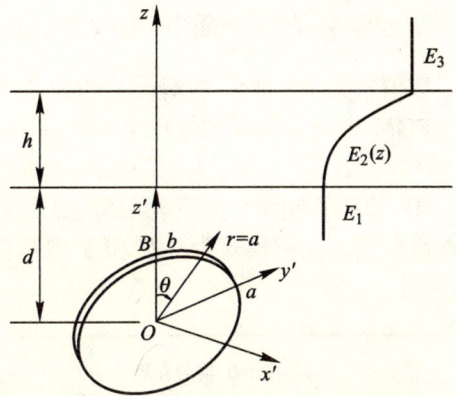

图 7.30 垂直于 FGM 夹层的椭圆盘状裂纹 ($a = 2b$)
(Yue et al, 2004; 经 Theoretical and Applied Fracture Mechanics 许可)

很明显，裂纹体关于坐标面 $x'Oz'$ 对称，这样可考虑半个裂纹体。在材料 1 中选取半个椭球面作为辅助面，形成两个区域。区域 I 为由辅助面和裂纹面构成的四分之一椭球，如图 7.31 所示，离散的椭球面有 553 个节点和 176 个单元，其中在裂纹尖端的两侧有 32 个面力奇异单元，且单元的两边垂直于裂纹尖端的切线。区域 II 为以辅助面和另一裂纹面为内边界的无限域，两个区域的辅助面完全重合，且单元和节点一一对应。梯度材料的弹性模量按式 (6.1) 变化，泊松比为常数，取 $\nu = 0.3$。

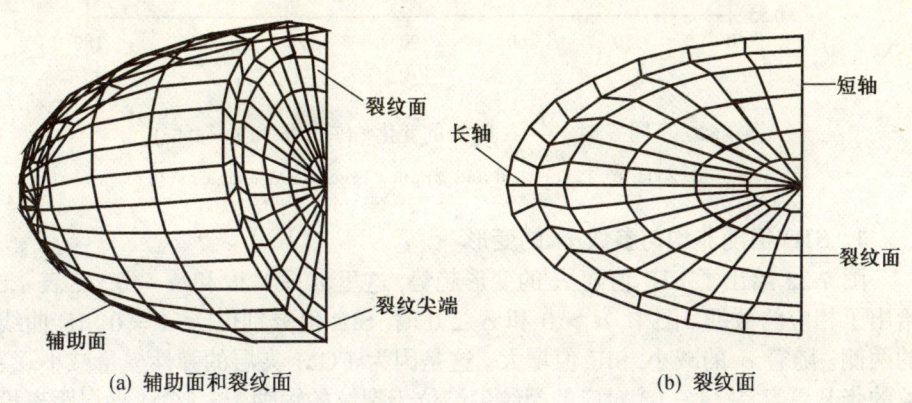

(a) 辅助面和裂纹面   (b) 裂纹面

图 7.31 椭圆盘状裂纹面及其辅助面的边界元网格
(Yue et al, 2004; 经 Theoretical and Applied Fracture Mechanics 许可)

7.4.2 压应力作用下的椭圆盘状裂纹

在式 (7.4) 中，取 $p = -p_0$ 和 $q = 0$，即裂纹面上作用着均匀法向压应力。

采用图 7.31 所示的边界元网格。均匀介质中，裂纹短轴尖端的 $\dfrac{K_{\text{I}}}{p_0\sqrt{\pi b}}$ 解析解为 $1/E(k) \approx 0.825\ 7$，数值解为 0.834 2，绝对误差约为 1.0%。下面采用建议方法分析图 7.30 所示的 FGM 中均匀压应力作用下的裂纹问题，考虑的因素包括：FGM 夹层的非均匀参数 α、裂纹距 FGM 夹层的距离 d 和 FGM 夹层厚度 h。图 7.32 ~ 图 7.34 给出了 SIF 值随不同参数的变化趋势。注意：均匀压应力 p_0 作用下，非均匀介质中椭圆盘状裂纹变形模式为 I 型和 II 型耦合的，$\alpha = 0$ 和 $h = 0$ 均对应于均匀无限域介质。

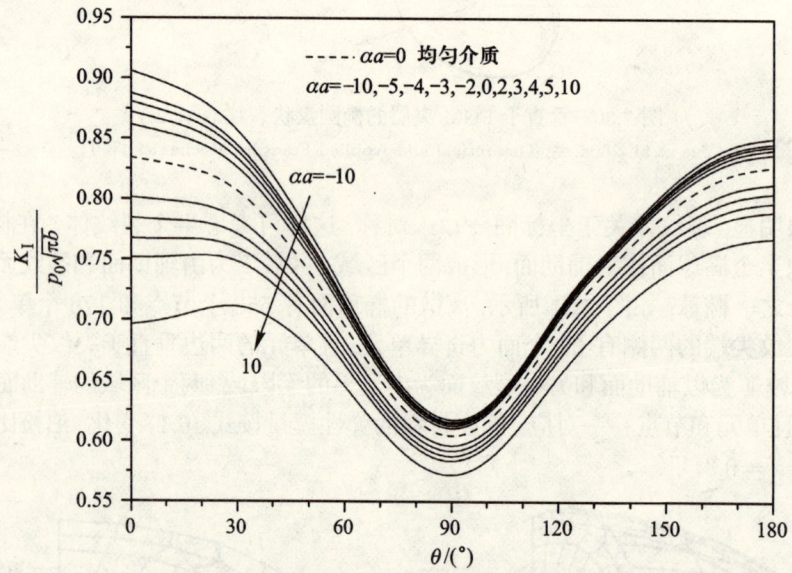

图 7.32 不同 α 时 $\dfrac{K_{\text{I}}}{p_0\sqrt{\pi b}}$ 随 θ 的变化 ($d = 1.2b$ 和 $h = 0.5a$)

(Yue et al, 2004; 经 Theoretical and Applied Fracture Mechanics 许可)

1. SIF 值随非均匀参数 α 的变形

图 7.32 给出了 SIF 值随 α 的变形趋势，这里 $d = 1.2b$ 和 $h = 0.5a$，表 7.8 给出了相应的数据。图中，$\alpha > 0$ 和 $\alpha < 0$ 时，SIF 值分别位于 $\alpha = 0$ SIF 曲线的两侧。随着 α 的减小，SIF 值增大。这是因为 FGM 夹层的弹性模量减小，裂纹的张开更容易。$\theta = 0°$ 对应的裂纹尖端位于裂纹的短轴，与 FGM 夹层距离最近。显然，FGM 夹层对 SIF 值的最大影响发生在 $\theta = 0°$ 对应的裂纹尖端。$\alpha < 0$ 时，在裂纹尖端 $0° \leqslant \theta \leqslant 90°$，随着 θ 接近 $90°$，裂纹尖端的 SIF 值增加幅度减小；在裂纹尖端 $90° \leqslant \theta \leqslant 180°$，随着 θ 接近 $180°$，裂纹尖端的 SIF 值增加幅度略有增大。这与第 6 章得到的相同条件下圆盘状裂纹 SIF 值的变化趋势不同。$\alpha > 0$ 时，可以得到类似的 SIF 变化规律。这表明，FGM 夹层对椭圆盘状裂纹 SIF 值的影响不仅取决于裂纹尖端与 FGM 夹层的距离，还与椭圆盘状裂纹的几何形状有关。

表 7.8 不同 α 时 $\dfrac{K_{\mathrm{I}}}{p_0\sqrt{\pi b}}$ 随 θ 的变化 ($d=1.2b$ 和 $h=0.5a$)

(Yue et al, 2004; 经 Theoretical and Applied Fracture Mechanics 许可)

θ/(°)	αa										
	−10.0	−5.0	−4.0	−3.0	−2.0	0.0	2.0	3.0	4.0	5.0	10.0
0.00	0.906 10	0.887 66	0.880 80	0.872 15	0.861 46	0.834 19	0.801 51	0.784 42	0.767 60	0.751 67	0.696 13
11.25	0.895 18	0.878 34	0.872 02	0.864 04	0.854 18	0.828 90	0.798 48	0.782 51	0.766 76	0.751 84	0.699 99
22.50	0.878 59	0.864 46	0.859 04	0.852 15	0.843 60	0.821 66	0.795 26	0.781 44	0.767 87	0.755 09	0.711 55
33.75	0.847 09	0.835 94	0.831 54	0.825 90	0.818 87	0.800 80	0.779 10	0.767 81	0.756 82	0.746 56	0.712 74
45.00	0.796 74	0.788 36	0.784 91	0.780 45	0.774 84	0.760 32	0.742 89	0.733 89	0.725 22	0.717 21	0.691 82
56.25	0.742 69	0.736 53	0.733 85	0.730 32	0.725 84	0.714 09	0.699 92	0.692 65	0.685 69	0.679 34	0.659 93
67.50	0.679 18	0.675 25	0.673 39	0.670 90	0.667 67	0.658 98	0.648 17	0.642 53	0.637 09	0.632 12	0.617 22
78.75	0.631 39	0.628 74	0.627 36	0.625 46	0.622 93	0.615 93	0.606 97	0.602 21	0.597 61	0.593 40	0.580 95
90.00	0.611 71	0.609 82	0.608 71	0.607 14	0.605 00	0.598 90	0.590 86	0.586 52	0.582 28	0.578 39	0.566 98

2. SIF 值随裂纹距 FGM 夹层距离 d 的变化

图 7.33 给出了裂纹距离 d 对 SIF 值的影响, 这里 $\alpha a = -5, 5$ 和 $h = 0.5a$, 表 7.9 给出了相应的数据。图中, 对于 $\alpha a = 5$, 随着 d 的减小, I 型 SIF 值减小。这意味着, $\alpha a = 5$ 时, 裂纹距 FGM 夹层的距离越小, FGM 夹层对裂纹张开的限制就越大。$\alpha a = -5$ 时 SIF 值的变化与 $\alpha a = 5$ 时的正好相反。很明显, 当裂纹远离 FGM 夹层时, 非均匀参数 α 和裂纹尖端的位置对 SIF 值的影响减弱, SIF 值趋向于无限域均匀介质中裂纹的 SIF 值。

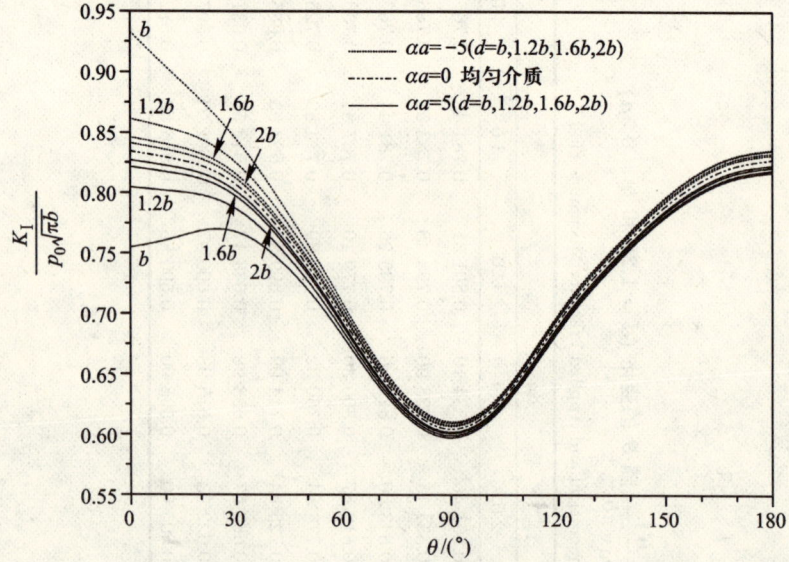

图 7.33 不同 α 和 d 时 $\dfrac{K_\mathrm{I}}{p_0\sqrt{\pi b}}$ 随 θ 的变化 ($h = 0.5a$)

(Yue et al, 2004; 经 Theoretical and Applied Fracture Mechanics 许可)

表 7.9 不同 α 和 d 时 $\dfrac{K_\mathrm{I}}{p_0\sqrt{\pi b}}$ 随 θ 的变化 ($h = 0.5a$)

(Yue et al, 2004; 经 Theoretical and Applied Fracture Mechanics 许可)

$\theta/(°)$	$\alpha a = -5.0$				$\alpha a = 5.0$			
	$d = 2.0b$	$1.6b$	$1.2b$	$1.0b$	$d = 1.0b$	$1.2b$	$1.6b$	$2.0b$
0.00	0.841 01	0.845 83	0.861 40	0.933 05	0.754 95	0.804 67	0.821 43	0.826 98
11.25	0.835 21	0.839 76	0.853 98	0.900 40	0.760 65	0.801 55	0.816 99	0.822 22
22.50	0.827 32	0.831 33	0.842 74	0.870 14	0.772 47	0.798 51	0.811 11	0.815 67
33.75	0.805 75	0.809 04	0.817 35	0.832 55	0.767 26	0.782 56	0.791 85	0.795 56
45.00	0.764 62	0.767 18	0.772 88	0.781 08	0.737 72	0.746 44	0.752 88	0.755 76
56.25	0.717 85	0.719 82	0.723 71	0.728 28	0.698 26	0.703 41	0.707 87	0.710 06
67.50	0.661 92	0.663 32	0.665 88	0.668 52	0.648 01	0.651 18	0.654 18	0.655 78
78.75	0.618 43	0.619 51	0.621 33	0.623 02	0.607 53	0.609 72	0.611 92	0.613 17
90.00	0.601 19	0.602 08	0.603 51	0.604 72	0.591 82	0.593 52	0.595 29	0.596 35

3. SIF 随 FGM 夹层厚度 h 的变化

图 7.34 给出了 FGM 夹层厚度 h 对 SIF 值的影响，这里 $\alpha a = -5, 5$ 和 $d = 1.2b$，表 7.10 给出了相应的数据。$\alpha a = 5$ 时，随着 h/a 的增加，I 型 SIF 值减小；$\alpha a = -5$ 时，SIF 值的变化与 $\alpha a = 5$ 正好相反。$h/a > 2.5$ 时，随着 h 的增

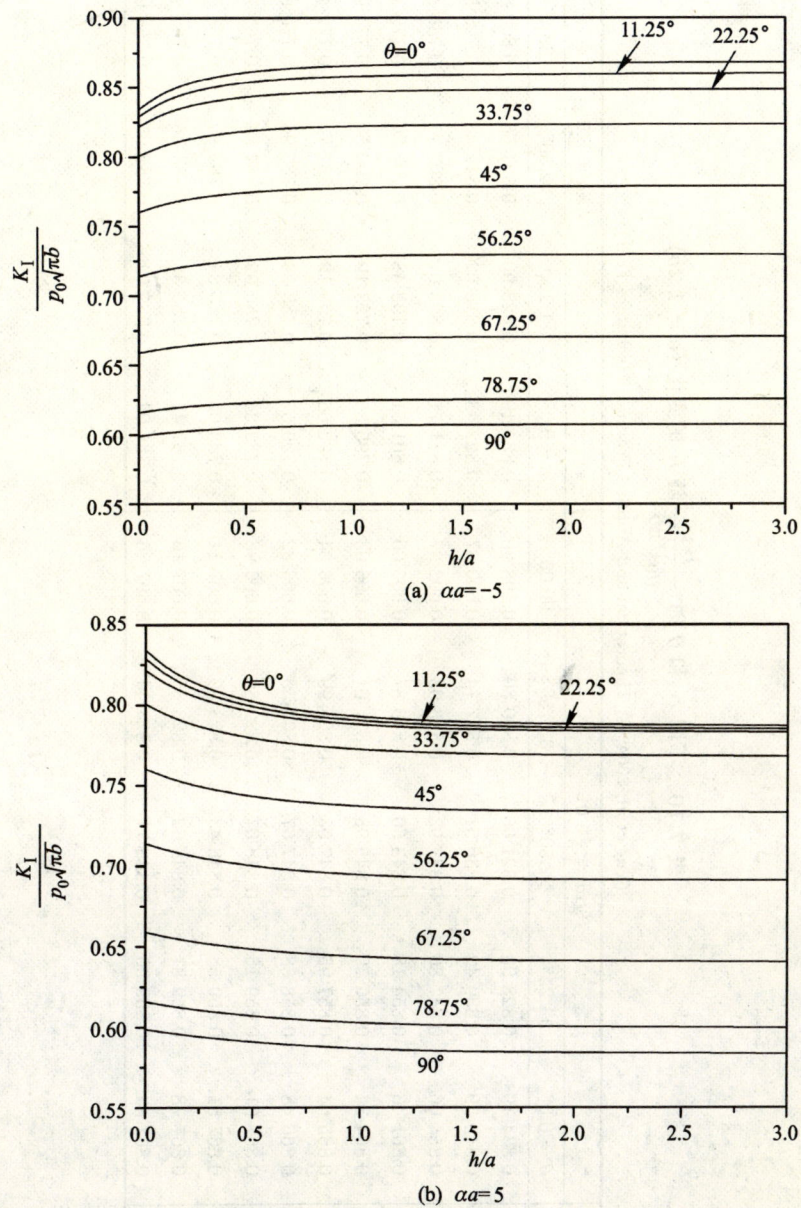

图 7.34 不同 α 和 θ 时 $\dfrac{K_{\mathrm{I}}}{p_0\sqrt{\pi b}}$ 随 h 的变化 ($d = 1.2b$)

(Yue et al, 2004; 经 Theoretical and Applied Fracture Mechanics 许可)

表 7.10 不同 α 和 θ 时 $\dfrac{K_{\mathrm{I}}}{p_0\sqrt{\pi b}}$ 随 h 的变化 ($d = 1.2b$)

(Yue et al, 2004; 经 Theoretical and Applied Fracture Mechanics 许可)

h/2b	$\alpha a = -5.0$				$\alpha a = 5.0$			
	$\theta = 0.0°$	11.25°	22.50°	33.75°	90.00°	$\theta = 0.0°$	11.25°	22.50°	33.75°	90.00°

h/2b	$\theta=0.0°$	11.25°	22.50°	33.75°	90.00°	$\theta=0.0°$	11.25°	22.50°	33.75°	90.00°
0.0	0.834 19	0.828 90	0.821 66	0.800 80	0.598 90	0.834 19	0.828 90	0.821 66	0.800 80	0.598 90
0.10	0.845 59	0.839 42	0.830 51	0.807 74	0.600 87	0.822 43	0.818 02	0.812 48	0.793 58	0.596 81
0.25	0.854 66	0.847 86	0.837 93	0.813 93	0.602 97	0.811 71	0.808 01	0.803 71	0.786 33	0.594 19
0.50	0.861 46	0.854 18	0.843 60	0.818 87	0.605 00	0.801 51	0.798 48	0.795 26	0.779 10	0.590 86
0.75	0.864 34	0.856 79	0.845 98	0.821 01	0.606 03	0.795 86	0.793 19	0.790 50	0.774 90	0.588 45
1.00	0.865 64	0.857 95	0.847 03	0.821 99	0.606 54	0.792 66	0.790 19	0.787 74	0.772 41	0.586 77
1.25	0.866 48	0.858 68	0.847 67	0.822 56	0.606 82	0.790 57	0.788 23	0.785 96	0.770 80	0.585 64
1.50	0.867 01	0.859 15	0.848 07	0.822 89	0.606 98	0.789 24	0.786 99	0.784 84	0.769 79	0.584 91
2.00	0.867 51	0.859 58	0.848 43	0.823 20	0.607 11	0.788 01	0.785 84	0.783 80	0.768 85	0.584 21
2.50	0.867 78	0.859 81	0.848 62	0.823 35	0.607 16	0.787 47	0.785 35	0.783 36	0.768 48	0.583 96
3.00	0.867 83	0.859 90	0.848 71	0.823 44	0.607 25	0.787 04	0.785 04	0.783 05	0.768 03	0.583 52

加, SIF 值不再有明显的变化。

7.4.3 剪应力作用下的椭圆盘状裂纹

在式 (7.4) 中,取 $p = 0, q = -q_0$,即裂纹面上作用着均匀剪应力。此种情况下,裂纹的变形模式是 II 型和 III 型耦合的。采用图 7.31 所示的单元网格分析。在均匀介质中,椭圆短轴对应的裂纹尖端 II 型 SIF 的解析解 $\dfrac{K_{\mathrm{II}}}{q_0\sqrt{\pi b}} \approx 0.895\,61$,数值解为 0.906 87,绝对误差为 1.0%; 椭圆长轴对应的裂纹尖端 III 型 SIF 解析解 $\dfrac{K_{\mathrm{III}}}{q_0\sqrt{\pi b}} \approx 0.443\,30$,数值解为 0.418 19,绝对误差为 2.5%。下面分别讨论非均匀介质中椭圆盘状裂纹 II 型和 III 型应力强度因子的变化规律。

1. II 型应力强度因子

1) SIF 值随非均匀参数 α 的变化

图 7.35 演示了 α 对 SIF 值的影响,这里 $h = 0.5a$ 和 $d = 1.2b$,表 7.11 给出了相应的数据。图中, α 对 II 型 SIF 值的最大影响发生在 $\theta = 0°$ 的裂纹尖端附近,较大的影响发生在 $\theta = 180°$ 的裂纹尖端,在裂纹尖端 $\theta = 105°$ 附近, α 对 SIF 值的影响最小。很明显, α 对裂纹 SIF 值的影响与加载条件密切相关。与均匀介质中 SIF 值相比, $\alpha > 0$ 时 II 型 SIF 值减小, $\alpha < 0$ 时 II 型 SIF 值增大。可以看出, q_0 作用下 α 对 II 型 SIF 值的影响规律与 p_0 作用下 α 对 I 型 SIF 值的影响规律类似。

2) SIF 值随距离 d 的变化

图 7.36 演示了距离 d 对 II 型 SIF 值的影响,这里 $h = 0.5a$ 和 $\alpha a = -5, 5$,表 7.12 给出了相应的数据。与 p_0 作用下裂纹问题类似, $\alpha a = 5$ 时,随着 d 的减小, II 型 SIF 值减小。这意味着,随着裂纹接近 FGM 夹层, FGM 夹层对裂纹变形的限制增加。 $\alpha a = -5$ 时, II 型 SIF 值的变化趋势正好与 $\alpha a = 5$ 时的相反。当裂纹远离 FGM 夹层时, II 型 SIF 值的变化不明显。

3) SIF 值随 FGM 夹层厚度 h 的变化

图 7.37 和图 7.38 演示了厚度 h 对 II 型 SIF 值的影响,这里 $d = 1.2b$ 和 $\alpha a = -5, 5$,表 7.13 给出了相应的数据。图中, $\alpha a = -5$ 时,裂纹尖端 $0° \leqslant \theta < 90°$ 的 II 型 SIF 值和裂纹尖端 $90° \leqslant \theta < 180°$ 的 II 型 SIF 绝对值随着厚度 h 增加而增大。 $\alpha a = 5$ 时, II 型 SIF 值随厚度 h 的变化趋势与 $\alpha a = -5$ 情形正好相反。 $h/a > 2.5$ 时, II 型 SIF 值变化趋于稳定。图 7.38 中, $\alpha a = 5$ 时,随着厚度 h 的增加,裂纹尖端 $\alpha = 0°, 11.25°, 22.5°$ 处的 SIF 值趋于相同的值。这是因为, $\alpha > 0$ 时,靠近 FGM 夹层裂纹尖端的 SIF 值减小得更快,而远离 FGM 夹层裂纹尖端的 SIF 值减小得慢一些。

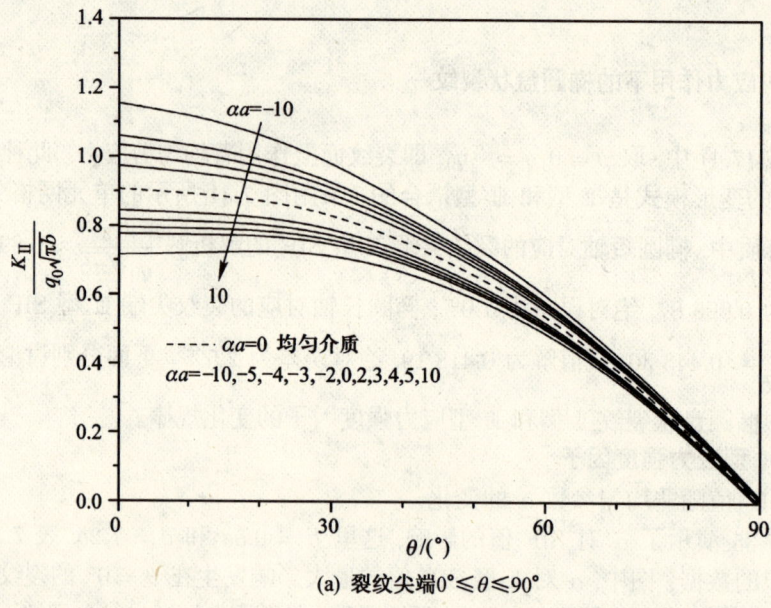

(a) 裂纹尖端 $0° \leqslant \theta \leqslant 90°$

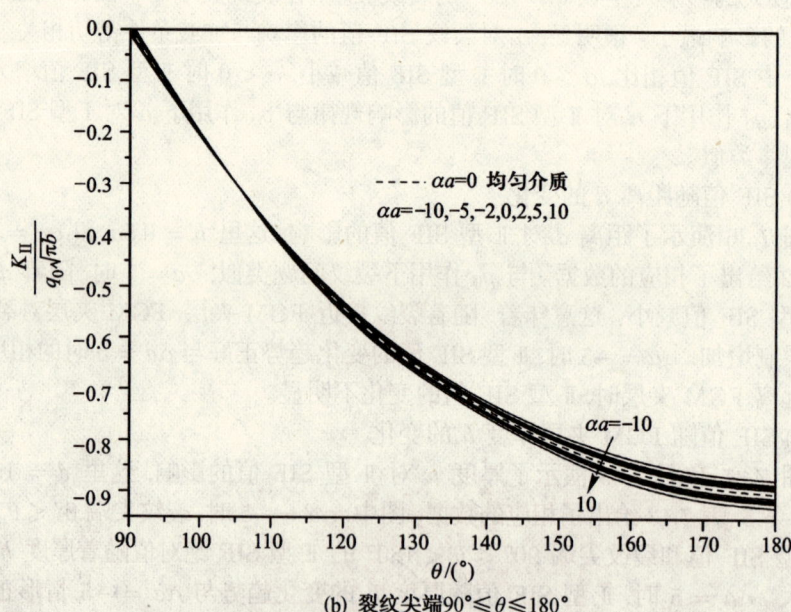

(b) 裂纹尖端 $90° \leqslant \theta \leqslant 180°$

图 7.35 不同 α 时 $\dfrac{K_{II}}{q_0\sqrt{\pi b}}$ 随 θ 的变化 ($d = 1.2b$ 和 $h = 0.5a$)

(Yue et al, 2004; 经 Theoretical and Applied Fracture Mechanics 许可)

表 7.11 不同 α 时 $\dfrac{K_{\mathrm{II}}}{p_0\sqrt{\pi b}}$ 随 θ 的变化（$d=1.2b$ 和 $h=0.5a$）

(Yue et al, 2004; 经 Theoretical and Applied Fracture Mechanics 许可)

$\theta/(°)$	αa										
	-10.0	-5.0	-4.0	-3.0	-2.0	0.0	2.0	3.0	4.0	5.0	10.0
0.00	1.155 75	1.060 46	1.034 21	1.005 15	0.973 59	0.906 87	0.844 72	0.818 30	0.795 55	0.776 28	0.715 83
11.25	1.118 83	1.032 76	1.008 99	0.982 64	0.954 02	0.893 39	0.836 81	0.812 74	0.792 01	0.774 45	0.719 48
22.50	1.051 69	0.984 62	0.965 53	0.944 15	0.920 70	0.870 62	0.823 77	0.803 95	0.787 00	0.772 77	0.729 36
33.75	0.946 15	0.898 86	0.884 73	0.868 67	0.850 82	0.812 24	0.776 11	0.760 97	0.748 18	0.737 59	0.706 61
45.00	0.808 08	0.775 90	0.765 75	0.754 01	0.740 79	0.711 88	0.684 83	0.673 65	0.664 33	0.656 75	0.635 65
56.25	0.662 25	0.640 26	0.632 92	0.624 30	0.614 47	0.592 77	0.572 57	0.564 35	0.557 59	0.552 20	0.537 92
67.50	0.397 82	0.406 72	0.410 20	0.414 61	0.420 04	0.433 56	0.448 15	0.454 73	0.460 47	0.465 30	0.479 26
78.75	0.211 19	0.216 37	0.218 47	0.221 17	0.224 56	0.233 16	0.242 58	0.246 82	0.250 50	0.253 57	0.262 10
90.00	$-0.011\,62$	$-0.009\,34$	$-0.008\,34$	$-0.007\,01$	$-0.005\,29$	$-0.000\,72$	0.004 45	0.006 80	0.008 81	0.010 48	0.014 85

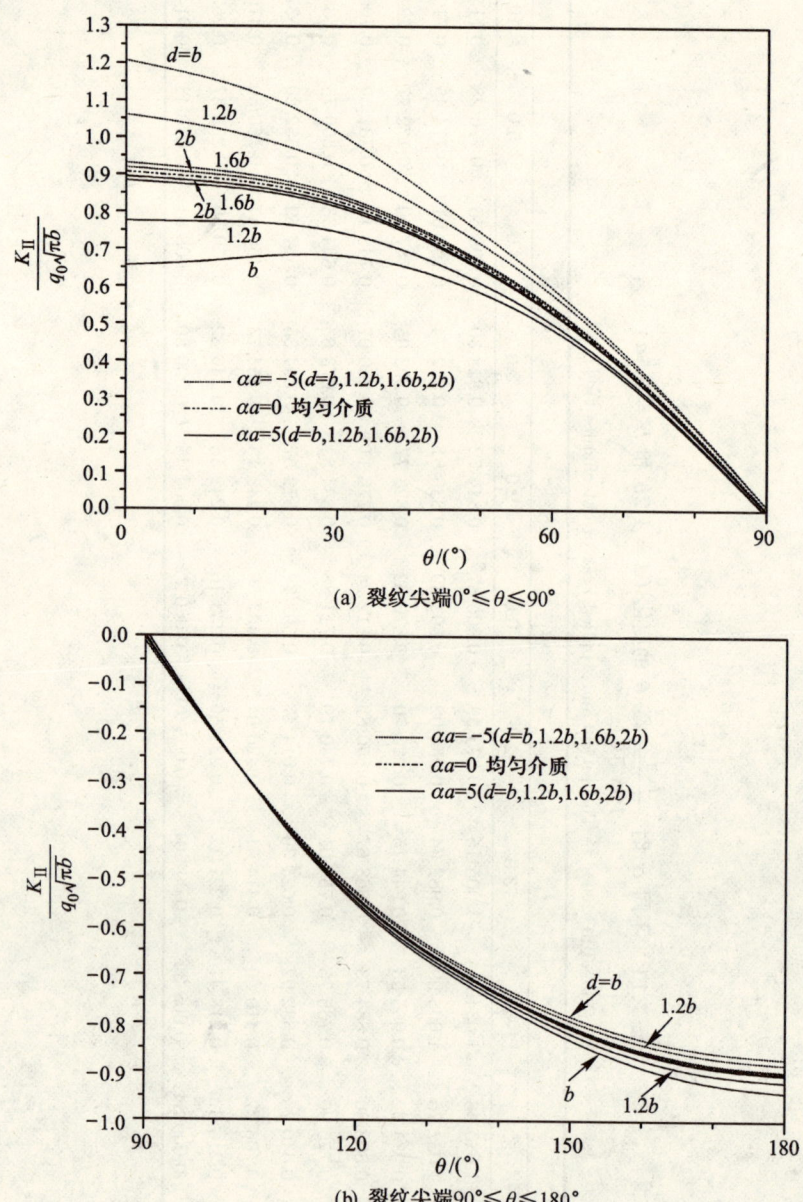

图 7.36 不同 α 和 d 时 $\dfrac{K_{\mathrm{II}}}{q_0\sqrt{\pi b}}$ 随 θ 的变化 ($h=0.5a$)

(Yue et al, 2004; 经 Theoretical and Applied Fracture Mechanics 许可)

表 7.12 不同 α 和 d 时 $\dfrac{K_{\text{II}}}{q_0\sqrt{\pi b}}$ 随 θ 的变化 ($h=0.5a$)

(Yue et al, 2004; 经 Theoretical and Applied Fracture Mechanics 许可)

$\theta/(°)$	$\alpha a=-5.0$				$\alpha a=5.0$			
	$d=2.0b$	$1.6b$	$1.2b$	$1.0b$	$d=1.0b$	$1.2b$	$1.6b$	$2.0b$
0.00	0.919 33	0.931 39	1.060 46	1.206 84	0.655 55	0.776 28	0.883 88	0.895 07
11.25	0.904 71	0.915 82	1.032 76	1.165 37	0.664 55	0.774 45	0.872 34	0.882 65
22.50	0.880 83	0.890 02	0.984 62	1.101 28	0.688 86	0.772 77	0.852 37	0.860 92
33.75	0.821 10	0.828 13	0.898 86	0.970 11	0.683 90	0.737 59	0.797 29	0.803 84
45.00	0.719 33	0.724 46	0.775 90	0.814 44	0.626 26	0.656 75	0.700 03	0.704 81
56.25	0.598 96	0.602 61	0.640 26	0.660 88	0.535 02	0.552 20	0.583 51	0.586 91
67.50	0.437 93	0.440 30	0.465 30	0.476 31	0.427 20	0.406 72	0.427 20	0.429 40
78.75	0.236 12	0.237 56	0.253 57	0.258 18	0.229 03	0.216 37	0.229 03	0.230 36
90.00	0.001 00	0.001 71	0.010 48	0.011 31	-0.002 99	-0.009 34	-0.002 99	-0.002 36

表 7.13 不同 θ 和 α 时 $\dfrac{K_{\text{II}}}{q_0\sqrt{\pi b}}$ 随 h 的变化 ($d=1.2b$)

(Yue et al, 2004; 经 Theoretical and Applied Fracture Mechanics 许可)

$h/2b$	$\alpha a=-5.0$				$\alpha a=5.0$			
	$\theta=0.0°$	$11.25°$	$22.50°$	$33.75°$	$\theta=0.0°$	$11.25°$	$22.50°$	$33.75°$
0.00	0.906 87	0.893 39	0.870 62	0.812 24	0.906 87	0.893 39	0.870 62	0.812 24
0.10	0.979 94	0.959 47	0.922 62	0.849 48	0.839 89	0.832 70	0.822 60	0.777 64
0.25	1.033 22	1.007 97	0.962 84	0.880 62	0.796 91	0.793 40	0.789 63	0.751 82
0.50	1.060 46	1.032 76	0.984 62	0.898 86	0.776 28	0.774 45	0.772 77	0.737 59
0.75	1.066 69	1.038 34	0.989 70	0.903 31	0.771 47	0.770 05	0.768 75	0.734 06
1.00	1.068 11	1.039 61	0.990 86	0.904 36	0.770 29	0.768 98	0.767 76	0.733 18
1.25	1.069 84	1.041 16	0.992 07	0.905 21	0.768 88	0.767 69	0.766 74	0.732 45
1.50	1.070 42	1.041 67	0.992 47	0.905 49	0.768 41	0.767 27	0.766 41	0.732 21
2.00	1.072 02	1.043 11	0.993 54	0.906 19	0.767 13	0.766 11	0.765 53	0.731 63
2.50	1.074 38	1.045 24	0.995 13	0.907 21	0.765 27	0.764 43	0.764 26	0.730 80
3.00	1.075 27	1.046 32	0.996 11	0.907 98	0.765 20	0.764 32	0.764 03	0.730 42

2. Ⅲ 型应力强度因子

1) SIF 值随非均匀参数 α 的变化

图 7.39 演示了 Ⅲ 型 SIF 值随 α 的变化, 这里 $h=0.5a$ 和 $d=1.2b$, 表 7.14 给出了相应的数据。Ⅲ 型与 Ⅱ 型 SIF 值随 α 的变化趋势相似。Ⅲ 型 SIF 值最大变化发生在裂纹尖端 $30°<\theta<90°$, α 对其他位置裂纹尖端的 Ⅲ 型 SIF 值影响较弱。裂纹尖端 $\theta=0°$, $180°$ 处的 Ⅲ 型 SIF 值始终为零, 这是因为裂纹体关于坐标面 $x'Oz'$ 对称。

2) SIF 值随裂纹距 FGM 夹层距离 d 的变化

图 7.40 演示了距离 d 对 Ⅲ 型 SIF 值的影响, 这里 $h=0.5a$ 和 $\alpha a=-5,5$, 表 7.15 给出了相应的数据。Ⅲ 型与 Ⅱ 型 SIF 值随 h 的变化趋势类似。可是, Ⅲ 型 SIF 值的最大变化出现在接近 FGM 夹层的半个裂纹。

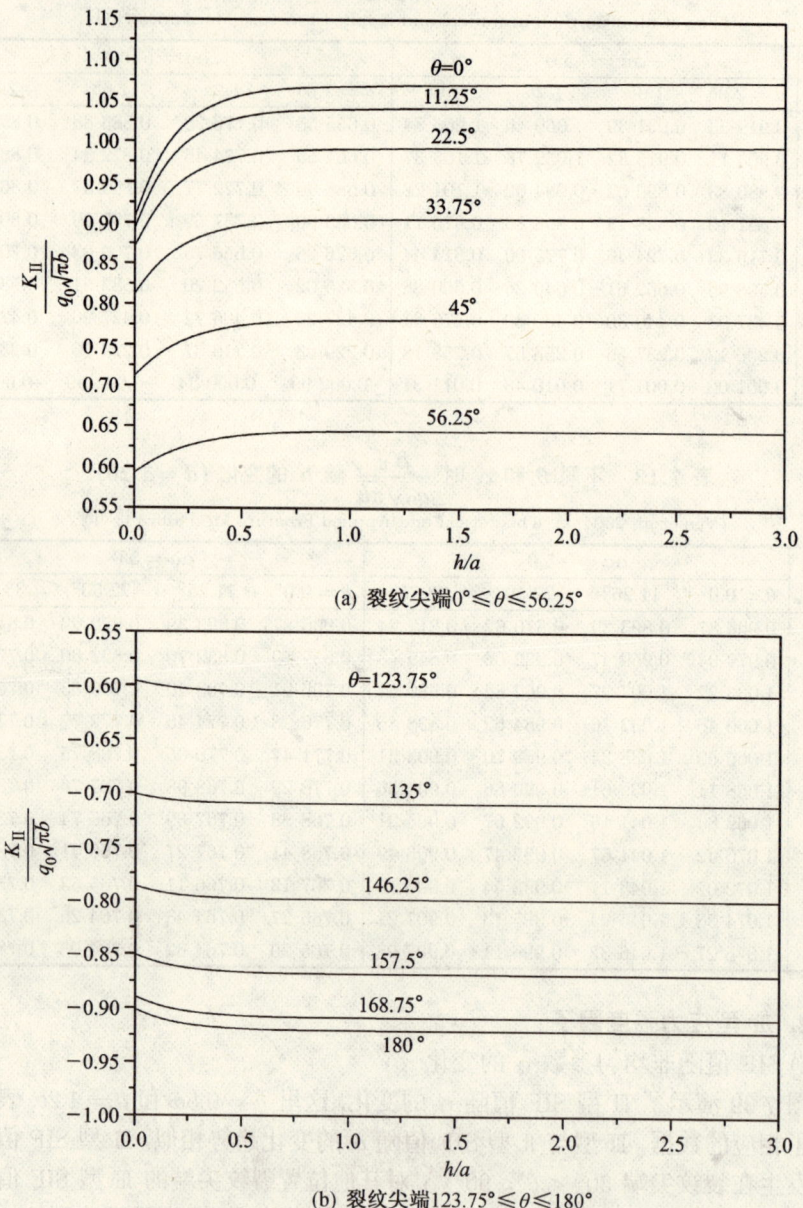

(a) 裂纹尖端 $0° \leqslant \theta \leqslant 56.25°$

(b) 裂纹尖端 $123.75° \leqslant \theta \leqslant 180°$

图 7.37 不同 θ 时 $\dfrac{K_{\mathrm{II}}}{q_0\sqrt{\pi b}}$ 随 h 的变化 ($\alpha a = -5.0$ 和 $d = 1.2b$)

(Yue et al, 2004; 经 Theoretical and Applied Fracture Mechanics 许可)

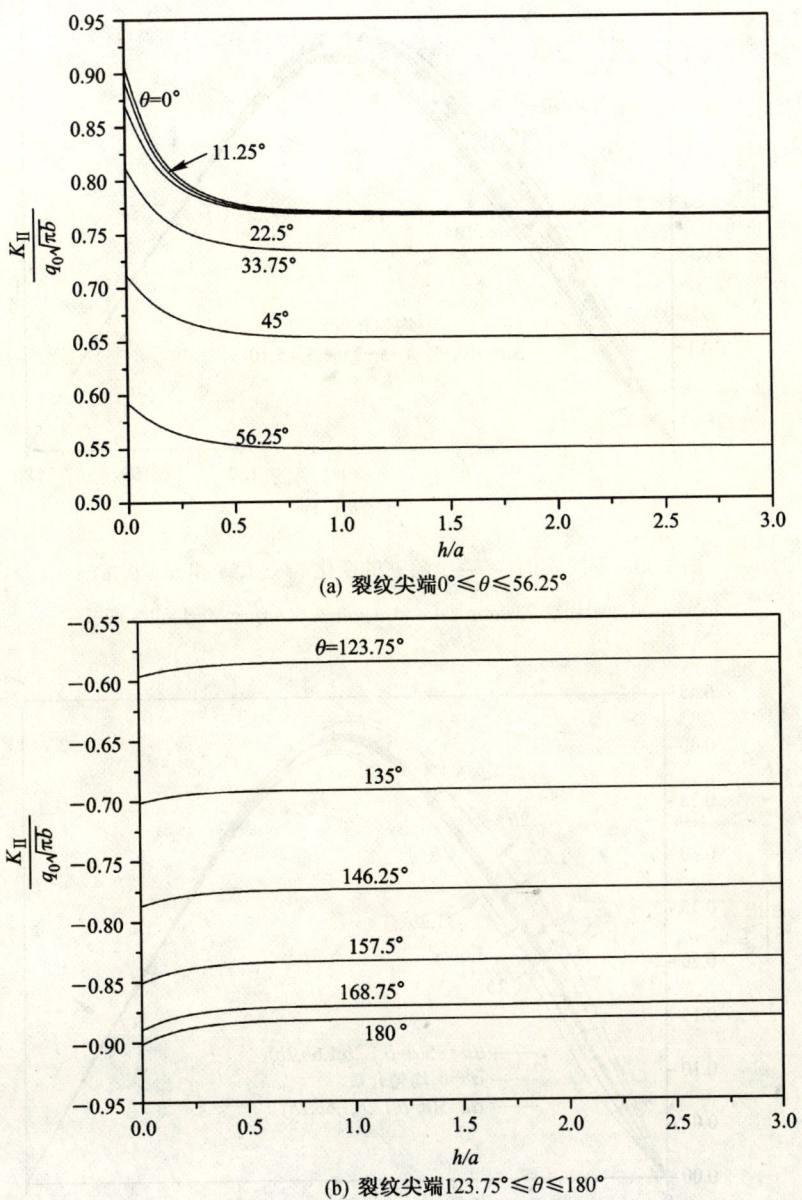

(a) 裂纹尖端 $0° \leqslant \theta \leqslant 56.25°$

(b) 裂纹尖端 $123.75° \leqslant \theta \leqslant 180°$

图 7.38 不同 θ 时 $\dfrac{K_{\mathrm{II}}}{q_0\sqrt{\pi b}}$ 随 h 的变化 ($\alpha a = 5.0$ 和 $d = 1.2b$)

(Yue et al, 2004; 经 Theoretical and Applied Fracture Mechanics 许可)

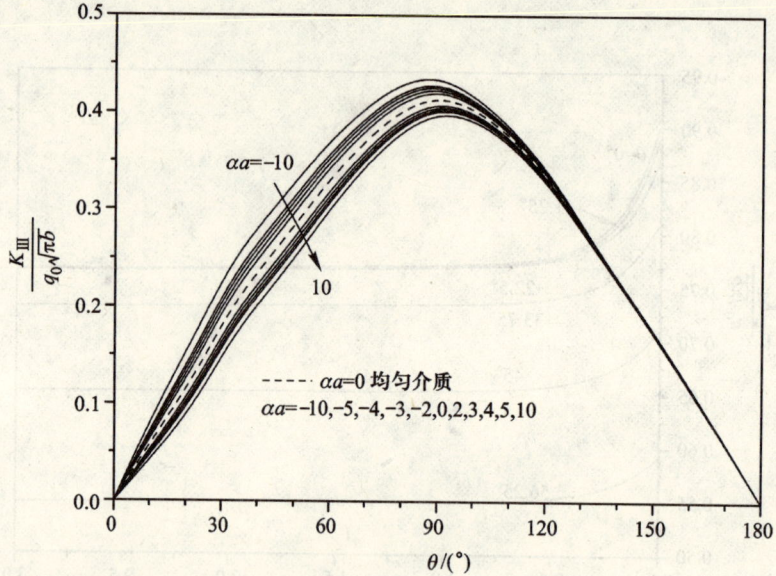

图 7.39 不同 α 时 $\dfrac{K_{\mathrm{III}}}{q_0\sqrt{\pi b}}$ 随 θ 的变化 ($d = 1.2b$ 和 $h = 0.5a$)

(Yue et al, 2004; 经 Theoretical and Applied Fracture Mechanics 许可)

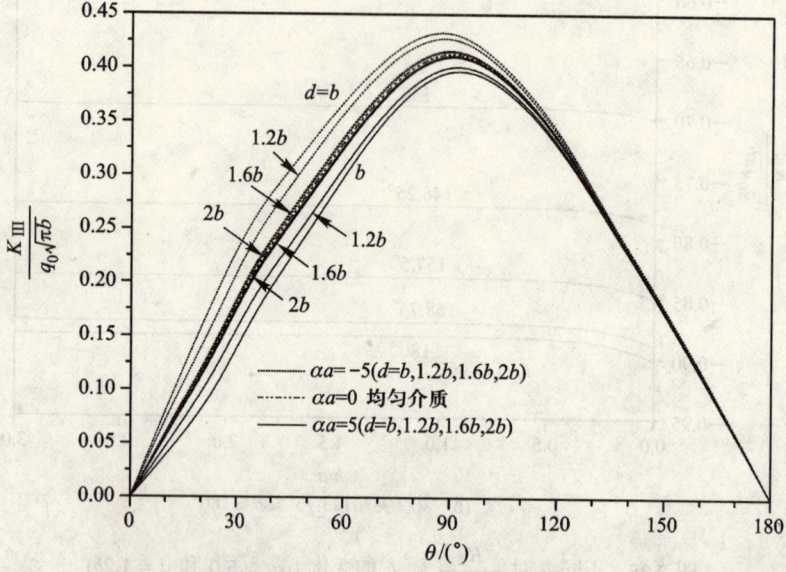

图 7.40 不同 α 和 d 时 $\dfrac{K_{\mathrm{III}}}{q_0\sqrt{\pi b}}$ 随 θ 的变化 ($h = 0.5a$)

(Yue et al, 2004; 经 Theoretical and Applied Fracture Mechanics 许可)

7.4 垂直于 FGM 夹层裂纹的应力强度因子

表 7.14 不同 α 时 $\dfrac{K_{\mathrm{III}}}{q_0\sqrt{\pi b}}$ 随 θ 的变化 ($d = 1.2b$ 和 $h = 0.5a$)

(Yue et al, 2004; 经 Theoretical and Applied Fracture Mechanics 许可)

$\theta/(\degree)$	αa										
	−10.0	−5.0	−4.0	−3.0	−2.0	0.0	2.0	3.0	4.0	5.0	10.0
0.00	0.000 00	0.000 00	0.000 00	0.000 00	0.000 00	0.000 00	0.000 00	0.000 00	0.000 00	0.000 00	0.000 00
11.25	0.090 64	0.080 77	0.077 96	0.074 84	0.071 46	0.064 43	0.058 16	0.055 60	0.053 46	0.051 69	0.046 16
22.50	0.171 89	0.156 33	0.151 81	0.146 75	0.141 24	0.129 68	0.119 35	0.115 16	0.111 67	0.108 79	0.100 07
33.75	0.252 72	0.236 26	0.231 27	0.225 61	0.219 34	0.206 00	0.193 95	0.189 08	0.185 05	0.181 77	0.172 26
45.00	0.304 76	0.289 78	0.285 00	0.279 47	0.273 25	0.259 79	0.247 47	0.242 50	0.238 41	0.235 13	0.226 05
56.25	0.356 86	0.343 69	0.339 26	0.334 06	0.328 12	0.315 07	0.303 01	0.298 14	0.294 17	0.291 02	0.282 70
67.50	0.398 42	0.387 73	0.384 06	0.379 71	0.374 71	0.363 63	0.353 31	0.349 14	0.345 73	0.343 04	0.336 11
78.75	0.430 16	0.421 62	0.418 66	0.415 14	0.411 10	0.402 10	0.393 68	0.390 25	0.387 46	0.385 25	0.379 62
90.00	0.438 36	0.432 15	0.430 03	0.427 51	0.424 62	0.418 19	0.412 12	0.409 63	0.407 58	0.405 94	0.401 70

表 7.15 不同 α 和 d 时 $\dfrac{K_{\mathrm{III}}}{q_0\sqrt{\pi b}}$ 随 θ 的变化 ($h=0.5a$)

(Yue et al, 2004; 经 Theoretical and Applied Fracture Mechanics 许可)

$\theta/(°)$	$\alpha a=-5.0$				$\alpha a=5.0$			
	$d=2.0b$	$1.6b$	$1.2b$	$1.0b$	$d=1.0b$	$1.2b$	$1.6b$	$2.0b$
0.00	0.000 00	0.000 00	0.000 00	0.000 00	0.000 00	0.000 00	0.000 00	0.000 00
11.25	0.065 67	0.067 02	0.080 77	0.089 80	0.042 61	0.051 69	0.062 07	0.063 27
22.50	0.131 91	0.134 10	0.156 33	0.179 03	0.090 16	0.108 79	0.125 64	0.127 61
33.75	0.208 95	0.211 42	0.236 26	0.256 93	0.164 13	0.181 77	0.200 99	0.203 23
45.00	0.263 20	0.265 60	0.289 78	0.305 56	0.221 59	0.235 13	0.254 37	0.256 57
56.25	0.318 77	0.320 97	0.343 69	0.355 34	0.280 92	0.291 02	0.309 52	0.311 56
67.50	0.366 95	0.368 76	0.387 73	0.396 43	0.335 63	0.343 04	0.358 79	0.360 48
78.75	0.404 87	0.406 32	0.421 62	0.428 26	0.379 65	0.385 25	0.398 11	0.399 47
90.00	0.420 15	0.421 22	0.432 15	0.437 33	0.401 71	0.405 94	0.415 34	0.416 35

3) SIF 随 FGM 夹层厚度 h 的变化

图 7.41 演示了夹层厚度 h 对 III 型 SIF 值的影响,这里 $d=1.2b$ 和 $\alpha a=-5,5$,表 7.16 给出了相应的数据。图中给出了关于 y' 轴对称的裂纹尖端 III 型 SIF 值的变化趋势。对于每一对对称的裂纹尖端点,靠近 FGM 夹层的裂纹尖端受到 FGM 夹层影响更明显。与 II 型 SIF 值变化类似,随着厚度 h 的增加,$\alpha a=-5$ 时,III 型 SIF 值增加,$\alpha a=5$ 时,III 型 SIF 值减小。$h/a>2.5$ 时,随着 h 的增加,SIF 值不再有明显的变化。

表 7.16 不同 α 和 θ 时 $\dfrac{K_{\mathrm{III}}}{q_0\sqrt{\pi b}}$ 随 h 的变化 ($d=1.2b$)

(Yue et al, 2004; 经 Theoretical and Applied Fracture Mechanics 许可)

$h/2b$	$\alpha a=-5.0$				$\alpha a=5.0$			
	$\theta=11.25°$	$22.50°$	$33.75°$	$45.00°$	$11.25°$	$22.50°$	$33.75°$	$45.00°$
0.00	0.064 43	0.129 68	0.206 00	0.259 79	0.064 43	0.129 68	0.206 0	0.259 79
0.10	0.071 96	0.141 61	0.218 84	0.271 79	0.057 56	0.118 81	0.194 21	0.248 68
0.25	0.077 75	0.151 11	0.229 78	0.282 76	0.053 32	0.111 77	0.185 85	0.239 96
0.50	0.080 77	0.156 33	0.236 26	0.289 78	0.051 69	0.108 79	0.181 77	0.235 13
0.75	0.081 44	0.157 54	0.237 85	0.291 60	0.051 38	0.108 20	0.180 87	0.233 95
1.00	0.081 60	0.157 82	0.238 23	0.292 04	0.051 31	0.108 06	0.180 64	0.233 65
1.25	0.081 77	0.158 09	0.238 52	0.292 32	0.051 18	0.107 86	0.180 42	0.233 44
1.50	0.081 83	0.158 18	0.238 62	0.292 41	0.051 14	0.107 79	0.180 35	0.233 37
2.00	0.081 98	0.158 42	0.238 86	0.292 61	0.051 02	0.107 60	0.180 17	0.233 21
2.50	0.082 22	0.158 78	0.239 21	0.292 90	0.050 84	0.107 34	0.179 90	0.232 98
3.00	0.082 27	0.158 89	0.239 54	0.293 02	0.050 63	0.107 23	0.179 78	0.232 68

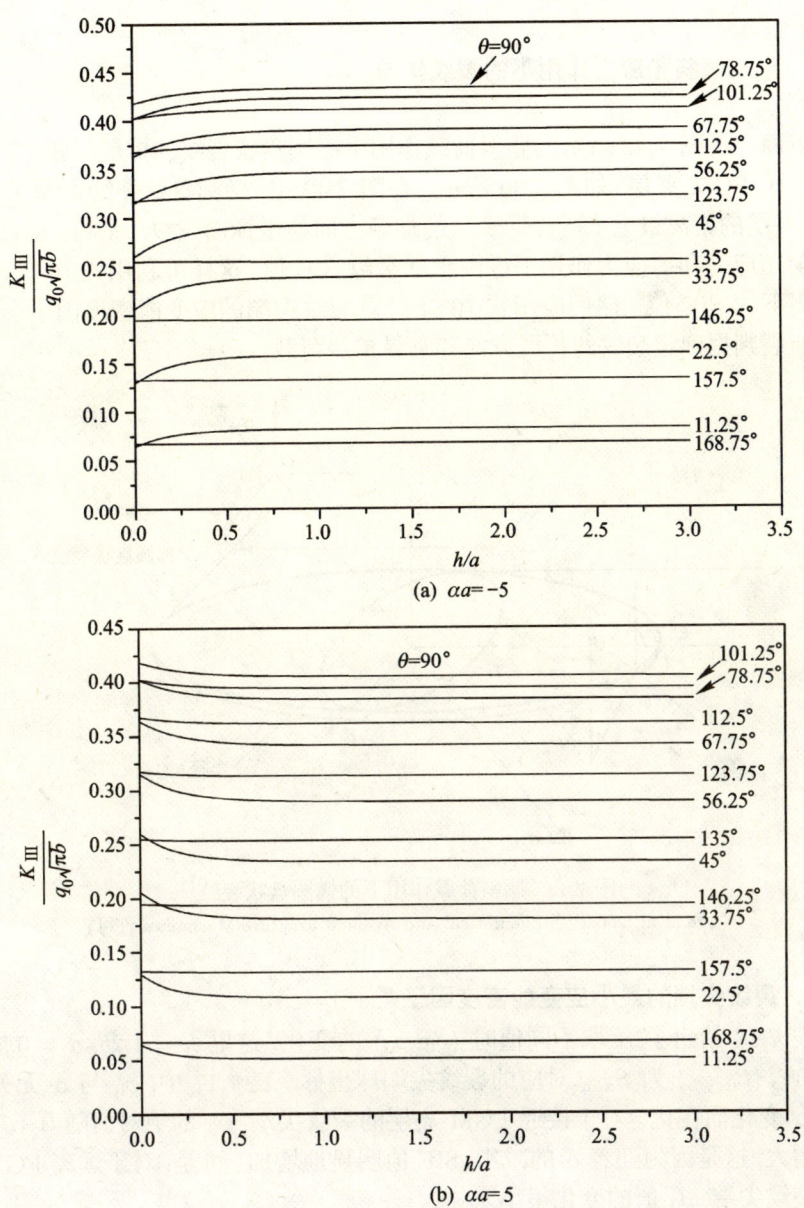

图 7.41 不同 α 和 θ 时 $\dfrac{K_{\mathrm{III}}}{q_0\sqrt{\pi b}}$ 随 h 的变化 ($d = 1.2b$)

(Yue et al, 2004; 经 Theoretical and Applied Fracture Mechanics 许可)

7.5 垂直于 FGM 夹层裂纹的扩展分析

7.5.1 远场倾斜张应力作用下的裂纹扩展

下面分析图 7.42 所示的倾斜荷载作用下椭圆盘状裂纹的扩展问题。该裂纹面垂直于 FGM 夹层，如图 7.30 所示。在图 7.42 中，椭圆盘状裂纹尖端 B 点与 FGM 夹层的距离最近。倾斜荷载 σ 的加载方向与坐标面 $x'Oz'$ 平行。前面得到了均匀压应力和剪应力作用下椭圆盘状裂纹 SIF 值，这样可利用式 (6.10) 计算 σ 作用下的 SIF 值。然后应用式 (6.8) 计算裂纹尖端的应变能密度因子。最后，依据断裂判据确定裂纹的扩展方向和临界扩展荷载。

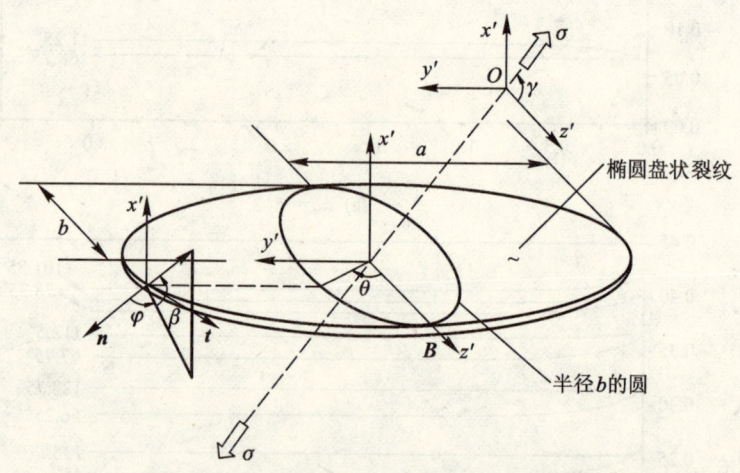

图 7.42 倾斜荷载作用下的椭圆盘状裂纹
(Yue et al, 2004; 经 Theoretical and Applied Fracture Mechanics 许可)

1. 裂纹尖端的最小应变能密度因子

表 7.17 给出了 α 取不同值时 (β_0, φ_0) 的变化，这里 $h = 1.2b$, $d = 0.5a$ 和 $\gamma = 60°$。(β_0, φ_0) 为 $S_{\min}$ 对应的裂纹尖端球坐标。表 7.17 中，φ_0 与 α 无关，β_0 随着 α 变化而变化。对于接近 FGM 夹层的裂纹尖端，β_0 的绝对值随着 α 的减小而增大，这是因为随着 α 的减小，SIF 值明显地增加。可是，对于远离 FGM 夹层的裂纹尖端，β_0 值的变化很小。

图 7.43 演示了 $S_{\min}$ 随裂纹尖端位置 θ 和参数 α 的变化，这里 $h = 1.2b$, $d = 0.5a$ 和 $\gamma = 60°$。对于均匀介质中的椭圆盘状裂纹，$S_{\min}$ 最大值出现在椭圆短轴对应的裂纹尖端。图中，$\alpha = 0$ 的 $S_{\min}$ 值是分别用 SIF 的解析解和数值解计算得到的。接近 FGM 夹层裂纹尖端的 $S_{\min}$ 受 FGM 夹层的影响明显。对于任意给定的 θ，$S_{\min}$ 随着 α 的减小而增大。图 7.44 给出了靠近 FGM 夹层裂纹尖端的 $S_{\min}$ 随加载角 γ 和参数 α 的变化。图中，对于除 $\gamma = 0°$ 外的任何加载

角, $\theta = 0°$ 处裂纹尖端 $S_{\min}$ 值随着 α 的减小而增大。

表 7.17 张应力作用下不同 α 值时 φ_0 和 β_0 的变化, $d = 1.2b$, $h = 0.5a$ 和 $\gamma = 60°$

(Yue et al, 2004; 经 Theoretical and Applied Fracture Mechanics 许可)

$\theta/(°)$	$\varphi_0/(°)$	$\beta_0/(°)$				
		$\alpha a = -10.0$	-5.0	0.0	5.0	10.0
0.00	0.000 0	−45.627 7	−44.269 0	−42.312 3	−41.249 7	−41.160 6
11.25	−16.014 1	−45.039 1	−43.732 4	−41.867 7	−40.897 8	−40.851 7
22.50	−27.938 2	−43.539 0	−42.401 9	−40.746 0	−39.951 9	−39.991 1
45.00	−36.869 9	−37.737 5	−37.019 3	−35.838 8	−35.324 3	−35.414 4
67.50	−27.938 3	−30.364 7	−29.880 1	−28.940 3	−28.486 4	−28.517 1
90.00	0.000 0	−1.604 9	−1.136 6	−0.079 5	−1.068 0	−1.355 2
135.00	36.869 9	35.908 2	35.816 2	35.915 9	36.471 5	36.860 6
180.00	0.000 0	42.377 3	42.287 5	42.355 7	42.879 4	43.273 0

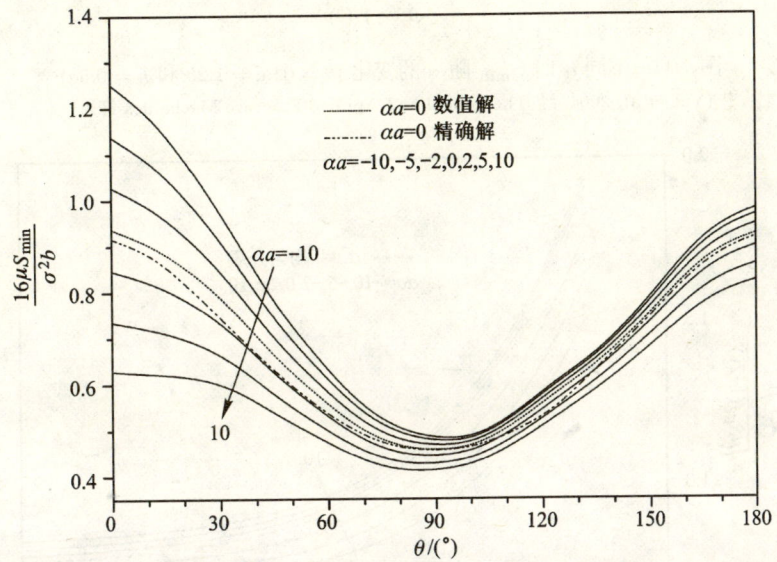

图 7.43 不同 α 时 $S_{\min}$ 随 θ 的变化 ($\gamma = 60°$, $d = 1.2b$ 和 $h = 0.5a$)

(Yue et al, 2004; 经 Theoretical and Applied Fracture Mechanics 许可)

2. 裂纹扩展的临界荷载

图 7.45 给出了 σ_{cr} 随加载角 γ 和参数 α 的变化, 这里 $h = 1.2b$ 和 $d = 0.5a$。图 7.43 中, $S_{\min}$ 最大值位于椭圆短轴对应的裂纹尖端, 即 $\theta = 0°$ 或 $180°$。$\alpha > 0$ 时, $S_{\min}$ 最大值位于 $\theta = 180°$ 的裂纹尖端; $\alpha < 0$ 时, $S_{\min}$ 最大值位于 $\theta = 0°$ 的裂纹尖端。这样, 为计算 σ_{cr} 值, $\alpha < 0$ 时取裂纹尖端 $\theta = 0°$ 处的 $S_{\min}$ 值, $\alpha > 0$ 时取裂纹尖端 $\theta = 180°$ 处的 $S_{\min}$ 值。图中, 随着 γ 的增大, σ_{cr} 单调减小; 对于给定的加载角 γ, 随着 α 的减小, σ_{cr} 减小。

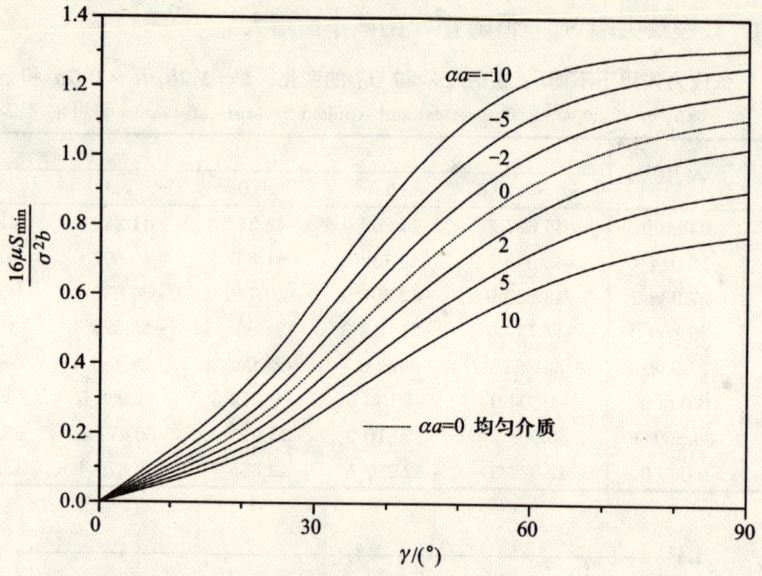

图 7.44 不同 α 时 $S_{\min}$ 随 γ 的变化 ($\theta = 0°, d = 1.2b$ 和 $h = 0.5a$)
(Yue et al, 2004; 经 Theoretical and Applied Fracture Mechanics 许可)

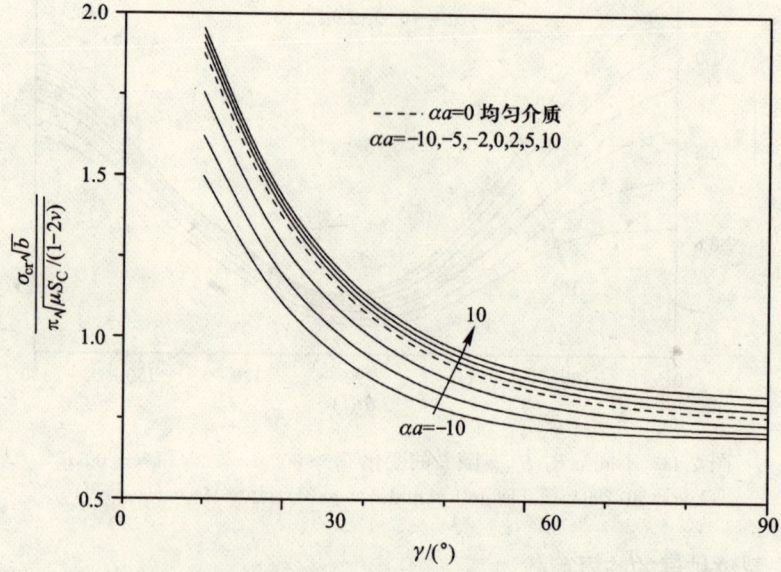

图 7.45 不同 α 时 σ_{cr} 随 γ 的变化 ($d = 1.2b$ 和 $h = 0.5a$)
(Yue et al, 2004; 经 Theoretical and Applied Fracture Mechanics 许可)

图 7.46 演示了 σ_{cr} 随距离 d 的变化, 这里 $h = 0.5a$。很明显, 对于给定的加载角 γ, 随着距离 d 的增加, $\alpha a = 5$ 时 σ_{cr} 减小, $\alpha a = -5$ 时 σ_{cr} 增加。更一般的, 随着 d 的增加, $\alpha > 0$ 时 σ_{cr} 值减小, $\alpha < 0$ 时 σ_{cr} 值增加。

7.5 垂直于 FGM 夹层裂纹的扩展分析 179

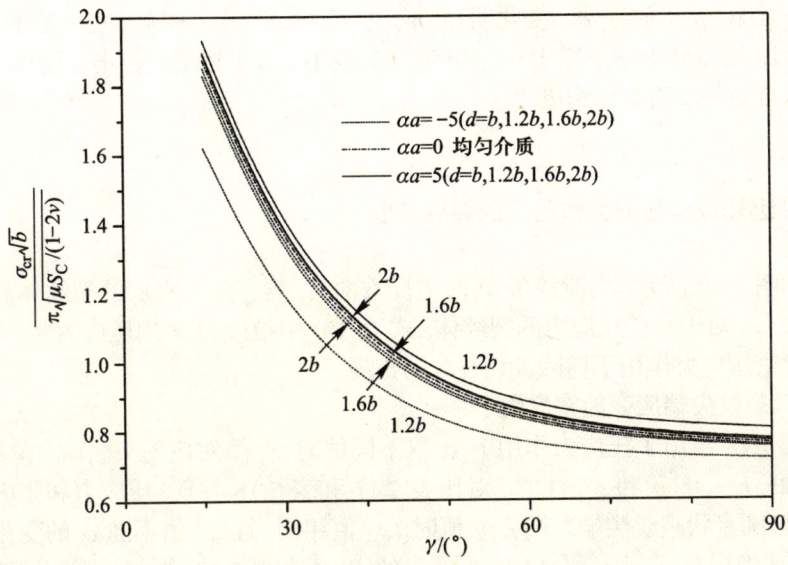

图 7.46 不同 α 和 d 时 σ_{cr} 随 γ 的变化 ($h = 0.5a$)
(Yue et al, 2004; 经 Theoretical and Applied Fracture Mechanics 许可)

图 7.47 演示了 σ_{cr} 随加载角 γ 和夹层厚度 h 的变化,这里 $\alpha a = -5, 5$。$h/a = 0$ 对应于无限域均匀介质。图中,随着厚度 h 的增加,$\alpha a = 5$ 时 σ_{cr} 增大,$\alpha a = -5$

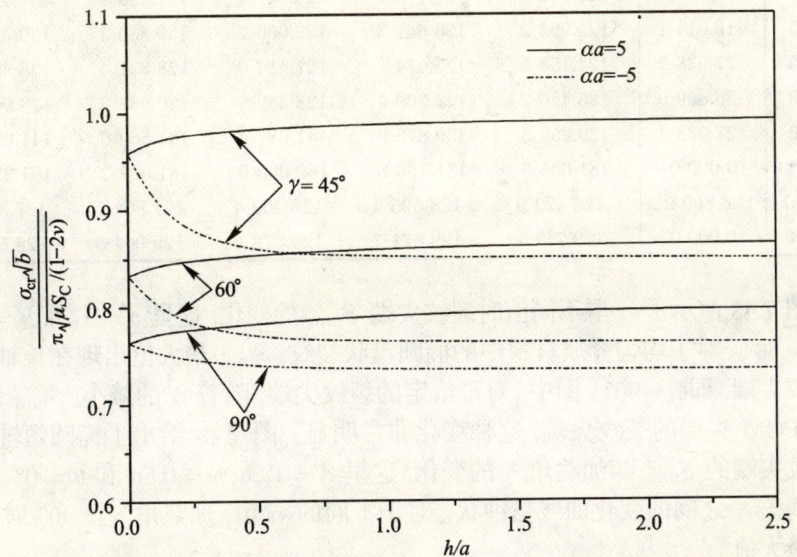

图 7.47 不同 α 和 γ 时 σ_{cr} 随 h 的变化 ($d = 1.2b$)
(Yue et al, 2004; 经 Theoretical and Applied Fracture Mechanics 许可)

时 σ_{cr} 减小。$h \leqslant a$ 时，σ_{cr} 变化明显；$h > a$ 时，σ_{cr} 变化不明显。更一般的，随着 h 的增加，$\alpha > 0$ 时 σ_{cr} 增大，$\alpha < 0$ 时 σ_{cr} 减小。对于加载角较小的情形，FGM 夹层厚度对 σ_{cr} 值的影响更明显。

7.5.2 远场倾斜压应力作用下的裂纹扩展

如图 7.42 所示，当荷载 σ 转向相反方向时，含 FGM 夹层的裂纹体处于压应力状态。对于承受压应力的裂纹体，式 (6.10) 中拉应力 σ 用压应力 $-\sigma$ 表示。下面讨论压应力作用下椭圆盘状裂纹的扩展。

1. 裂纹尖端应变能密度因子

表 7.18 给出了压应力作用下 α 取不同值时 S_{min} 对应的 (β_0, φ_0) 值，这里 $d = 1.2b$，$h = 0.5a$ 和 $\gamma = 60°$。对比表 7.17 和表 7.18 发现，压应力和张应力作用下，椭圆盘状裂纹尖端取同一 θ 值时，φ_0 值相同，且 φ_0 值不随 α 的变化而变化。在球坐标系 $\varphi = \varphi_0$ 平面内，不同 α 的 β_0 值在表 7.18 中给出。可以发现，β_0 随 α 的变化而变化，且随着 θ 的减小，这种变化更明显。随着 α 的减小 β_0 减小，这与 K_I 绝对值的增加有关。可是，随着 θ 的增大，β_0 的变化不明显。

表 7.18 压应力作用下不同 α 值时 φ_0 和 β_0 的变化，$d = 1.2b$，$h = 0.5a$ 和 $\gamma = 60°$
(Yue et al, 2004; 经 Theoretical and Applied Fracture Mechanics 许可)

$\theta/(°)$	$\varphi_0/(°)$	$\beta_0/(°)$				
		$\alpha a = -10.0$	-5.0	0.0	5.0	10.0
0.00	0.000 0	125.340 4	127.176 7	129.837 9	131.288 9	131.410 8
11.25	-16.014 1	124.963 2	126.647 3	129.066 2	130.330 3	130.390 6
22.50	-27.938 2	124.153 5	125.474 6	127.414 0	128.351 4	128.306 7
45.00	-36.869 9	126.426 2	127.200 4	128.489 9	129.062 2	128.968 3
67.50	-27.938 3	139.256 5	139.879 0	141.087 4	141.669 6	141.627 5
90.00	0.000 0	181.605 6	181.136 8	180.000 0	181.068 2	181.355 6
135.00	36.869 9	-128.429 9	-128.525 4	-128.409 4	-127.804 2	-127.384 9
180.00	0.000 0	-129.749 1	-129.871 7	-129.778 6	-129.064 9	-128.529 2

图 7.48 演示了 α 取不同值时裂纹尖端 S_{min} 的变化，这里 $d = 1.2b$，$h = 0.5a$ 和 $\gamma = 60°$。对于均匀介质材料中的椭圆盘状裂纹，S_{min} 最大值出现在长轴端部的裂纹尖端，即 $\theta = 90°$。图中，对于给定的裂纹尖端，随着 α 的减小，S_{min} 增大。靠近 FGM 夹层的裂纹尖端，这种变化非常明显。图 7.49 给出了椭圆短轴对应的裂纹尖端的 S_{min} 随加载角 γ 的变化，这里 $d = 1.2b$，$h = 0.5a$ 和 $\theta = 0°$。S_{min} 与加载角 γ 之间的变化曲线呈钟状。对于不同的 α 值，加载角 $\gamma \approx 40°$ 时 S_{min} 取得最大值。

2. 裂纹扩展的临界荷载

为了计算临界荷载 σ_{cr}，首先确定在区间 $0° \leqslant \theta \leqslant 180°$ 内裂纹尖端的 S_{min}

7.5 垂直于 FGM 夹层裂纹的扩展分析

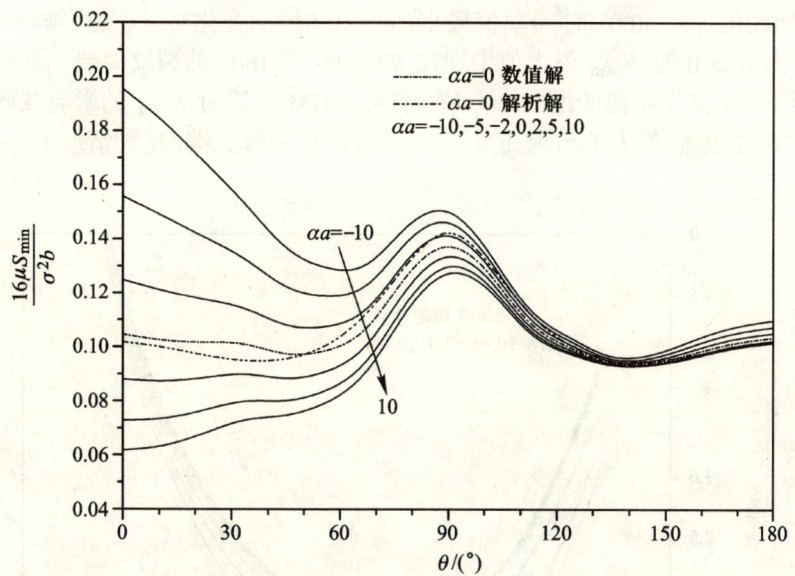

图 7.48 不同 α 时 $S_{\min}$ 随 θ 的变化 ($d = 1.2b, h = 0.5a$ 和 $\gamma = 60°$)
(Yue et al, 2004; 经 Theoretical and Applied Fracture Mechanics 许可)

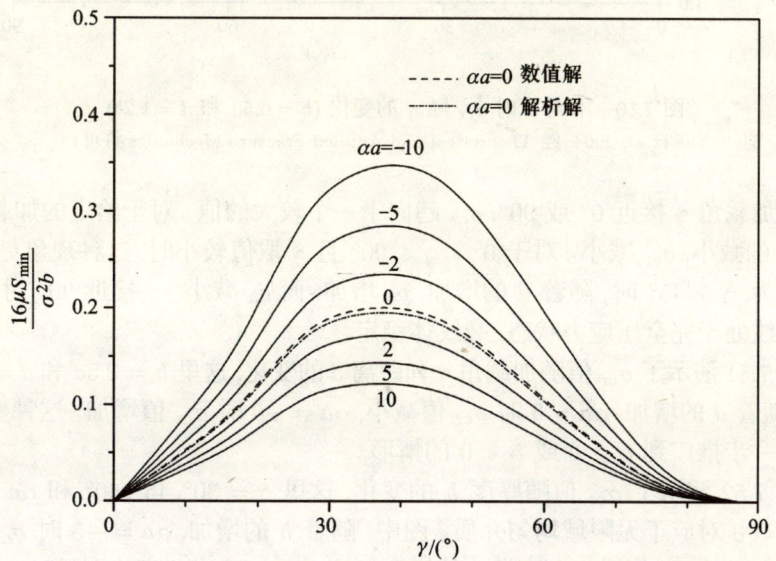

图 7.49 不同 α 时 $S_{\min}$ 随 γ 的变化 ($d = 1.2b, h = 0.5a$ 和 $\theta = 0°$)
(Yue et al, 2004; 经 Theoretical and Applied Fracture Mechanics 许可)

最大值,然后利用判据 $S_{\min} = S_C$ 求得 σ_{cr}。图 7.50 给出了 α 取不同值时 σ_{cr} 随加载角 γ 的变化,这里 $d = 1.2b$ 和 $h = 0.5a$。对于无限域均匀介质中的椭圆盘状

裂纹，加载角 $\gamma \approx 40.0°$ 时，σ_{cr} 值最小。$\alpha > 0$ 时，α 变化对 σ_{cr} 的影响不明显，这是因为 $\alpha > 0$ 时 S_{min} 最大值出现在 $\theta = 90°$ 或 $180°$ 的裂纹尖端。随着裂纹尖端距 FGM 夹层距离的增大，即 θ 的增大，FGM 夹层对 S_{min} 的影响减弱。由于 $\alpha < 0$ 时 S_{min} 最大值出现在 $\theta = 0°$ 或 $90°$ 的裂纹尖端，这种情形下 α 的影响明显。

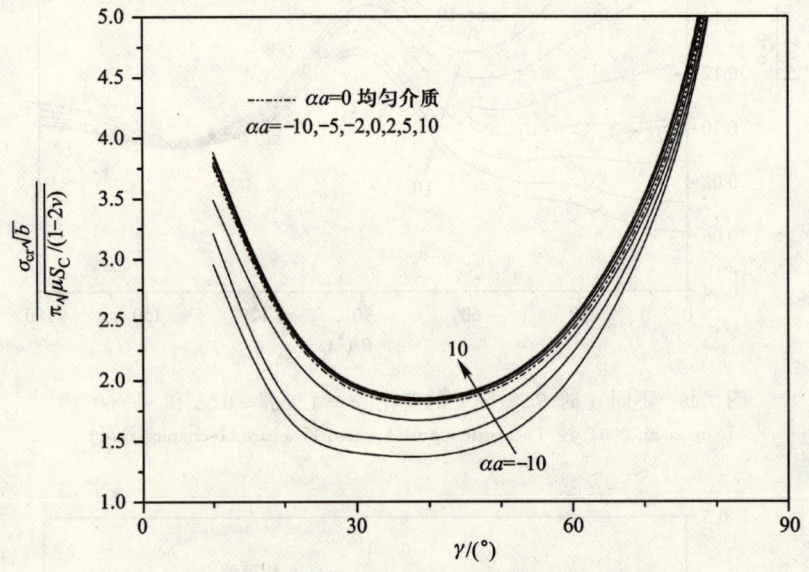

图 7.50 不同 α 时 σ_{cr} 随 γ 的变化 ($h = 0.5a$ 和 $d = 1.2b$)
(Yue et al, 2004; 经 Theoretical and Applied Fracture Mechanics 许可)

当加载角 γ 接近 $0°$ 或 $90°$，σ_{cr} 趋向于一个较大的值。对于给定的加载角 γ，随着 α 的减小，σ_{cr} 减小。对于 $0° \leqslant \gamma \leqslant 90°$ 且 γ 取值较小时，这种现象更明显。这是因为，$\gamma \geqslant 45°$ 时，随着 θ 的增加，p_0 增加，而 q_0 减小。γ 接近 $90°$ 时，椭圆盘状裂纹处于完全压应力状态，裂纹体稳定。

图 7.51 演示了 σ_{cr} 值随加载角 γ 和距离 d 的变化，这里 $h = 0.5a$ 和 $d = 1.2b$。图中，随着 d 的增加，$\alpha a = 5$ 时 σ_{cr} 值减小，$\alpha a = -5$ 时 σ_{cr} 值增加。这种变化规律可进一步推广到 $\alpha > 0$ 或 $\alpha < 0$ 的情形。

图 7.52 演示了 σ_{cr} 值随厚度 h 的变化，这里 $\gamma = 30°, 45°, 60°$ 和 $\alpha a = -5, 5$。$h/a = 0$ 对应于无限域均匀介质。图中，随着 h 的增加，$\alpha a = -5$ 时 σ_{cr} 值减小，$\alpha a = 5$ 时 σ_{cr} 值增加。随着 h 的增大，$h/a \leqslant 0.5$ 时，σ_{cr} 变化明显，$h/a > 0.5$ 时，σ_{cr} 变化不明显。另外还可以发现，加载角较小时，夹层厚度 h 的影响明显。

7.5 垂直于 FGM 夹层裂纹的扩展分析

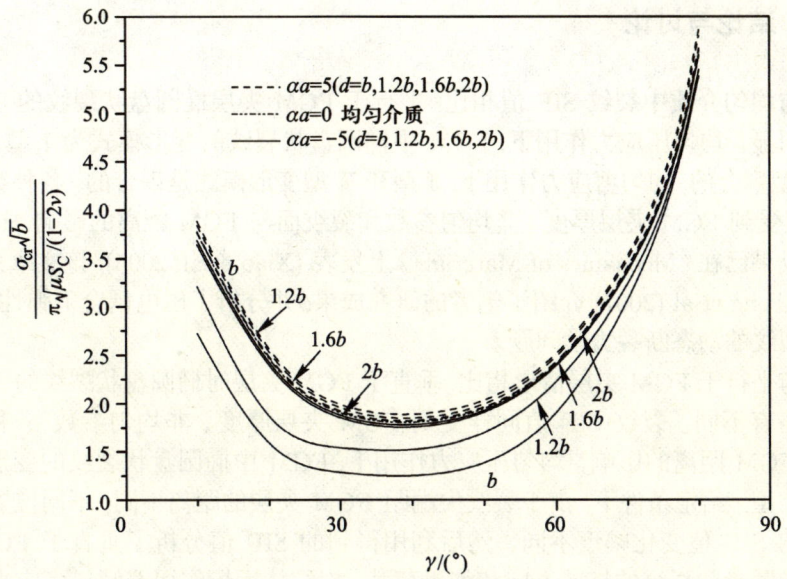

图 7.51 不同 α 和 d 时 σ_{cr} 随 γ 的变化 ($h = 0.5a$)
(Yue et al, 2004; 经 Theoretical and Applied Fracture Mechanics 许可)

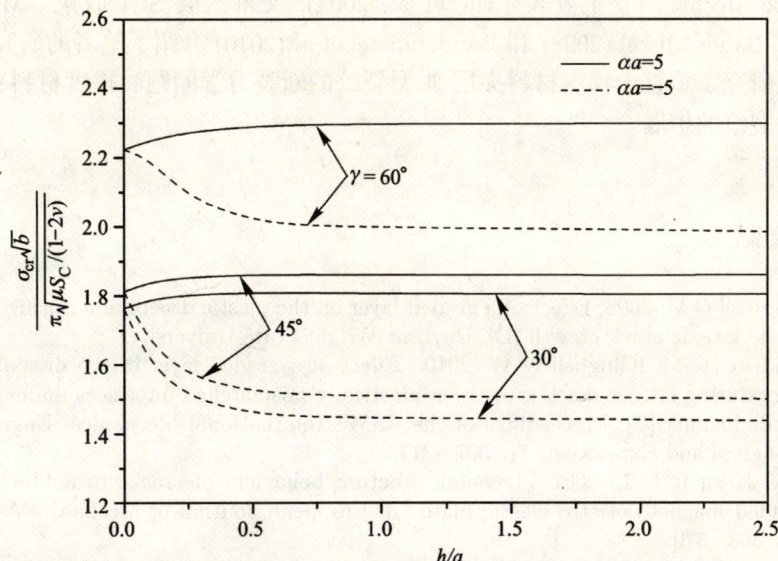

图 7.52 不同 α 和 γ 时 σ_{cr} 随 h 的变化 ($d = 1.2b$)
(Yue et al, 2004; 经 Theoretical and Applied Fracture Mechanics 许可)

7.6 结论与讨论

与均匀介质中裂纹 SIF 值相比,平行于 FGM 夹层椭圆盘状裂纹的 SIF 值变化明显。均匀压应力作用下, FGM 中椭圆盘状裂纹的变形模式为 I 型、II 型和 III 型耦合的, 均匀剪应力作用下, II 型和 III 型变形模式是耦合的。各种类型的 SIF 值受到 FGM 夹层厚度、非均匀参数和裂纹面与 FGM 距离的影响。这部分研究成果已在《Mechanics of Materials》上发表 (Xiao et al, 2005),该文章被 SCI 收录。Feng et al (2007) 介绍了笔者的研究成果,并分析了磁电耦合下弹性 FGM 板中裂纹的动态断裂力学问题。

与平行于 FGM 夹层情形相比,垂直于 FGM 夹层时椭圆盘状裂纹的 SIF 值变化略有不同。裂纹 SIF 值同样受到 FGM 夹层厚度、非均匀参数 α 和裂纹面与 FGM 距离的影响。均匀压应力作用下, FGM 中椭圆盘状裂纹的变形模式仍为 I 型。给定条件下,由于裂纹尖端距 FGM 夹层的距离不同,不同位置裂纹尖端的 SIF 值变化幅度不同。然后利用得到的 SIF 值分析了垂直于 FGM 夹层时椭圆盘状裂纹的扩展方向和临界荷载,裂纹体远场作用着倾斜张应力或压应力。获得了各种参数对裂纹扩展的影响,这些参数包括非均匀参数、裂纹距 FGM 夹层距离、FGM 夹层厚度和加载角。相对于 $\alpha = 0$ (均匀介质), $\alpha > 0$ 时临界荷载增大, $\alpha < 0$ 时临界荷载减小,并且这种影响还受到裂纹距 FGM 夹层距离和 FGM 夹层厚度的限制。该部分研究成果已在《Theoretical and Applied Fracture Mechanics》上发表 (Yue et al, 2004), 文章已被 SCI 收录。Matbuly (2008)、Baudendistel (2008) 和 Baudendistel et al (2010) 介绍了笔者的研究成果,并分别研究了垂直于梯度材料夹层 III 型裂纹的断裂力学问题和梯度材料夹层中复合型裂纹的扩展。

参考文献

Baudendistel C M. 2008. Effect of a graded layer on the plastic dissipation during mixed-mode fatigue crack growth [D]. Dayton: Wright State University.

Baudendistel C M, Klingbeil N W. 2010. Effect of a graded layer of the disspated energy during fatigue crack growth on plastically mismatched interfaces under mixed-mode loading [C]. Proceedings of the ASME International Mechanical Engineering Congress and Exposition, 11: 307–317.

Feng W J, Su R K L. 2007. Dynamic fracture behaviors of cracks in a functionally graded magneto electro elastic plate [J]. European Journal of Mechanics A-Solids, 26: 363–379.

Green A E, Sneddon I N. 1950. The distribution of the stress in the neighbourhood of a flat elliptical crack in an elastic solid [J]. Proceedings of the Cambridge Philosophical Society, 46: 159–163.

Hachi B K, Rechak S, Belkacemi Y, et al. 2005. Modelling of elliptical cracks in infinite and in a pressurized cylinder by a hybrid weight function approach [J]. International Journal of Pressure Vessels and Piping, 127: 165–172.

Irwin G R. 1962. Crack-extension force for a part-through crack in a plate [J]. ASME Journal of Applied Mechanics, 29: 651-654.

Kassir M K, Sih G C. 1966. Three dimensional stress distribution around an elliptical crack under arbitrary loading [J]. ASME Journal of Applied Mechanics, 33: 601-611.

Kassir M K, Sih G C. 1975. Three dimensional crack problems: mechanics of fracture [M]. Leyden: Noorhoff International Publishing.

Lin X B, Smith R A. 1998. Fatigue growth prediction of internal surface cracks in pressure vessels [J]. Journal of Pressure Vessel Technology, 120:17-23.

Matbuly M S. 2008. Analysis of mode III crack perpendicular to the interface between two dissimilar strips [J]. Acta Mechanica Sinica, 24(4):433-438.

Noda N A, Ohzono R, Chen M C. 2003. Analysis of an elliptical crack parallel to a bimaterial interface under tension [J]. Mechanics of Materials, 11: 1059-1076.

Sih G C. 1973. Handbook of Stress Intensity Factors [M]. Bethlehem: Lehigh University Publication.

Sih G C, Cha C K. 1974. A fracture criterion for three-dimensional crack problems [J]. Engineering Fracture Mechanics, 6: 699-723.

Standford R J. 2003. Principles of Fracture Mechanics [M]. New Jersey: Prentice Hall Inc.

Tada H, Paris O C, Irwin G R. 2000. The stress analysis of cracks handbook [M]. 3rd ed. London and Bury St Edmunds: Professional Engineering Publishing Limited.

Xiao H T, Yue Z Q, Tham L G. 2005. Analysis of an elliptical crack parallel to graded interfacial zone of bonded bimaterials [J]. Mechanics of Materials, 37: 785-799.

Yue Z Q, Xiao H T, Tham G L. 2004. Elliptical crack normal to functionally graded interface of bonded solids [J]. Theoretical and Applied Fracture Mechanics, 42: 227-248.

Zheng X J, Glinka G, Dubey R. 1995. Calculation of stress intensity factors for semi-elliptical cracks in a thick-wall cylinder [J]. International Journal of Pressure Vessels and Piping, 62: 249-258.

第 8 章
Yue 基本解的对偶边界元法

8.1 引言

第 6 章和第 7 章采用边界元子域法分析了梯度材料中圆盘状和椭圆盘状裂纹。建议方法存在如下不足：其一，引入的辅助边界不唯一，不便于在程序中自动实现；其二，形成较大的线性方程组，未知量的个数远比实际需要的要多；其三，若裂纹位于梯度材料夹层中，辅助面的一部分位于梯度材料中，由于材料参数的变化，导致方程未知量个数急剧增多。可以设想，通过对弹性力学问题基本解的微分派生出新的基本解，将能够解决裂纹问题中理想裂纹表面上独立的边界积分方程数目不够的问题，进而消除边界元子域法分析裂纹问题所引起的上述不足。

对偶边界元法 (Dual Boundary Element Method, DBEM) 是一种有效的裂纹分析方法。它采用了一对方程：位移和面力边界积分方程。通常，位移边界积分方程的源点配置在裂纹其中一个面和非裂纹边界上，面力边界积分方程的源点配置在裂纹的另一面上。这类边界元法只需在裂纹体非裂纹边界和裂纹面上离散,是一种单区域方法。Hong et al (1988) 提出了对于弹性断裂力学中基本解源点在理想裂纹面上的对偶边界积分方程,即除原来的位移边界积分方程外,补充了面力边界积分方程。采用这类对偶边界元法,Portela et al (1992) 分析了均匀介质中的二维裂纹,Mi et al (1992) 分析了均匀介质中的混合型三维裂纹。Chen et al (1999) 回顾了对偶边界元法的发展。Wilde (2000) 撰写了对偶边界元法分析裂纹问题的专著。这类对偶边界元方法中,裂纹上、下面的位移作为未知量。

计算应力强度因子时并不需要两个裂纹面上的位移,只需裂纹面的间断位移(张开位移和滑移位移)。因此,理想的单区域边界元法仅仅需要对其中一个裂纹面离散,来求得节点的间断位移。位移边界积分方程的源点配置在裂纹体的非裂纹边界上,面力边界积分方程的源点配置在裂纹其中一个面上。裂纹面的间断位移和非裂纹边界的面力、位移作为未知量。Pan (1997) 发展了这类对偶边界元法,并将其用于二维各向异性材料的裂纹体分析。Qin et al (1997) 发展了此类三维对偶边界元法。Pan et al (2000) 发展了正交各向异性和横观各向同性材料的三维对偶边界元法,并分析了圆盘状裂纹和矩形裂纹。Cisilino (2000) 采用这种方法分析线性和非线性裂纹扩展。dell'Erba (2000) 采用对偶边界元法分析了热弹性断裂力学问题。Yue et al (2007) 发展的横观各向同性双材料的对偶边界元法也属于这一类。由于以裂纹面的间断位移作为未知量,待求未知量个数减少,问题的分析得到简化。对于无限域中的裂纹问题,仅仅需要面力边界积分方程。

尽管对偶边界元法广泛地用于分析三维各向同性材料中的裂纹问题,但并没有涉及非均匀材料中的裂纹。本章发展了基于 Yue 基本解的对偶边界元法,给出了离散边界积分方程中奇异积分的计算方法,编写了相应的分析程序,验证了建议方法的计算精度。在建议的对偶边界元法中,裂纹面的间断位移和非裂纹边界的面力、位移作为未知量。

8.2 Yue 基本解的对偶边界积分方程

8.2.1 位移边界积分方程

第 4 章推导了 Yue 基本解的位移边界积分方程式 (4.14)。将该方程的源点配置在图 8.1 所示的裂纹体非裂纹边界上,不考虑体力时,位移边界积分方程为

$$c_{ij}(P_S)u_j(P_S) + \int_{S+\Gamma^++\Gamma^-} t_{ij}^Y(P_S,Q)u_j(Q)\mathrm{d}S(Q)$$
$$= \int_{S+\Gamma^++\Gamma^-} u_{ij}^Y(P_S,Q)t_j(Q)\mathrm{d}S(Q), \qquad i,j=x,y,z, \quad (8.1)$$

式中,P_S 和 Q 分别为源点和场点;$t_{ij}^Y(P_S,Q)$ 和 $u_{ij}^Y(P_S,Q)$ 分别为 Yue 基本解的面力和位移;$t_j(Q)$ 和 $u_j(Q)$ 分别为边界上的面力和位移;S 为裂纹体的非裂纹边界;Γ^+ 和 Γ^- 分别为裂纹的下面和上面;$c_{ij}(P_S)$ 是依赖于源点 P_S 处几何

形状的系数。

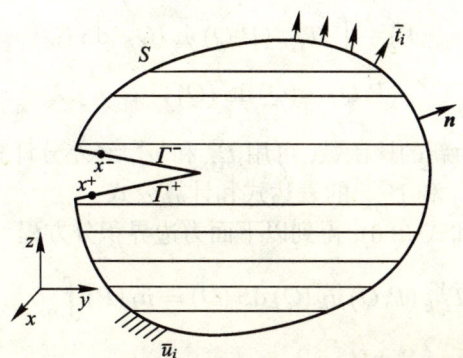

图 8.1 层状材料中的裂纹 (S 为非裂纹边界,Γ^+ 和 Γ^- 分别为裂纹的下面和上面)

加载前,裂纹面上、下场点 Q_{Γ^-} 和 Q_{Γ^+} 是完全重合的,外法线方向相反。这样,裂纹上、下面上核函数有以下关系:

$$t_{ij}^Y(P_S, Q_{\Gamma^+}) = -t_{ij}^Y(P_S, Q_{\Gamma^-}), \quad u_{ij}^Y(P_S, Q_{\Gamma^+}) = u_{ij}^Y(P_S, Q_{\Gamma^-}), \tag{8.2}$$

假设裂纹面上面力平衡,即

$$t_j(Q_{\Gamma^+}) = -t_j(Q_{\Gamma^-}). \tag{8.3}$$

裂纹面的张开和滑移位移记作: $\Delta u_j(Q_{\Gamma^+}) = u_j(Q_{\Gamma^+}) - u_j(Q_{\Gamma^-}), j = x, y, z$。这样,方程式 (8.1) 中的两项积分可表示为

$$\int_{S+\Gamma^++\Gamma^-} t_{ij}^Y(P_S, Q) u_j(Q) \, dS(Q) = \int_S t_{ij}^Y(P_S, Q) u_j(Q) \, dS(Q) +$$
$$\int_{\Gamma^+} t_{ij}^Y(P_S, Q) \Delta u_j(Q) \, dS(Q), \tag{8.4a}$$

$$\int_{S+\Gamma^++\Gamma^-} u_{ij}^Y(P_S, Q) t_j(Q) \, dS(Q) = \int_S u_{ij}^Y(P_S, Q) t_j(Q) \, dS(Q). \tag{8.4b}$$

于是,方程式 (8.1) 简化为

$$c_{ij}(P_S) u_j(P_S) + \int_S t_{ij}^Y(P_S, Q) u_j(Q) \, dS(Q) + \int_{\Gamma^+} t_{ij}^Y(P_S, Q) \Delta u_j(Q) \, dS(Q)$$
$$= \int_S u_{ij}^Y(P_S, Q) t_j(Q) \, dS(Q), \tag{8.5}$$

式中,积分域包括非裂纹边界 S 和裂纹面 Γ^+。

式 (8.5) 就是基于 Yue 基本解的位移边界积分方程。

8.2.2 面力边界积分方程

为了获得面力边界积分方程,在积分方程式 (4.55) 中,让内点 p 趋向边界点 P。假设 P 点位于光滑边界上,且不考虑体积力,采用类似于位移边界积分方程

的推导过程, 得到以下应力边界积分方程:

$$\frac{1}{2}\sigma_{ij}(P) + \int_S T_{ijk}^Y(P,Q) u_k(Q_S) \mathrm{d}S(Q)$$
$$= \int_S U_{ijk}^Y(P,Q) t_k(Q) \mathrm{d}S(Q), \qquad i,j,k = x,y,z. \tag{8.6}$$

式中, T_{ijk}^Y 和 U_{ijk}^Y 为新的核函数, 可用 t_{ij}^Y 和 u_{ij}^Y 经差分计算得到。式 (4.56) 和式 (4.57) 给出了 T_{ijk}^Y 和 U_{ijk}^Y 的表达式和计算公式。

利用式 (2.4b) 和式 (8.6), 得到以下面力边界积分方程:

$$\frac{1}{2}t_j(P) + n_i(P)\int_S T_{ijk}^Y(P,Q) u_k(Q) \mathrm{d}S(Q) = n_i(P)\int_S U_{ijk}^Y(P,Q) t_k(Q) \mathrm{d}S(Q) \tag{8.7}$$

式中, $n_i(P)$ 表示源点 P 处边界的外法线方向余弦。

这里, 仅仅针对源点位于光滑边界上的情形。这不仅因为非光滑边界点处的外法线方向不唯一, 而且因为在推导面力边界积分方程时, 要求源点处的位移 u_i 和面力 t_i 是光滑的。由于连续性要求, 面力边界积分方程仅仅配置在光滑边界上。如果将面力边界积分方程应用于非光滑裂纹面, 可以采用非连续单元离散裂纹面。

将面力积分方程配置在裂纹面 Γ^+ 的 P_{Γ^+} 点处, 如图 8.1 所示, 方程式 (8.6) 可以写为

$$\frac{1}{2}\sigma_{ij}(P_{\Gamma^+}) + \frac{1}{2}\sigma_{ij}(P_{\Gamma^-}) + \int_{S+\Gamma^++\Gamma^-} T_{ijk}^Y(P_{\Gamma^+},Q) u_k(Q) \mathrm{d}S(Q)$$
$$= \int_{S+\Gamma^++\Gamma^-} T_{ijk}^Y(P_{\Gamma^+},Q) t_k(Q) \mathrm{d}S(Q). \tag{8.8}$$

式 (8.8) 两端同乘以方向余弦 $n_i(P_{\Gamma^+})$, 注意到 $n_i(P_{\Gamma^+}) = -n_i(P_{\Gamma^-})$, 裂纹面上的边界积分方程写为

$$\frac{1}{2}t_j(P_{\Gamma^+}) - \frac{1}{2}t_j(P_{\Gamma^-}) + n_i(P_{\Gamma^+})\int_{S+\Gamma^++\Gamma^-} T_{ijk}^Y(P_{\Gamma^+},Q) u_k(Q) \mathrm{d}S(Q)$$
$$= n_i(P_{\Gamma^+})\int_{S+\Gamma^++\Gamma^-} U_{ijk}^Y(P_{\Gamma^+},Q) t_k(Q) \mathrm{d}S(Q). \tag{8.9}$$

加载前, 裂纹面上、下场点 Q_{Γ^+} 和 Q_{Γ^-} 完全重合, 且外法线方向相反。这样裂纹上、下面上核函数有以下关系:

$$T_{ijk}^Y(P_S, Q_{\Gamma^+}) = -T_{ijk}^Y(P_S, Q_{\Gamma^-}), \quad U_{ijk}^Y(P_S, Q_{\Gamma^+}) = U_{ijk}^Y(P_S, Q_{\Gamma^-}). \tag{8.10}$$

利用式 (8.3) 和式 (8.10), 方程式 (8.9) 中两积分项可写为

$$\int_{S+\Gamma^++\Gamma^-} T_{ijk}^Y(P_{\Gamma^+},Q) u_k(Q) \mathrm{d}S(Q)$$
$$= \int_S T_{ijk}^Y(P_{\Gamma^+},Q) u_k(Q) \mathrm{d}S(Q) +$$
$$\int_{\Gamma^+} T_{ijk}^Y(P_{\Gamma^+},Q) \Delta u_k(Q) \mathrm{d}S(Q), \tag{8.11}$$

$$\int_{S+\Gamma^++\Gamma^-} U_{ijk}^Y(P_{\Gamma+},Q)\, t_k(Q)\mathrm{d}S(Q)$$
$$= \int_S U_{ijk}^Y(P_{\Gamma+},Q)\, t_k(Q)\mathrm{d}S(Q). \tag{8.12}$$

利用式 (8.3)、式 (8.11) 和式 (8.12), 方程式 (8.9) 可进一步写为

$$t_j(P_{\Gamma+}) + n_i(P_{\Gamma+})\int_S T_{ijk}^Y(P_{\Gamma+},Q)\, u_k(Q)\mathrm{d}S(Q) +$$
$$n_i(P_{\Gamma+})\int_{\Gamma^+} T_{ijk}^Y(P_{\Gamma+},Q)\, \Delta u_k(Q)\mathrm{d}S(Q)$$
$$= n_i(P_{\Gamma+})\int_S U_{ijk}^Y(P_{\Gamma+},Q)\, t_k(Q)\mathrm{d}S(Q), \tag{8.13}$$

式中, 积分域为裂纹体非裂纹边界 S 和裂纹面 Γ^+。

式 (8.13) 为基于 Yue 基本解的面力边界积分方程。

8.2.3 对偶边界积分方程

方程式 (8.5) 和式 (8.13) 构成了对偶边界积分方程。方程式 (8.5) 中的源点 P_S 配置在裂纹体的非裂纹边界上, 方程式 (8.13) 中的源点 $P_{\Gamma+}$ 配置在裂纹面 Γ^+ 上。方程中的未知量包括: 裂纹体非裂纹边界的面力和位移、裂纹面的间断位移 (张开位移和滑移位移)。

如果必要, 可以将位移边界积分方程式 (8.5) 的源点 P_S 配置在裂纹面 Γ^- 上, 获得裂纹面 Γ^- 上的位移 $u_j(Q_{\Gamma-})$。尽管需要格外的积分, 因为边界上位移和面力均已知, 并不需要求解线性方程组。最后, 裂纹面 Γ^+ 上的位移可以用下式求得:

$$u_j(Q_{\Gamma+}) = \Delta u_j(Q_{\Gamma+}) + u_j(Q_{\Gamma-}), \qquad j = x,y,z. \tag{8.14}$$

当对偶边界积分方程用于分析无限域中的裂纹问题时, 位移边界积分方程式 (8.5) 不再需要。面力边界积分方程式 (8.13) 就是间断位移法的基本方程 (Crouch et al, 1983)。这种情形下, 方程式 (8.13) 退化为

$$t_i(P_{\Gamma+}) + n_j(P_{\Gamma+})\int_{\Gamma^+} T_{ijk}^Y(P,Q_{\Gamma+})\, \Delta u_j(Q_{\Gamma+})\mathrm{d}S(Q_{\Gamma+}) = 0. \tag{8.15}$$

由于 Yue 基本解严格满足层状材料的层面条件, 方程式 (8.5) 和式 (8.13) 中并不含有沿层状材料层面的积分。

8.3 对偶边界积分方程的离散形式

8.3.1 边界的离散

在现有对偶边界积分方程框架下, 采用 4~8 节点的变节点等参单元离散裂

纹体的非裂纹边界。这样，第 4 章介绍的位移边界积分方程的数值方法和编写的程序可以继续利用。

为离散裂纹面，采用三种类型的 9 节点单元 (Pan et al, 2000)，如图 8.2 所示。单元内任意点的坐标可用下式表示：

$$x = \sum_{\alpha=1}^{9} N_\alpha x^\alpha, \quad y = \sum_{\alpha=1}^{9} N_\alpha y^\alpha, \quad z = \sum_{\alpha=1}^{9} N_\alpha z^\alpha, \tag{8.16}$$

式中，$N_\alpha (\alpha = 1 \sim 9)$ 为单元的插值函数。

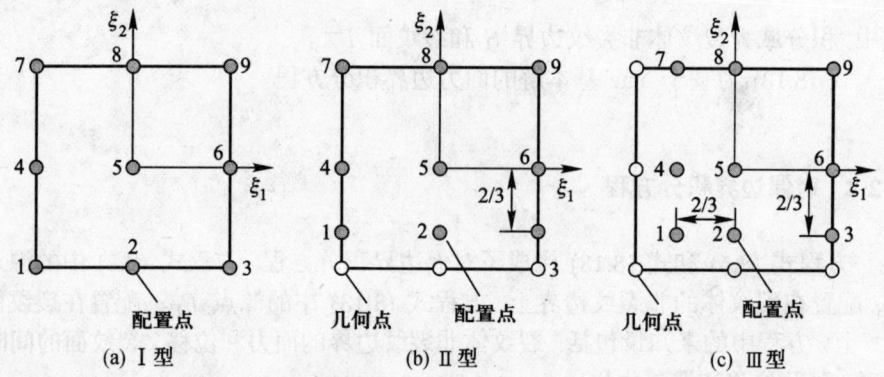

图 8.2 三种类型的 9 节点单元

如图 8.2 (a) 所示，I 型单元的插值函数为

$$N_1 = 0.25\xi_1\xi_2 (\xi_1 - 1)(\xi_2 - 1),$$
$$N_2 = 0.5\xi_2 (1 - \xi_1^2)(\xi_2 - 1),$$
$$N_3 = 0.25\xi_1\xi_2 (\xi_1 + 1)(\xi_2 - 1),$$
$$N_4 = 0.5\xi_1 (1 - \xi_2^2)(\xi_1 - 1),$$
$$N_5 = (1 - \xi_1^2)(1 - \xi_2^2),$$
$$N_6 = 0.5\xi_1 (1 - \xi_2^2)(\xi_1 + 1),$$
$$N_7 = 0.25\xi_1\xi_2 (\xi_1 - 1)(\xi_2 + 1),$$
$$N_8 = 0.5\xi_2 (1 - \xi_1^2)(\xi_2 + 1),$$
$$N_9 = 0.25\xi_1\xi_2 (1 + \xi_1)(1 + \xi_2). \tag{8.17}$$

对于离开裂纹尖端的裂纹面，采用 I 型单元离散。单元内任意点的间断位移可用节点值表示为

$$\Delta u_i = \sum_{\alpha=1}^{9} N_\alpha \Delta u_i^\alpha, \quad i = x, y, z. \tag{8.18}$$

式中，Δu_i^α 为节点 α 的间断位移。

8.3 对偶边界积分方程的离散形式

前面已提到,只要梯度材料的力学性质是坐标的连续函数或分段可微,裂纹尖端位移和应力的分布特点与均匀材料的相同。因此,梯度材料中裂纹尖端位移和应力场的描述可借用均匀材料中裂纹分析的数值方法。考虑到裂纹尖端位移场的特点,采用两类不连续单元: II 型和 III 型单元, 如图 8.2 (b) 和图 8.2 (c) 所示。

II 型单元中, 1 号、2 号和 3 号节点距单元边 $\xi_2 = -1$ 的距离为 $1/3$。II 型单元的插值函数为

$$\begin{aligned}
N_1 &= 0.45\xi_1\xi_2 \left(\xi_1 - 1\right)\left(\xi_2 - 1\right), \\
N_2 &= 0.9\xi_2 \left(1 - \xi_1^2\right)\left(\xi_2 - 1\right), \\
N_3 &= 0.45\xi_1\xi_2 \left(\xi_1 + 1\right)\left(\xi_2 - 1\right), \\
N_4 &= 0.75\xi_1 \left(1 - \xi_2\right)\left(2/3 + \xi_2\right)\left(\xi_1 - 1\right), \\
N_5 &= 1.5 \left(\xi_1^2 - 1\right)\left(\xi_2 - 1\right)\left(2/3 + \xi_2\right), \\
N_6 &= 0.75\xi_1 \left(1 - \xi_2\right)\left(2/3 + \xi_2\right)\left(\xi_1 + 1\right), \\
N_7 &= 0.3\xi_1\xi_2 \left(\xi_1 - 1\right)\left(2/3 + \xi_2\right), \\
N_8 &= 0.6\xi_2 \left(1 - \xi_1^2\right)\left(2/3 + \xi_2\right), \\
N_9 &= 0.3\xi_1\xi_2 \left(\xi_1 + 1\right)\left(2/3 + \xi_2\right).
\end{aligned} \tag{8.19}$$

II 型单元的间断位移为

$$\Delta u_i = \sum_{\alpha=1}^{9} \sqrt{1 + \xi_2} N_\alpha \Delta u_i^\alpha, \qquad i = x, y, z. \tag{8.20}$$

式中, 系数 $\sqrt{1 + \xi_2}$ 是为了描述裂纹尖端位移场的特点而引入的。此种单元布置在光滑裂纹的尖端, 且单元边 $\xi_2 = -1$ 位于裂纹尖端。

III 型单元中, 1 号、2 号和 3 号节点距单元边 $\xi_2 = -1$ 的距离为 $1/3$, 1 号、4 号和 7 号节点距单元边 $\xi_1 = -1$ 的距离为 $1/3$。III 型单元的插值函数为

$$\begin{aligned}
N_1 &= 0.81\xi_1\xi_2 \left(\xi_1 - 1\right)\left(\xi_2 - 1\right) \\
N_2 &= 1.35\xi_2 \left(1 - \xi_1\right)\left(2/3 + \xi_1\right)\left(\xi_2 - 1\right) \\
N_3 &= 0.54\xi_1\xi_2 \left(2/3 + \xi_1\right)\left(\xi_2 - 1\right) \\
N_4 &= 1.35\xi_1 \left(1 - \xi_2\right)\left(2/3 + \xi_2\right)\left(\xi_1 - 1\right) \\
N_5 &= 2.25 \left(1 - \xi_1\right)\left(2/3 + \xi_1\right)\left(1 - \xi_2\right)\left(2/3 + \xi_2\right) \\
N_6 &= 0.9\xi_1 \left(1 - \xi_2\right)\left(2/3 + \xi_2\right)\left(2/3 + \xi_1\right) \\
N_7 &= 0.54\xi_1\xi_2 \left(\xi_1 - 1\right)\left(2/3 + \xi_2\right) \\
N_8 &= 0.9\xi_2 \left(2/3 + \xi_2\right)\left(1 - \xi_1\right)\left(2/3 + \xi_1\right) \\
N_9 &= 0.36\xi_1\xi_2 \left(2/3 + \xi_1\right)\left(2/3 + \xi_2\right)
\end{aligned} \tag{8.21}$$

Ⅲ 型单元的间断位移为

$$\Delta u_i = \sum_{\alpha=1}^{9} \sqrt{1+\xi_1}\sqrt{1+\xi_2} N_\alpha \Delta u_i^\alpha, \qquad i = x, y, z. \tag{8.22}$$

式中, 系数 $\sqrt{1+\xi_1}\sqrt{1+\xi_2}$ 是为了描述裂纹尖端位移场的分布特点而引入的。此种单元布置在非光滑的裂纹尖端, 单元边 $\xi_1 = -1$ 和 $\xi_2 = -1$ 位于裂纹尖端。

8.3.2 边界积分方程的离散

将裂纹体的非裂纹边界 S 离散为 $ne1$ 个 $m(4 \sim 8)$ 节点的等参单元, 裂纹面 Γ^+ 离散为 $ne2$ 个 9 节点单元。这样, 裂纹体共有 $ne = ne1 + ne2$ 个边界单元。

位移边界积分方程式 (8.5) 的离散形式为

$$\begin{aligned}
& c_{ij}(P_S) u_j(P_S) + \\
& \sum_{e=1}^{ne1} \left\{ \sum_{\alpha=1}^{m} u_j^\alpha(Q^\alpha) \int_{S_e} t_{ij}^Y [P_S, Q(\xi_1,\xi_2)] N_\alpha(\xi_1,\xi_2) J(\xi_1,\xi_2) \mathrm{d}\xi_1 \mathrm{d}\xi_2 \right\} + \\
& \sum_{e=1}^{ne2} \left\{ \sum_{\alpha=1}^{9} \Delta u_j^\alpha(Q^\alpha) \int_{\Gamma_e^+} t_{ij}^Y [P_S, Q(\xi_1,\xi_2)] g(\xi_1,\xi_2) N_\alpha(\xi_1,\xi_2) J(\xi_1,\xi_2) \mathrm{d}\xi_1 \mathrm{d}\xi_2 \right\} \\
= & \sum_{e=1}^{ne1} \left\{ \sum_{\alpha=1}^{m} t_j^\alpha(Q^\alpha) \int_{S_e} u_{ij}^Y [P_S, Q(\xi_1,\xi_2)] N_\alpha(\xi_1,\xi_2) J(\xi_1,\xi_2) \mathrm{d}\xi_1 \mathrm{d}\xi_2 \right\}, \\
& \qquad\qquad\qquad\qquad\qquad\qquad\qquad\qquad i, j = x, y, z. \tag{8.23}
\end{aligned}$$

式中, 源点 P_S 配置在裂纹体非裂纹边界 S 上; Q^α 和 Q 分别为单元节点和单元内场点; J 为雅可比行列式; $g(\xi_1,\xi_2)$ 为

- 对于 Ⅰ 型连续单元, $g(\xi_1,\xi_2) = 1$;
- 对于 Ⅱ 型不连续单元, $g(\xi_1,\xi_2) = \sqrt{1+\xi_2}$;
- 对于 Ⅲ 型不连续单元, $g(\xi_1,\xi_2) = \sqrt{1+\xi_1}\sqrt{1+\xi_2}$。

面力边界积分方程式 (8.13) 的离散形式为

$$\begin{aligned}
& t_j(P_{\Gamma^+}) + n_i(P_{\Gamma^+}) \times \\
& \sum_{e=1}^{ne1} \left\{ \sum_{\alpha=1}^{m} u_k^\alpha(Q^\alpha) \int_{S_e} T_{ijk}^Y [P_{\Gamma^+}, Q(\xi_1,\xi_2)] N_\alpha(\xi_1,\xi_2) J(\xi_1,\xi_2) \mathrm{d}\xi_1 \mathrm{d}\xi_2 \right\} + \\
& n_i(P_{\Gamma^+}) \sum_{e=1}^{ne2} \left\{ \sum_{\alpha=1}^{9} \Delta u_k^\alpha(Q^\alpha) \int_{\Gamma_e^+} T_{ijk}^Y [P_{\Gamma^+}, Q(\xi_1,\xi_2)] g(\xi_1,\xi_2) N_\alpha(\xi_1,\xi_2) \times \right. \\
& \qquad\qquad\qquad \left. J(\xi_1,\xi_2) \mathrm{d}\xi_1 \mathrm{d}\xi_2 \right\}
\end{aligned}$$

$$= n_i\left(P_{\Gamma+}\right)\sum_{e=1}^{ne1}\left\{\sum_{\alpha=1}^{m}t_k^{\alpha}\left(Q^{\alpha}\right)\int_{S_e}U_{ijk}^{Y}\left[P_{\Gamma+},Q\left(\xi_1,\xi_2\right)\right]N_{\alpha}\left(\xi_1,\xi_2\right)\times$$
$$J\left(\xi_1,\xi_2\right)\mathrm{d}\xi_1\mathrm{d}\xi_2\right\},\quad i,j,k=x,y,z. \tag{8.24}$$

式中，源点 $P_{\Gamma+}$ 配置在裂纹面 Γ^+ 上；Q^{α} 和 Q 分别为单元节点和单元内场点；$J(\xi_1,\xi_2)$ 为雅可比行列式。

8.4 数值积分

8.4.1 位移边界积分方程的数值积分

对于方程式 (8.23) 中右端积分项

$$\int_{S_e}u_{ij}^{Y}\left[P_S,Q\left(\xi_1,\xi_2\right)\right]N_{\alpha}\left(\xi_1,\xi_2\right)J\left(\xi_1,\xi_2\right)\mathrm{d}\xi_1\mathrm{d}\xi_2, \tag{8.25}$$

当 P_S 位于单元 S_e 上且 $P_S = Q^{\alpha}$ 时，被积函数具有弱奇异性，该奇异积分可以采用第 4 章建议的坐标变换方法计算。当 P_S 位于单元 S_e 上且 $P_S \neq Q^{\alpha}$ 或 P_S 不在单元 S_e 上时，式 (8.25) 的积分可以采用高斯型求积公式计算。

对于方程式 (8.23) 中左端第一项积分

$$\int_{S_e}t_{ij}^{Y}\left[P_S,Q\left(\xi_1,\xi_2\right)\right]N_{\alpha}\left(\xi_1,\xi_2\right)J\left(\xi_1,\xi_2\right)\mathrm{d}\xi_1\mathrm{d}\xi_2, \tag{8.26}$$

当 P_S 位于单元 S_e 上且 $P_S = Q^{\alpha}$ 时，被积函数具有强奇异性，强奇异积分和系数 $c_{ij}(P_S)$ 可采用刚体位移方法计算，计算公式如下：

$$c_{ij}(P) + \sum_{\substack{e=1 \\ P\in S_e \text{ 且 } P=Q^{\alpha}}}^{ne1}\int_{S_e}t_{ij}^{Y}(P,\boldsymbol{\xi})N_{\alpha}(\boldsymbol{\xi})J(\boldsymbol{\xi})\mathrm{d}\xi_1\mathrm{d}\xi_2$$
$$= -\sum_{e=1}^{ne1}\sum_{\substack{\alpha=1 \\ P\neq Q^{\alpha}}}^{m}\int_{S_e}t_{ij}^{Y}(P,\boldsymbol{\xi})N_{\alpha}(\boldsymbol{\xi})J(\boldsymbol{\xi})\mathrm{d}\xi_1\mathrm{d}\xi_2, \tag{8.27}$$

此计算方法与第 4 章介绍的求解强奇异积分的刚体位移法相同。当 P_S 位于单元 S_e 上且 $P_S \neq Q^{\alpha}$ 或 P_S 不在单元 S_e 上时，式 (8.26) 的积分可以采用高斯型求积公式计算。

对于方程式 (8.23) 中左端第二项积分

$$\int_{\Gamma_e^+}t_{ij}^{Y}\left[P_S,Q\left(\xi_1,\xi_2\right)\right]g\left(\xi_1,\xi_2\right)N_{\alpha}\left(\xi_1,\xi_2\right)J\left(\xi_1,\xi_2\right)\mathrm{d}\xi_1\mathrm{d}\xi_2, \tag{8.28}$$

由于奇异点位于裂纹体的非裂纹边界上，该项积分不存在奇异性，可以采用高斯型求积公式计算。

8.4.2 面力边界积分方程的数值积分

由于 $P_{\Gamma+}$ 配置在裂纹面上, 式 (8.24) 左端第一项积分和右端积分项的积分域位于非裂纹边界上, 积分无奇异性, 可以采用高斯型求积公式计算。

方程式 (8.24) 的左端第二项积分为

$$\int_{\Gamma_e^+} T_{ijk}^Y [P_{\Gamma+}, Q(\xi_1, \xi_2)] g(\xi_1, \xi_2) N_\alpha(\xi_1, \xi_2) J(\xi_1, \xi_2) \mathrm{d}\xi_1 \mathrm{d}\xi_2, \qquad (8.29)$$

当 $P_{\Gamma+}$ 在单元 Γ_e^+ 上但 $P_{\Gamma+} \neq Q^\alpha$ 或 $P_{\Gamma+}$ 不在单元 Γ_e^+ 上时, 可以采用高斯型求积公式计算; 当 $P_{\Gamma+}$ 在单元 Γ_e^+ 上且 $P_{\Gamma+} = Q^\alpha$, 左端第二项积分为超奇异积分, 需要采用特殊的处理方法。

式 (8.29) 可进一步表示为

$$\int_{-1}^{1} \int_{-1}^{1} T_{ijk}^Y [P_{\Gamma+}(\xi_1^c, \xi_2^c), Q(\xi_1, \xi_2)] g(\xi_1, \xi_2) N_\alpha(\xi_1, \xi_2) J(\xi_1, \xi_2) \mathrm{d}\xi_1 \mathrm{d}\xi_2, \quad (8.30)$$

式中, (ξ_1^c, ξ_2^c) 和 (ξ_1, ξ_2) 分别为源点 $P_{\Gamma+}$ 和场点 Q 的局部坐标。

为计算超奇异积分, 在源点 (ξ_1^c, ξ_2^c) 处, 引入极坐标, 即

$$\xi_1 = \xi_1^c + r\cos\theta, \quad \xi_2 = \xi_2^c + r\sin\theta. \qquad (8.31)$$

将单元分成若干个三角形积分区域, 式 (8.30) 可以重新写为

$$\sum_M \int_{\theta_1}^{\theta_2} \int_0^{R(\theta)} T_{ijk}^Y [P_{\Gamma+}(\xi_1^c, \xi_2^c), Q(r, \theta)] g(r, \theta) N_\alpha(r, \theta) J(r, \theta) r \mathrm{d}r \mathrm{d}\theta, \quad (8.32)$$

式中, M 求和是针对单元上所有三角形进行的。

如图 8.3 所示, 源点 $P_{\Gamma+}$ 位于角点。此时, 需要将单元分为两个三角形积分区域, 关于 M 的求和是从 1 到 2。源点位于 $(\xi_1^c, \xi_2^c) = (-1, -1)$ 处时, 对于区域 1, 有 $\theta \in [0, \pi/4]$, $R(\theta) = 2/\cos\theta$; 对于区域 2, 有 $\theta \in [\pi/4, \pi/2]$, $R(\theta) = 2/\cos(\theta - \pi/2)$。式 (8.31) 可写为

$$\xi_1 = -1 + r\cos\theta, \quad \xi_2 = -1 + r\sin\theta. \qquad (8.33)$$

如图 8.4 所示, 源点 $P_{\Gamma+}$ 在单元边上且不在角点。此时, 需要将单元分为三个三角形积分区域, 关于 M 的求和是从 1 到 3。对于图中的源点 $(\xi_1^c, \xi_2^c) = (-1, -2/3)$, 不同积分区域的 θ 和 $R(\theta)$ 为

- 对于区域 1, $\theta \in [-\pi/2, -\arctan(1/6)]$, $R(\theta) = 1/(3\cos(\theta + \pi/2))$;
- 对于区域 2, $\theta \in [-\arctan(1/6), \arctan(5/6)]$, $R(\theta) = 2/\cos\theta$;
- 对于区域 3, $\theta \in [\arctan(1/6), \pi/2]$, $R(\theta) = 5/(3\cos(\theta - \pi/2))$。

式 (8.31) 可写为

$$\xi_1 = -1 + r\cos\theta, \quad \xi_2 = -2/3 + r\sin\theta. \qquad (8.34)$$

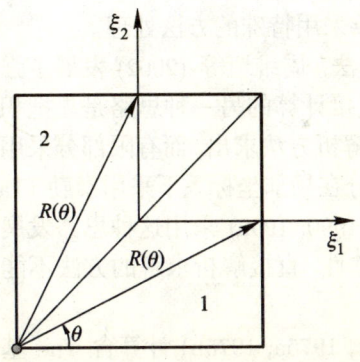
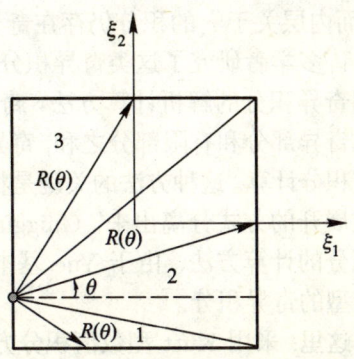

图 8.3 源点位于四边形单元的角点　　　图 8.4 源点为四边形单元的边点

如图 8.5 所示，源点 P 在单元的内部。此时，需要将单元划分为 4 个三角形，关于 M 的求和是从 1 到 4。对于图中的源点 $(\xi_1^c, \xi_2^c) = (-2/3, -2/3)$，不同区域的 θ 区间和 $R(\theta)$ 如下：

- 对于区域 1，$\theta \in [-\arctan(1/5), \pi/4]$，$R(\theta) = 5/(3\cos\theta)$;
- 对于区域 2，$\theta \in [\pi/4, \pi/2 + \arctan(1/5)]$，$R(\theta) = 5/(3\cos(\theta - \pi/2))$;
- 对于区域 3，$\theta \in [\pi/2 + \arctan(1/5), 5\pi/4]$，$R(\theta) = 1/(3\cos(\theta - \pi))$;
- 对于区域 4，$\theta \in [5\pi/4, 2\pi - \arctan(1/5)]$，$R(\theta) = 1/(3\cos(\theta - 3\pi/2))$。

式 (8.31) 可写为

$$\xi_1 = -2/3 + r\cos\theta, \quad \xi_2 = -2/3 + r\sin\theta. \tag{8.35}$$

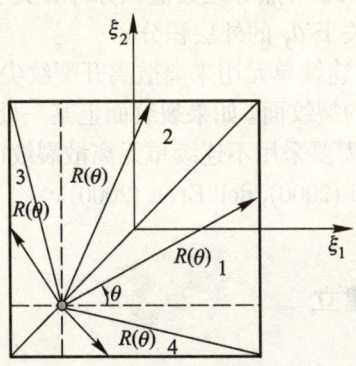

图 8.5 源点为四边形单元的内点

对于三类单元中位于其他位置的源点，可以仿照上述方法建立局部坐标系，依据源点的位置确定不同积分区域的 θ 区间和 $R(\theta)$，这里就不一一列举了。

现在分析式 (8.32) 中被积函数的奇异性。坐标变换后，内外层积分分别为关于极坐标 r 和 θ 的积分。由于坐标变换后被积函数中出现 r，被积函数奇异性的阶数为 $o(r^{-2})$。这样，外层关于 θ 的积分无奇异性，可以采用高斯型求积公式计算; 而内层关于 r 的积分仍存在奇异性, 需要采用特殊的方法处理。

许多学者研究了这类奇异积分的计算方法。周维垣等 (2002) 发展了强奇异和超奇异积分的解析计算方法。奇异积分直接计算的另一种思路是先把积分分解成奇异部分和有限部分之和, 奇异部分用解析方法求出, 而有限部分采用高斯数值积分计算。这种方法的关键是将奇异部分在局部坐标系下采用泰勒 (Taylor) 级数展开的方式分离出来。Guiggiani et al (1990, 1992) 采用这种思路发展了奇异积分的计算方法。由于 Yue 基本解的特殊性, 直接解析求解的方法不能计算该类型的奇异积分。

这里, 采用 Kutt 型数值积分方法 (Kutt, 1975a, 1975b) 计算含 Yue 基本解的核函数的奇异积分。附录 4 介绍了有限部分积分, 并给出了 Kutt 型数值积分的计算公式。对于任意给定的高斯积分点 θ_j, 式 (8.32) 的内层积分可采用 N 节点等距数值积分计算, 即

$$\int_0^R \frac{f(r)}{r^2} \mathrm{d}r \approx \frac{1}{R} \sum_{l=1}^N (w_l + c_l \ln R) f\left(\frac{l-1}{N} R\right), \tag{8.36}$$

式中, w_l 和 c_l 为 Kutt 给出的权值和系数; 被积函数为

$$f(r) = T_{ijk}^Y \left[P_{\Gamma^+}(\xi_1^c, \xi_2^c), Q(r, \theta_j)\right] g(r, \theta_j) N_\alpha(r, \theta_j) J(r, \theta_j) r^3. \tag{8.37}$$

推导 N 节点等距数值积分公式时, 假设在 $r = 0$ 邻域内, 被积函数 $f(r) \in C^0[0, R]$ 且 $f(r) \in C^2$。在式 (8.36) 中, 取 $l = 1$, 此时式 (8.37) 中 $r = 0$; 由于 T_{ijk}^Y 的阶数为 $1/r^3$, 此时被积函数没有意义; 对于 $l = 1$ 这一积分点, 可取 $r = 10^{-8}$ 计算。数值计算时, 采用 20 节点等距数值积分计算关于 r 的内层积分, 采用 20 节点高斯数值积分计算关于 θ_j 的外层积分。

如果裂纹面为平面, 连续单元用来离散离开裂纹尖端的裂纹面, 不连续单元用来离散裂纹尖端附近的裂纹面。如果裂纹面上某一处的法线方向不唯一, 为满足函数 $f(r)$ 的连续性, 需要采用不连续单元离散裂纹面。许多学者介绍了这类不连续单元, 如 Pan et al (2000), dell'Erba (2000)。

8.5 线性方程组的建立

对于离散化的对偶边界积分方程式 (8.23) 和式 (8.24), 需要建立最终的线性方程组。接下来, 讨论方程式 (8.23) 和式 (8.24) 的线性方程组的建立。

在方程式 (8.23) 中, 引入以下记号:

$$G1_{ij}^{e\alpha} = \int_{S_e} t_{ij}^Y [P_S, Q(\xi_1, \xi_2)] N_\alpha(\xi_1, \xi_2) J(\xi_1, \xi_2) \mathrm{d}\xi_1 \mathrm{d}\xi_2, \tag{8.38a}$$

$$C1_{ij}^{e\alpha} = \int_{\Gamma_e^+} t_{ij}^Y [P_S, Q(\xi_1, \xi_2)] g(\xi_1, \xi_2) N_\alpha(\xi_1, \xi_2) J(\xi_1, \xi_2) \mathrm{d}\xi_1 \mathrm{d}\xi_2, \tag{8.38b}$$

$$H1_{ij}^{e\alpha} = \int_{S_e} u_{ij}^Y [P_S, Q(\xi_1, \xi_2)] N_\alpha(\xi_1, \xi_2) J(\xi_1, \xi_2) \mathrm{d}\xi_1 \mathrm{d}\xi_2. \tag{8.38c}$$

式中, 符号 $G1$、$C1$ 和 $H1$ 的上标 e 为单元记号; α 为单元节点的记号。

记源点 P_S 为 n, 方程式 (8.23) 可写为

$$c_{ij}^n u_j^n + \sum_{e=1}^{ne1} \sum_{\alpha=1}^{m} u_j^\alpha G1_{ij}^{e\alpha} + \sum_{e=1}^{ne2} \sum_{\alpha=1}^{9} \Delta u_j^\alpha C1_{ij}^{e\alpha} = \sum_{e=1}^{ne1} \sum_{\alpha=1}^{m} t_j^\alpha H1_{ij}^{e\alpha}, \qquad n = 1, 2, \cdots, N1. \tag{8.39}$$

假设裂纹体的外边界上有 $N1$ 个节点, 裂纹面上有 $N2$ 个节点。将方程式 (8.34) 展开, 引入以下记号:

$$\boldsymbol{C}^n = \begin{bmatrix} c_{11}^n & c_{12}^n & c_{13}^n \\ c_{21}^n & c_{22}^n & c_{23}^n \\ c_{31}^n & c_{32}^n & c_{33}^n \end{bmatrix}, \quad \boldsymbol{G}1^{n,l} = \begin{bmatrix} G1_{11}^{n,l} & G1_{12}^{n,l} & G1_{13}^{n,l} \\ G1_{21}^{n,l} & G1_{22}^{n,l} & G1_{23}^{n,l} \\ G1_{31}^{n,l} & G1_{32}^{n,l} & G1_{33}^{n,l} \end{bmatrix},$$

$$\boldsymbol{H}1^{n,l} = \begin{bmatrix} H1_{11}^{n,l} & H1_{12}^{n,l} & H1_{13}^{n,l} \\ H1_{21}^{n,l} & H1_{22}^{n,l} & H1_{23}^{n,l} \\ H1_{31}^{n,l} & H1_{32}^{n,l} & H1_{33}^{n,l} \end{bmatrix}, \qquad l = 1, 2, \cdots, N1$$

$$\boldsymbol{C}1^{n,l} = \begin{bmatrix} C1_{11}^{n,l} & C1_{12}^{n,l} & C1_{13}^{n,l} \\ C1_{21}^{n,l} & C1_{22}^{n,l} & C1_{23}^{n,l} \\ C1_{31}^{n,l} & C1_{32}^{n,l} & C1_{33}^{n,l} \end{bmatrix}, \qquad l = 1, 2, \cdots, N2$$

$$\boldsymbol{u}^n = \begin{pmatrix} u_x^n & u_y^n & u_z^n \end{pmatrix}^{\mathrm{T}}, \quad \Delta \boldsymbol{u}^n = \begin{pmatrix} \Delta u_x^n & \Delta u_y^n & \Delta u_z^n \end{pmatrix}^{\mathrm{T}},$$

$$\boldsymbol{t}^n = \begin{pmatrix} t_x^n & t_y^n & t_z^n \end{pmatrix}^{\mathrm{T}},$$

式中, 矩阵元素的上标 n 和 l 均为节点的整体编码; 上标 T 表示矩阵的转置。

这样, 方程式 (8.39) 可进一步写为

$$\boldsymbol{C}^n \boldsymbol{u}^n + \begin{bmatrix} \boldsymbol{G}1^{n,1} & \boldsymbol{G}1^{n,2} & \cdots & \boldsymbol{G}1^{n,N1} \end{bmatrix} \begin{Bmatrix} \boldsymbol{u}^1 \\ \boldsymbol{u}^2 \\ \vdots \\ \boldsymbol{u}^{N1} \end{Bmatrix} +$$

$$\begin{bmatrix} \boldsymbol{C}1^{n,1} & \boldsymbol{C}1^{n,2} & \cdots & \boldsymbol{C}1^{n,N2} \end{bmatrix} \begin{Bmatrix} \Delta \boldsymbol{u}^1 \\ \Delta \boldsymbol{u}^2 \\ \vdots \\ \Delta \boldsymbol{u}^{N2} \end{Bmatrix}$$

$$= \begin{bmatrix} \boldsymbol{H}1^{n,1} & \boldsymbol{H}1^{n,2} & \cdots & \boldsymbol{H}1^{n,N1} \end{bmatrix} \begin{Bmatrix} \boldsymbol{t}^1 \\ \boldsymbol{t}^2 \\ \vdots \\ \boldsymbol{t}^{N1} \end{Bmatrix}, \qquad n = 1, 2, \cdots, N1, \tag{8.40}$$

方程式 (8.40) 中,源点 n 在 $N1$ 个节点中总可找到一个相同的点,将方程式 (8.40) 中前两项的系数组合,得到

$$\begin{bmatrix} \mathbf{G}1^{n,1} & \mathbf{G}1^{n,2} & \cdots & \mathbf{G}1^{n,N1} \end{bmatrix} \begin{Bmatrix} \boldsymbol{u}^1 \\ \boldsymbol{u}^2 \\ \vdots \\ \boldsymbol{u}^{N1} \end{Bmatrix} +$$

$$\begin{bmatrix} \mathbf{C}1^{n,1} & \mathbf{C}1^{n,2} & \cdots & \mathbf{C}1^{n,N2} \end{bmatrix} \begin{Bmatrix} \boldsymbol{\Delta u}^1 \\ \boldsymbol{\Delta u}^2 \\ \vdots \\ \boldsymbol{\Delta u}^{N2} \end{Bmatrix}$$

$$= \begin{bmatrix} \mathbf{H}1^{n,1} & \mathbf{H}1^{n,2} & \cdots & \mathbf{H}1^{n,N1} \end{bmatrix} \begin{Bmatrix} \boldsymbol{t}^1 \\ \boldsymbol{t}^2 \\ \vdots \\ \boldsymbol{t}^{N1} \end{Bmatrix}, \quad n = 1, 2, \cdots, N1, \quad (8.41)$$

式中,由 $\mathbf{G}1$ 组成的矩阵为式 (8.40) 中系数矩阵 $\mathbf{C}^n$ 与由 $\mathbf{G}1$ 组成的矩阵叠加而成。

对于裂纹体的非裂纹边界上的每一节点,建立式 (8.41) 所示的边界积分方程,将其联立,形成如下线性方程组:

$$\begin{bmatrix} \mathbf{G}1^{1,1} & \mathbf{G}1^{1,2} & \cdots & \mathbf{G}1^{1,N1} \\ \mathbf{G}1^{2,1} & \mathbf{G}1^{2,2} & \cdots & \mathbf{G}1^{2,N1} \\ \vdots & \vdots & & \vdots \\ \mathbf{G}1^{N1,1} & \mathbf{G}1^{N1,2} & \cdots & \mathbf{G}1^{N1,N1} \end{bmatrix} \begin{Bmatrix} \boldsymbol{u}^1 \\ \boldsymbol{u}^2 \\ \vdots \\ \boldsymbol{u}^{N1} \end{Bmatrix} +$$
$$\begin{bmatrix} \mathbf{C}1^{1,1} & \mathbf{C}1^{1,2} & \cdots & \mathbf{C}1^{1,N2} \\ \mathbf{C}1^{2,1} & \mathbf{C}1^{2,2} & \cdots & \mathbf{C}1^{2,N2} \\ \vdots & \vdots & & \vdots \\ \mathbf{C}1^{N1,1} & \mathbf{C}1^{N1,2} & \cdots & \mathbf{C}1^{N1,N2} \end{bmatrix} \begin{Bmatrix} \boldsymbol{\Delta u}^1 \\ \boldsymbol{\Delta u}^2 \\ \vdots \\ \boldsymbol{\Delta u}^{N2} \end{Bmatrix}$$
$$= \begin{bmatrix} \mathbf{H}1^{1,1} & \mathbf{H}1^{1,2} & \cdots & \mathbf{H}1^{1,N1} \\ \mathbf{H}1^{2,1} & \mathbf{H}1^{2,2} & \cdots & \mathbf{H}1^{2,N1} \\ \vdots & \vdots & & \vdots \\ \mathbf{H}1^{N1,1} & \mathbf{H}1^{N1,2} & \cdots & \mathbf{H}1^{N1,N1} \end{bmatrix} \begin{Bmatrix} \boldsymbol{t}^1 \\ \boldsymbol{t}^2 \\ \vdots \\ \boldsymbol{t}^{N1} \end{Bmatrix}. \quad (8.42)$$

等式 (8.42) 左端第一项和右边项中的列阵为裂纹体外边界上的位移和面力,其中的已知量与系数相乘,得到列阵 $\left(\boldsymbol{F}^d\right)_{N1 \times 1}$,未知量 (位移和面力) 用

$(UT)_{N1\times 1}$ 表示; 左端第二项的系数记作 $(B^d)_{N1\times N2}$、未知的间断位移记作 $(\Delta U)_{N2\times 1}$。方程式 (8.42) 进一步写为

$$A^d UT + B^d \Delta U = F^d. \tag{8.43}$$

在方程式 (8.24) 中, 引入以下记号:

$$G2^{e\alpha}_{jk} = n_i \int_{S_e} T^Y_{ijk} N_\alpha J \mathrm{d}\xi_1 \mathrm{d}\xi_2, \tag{8.44a}$$

$$C2^{e\alpha}_{jk} = n_i \int_{\Gamma^+_e} T^Y_{ijk} g N_\alpha J \mathrm{d}\xi_1 \mathrm{d}\xi_2, \tag{8.44b}$$

$$H2^{e\alpha}_{jk} = n_i \int_{S_e} U^Y_{ijk} g N_\alpha J \mathrm{d}\xi_1 \mathrm{d}\xi_2. \tag{8.44c}$$

式中, 符号 $G2$、$C2$ 和 $H2$ 的上标 e 为单元记号; α 为单元节点的记号。

方程式 (8.24) 写为

$$t^n_j + \sum_{e=1}^{ne1}\sum_{\alpha=1}^{m} u^\alpha_k G2^{e\alpha}_{ij} + \sum_{e=1}^{ne2}\sum_{\alpha=1}^{9} \Delta u^\alpha_k C2^{e\alpha}_{ij} = \sum_{e=1}^{ne1}\sum_{\alpha=1}^{m} t^\alpha_k H2^{e\alpha}_{ij}, \qquad n=1,2,\cdots,N2. \tag{8.45}$$

将方程式 (8.45) 展开, 引入以下记号:

$$\mathbf{G2}^{n,l} = \begin{bmatrix} G2^{n,l}_{11} & G2^{n,l}_{12} & G2^{n,l}_{13} \\ G2^{n,l}_{21} & G2^{n,l}_{22} & G2^{n,l}_{23} \\ G2^{n,l}_{31} & G2^{n,l}_{32} & G2^{n,l}_{33} \end{bmatrix},$$

$$\mathbf{H2}^{n,l} = \begin{bmatrix} H2^{n,l}_{11} & H2^{n,l}_{12} & H2^{n,l}_{13} \\ H2^{n,l}_{21} & H2^{n,l}_{22} & H2^{n,l}_{23} \\ H2^{n,l}_{31} & H2^{n,l}_{32} & H2^{n,l}_{33} \end{bmatrix}, \qquad l=1,2,\cdots,N1,$$

$$\mathbf{C2}^{n,l} = \begin{bmatrix} C2^{n,l}_{11} & C2^{n,l}_{12} & C2^{n,l}_{13} \\ C2^{n,l}_{21} & C2^{n,l}_{22} & C2^{n,l}_{23} \\ C2^{n,l}_{31} & C2^{n,l}_{32} & C2^{n,l}_{33} \end{bmatrix}, \qquad l=1,2,\cdots,N2.$$

式中, 矩阵元素的上标 n 和 l 均为节点的整体编码。

方程式 (8.45) 可进一步写为

$$t^n + \begin{bmatrix} \mathbf{G2}^{n,1} & \mathbf{G2}^{n,2} & \cdots & \mathbf{G2}^{n,N1} \end{bmatrix} \begin{Bmatrix} u^1 \\ u^2 \\ \vdots \\ u^{N1} \end{Bmatrix} +$$

$$\begin{bmatrix} \mathbf{C2}^{n,1} & \mathbf{C2}^{n,2} & \cdots & \mathbf{C2}^{n,N2} \end{bmatrix} \begin{Bmatrix} \Delta u^1 \\ \Delta u^2 \\ \vdots \\ \Delta u^{N2} \end{Bmatrix}$$

$$= \begin{bmatrix} \mathbf{H}2^{n,1} & \mathbf{H}2^{n,2} & \cdots & \mathbf{H}2^{n,N1} \end{bmatrix} \begin{Bmatrix} \mathbf{t}^1 \\ \mathbf{t}^2 \\ \vdots \\ \mathbf{t}^{N1} \end{Bmatrix}, \quad n = 1, 2, \cdots, N2. \quad (8.46)$$

对于裂纹面上每一节点,建立式 (8.46) 所示的边界积分方程。将 $N2$ 个方程式 (8.46) 联立,形成如下线性方程组:

$$\begin{Bmatrix} \mathbf{t}^1 \\ \mathbf{t}^2 \\ \vdots \\ \mathbf{t}^{N2} \end{Bmatrix} + \begin{bmatrix} \mathbf{G}2^{1,1} & \mathbf{G}2^{1,2} & \cdots & \mathbf{G}2^{1,N1} \\ \mathbf{G}2^{2,1} & \mathbf{G}2^{2,2} & \cdots & \mathbf{G}2^{2,N1} \\ \vdots & \vdots & & \vdots \\ \mathbf{G}2^{N2,1} & \mathbf{G}2^{N2,2} & \cdots & \mathbf{G}2^{N2,N1} \end{bmatrix} \begin{Bmatrix} \mathbf{u}^1 \\ \mathbf{u}^2 \\ \vdots \\ \mathbf{u}^{N1} \end{Bmatrix} +$$

$$\begin{bmatrix} \mathbf{C}2^{1,1} & \mathbf{C}2^{1,2} & \cdots & \mathbf{C}2^{1,N2} \\ \mathbf{C}2^{2,1} & \mathbf{C}2^{2,2} & \cdots & \mathbf{C}2^{2,N2} \\ \vdots & \vdots & & \vdots \\ \mathbf{C}2^{N2,1} & \mathbf{C}2^{N2,2} & \cdots & \mathbf{C}2^{N2,N2} \end{bmatrix} \begin{Bmatrix} \Delta\mathbf{u}^1 \\ \Delta\mathbf{u}^2 \\ \vdots \\ \Delta\mathbf{u}^{N2} \end{Bmatrix}$$

$$= \begin{bmatrix} \mathbf{H}2^{1,1} & \mathbf{H}2^{1,2} & \cdots & \mathbf{H}2^{1,N1} \\ \mathbf{H}2^{2,1} & \mathbf{H}2^{2,2} & \cdots & \mathbf{H}2^{2,N1} \\ \vdots & \vdots & & \vdots \\ \mathbf{H}2^{N2,1} & \mathbf{H}2^{N2,2} & \cdots & \mathbf{H}2^{N2,N1} \end{bmatrix} \begin{Bmatrix} \mathbf{t}^1 \\ \mathbf{t}^2 \\ \vdots \\ \mathbf{t}^{N1} \end{Bmatrix}. \quad (8.47)$$

式 (8.47) 左端第一项为裂纹面上的面力,该项已知,为该式中第一个已知列阵;第二项中列阵的位移部分已知,部分未知,已知量与系数相乘,得到第二个已知列阵;右端中列阵的位移部分已知,部分未知,已知量与系数相乘,得到第三个已知列阵。将三个已知列阵累加得到列阵 $(\mathbf{F}^t)_{N2\times 1}$。式中的未知量 (位移和面力) 用 $(\mathbf{UT})_{N1\times 1}$ 表示,对应的系数记作 $\mathbf{A}^t$,左端第三项间断位移记作 $(\Delta\mathbf{U})_{N2\times 1}$,对应的系数记作 $(\mathbf{B}^t)_{N1\times N2}$。方程式 (8.47) 进一步写为

$$\mathbf{A}^t \mathbf{UT} + \mathbf{B}^t \Delta\mathbf{U} = \mathbf{F}^t. \quad (8.48)$$

将方程式 (8.43) 和式 (8.48) 联立,形成如下线性方程组:

$$\begin{bmatrix} \mathbf{A}^d & \mathbf{B}^d \\ \mathbf{A}^t & \mathbf{B}^t \end{bmatrix} \begin{Bmatrix} \mathbf{UT} \\ \Delta\mathbf{U} \end{Bmatrix} = \begin{Bmatrix} \mathbf{F}^d \\ \mathbf{F}^t \end{Bmatrix}, \quad (8.49\text{a})$$

或写为

$$\mathbf{A}\mathbf{x} = \mathbf{F}. \quad (8.49\text{b})$$

依据裂纹体的特点,给定约束条件;采用高斯消去法求解线性方程组,即式 (8.49),得到裂纹体外边界上位移、面力和裂纹面的间断位移。

对于无限域介质中的裂纹,方程式 (8.47) 可简化为

$$\begin{bmatrix} \mathbf{C2}^{1,1} & \mathbf{C2}^{1,2} & \cdots & \mathbf{C2}^{1,N2} \\ \mathbf{C2}^{2,1} & \mathbf{C2}^{2,2} & \cdots & \mathbf{C2}^{2,N2} \\ \vdots & \vdots & & \vdots \\ \mathbf{C2}^{N2,1} & \mathbf{C2}^{N2,2} & \cdots & \mathbf{C2}^{N2,N2} \end{bmatrix} \begin{Bmatrix} \Delta \mathbf{u}^1 \\ \Delta \mathbf{u}^2 \\ \vdots \\ \Delta \mathbf{u}^{N2} \end{Bmatrix} = - \begin{Bmatrix} \mathbf{t}^1 \\ \mathbf{t}^2 \\ \vdots \\ \mathbf{t}^{N2} \end{Bmatrix}. \tag{8.50}$$

对于裂纹面上面力已知、间断位移未知的情形,解方程式 (8.50) 便可得到裂纹面的间断位移。求解之前,需依据裂纹面的变形特点,给定间断位移的约束条件。

根据上述建议方法,编写了 Yue 基本解的对偶边界元法的 Fortran 程序。该程序实现了本章建议的各种计算功能。在编写的程序中也采用了第 4 章的建议方法,包括对称性问题的处理、几乎奇异积分和分区域数值积分等计算方法,以达到简化分析和精确计算方程式 (8.23) 和式 (8.24) 中积分的目的。

8.6 数值验证

8.6.1 应力强度因子的计算

应力强度因子可采用裂纹尖端附近的间断位移计算。如图 8.6 所示,在裂纹尖端建立局部坐标系 (x',y',z')。坐标轴 x' 与裂纹尖端相切,坐标轴 z' 与裂纹面垂直,坐标轴 y' 由垂直于裂纹尖端的平面和与裂纹面相切的平面相交得到的交线确定。裂纹面的间断位移定义为

$$\Delta u_i(x',y',z') = u_i^+(x',y',z') - u_i^-(x',y',z'), \qquad i=x',y',z'. \tag{8.51}$$

式中,上标 + 和 – 分别对应于裂纹上、下面。

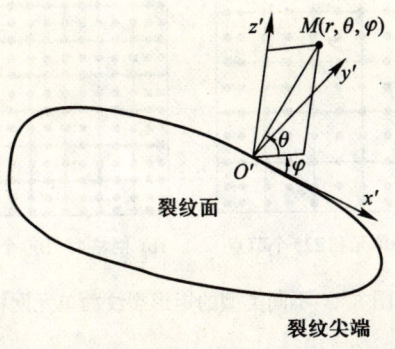

图 8.6 裂纹尖端的局部坐标 (x',y',z')

对于材料参数连续变化的梯度材料,裂纹尖端的位移和应力场的表达式与均匀介质中的具有相同的形式,材料参数的影响表现在应力强度因子 (Stress Intensity Factor, SIF) 上。基于裂纹尖端位移场的表达式,SIF 的计算公式为

$$K_{\text{I}} = \frac{E}{4(1-\nu^2)} \sqrt{\frac{\pi}{2r}} \Delta u_{z'}, \qquad \left(r, \theta = \pm\pi, \varphi = -\frac{\pi}{2}\right), \qquad (8.52\text{a})$$

$$K_{\text{II}} = \frac{E}{4(1-\nu^2)} \sqrt{\frac{\pi}{2r}} \Delta u_{y'}, \qquad \left(r, \theta = \pm\pi, \varphi = -\frac{\pi}{2}\right), \qquad (8.52\text{b})$$

$$K_{\text{III}} = \frac{E}{4(1+\nu)} \sqrt{\frac{\pi}{2r}} \Delta u_{x'}, \qquad \left(r, \theta = \pm\pi, \varphi = -\frac{\pi}{2}\right), \qquad (8.52\text{c})$$

式中,(r, θ, φ) 为裂纹尖端的球坐标。

依据单元节点的间断位移和单元间断位移插值函数,编写裂纹尖端单元内任一点的间断位移计算程序。沿不连续单元垂直于裂纹尖端的边,在 $\xi_1 = -1 + 10^{-5}$ 或 $\xi_2 = -1 + 10^{-5}$ 处取点,计算这些点的间断位移,并计算出 SIF 值。显然,采用此位置处的间断位移值得到的应力强度因子更精确。

8.6.2 网格及参数 D 对应力强度因子的影响

为了验证发展的边界元法和编写的程序,这里从两个角度分析了无限域均匀介质中正方形裂纹问题。首先,研究不同疏密单元网格对应力强度因子的影响。正方形裂纹上、下面上作用着均匀法向压应力 p,裂纹的尺寸为 $2c \times 2c$。为了验证建议方法的计算精度,用 4 种单元网格离散裂纹面。4 种网格的单元数和节点数列在表 8.1 中,网格 1 和 4 如图 8.7 所示。

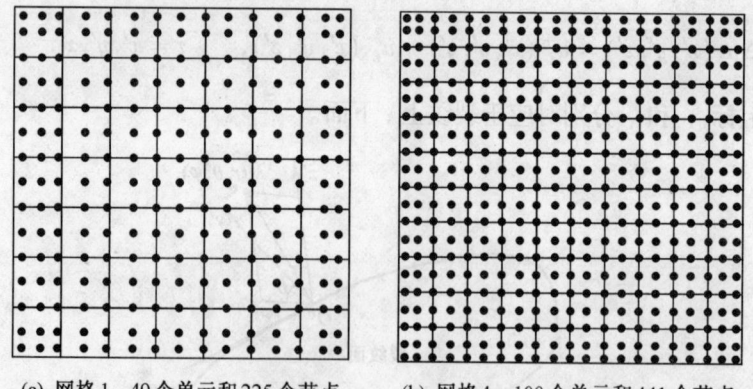

(a) 网格 1: 49 个单元和 225 个节点   (b) 网格 4: 100 个单元和 441 个节点

图 8.7 不同类型的矩形裂纹面单元网格

图 8.8 给出了用 4 种不同单元网格计算得到的 SIF 值 $\left(\dfrac{K_{\text{I}}}{p\sqrt{\pi c}}\right)$。图中,最

大的 SIF 值出现在正方形四边中点的裂纹尖端。由中点往两侧, SIF 值逐渐减小, 正方形角点对应的裂纹尖端的 SIF 值等于零。Weaver (1977) 得到的 SIF 最大值为 0.74, Murakami (1987) 得到的 SIF 最大值为 0.76, Pan et al (2000) 得到的 SIF 最大值为 0.762 6。对于 4 种单元网格 (1 ~ 4), SIF 最大值分别为 0.752 9、0.746 9、0.738 8、0.756 4。下面, 采用网格 4 分析梯度材料中的正方形裂纹。

表 8.1　4 种裂纹面的网格

网格	单元数				节点数
	I 型单元	II 型单元	III 型单元	总数	
1	25	20	4	49	225
2	36	24	4	64	289
3	49	28	4	81	361
4	64	32	4	100	441

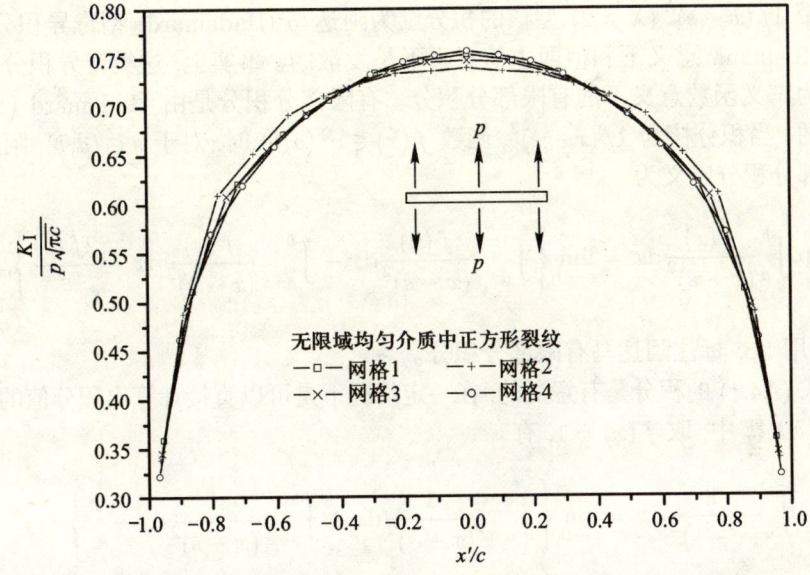

图 8.8　用 4 种单元网格计算得到的 SIF 值

然后, 研究参数 D 对应力强度因子的影响。在核函数 T^Y_{ijk} 和 U^Y_{ijk} 的计算公式 (4.56) 和式 (4.57) 中, 引入了参数 D。为获得核函数高精度的计算结果, 参数 D 的取值至关重要。这里, 选取以下 5 种情况讨论:

$$D = 10^{-4}r, 10^{-5}r, 10^{-6}r, 10^{-7}r, 10^{-8}r. \tag{8.53}$$

式中, r 为场点和源点之间的距离。

对于这 5 种情况, 正方形边中点裂纹尖端的 SIF 值 $\left(\dfrac{K_I}{p\sqrt{\pi c}}\right)$ 分别为

0.750 3、0.750 3、0.760 5、0.774 8、0.666 1。这样，也间接地验证了 Tonon et al (2001) 给出的 D 值，也说明可以用 $D = 10^{-6}r$ 来获得高精度的核函数值。

附录 4 有限部分积分和 Kutt 型数值积分

A4.1 概述

不能在 Riemann 或 Lebesgue 意义下定义的积分称为奇异积分。在一维情况下，常见的奇异积分核有 $\ln|x-s|$、$1/(x-s)$ 和 $1/(x-s)^2$。带 $\ln|x-s|$ 型核的积分称为弱奇异积分，该积分在广义 Riemann 意义下仍是可积的；带 $1/(x-s)$ 型核的积分称为柯西 (Cauchy) 型奇异积分，该积分在广义 Riemann 意义下无定义，但可定义其柯西主值。

带 $1/(x-s)^\lambda (\lambda \geqslant 2)$ 型核的积分则为阿达马 (Hadamard) 型奇异积分，在广义 Riemann 意义下和柯西主值意义下是发散的。事实上，这类奇异积分应该理解为广义函数意义下的有限部分积分。有限部分积分是由 Hadamard (1923) 引入的。当积分核为 $1/(x-s)^2$，函数 $f(x) \in c^2(a,b)$ 时，对于 $s \in (a,b)$，阿达马有限部分积分定义为

$$\text{f.p.} \int_a^b \frac{f(x)}{(x-s)^2} \mathrm{d}x = \lim_{\varepsilon \to 0} \left\{ \int_a^{s-\varepsilon} \frac{f(x)}{(x-s)^2} \mathrm{d}x + \int_{s+\varepsilon}^b \frac{f(x)}{(x-s)^2} \mathrm{d}x - \frac{2f(s)}{\varepsilon} \right\}, \tag{A4.1}$$

式中，用 f.p. 标注阿达马有限部分积分。

式 (A4.1) 的积分是有意义的，在一定情况下是可以直接计算出积分值的。如在式 (A4.1) 中，取 $f(x) = 1$，有

$$\begin{aligned} \text{f.p.} \int_a^b \frac{1}{(x-s)^2} \mathrm{d}x &= \lim_{\varepsilon \to 0} \left\{ \int_a^{s-\varepsilon} \frac{1}{(x-s)^2} \mathrm{d}x + \int_{s+\varepsilon}^b \frac{1}{(x-s)^2} \mathrm{d}x - \frac{2}{\varepsilon} \right\} \\ &= \lim_{\varepsilon \to 0} \left\{ \left(\frac{1}{\varepsilon} - \frac{1}{s-a} \right) + \left(\frac{1}{s-b} + \frac{1}{\varepsilon} \right) - \frac{2}{\varepsilon} \right\} \\ &= -\left(\frac{1}{b-s} + \frac{1}{s-a} \right). \end{aligned} \tag{A4.2}$$

显然，只有当 $f(x)$ 的形式特殊时，才能采用上述方式求解。一般情况下，式 (A4.1) 的解析解很难求得。Kutt 型数值积分为有限部分积分提供了计算方法。

A4.2 Kutt 型数值积分

对于有限部分积分

$$I := \text{f.p.} \int_s^r \frac{f(x)}{(x-s)^\lambda} dx, \qquad \lambda \text{ 为实数且 } \lambda \geqslant 1. \tag{A4.3}$$

式中, $f(x)$ 为实变量 x 的实函数, $f(x) \in C[s,r]$, 并且在 s 的邻域内 $f(x) \in C^\lambda$。

Kutt (1975a, 1975b) 研究了有限部分积分的数值方法。按积分点的分布形式, Kutt 建议的数值积分可分为两类: 高斯型和等距型数值积分。这里, 选择等距型 Kutt 数值积分计算式 (A4.3) 所示的积分。当 λ 取整数时, 式 (A4.3) 的 Kutt 数值积分式为

$$\text{f.p.} \int_s^r \frac{f(x)}{(x-s)^\lambda} dx \approx (r-s)^{1-\lambda} \sum_{l=1}^N \left[w_l + c_l \ln|r-s| / (\lambda-1)! \right] f\left[(r-s) x_l + s\right]. \tag{A4.4}$$

式中, w_l 和 c_l 分别为权值和系数, 与此相对应的 $x_l = (l-1)/N, l = 1, 2, \cdots, N$。由于积分点 x_l 之间的分布是等距离的, 此类数值积分称为 Kutt 型等距数值积分。$N = 20$ 时 Kutt 数值积分的权值和系数列在表 A4.1 中, 权值和系数的数字格式为 $a_l \times 10^{n_l}$。

表 A4.1 Kutt 数值积分的权值和系数

l	w_l a_l	n_l	c_l a_l	n_l
1	0.267 424 501 3 127 725 684 7	3	−0.709 547 931 4 287 363 822 9	2
2	−0.173 116 359 7 492 114 091 0	4	0.380 000 000 0 000 000 000 0	3
3	0.817 306 588 8 657 200 522 4	4	−0.171 000 000 0 000 000 000 0	4
4	−0.311 613 993 1 488 965 819 8	5	0.646 000 000 0 000 000 000 0	4
5	0.939 158 523 8 219 585 883 6	5	−0.193 800 000 0 000 000 000 0	5
6	−0.225 963 101 1 995 996 556 5	6	0.465 120 000 0 000 000 000 0	5
7	0.440 053 096 0 004 187 495 8	6	−0.904 400 000 0 000 000 000 0	5
8	−0.701 176 484 5 891 986 044 7	6	0.143 965 714 2 857 142 857 1	6
9	0.920 853 371 9 354 221 199 7	6	−0.188 955 000 0 000 000 000 0	6
10	−0.100 076 600 4 714 001 036 6	7	0.205 284 444 4 444 444 444 4	6
11	0.900 785 645 0 514 890 562 3	6	−0.184 756 000 0 000 000 000 0	6
12	−0.669 934 267 6 184 635 038 8	6	0.137 421 818 1 818 181 818 1	6
13	0.409 268 165 3 046 320 533 2	6	−0.839 800 000 0 000 000 000 0	5
14	−0.203 299 690 7 980 516 663 8	6	0.417 415 384 6 153 846 153 8	5
15	0.808 260 788 5 721 977 033 1	5	−0.166 114 285 7 142 857 142 8	5
16	−0.251 070 112 4 439 996 173 9	5	0.516 800 000 0 000 000 000 0	4
17	0.586 974 077 3 887 241 177 2	4	−0.121 125 000 0 000 000 000 0	4
18	−0.970 424 200 1 176 710 165 5	3	0.201 176 470 5 882 352 941 1	3
19	0.100 902 048 0 081 135 866 9	3	−0.211 111 111 1 111 111 111 1	2
20	−0.479 546 702 9 064 027 952 9	1	0.105 263 157 8 947 368 421 0	1

参考文献

周维垣, 肖洪天, 吴劲松. 2002. 三维间断位移法及强奇异和超奇异积分的处理方法 [J]. 力学学报, 34: 645-651.
Chen J T, Hong H K. 1999. Review of dual boundary element methods with emphasis on hypersingular integrals and divergent series [J]. ASME Applied Mechanics Reviews, 52: 17-32.
Cisilino A. 1999. Linear and nonlinear crack growth using boundary elements [M]. Southampton: WIT Press.
Crouch S L, Starfield A M. 1983. Boundary element methods in solid mechanics [M]. London: George Allen and Unwin Publishers.
dell'Erba D N. 2000. Thermoelastic fracture mechanics using boundary elements [M]. Southampton: WIT Press.
Guiggiani M, Gigante A. 1990. A general algorithm for multi-dimensional Cauchy principal value integrals in the boundary element method [J]. ASME Journal of Applied Mechanics, 57: 906-915.
Guiggiani M, Krishnasamy G, Rudolphi T J, et al. 1992. A general algorithm for the numerical solution of hypersingular boundary integral equations [J]. ASME Journal of Applied Mechanics, 59: 604-614.
Hadamard J. 1923. Lectures on Cauchy's problems in linear partial differential equations [M]. New York: Yale University Press.
Hong H K, Chen J T. 1988. Derivations of integral equations of elasticity [J]. ASCE Journal of Engineering Mechanics, 114: 1028-1044.
Kutt H R. 1975a. Quadrature formulae for finite-part integrals, special report WISK 178 [R]. Pretoria: National Research Institute for Mathematical Sciences.
Kutt H R. 1975b. On the numerical evaluation of finite-part integrals involving an algebraic singularity, special report WISK 179 [R]. Pretoria: National Research Institute for Mathematical Sciences.
Mi Y, Aliabadi M H. 1992. Dual boundary element method for three-dimensional fracture mechanics analysis [J]. Engineering Analysis with Boundary Elements, 10: 161-171.
Murakami Y, (Editor-in-chief). 1987. Stress intensity factors handbook [M]. Oxford: Pergamon Press.
Pan E. 1997. A general boundary element analysis of 2D linear elastic fracture mechanics [J]. International Journal of Fracture, 88: 41-59.
Pan E, Yuan F G. 2000. Boundary element analysis of three-dimensional crack in anisotropic solids [J]. International Journal for Numerical Methods in Engineering, 48: 211-237.
Portela A, Aliabadi M H, Rooke D P. 1992. Dual boundary element method: efficient implementation for cracked problems [J]. International Journal for Numerical Methods in Engineering, 33: 1269-1287.
Qin T Y, Chen W J, Tang R J. 1997. Three-dimensional crack problem analysis using boundary element method with finite-part integral [J]. International Journal of Fracture, 84: 191-202.
Tonon F, Pan E, Amadei B. 2001. Green's functions and boundary element method formulation for 3D anisotropic media [J]. Computers and Structures, 79: 469-482.
Weaver J. 1977. Three-dimensional crack analysis [J]. International Journal of Solids and Structures, 13: 321-330.
Widle A. 2000. A dual boundary element formulation for three-dimensional fracture analysis [M]. Southampton: WIT Press.
Yue Z Q, Xiao H T, Pan E. 2007. Stress intensity factors of square crack inclined to interface of transversely isotropic bi-material [J]. Engineering Analysis with Boundary Elements, 31: 50-56.

第 9 章
梯度材料中矩形裂纹的断裂力学分析

9.1 引言

矩形裂纹是断裂力学研究的另一类裂纹。由于裂纹特殊的几何形状,矩形裂纹应力强度因子的解析式很难获得,通常采用数值方法求近似解。Weaver (1977) 建立了裂纹位错的积分方程,采用数值方法计算了无限域均匀介质中矩形裂纹的应力强度因子,并用于地震控制分析。Murakami (1987) 讨论了半无限域均匀介质中非光滑裂纹面的矩形裂纹,裂纹体的远场作用着均匀张应力,采用体力方法计算了 I 型、II 型和 III 型应力强度因子。Bains et al (1992) 采用权函数法分析了其尖端为直线的裂纹,如矩形横截面结构中的矩形裂纹,裂纹体上作用着不同类型的荷载。Wen et al (1998) 采用权函数方法分析了均匀介质中的矩形裂纹。Pan et al (2000) 采用对偶边界元法分析了横观各向同性和正交各向异性均匀介质中的矩形裂纹。Yue et al (2007) 采用对偶边界元法分析了横观各向同性双材料中的矩形裂纹。Kassir (1982)、Itou (1983) 和 Qin et al (2003) 也对矩形裂纹不同类型的问题进行了分析。

经过二十余年的努力,梯度材料中的裂纹问题得到了深入的研究,特别是二维裂纹。据作者对文献的掌握,尚没有见到梯度材料中矩形裂纹的研究成果。本章利用第 8 章发展的 Yue 基本解对偶边界元法,分析了不同类型荷载作用下梯度材料中矩形裂纹的应力强度因子,讨论了梯度材料非均匀参数、夹层厚度和裂纹与夹层之间相对位置对应力强度因子的影响。

9.2 无限域 FGM 中的正方形裂纹

9.2.1 概述

分析梯度材料 (FGM) 断裂力学问题时,广泛采用弹性模量的指数分布模型。尽管该模型是基于数学推导方便而假设的,但这种假设具有一定的实际意义。本章采用图 9.1 所示的材料模型,两均匀介质与 FGM 夹层完全黏结。为便于分析,建立图 9.1 所示的整体坐标系 $Oxyz$,并建立局部坐标系 $O'x'y'z'$,其中坐标面 $x'O'y'$ 在裂纹面内,z' 轴垂直于裂纹面,坐标轴 z 和 z' 之间的夹角为 θ。弹性模量采用式 (6.1a) 的变化形式,泊松比 $\nu = 0.3$。

采用分层方法逼近 FGM 夹层材料参数沿厚度方向的变化。对于图 9.1 所示的正方形裂纹,裂纹面平行于 FGM 夹层,即 $\theta = 0°$,裂纹面上作用着均匀压应力 p。FGM 夹层的参数 $h/c = 0.5$,$\alpha c = 2$ 和 $d = c$。

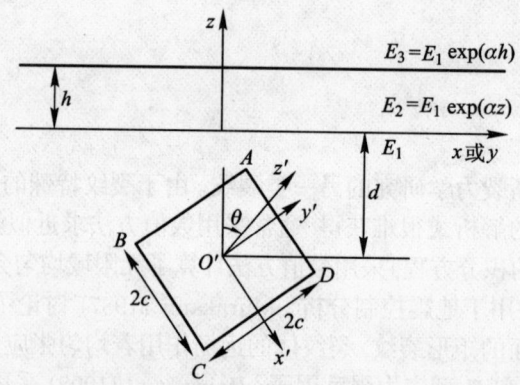

图 9.1 矩形裂纹 ($2c \times 2c$): 裂纹面法线方向与 z 轴之间的夹角为 θ

图 9.2 演示了 I 型和 II 型 SIF 值随 FGM 夹层分层数的变化。这里,选取 4 种 FGM 夹层分层数,即 $n = 5, 10, 15, 20$。对于平行于 FGM 夹层的裂纹,I 型和 II 型 SIF 值是耦合的。从图中可以发现,当 FGM 夹层分层数足够大时,I 型和

II 型 SIF 值趋于稳定。下面采用较大的分层数 $n = 20$ 来分析 FGM 中的矩形裂纹。

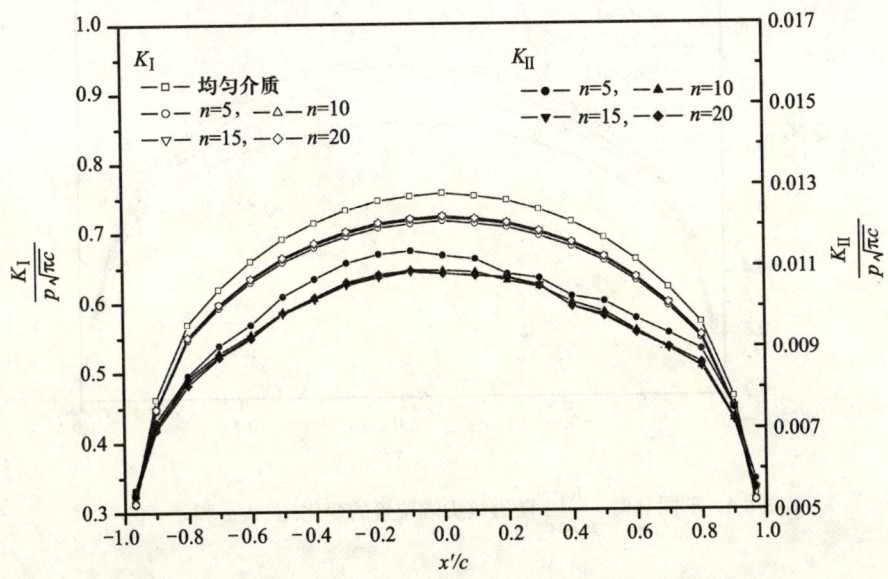

图 9.2　SIF 值与 FGM 夹层分层数 n 之间的关系，$\alpha c = 2$ 和 $\theta = 0°$

9.2.2　正方形裂纹面平行于 FGM 夹层

如图 9.1 所示，裂纹位于与 FGM 夹层完全黏结的均匀材料 1 中，裂纹面上作用着均匀法向压应力 p，取 $\alpha c = 2$ 和 -2。取 $\theta = 0°$，裂纹面平行于 FGM 夹层。图 9.3 ~ 图 9.6 给出了 $\alpha c = 2$ 和 -2 时 SIF 值随距离 d 的变化。图中，K_I 和 K_II 值对称于坐标轴 x'。表 9.1 列出了沿边 $y' = -c$ 裂纹尖端的 I 型和 II 型 SIF 值 ($x' < 0$)。

表 9.1　$\theta = 0°$ 时裂纹尖端 $y' = -c$ 的 SIF 值

x'/c	$\dfrac{K_\mathrm{I}}{p\sqrt{\pi c}}$				$\dfrac{K_\mathrm{II}}{p\sqrt{\pi c}}$			
	$\alpha c = 2$		$\alpha c = -2$		$\alpha c = 2$		$\alpha c = -2$	
	$d/c=0.5$	0.1	0.5	0.1	0.5	0.1	0.5	0.1
−0.966 67	0.309 459	0.302 081	0.346 046	0.348 807	0.010 377	0.016 380	−0.014 81	−0.022 67
−0.5	0.640 905	0.601 978	0.785 909	0.838 126	0.022 462	0.042 103	−0.033 46	−0.068 49
−0.3	0.673 369	0.632 740	0.843 534	0.901 429	0.024 838	0.046 142	−0.037 25	−0.076 90
−0.1	0.688 848	0.647 753	0.871 885	0.931 778	0.026 021	0.048 214	−0.039 33	−0.081 13
0.0	0.692 352	0.651 432	0.877 141	0.937 371	0.026 068	0.048 454	−0.039 55	−0.081 57

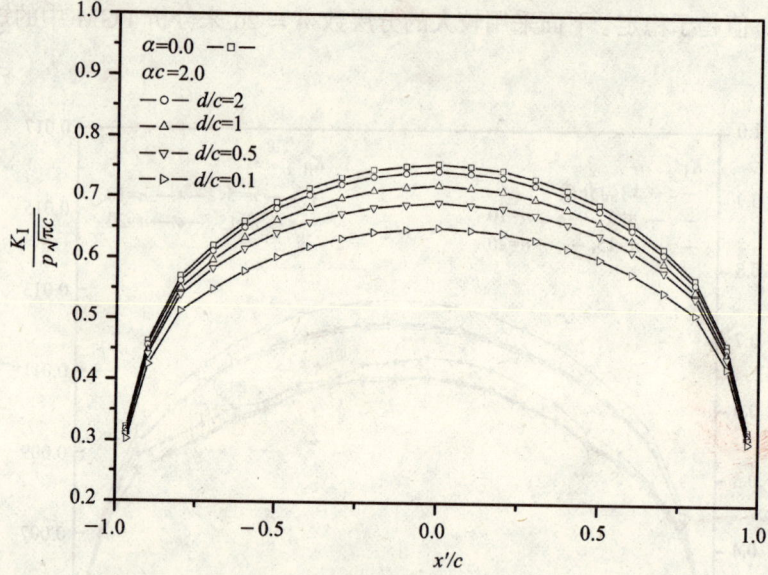

图 9.3 不同 d 时 $\dfrac{K_{\mathrm{I}}}{p\sqrt{\pi c}}$ 随裂纹尖端位置的变化，$\alpha c = 2$ 和 $\theta = 0°$

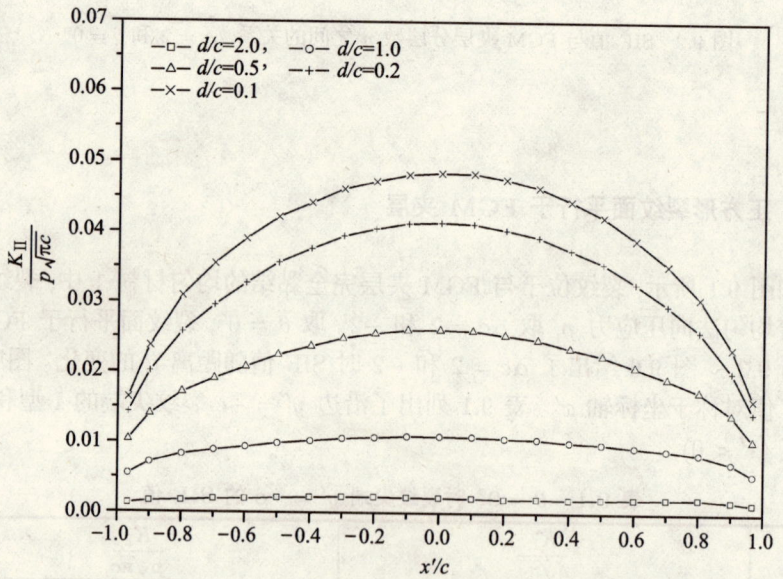

图 9.4 不同 d 时 $\dfrac{K_{\mathrm{II}}}{p\sqrt{\pi c}}$ 随裂纹尖端位置的变化，$\alpha c = 2$ 和 $\theta = 0°$

由于 FGM 夹层的存在，裂纹上、下面沿裂纹面切线方向的位移不同，出现裂纹上、下面的滑移，导致 II 型 SIF 出现。$\alpha c = 2$ 时，随着距离 d 的减少，I 型 SIF 值减小，II 型 SIF 值增加；$\alpha c = -2$ 时，随着距离 d 的减少，I 型 SIF 值增加，

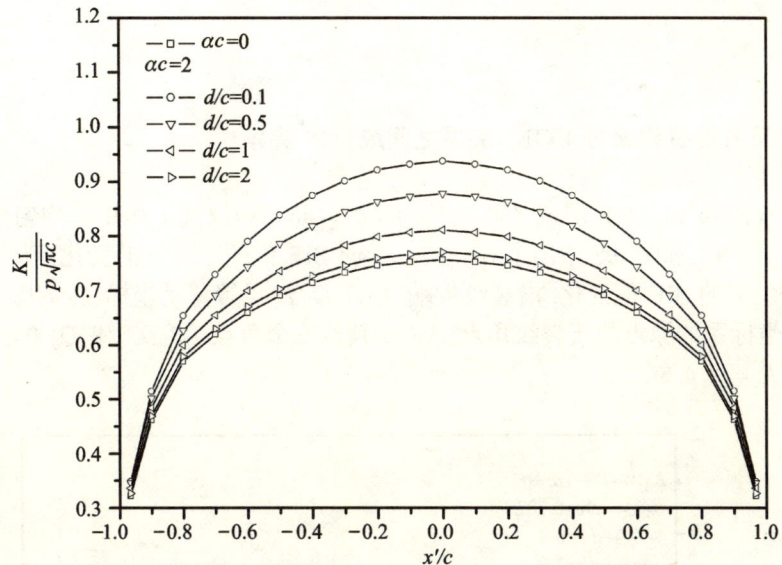

图 9.5 不同 d 时 $\dfrac{K_{\mathrm{I}}}{p\sqrt{\pi c}}$ 随裂纹尖端位置的变化，$\alpha c = -2$ 和 $\theta = 0°$

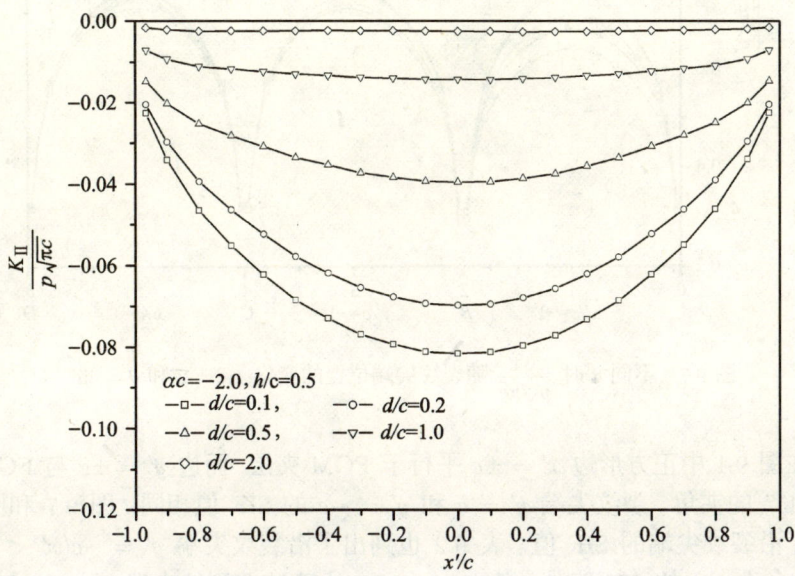

图 9.6 不同 d 时 $\dfrac{K_{\mathrm{II}}}{p\sqrt{\pi c}}$ 随裂纹尖端位置的变化，$\alpha c = -2$ 和 $\theta = 0°$

II 型 SIF 值减小。裂纹处在弹性模量较小的材料 1 中时，即 $\alpha > 0$，裂纹的张开受到弹性模量较大的材料 2 和材料 3 的限制，且随着距离 d 的减小，这种限制更为明显。裂纹处在弹性模量较大的材料 1 中，即 $\alpha < 0$，弹性模量较小的材料 2 和材料 3 使裂纹张开变得更容易。对于 $\alpha < 0$ 和 $\alpha > 0$，裂纹上、下面的滑移方向不同。

9.2.3 正方形裂纹面与 FGM 夹层之间成 45° 夹角

裂纹面与 FGM 夹层成 45° 夹角, 即 $\theta = 45°$, 裂纹面上作用着均匀法向压应力 p。图 9.7 和图 9.8 给出了 $\alpha c = 2, -2$ 时 SIF 值随距离 d 的变化。为便于比较裂纹尖端的 SIF 值变化, 沿裂纹尖端 A–B–C–D 设置移动坐标 L, 如图 9.1 所示。新坐标系的原点位于裂纹角点 A 处, 其他三个角点 (B、C 和 D) 的坐标分别为 $L/c = 2, 4, 6$。

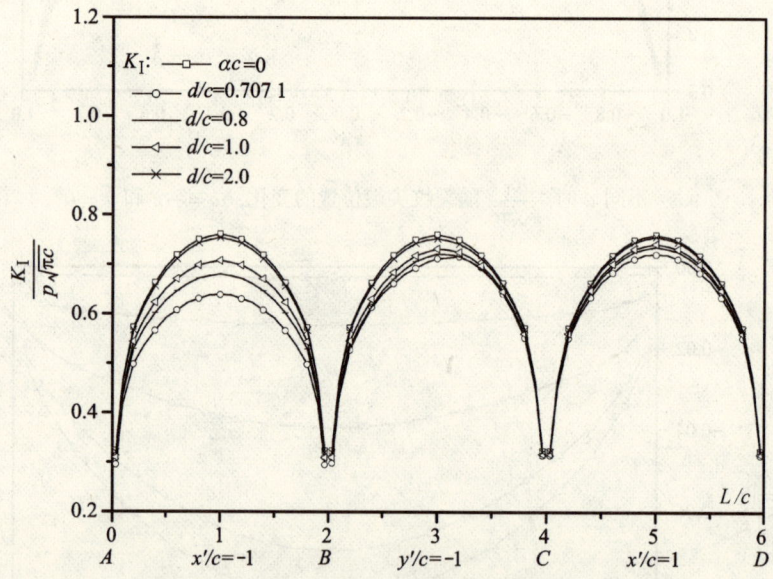

图 9.7 不同 d 时 $\dfrac{K_I}{p\sqrt{\pi c}}$ 随裂纹尖端位置的变化, $\alpha c = 2$ 和 $\theta = 45°$

在图 9.1 中正方形边 $x' = \pm c$ 平行于 FGM 夹层, 而边 $y' = \pm c$ 与 FGM 夹层成 $45°$ 的夹角。裂纹尖端 $y' = c$ 和 $y' = -c$ 的 SIF 值相同。图 9.7 和图 9.8 给出了沿裂纹尖端的 SIF 值。表 9.2 也列出了沿裂纹尖端 $y' = -c(x' < 0)$ 和 $x' = -c(y' < 0)$ 的 SIF 值。注意, $d/c = 0.7071$ 意味着裂纹尖端 $x' = -c$ 正好与 FGM 夹层底面 ($z = 0$) 相触。

$\alpha c = 2$ 时, 弹性模量较大的上部材料 2 和材料 3 限制了裂纹的张开。随着裂纹接近 FGM 夹层, SIF 值减小。FGM 夹层对裂纹尖端 $x' = -c$ 比对 $x' = c$ 的影响显著。显然, 越靠近 FGM 夹层裂纹尖端的 SIF 值变化越明显。$\alpha c = -2$ 时, 弹性模量较小的上部材料 2 和材料 3 使裂纹的张开变得容易。随着裂纹接近 FGM 夹层, SIF 值增加。与 $\alpha c = 2$ 情形相同, FGM 夹层对裂纹尖端 $x' = -c$

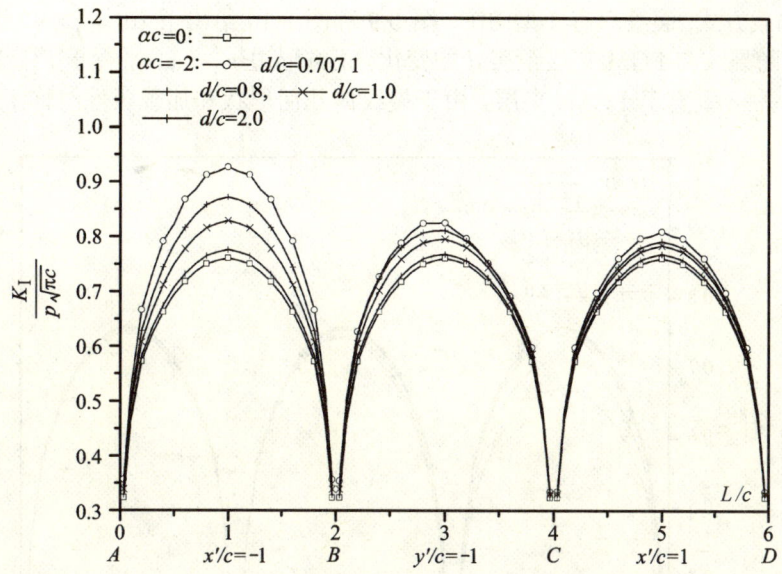

图 9.8 不同 d 时 $\dfrac{K_{\mathrm{I}}}{p\sqrt{\pi c}}$ 随裂纹尖端位置的变化，$\alpha c = -2$ 和 $\theta = 45°$

影响显著，而对裂纹尖端 $x' = c$ 的影响相对较弱。

从图 9.4 和图 9.6 可以看出，随着裂纹离开 FGM 夹层，II 型 SIF 值迅速减少。当 $d/c = 2$ 时，II 型 SIF 绝对值小于 0.01，该值已接近第 8 章数值验证中的误差。随着裂纹变成倾斜裂纹，FGM 夹层的影响减少，而又由于分析误差的存在，导致该情况下 II 型 SIF 值分布难以准确给出。所有这里没有给出 II 型 SIF 值的分布。

表 9.2 $\theta = 45°$ 时裂纹 SIF 值 $\left(\dfrac{K_{\mathrm{I}}}{p\sqrt{\pi c}}\right)$

y'/c 或 x'/c	裂纹尖端: $x' = -c$				裂纹尖端: $y' = -c$			
	$\alpha c = 2$		$\alpha c = -2$		$\alpha c = 2$		$\alpha c = -2$	
	$d/c=1.0$	0.707 1	1.0	0.707 1	1.0	0.707 1	1.0	0.707 1
−0.966 67	0.317 721	0.314 650	0.330 178	0.334 220	0.317 688	0.314 577	0.330 202	0.334 150
−0.5	0.679 490	0.665 886	0.714 608	0.731 582	0.676 531	0.671 646	0.717 466	0.727 084
−0.3	0.719 255	0.702 985	0.758 508	0.778 641	0.714 594	0.706 771	0.765 214	0.777 582
−0.1	0.738 404	0.720 649	0.779 771	0.801 676	0.729 816	0.714 174	0.789 487	0.810 521
0.0	0.742 499	0.720 927	0.784 248	0.809 939	0.732 086	0.712 270	0.796 045	0.825 454

9.2.4 正方形裂纹面与 FGM 夹层垂直

裂纹面垂直于 FGM 夹层，即 $\theta = 90°$。由于独特的裂纹几何形状、裂纹位置和加载方式,裂纹只有 I 型 SIF。图 9.9 和图 9.10 给出了 $\alpha c = 2, -2$ 时 I 型 SIF 值随裂纹与 FGM 夹层距离 d 的变化。正方形边 $x' = \pm c$ 平行于 FGM 夹层, 边 $y' = \pm c$ 垂直于 FGM 夹层。由于裂纹体几何形状和加载条件对称于 y' 轴,

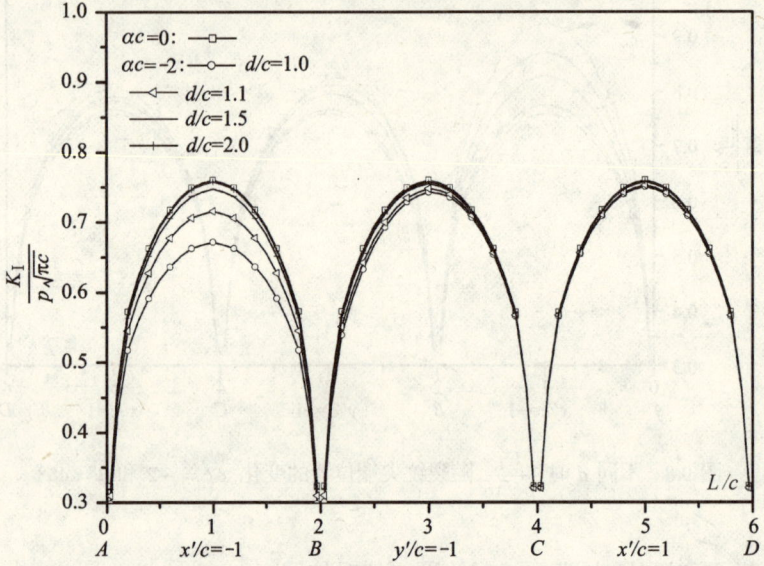

图 9.9 不同 d 时 $\dfrac{K_{\mathrm{I}}}{p\sqrt{\pi c}}$ 随裂纹尖端位置的变化, $\alpha c = 2$ 和 $\theta = 90°$

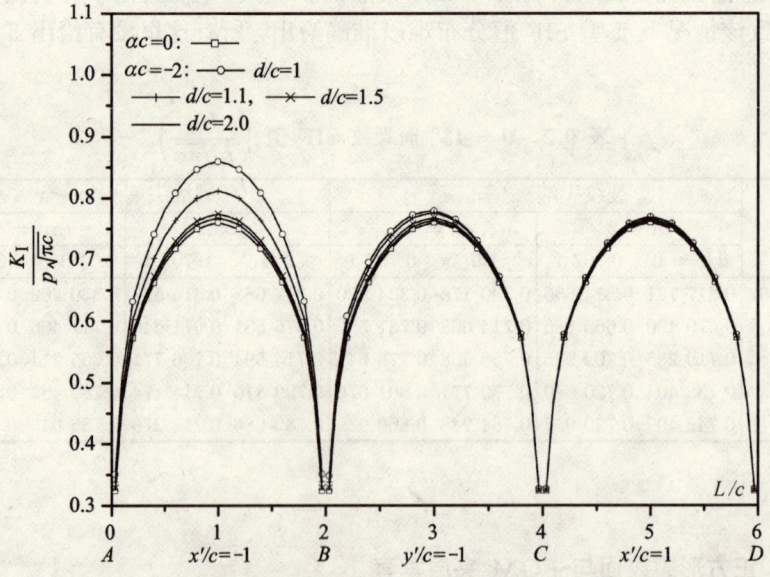

图 9.10 不同 d 时 $\dfrac{K_{\mathrm{I}}}{p\sqrt{\pi c}}$ 随裂纹尖端位置的变化, $\alpha c = -2$ 和 $\theta = 90°$

裂纹尖端 $y' = c$ 和 $y' = -c$ 具有相同的 SIF 值。这样,图中仅给出了裂纹尖端 $y' = -c$ 的 SIF 值。$d = c$ 时,裂纹尖端 $x' = -c$ 与 FGM 夹层的底面 ($z = 0$) 相触。对比发现,$\theta = 90°$ 时裂纹尖端 SIF 值的变化趋势与 $\theta = 45°$ 时的相同。对于远离 FGM 夹层的裂纹尖端 $x' = c$,SIF 值受 FGM 夹层的影响不明显。

9.3 在 FGM 夹层中的正方形裂纹

如图 9.11 所示,正方形裂纹位于 FGM 夹层中,裂纹面的法线方向与 FGM 的梯度方向一致,取 $\alpha c = 2$ 和 $h/c = 0.5$。

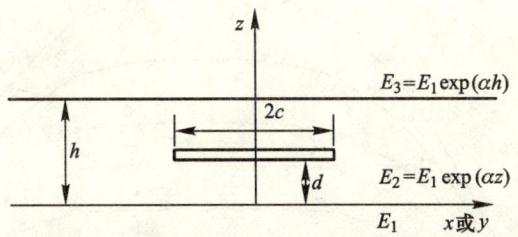

图 9.11 在 FGM 夹层中的矩形裂纹 ($2c \times 2c$)

图 9.12 和图 9.13 给出了裂纹位于 FGM 夹层不同位置时 I 型和 II 型 SIF 值的变化趋势,对应的 SIF 值列在表 9.3 中。图中给出了 5 种情形下 SIF 值的变

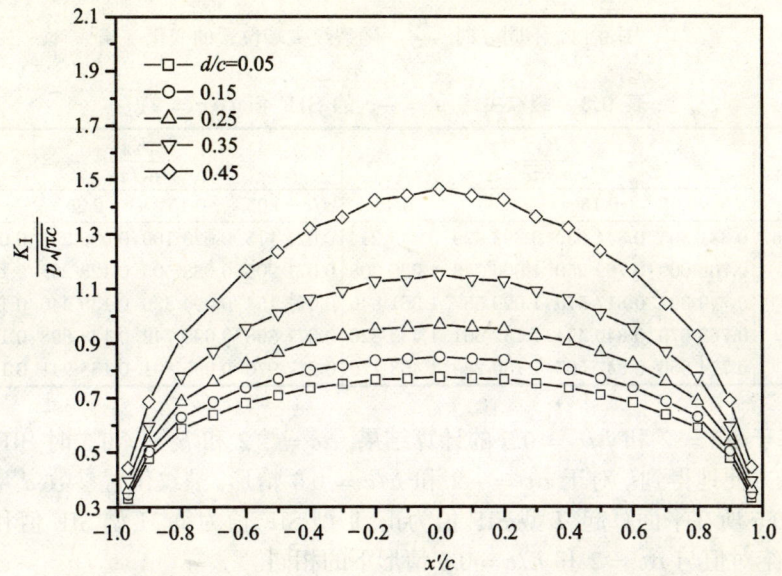

图 9.12 不同 d 时 $\dfrac{K_\mathrm{I}}{p\sqrt{\pi c}}$ 随裂纹尖端位置的变化

化, 即 $d/c = 0.05, 0.15, 0.25, 0.35, 0.45$。可以发现, 随着 d 的增大, I 型和 II 型 SIF 值增大。由 $d = 0$ 至 $d = h$, 裂纹所处位置的弹性模量逐渐增大, 裂纹的张开受到限制, 导致 I 型 SIF 值减小; 沿 x 和 y 方向裂纹上、下面存在相对滑移, II 型 SIF 值也不再为零, 而且随着 d 的增大而增大。Delale et al (1988) 讨论了 FGM 夹层中的平面裂纹, 裂纹面的法线方向与材料梯度方向一致, 所得到的结论与这里的相同。

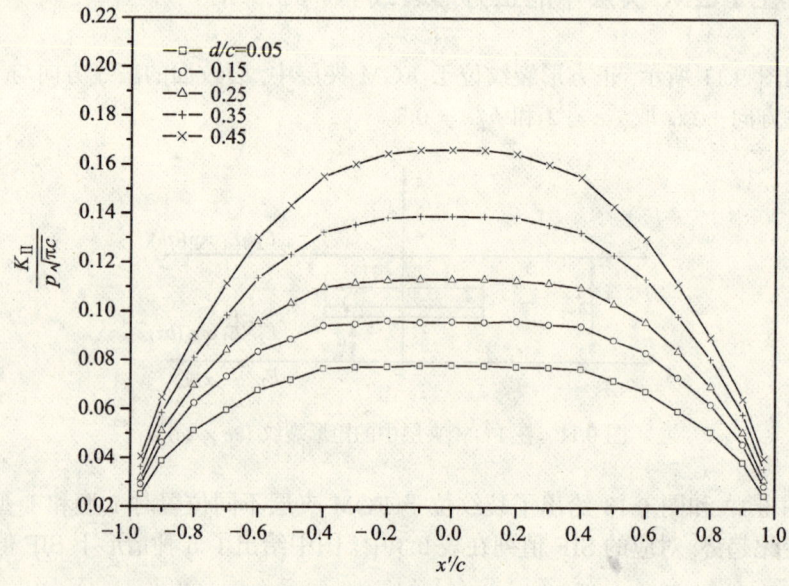

图 9.13 不同 d 时 $\dfrac{K_{II}}{p\sqrt{\pi c}}$ 随裂纹尖端位置的变化

表 9.3 裂纹尖端 $y' = -c$ 的 SIF 值 ($\alpha c = 2$)

x'/c	$\dfrac{K_I}{p\sqrt{\pi c}}$				$\dfrac{K_{II}}{p\sqrt{\pi c}}$			
	$d/c=0.05$	0.15	0.35	0.45	$d/c=0.05$	0.15	0.35	0.45
−0.966 67	0.331 305	0.344 050	0.393 429	0.443 214	0.025 115	0.029 100	0.036 255	0.040 577
−0.5	0.708 009	0.769 250	1.006 743	1.236 308	0.071 905	0.088 505	0.123 238	0.143 138
−0.3	0.749 307	0.817 576	1.090 587	1.361 846	0.077 154	0.094 836	0.135 446	0.160 237
−0.1	0.768 670	0.840 494	1.132 501	1.439 826	0.077 868	0.095 742	0.138 898	0.166 073
0.0	0.774 953	0.847 567	1.150 289	1.463 176	0.077 970	0.095 891	0.138 941	0.166 147

基于 $\alpha c = 2$ 和 $h/c = 0.5$ 的计算结果, $\alpha c = -2$ 和 $h/c = 0.5$ 时 SIF 值变化可以方便地得到。对于 $\alpha c = -2$ 和 $h/c = 0.5$ 情形, 裂纹位置参数 d 应该从 $z/c = 0.5$ 所在平面算起, I 型 SIF 值为正, II 型 SIF 值为负。I 型 SIF 值和 II 型 SIF 的绝对值与 $\alpha c = 2$ 和 $h/c = 0.5$ 情形下的相同。

9.4 无限域 FGM 中的矩形裂纹

9.4.1 概述

矩形裂纹位于无限域 FGM 材料中, 矩形裂纹长边和短边的边长为 $4c \times 2c$, 裂纹面上作用着均匀压应力 p。矩形裂纹面共划分 98 个单元, 其中 I 型单元为 60 个, II 型单元为 34 个, III 型单元为 4 个, 网格节点为 435 个。数值计算结果为: 在均匀介质中, 矩形裂纹短边中点的 $\dfrac{K_{\mathrm{I}}}{p\sqrt{\pi c}} = 0.793\,4$, 长边中点的 $\dfrac{K_{\mathrm{I}}}{p\sqrt{\pi c}} = 0.883\,07$。与正方形裂纹相比, 随着矩形长短边的边长之比增大, 长短边中点的 $\dfrac{K_{\mathrm{I}}}{p\sqrt{\pi c}}$ 增大, 尤其是长边中点裂纹尖端的 SIF 值。Weaver (1977) 讨论了无限域均匀介质中矩形裂纹长短边边长不同比值时应力强度因子的变化。裂纹面上作用着均匀压应力时, 随着矩形长短边边长之比的增大, 长边中点的 $\dfrac{K_{\mathrm{I}}}{p\sqrt{\pi c}}$ 逐渐接近 1, 也就是接近平面裂纹的应力强度因子值。

下面讨论矩形裂纹面平行和垂直于 FGM 夹层, 裂纹面上作用着均匀压应力 p 时, 裂纹应力强度因子的变化。同样, 为了便于讨论, 沿裂纹尖端 A–B–C–D 设置移动坐标 L, 如图 9.14 所示。新坐标系的原点位于裂纹角点 A 处, 其他三个角点 (B、C 和 D) 的坐标分别为 $L/c = 2, 6, 8$。

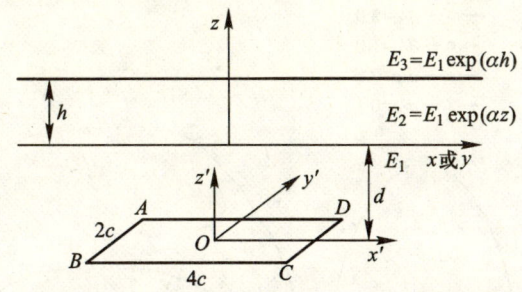

图 9.14 矩形裂纹 ($4c \times 2c$): 裂纹面与梯度材料夹层平行

9.4.2 裂纹面平行于 FGM 夹层

如图 9.14 所示, 裂纹面平行于 FGM 夹层。此情形下, 裂纹变形模式为 I 和 II 复合型。图 9.15 ~ 图 9.18 给出 d 取不同值时 SIF 值随裂纹尖端位置的变化, 这里 $\alpha c = 2, -2$。表 9.4 ~ 表 9.7 给出了裂纹长边和短边的 SIF 值。

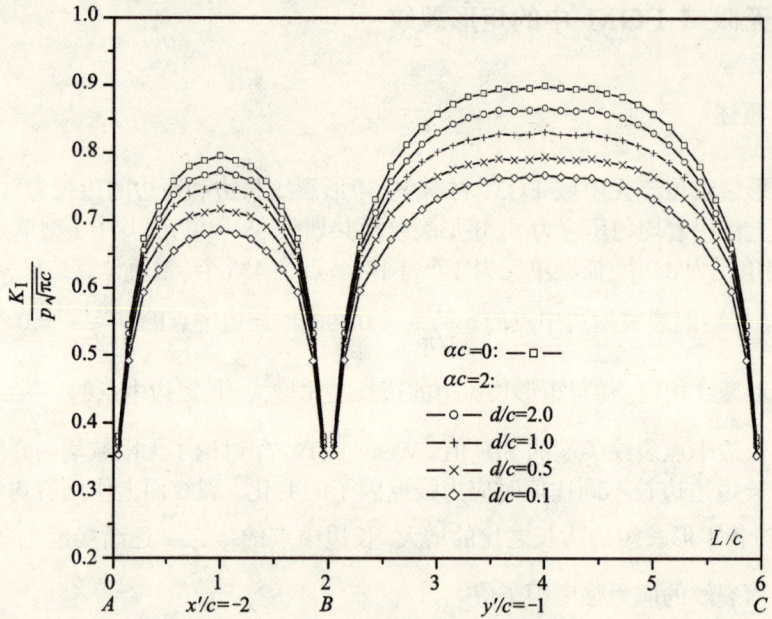

图 9.15 不同 d 时 $\dfrac{K_{\mathrm{I}}}{p\sqrt{\pi c}}$ 随裂纹尖端位置的变化，$\alpha c = 2$

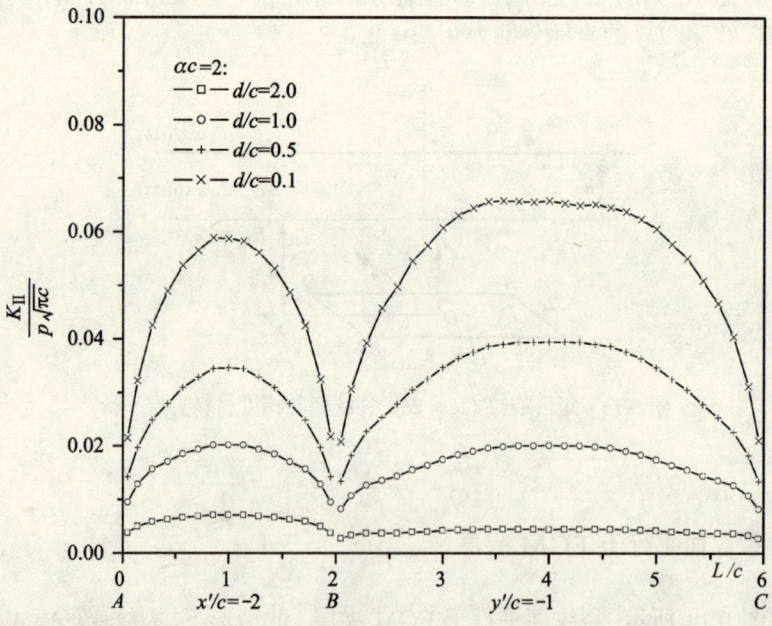

图 9.16 不同 d 时 $\dfrac{K_{\mathrm{II}}}{p\sqrt{\pi c}}$ 随裂纹尖端位置的变化，$\alpha c = 2$

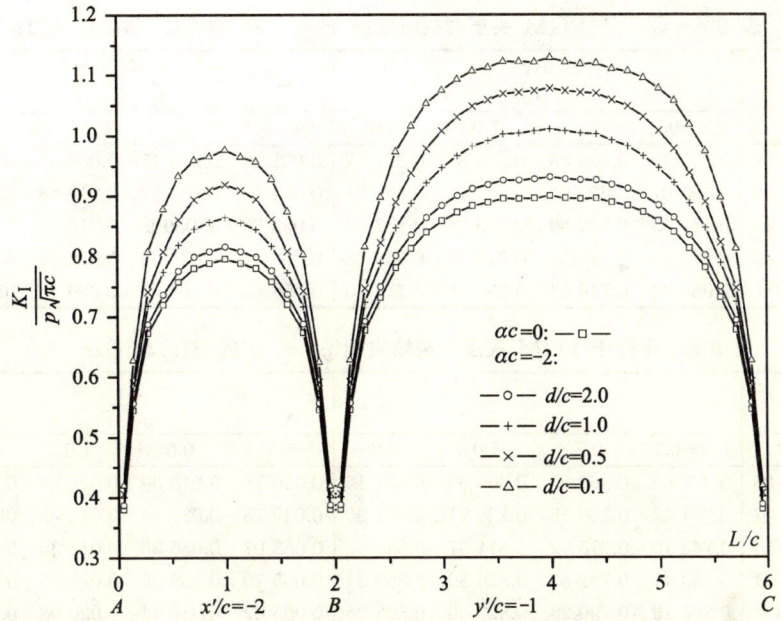

图 9.17 不同 d 时 $\dfrac{K_{\mathrm{I}}}{p\sqrt{\pi c}}$ 随裂纹尖端位置的变化, $\alpha c = -2$

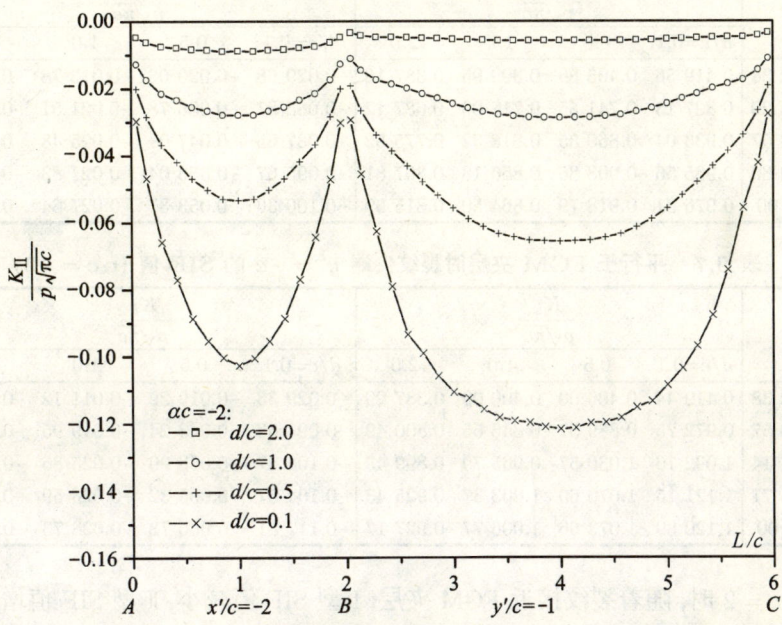

图 9.18 不同 d 时 $\dfrac{K_{\mathrm{II}}}{p\sqrt{\pi c}}$ 随裂纹尖端位置的变化, $\alpha c = -2$

表 9.4 平行于 FGM 夹层时裂纹尖端 $x' = -2c$ 的 SIF 值 ($\alpha c = 2$)

y'/c	$\dfrac{K_{\mathrm{I}}}{p\sqrt{\pi c}}$				$\dfrac{K_{\mathrm{II}}}{p\sqrt{\pi c}}$			
	d/c=0.1	0.5	1.0	2.0	d/c=0.1	0.5	1.0	2.0
−0.952 38	0.352 40	0.360 83	0.366 82	0.371 07	0.021 47	0.014 17	0.009 49	0.003 75
−0.714 29	0.593 07	0.625 25	0.644 75	0.655 71	0.042 52	0.024 87	0.015 68	0.005 87
−0.428 57	0.654 33	0.689 89	0.719 96	0.737 26	0.053 76	0.030 9	0.018 49	0.006 63
−0.142 86	0.679 23	0.710 54	0.745 12	0.766 48	0.058 87	0.034 43	0.020 17	0.007 10
0.000 00	0.684 82	0.716 64	0.751 58	0.773 53	0.058 69	0.034 55	0.020 15	0.007 09

表 9.5 平行于 FGM 夹层时裂纹尖端 $y' = -c$ 的 SIF 值 ($\alpha c = 2$)

x'/c	$\dfrac{K_{\mathrm{I}}}{p\sqrt{\pi c}}$				$\dfrac{K_{\mathrm{II}}}{p\sqrt{\pi c}}$			
	d/c=0.1	0.5	1.0	2.0	d/c=0.1	0.5	1.0	2.0
−1.952 38	0.352 68	0.360 93	0.366 89	0.371 15	0.020 78	0.013 39	0.008 25	0.002 73
−1.428 57	0.671 42	0.709 58	0.738 71	0.757 90	0.049 78	0.027 83	0.014 38	0.003 74
−0.857 14	0.743 10	0.775 92	0.811 37	0.843 05	0.063 07	0.036 35	0.018 36	0.004 32
−0.285 71	0.763 41	0.789 83	0.826 80	0.862 34	0.065 70	0.039 36	0.020 05	0.004 48
0.000 00	0.765 13	0.790 26	0.827 55	0.863 26	0.065 02	0.039 44	0.020 08	0.004 43

表 9.6 平行于 FGM 夹层时裂纹尖端 $x' = -2c$ 的 SIF 值 ($\alpha c = -2$)

y'/c	$\dfrac{K_{\mathrm{I}}}{p\sqrt{\pi c}}$				$\dfrac{K_{\mathrm{II}}}{p\sqrt{\pi c}}$			
	d/c=0.1	0.5	1.0	2.0	d/c=0.1	0.5	1.0	2.0
−0.952 38	0.419 56	0.405 89	0.399 95	0.387 16	−0.029 68	−0.020 08	−0.012 78	−0.004 69
−0.714 29	0.807 13	0.741 55	0.718 09	0.687 12	−0.065 87	−0.036 78	−0.021 51	−0.007 51
−0.428 57	0.933 04	0.860 35	0.818 32	0.775 52	−0.087 65	−0.047 01	−0.025 48	−0.008 39
−0.142 86	0.965 56	0.908 86	0.856 18	0.807 81	−0.095 67	−0.053 04	−0.027 83	−0.008 89
0.000 00	0.976 31	0.918 79	0.864 50	0.815 39	−0.100 36	−0.053 37	−0.027 84	−0.008 82

表 9.7 平行于 FGM 夹层时裂纹尖端 $y' = -c$ 的 SIF 值 ($\alpha c = -2$)

x'/c	$\dfrac{K_{\mathrm{I}}}{p\sqrt{\pi c}}$				$\dfrac{K_{\mathrm{II}}}{p\sqrt{\pi c}}$			
	d/c=0.1	0.5	1.0	2.0	d/c=0.1	0.5	1.0	2.0
−1.952 38	0.419 44	0.406 00	0.400 09	0.387 29	−0.029 33	−0.019 22	−0.011 12	−0.003 43
−1.428 57	0.972 75	0.889 57	0.846 55	0.800 49	−0.093 53	−0.043 24	−0.019 95	−0.004 79
−0.857 14	1.092 16	1.030 57	0.965 79	0.899 43	−0.108 47	−0.058 99	−0.025 86	−0.005 53
−0.285 71	1.121 15	1.070 60	1.003 37	0.925 43	−0.104 57	−0.065 32	−0.028 59	−0.005 80
0.000 00	1.120 89	1.073 66	1.006 77	0.927 17	−0.112 81	−0.065 72	−0.028 73	−0.005 76

$\alpha c = 2$ 时, 随着裂纹接近 FGM 夹层, I 型 SIF 值减小, II 型 SIF 值增加。这是因为由于 FGM 夹层的存在, 且 FGM 夹层的弹性模量相对材料 1 的增加, 限制了裂纹张开, 导致裂纹上、下面滑移。$\alpha c = -2$ 时, I 型 SIF 值为正, II 型 SIF 值为负; 随着裂纹接近 FGM 夹层, I 型 SIF 值增加, II 型 SIF 绝对值增加。这是因为由于 FGM 夹层的存在, 且 FGM 夹层的弹性模量相对材料 1 的减小, 使裂

纹上面的张开更容易,并使裂纹上、下面出现相对滑移。对于 $\alpha < 0$ 和 $\alpha > 0$, 裂纹上、下面的滑移方向不同。

9.4.3 裂纹面的长边垂直于 FGM 夹层

如图 9.19 所示,裂纹面长边垂直于 FGM 夹层。此情形下,裂纹只有 I 型变形模式。图 9.20 和图 9.21 给出了裂纹距 FGM 夹层不同距离 d 时 SIF 值的变

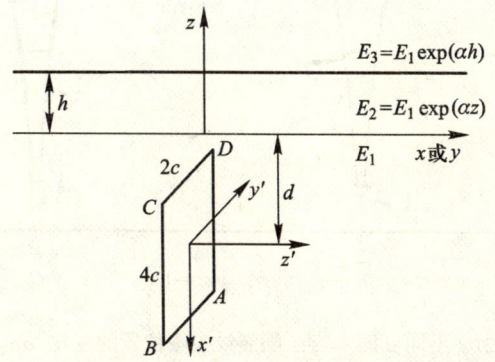

图 9.19 矩形裂纹 ($4c \times 2c$): 裂纹面垂直于梯度材料夹层

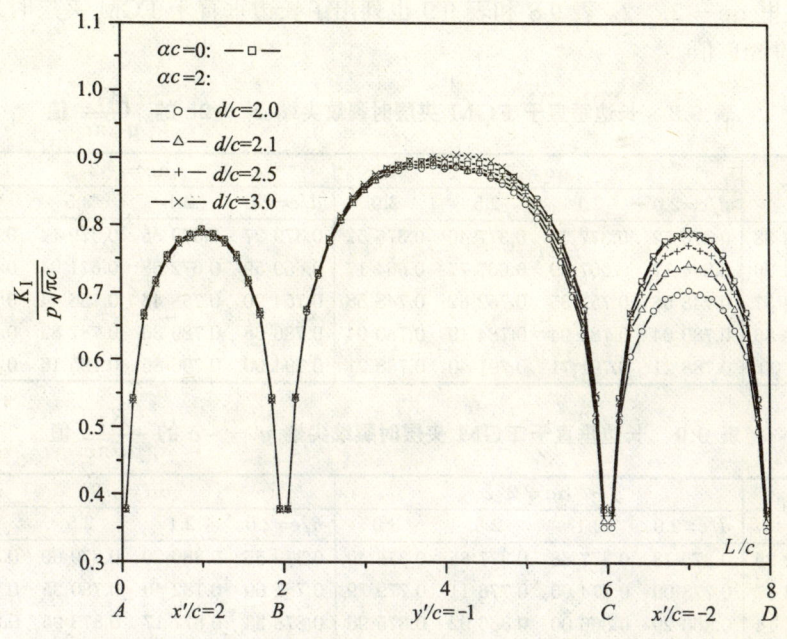

图 9.20 不同 d 时 $\dfrac{K_{\mathrm{I}}}{p\sqrt{\pi c}}$ 随裂纹尖端位置的变化, $\alpha c = 2$

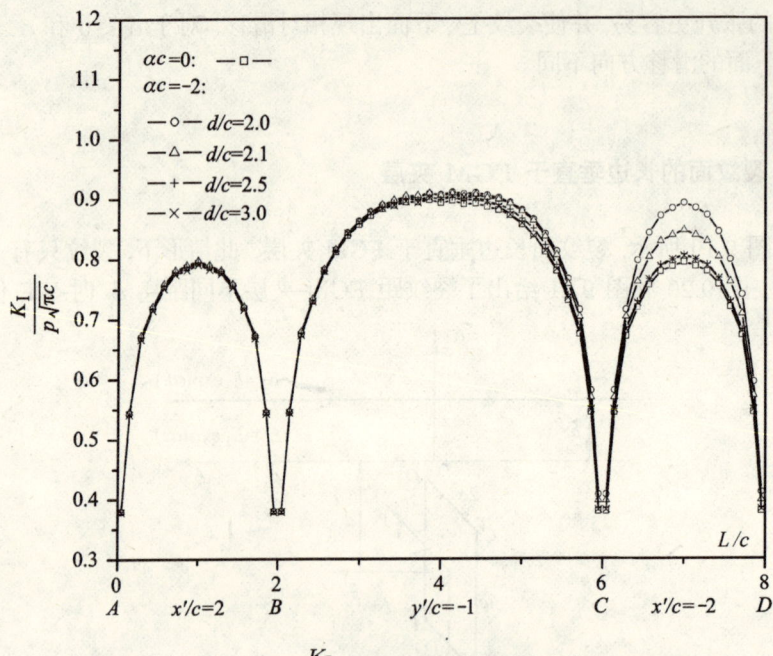

图 9.21 不同 d 时 $\dfrac{K_I}{p\sqrt{\pi c}}$ 随裂纹尖端位置的变化，$\alpha c = -2$

化，这里 $\alpha c = 2, -2$。表 9.8 和表 9.9 也列出了长边垂直于 FGM 夹层时裂纹长短边的 SIF 值。

表 9.8　长边垂直于 FGM 夹层时裂纹尖端 $x' = 2c$ 的 $\dfrac{K_I}{p\sqrt{\pi c}}$ 值

y'/c	$\alpha c = 2$				$\alpha c = -2$			
	d/c=2.0	2.1	2.5	3.0	d/c=2.0	2.1	2.5	3.0
−0.952 38	0.376 52	0.377 36	0.377 40	0.376 52	0.379 27	0.379 85	0.379 14	0.378 03
−0.714 29	0.664 17	0.667 89	0.667 77	0.664 17	0.669 59	0.672 68	0.671 04	0.666 35
−0.428 57	0.748 58	0.753 35	0.752 82	0.748 58	0.754 90	0.758 46	0.756 44	0.750 67
−0.142 86	0.780 04	0.784 94	0.784 19	0.780 04	0.786 68	0.789 80	0.787 82	0.781 89
0.000 00	0.788 21	0.791 71	0.791 40	0.788 21	0.794 90	0.796 86	0.795 16	0.790 66

表 9.9　长边垂直于 FGM 夹层时裂纹尖端 $y' = -c$ 的 $\dfrac{K_I}{p\sqrt{\pi c}}$ 值

x'/c	$\alpha c = 2$				$\alpha c = -2$			
	d/c=2.0	2.1	2.5	3.0	d/c=2.0	2.1	2.5	3.0
−1.952 38	0.376 78	0.377 68	0.377 85	0.378 40	0.379 55	0.380 20	0.379 60	0.378 40
−1.428 57	0.773 99	0.774 95	0.776 11	0.779 79	0.781 69	0.782 40	0.780 95	0.779 79
−0.857 14	0.866 29	0.866 00	0.866 92	0.875 96	0.878 33	0.877 17	0.873 95	0.875 96
−0.285 71	0.884 37	0.889 57	0.889 59	0.893 77	0.902 83	0.904 88	0.898 89	0.893 77
0.000 00	0.884 09	0.886 10	0.887 68	0.899 50	0.906 56	0.904 88	0.898 66	0.899 50

$\alpha c=2$ 时, 受弹性模量较大的 FGM 夹层的限制, 裂纹尖端 $x'/c=-2$ 的 SIF 值明显地小于裂纹尖端 $x'/c=2$ 的 SIF 值, 尤其是接近短边中心的裂纹尖端。在矩形长边上, 接近夹层的裂纹尖端应力强度因子比远离的略有减小。$\alpha c=-2$ 时, 由于 FGM 夹层弹性模量相对较小, 裂纹的张开变得容易, 裂纹尖端 $x'/c=-2$ 的 SIF 值明显地大于裂纹尖端 $x'/c=2$ 的 SIF 值, 尤其是接近短边中心的裂纹尖端。在矩形长边上, 接近 FGM 夹层裂纹尖端的应力强度因子比远离的略有增加。

9.4.4 裂纹面的短边垂直于 FGM 夹层

如图 9.22 所示, 裂纹短边垂直于 FGM 夹层。此情形下, 裂纹只有 I 型变形模式。图 9.23 和图 9.24 给出了不同距离 d 时 SIF 值的变化, 这里 $\alpha c=2, -2$。表 9.10 和表 9.11 也列出了短边垂直于夹层时裂纹长短边的 SIF 值。

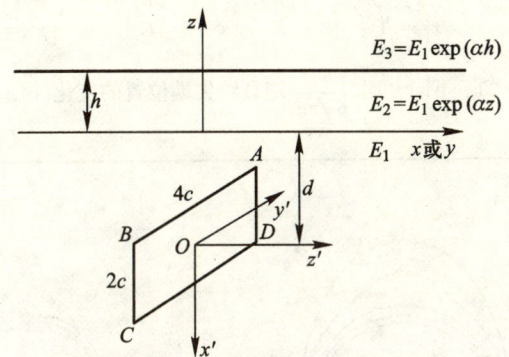

图 9.22 矩形裂纹 $(2c \times 4c)$: 裂纹面及短边垂直于梯度材料夹层

表 9.10 短边垂直于 FGM 夹层时裂纹尖端 $y'=-2c$ 的 $\dfrac{K_{\mathrm{I}}}{p\sqrt{\pi c}}$ 值

x'/c	$\alpha c = 2$				$\alpha c = -2$			
	d/c=1.0	1.1	1.5	2.0	d/c=1.0	1.1	1.5	2.0
−0.952 38	0.376 26	0.375 26	0.372 41	0.372 14	0.379 64	0.381 07	0.380 44	0.384 82
−0.714 29	0.665 92	0.664 34	0.657 55	0.657 39	0.671 80	0.674 43	0.666 59	0.682 28
−0.428 57	0.749 86	0.747 14	0.737 69	0.737 00	0.757 89	0.761 66	0.756 37	0.773 46
−0.142 86	0.779 85	0.775 31	0.764 33	0.761 90	0.790 38	0.795 37	0.800 11	0.812 30
0.000 00	0.786 66	0.781 12	0.769 62	0.765 65	0.798 55	0.804 30	0.815 90	0.824 16

$\alpha c=2$ 时, 受弹性模量较大的 FGM 夹层的限制, 裂纹尖端 $x'/c=-1$ 的 SIF 值明显地小于裂纹尖端 $x'/c=1$ 的 SIF 值, 尤其是接近短边中心的裂纹尖端。在矩形短边上, 接近夹层裂纹尖端的应力强度因子比远离的略有减小。$\alpha c=-2$ 时, 受弹性模量较小的 FGM 夹层的影响, 裂纹尖端 $x'/c=-1$ 的 SIF 值明显地大于

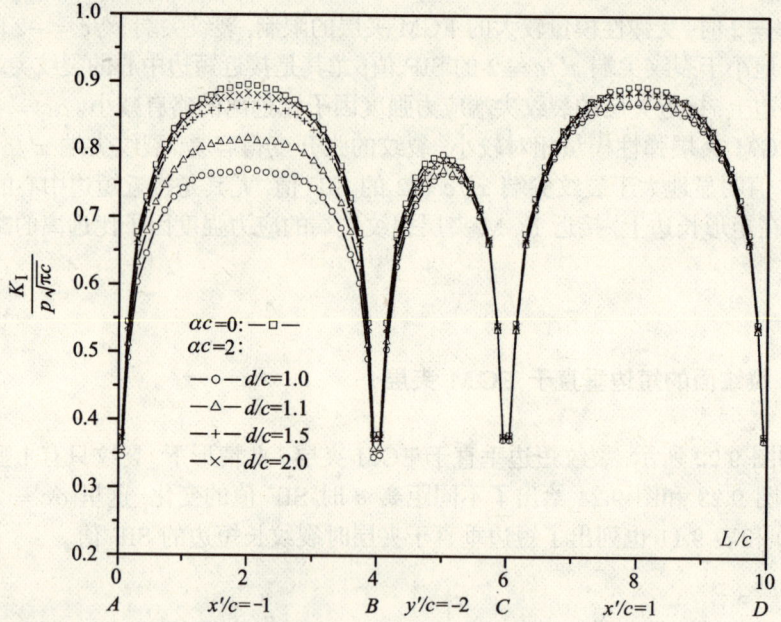

图 9.23 不同 d 时 $\dfrac{K_{\mathrm{I}}}{p\sqrt{\pi c}}$ 随裂纹尖端位置的变化，$\alpha c = 2$

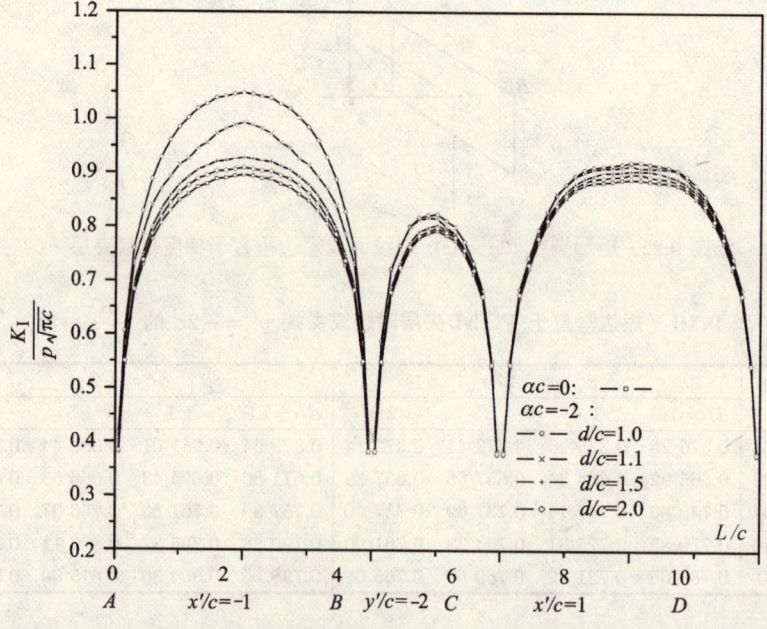

图 9.24 不同 d 时 $\dfrac{K_{\mathrm{I}}}{p\sqrt{\pi c}}$ 随裂纹尖端位置的变化，$\alpha c = -2$

裂纹尖端 $x'/c=1$ 的 SIF 值, 尤其是接近长边中心的裂纹尖端。在矩形短边上, 接近夹层裂纹尖端的应力强度因子比远离的略有增加。

表 9.11　短边垂直于 FGM 夹层时裂纹尖端 $x'=-c$ 的 $\dfrac{K_{\mathrm{I}}}{p\sqrt{\pi c}}$ 值

y'/c	$\alpha c=2$				$\alpha c=-2$			
	$d/c=1.0$	1.1	1.5	2.0	$d/c=1.0$	1.1	1.5	2.0
−1.952 38	0.345 95	0.357 77	0.369 70	0.374 40	0.416 98	0.403 34	0.387 90	0.382 96
−1.428 57	0.684 04	0.720 23	0.755 92	0.767 42	0.888 13	0.840 21	0.799 04	0.786 42
−0.857 14	0.753 44	0.794 14	0.842 55	0.855 82	1.003 02	0.925 68	0.892 57	0.876 83
−0.285 71	0.766 44	0.811 89	0.862 01	0.878 59	1.042 18	0.982 60	0.922 80	0.904 03
0.000 00	0.770 53	0.816 40	0.866 34	0.883 46	1.046 38	0.993 05	0.925 82	0.906 51

9.5　有限域梯度材料中的正方形裂纹

如图 9.25 所示, 正方形裂纹在三种材料组成的长方体中。材料 1 和材料 3 为均匀材料, 材料 2 为梯度材料。三种材料的弹性模量按式 (6.1a) 变化, 取 $\alpha c=2$, -2, 三种材料的泊松比相同, 取 $\nu=0.3$。正方形裂纹在材料 1 中, 裂纹面平行于 FGM 夹层。含裂纹长方体的高度为 $2H$, 宽度为 W。矩形裂纹的边长为 $2c$。取 $W=4c$, $W=H$ 和 $h=0.5c$。长方体的外边界用 8 节点单元离散, 共有 250 个单元和 752 个节点; 裂纹面采用图 8.5 中的网格 4。长方体上、下面作用着沿外法线方向的均匀张应力 p。

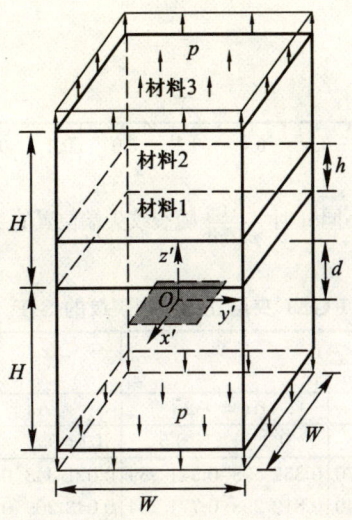

图 9.25　长方体中的正方形裂纹 $(2c\times 2c)$

分析无限域介质中的矩形裂纹时, 没有用到位移边界积分方程式 (8.5)。有限域介质中裂纹的分析需要同时用到方程式 (8.5) 和式 (8.13)。对于均匀介质长方体中的正方形裂纹 ($\alpha = 0$ 和 $d = 0$),笔者获得的正方形边中点裂纹尖端的 $\dfrac{K_\mathrm{I}}{p\sqrt{\pi c}} = 0.811\,2$, Wen et al (1998) 获得的结果为 0.81, Pan et al (2000) 获得的结果为 0.818 3。

图 9.26 ~ 图 9.29 给出了 $\alpha c = 2, -2$ 时 I 型和 II 型 SIF 值随距离 d 的变化,对应的 SIF 值列在表 9.12 中。$\alpha c = 2$ 时,随着裂纹接近 FGM 夹层,I 型 SIF 值减小,而 II 型 SIF 值增大。$\alpha c = -2$ 时,随着裂纹接近 FGM 夹层,I 型 SIF 值和 II 型 SIF 绝对值增加。对比发现,有限域和无限域介质中 FGM 夹层对裂纹应力强度因子的影响规律类似。表 9.13 给出了有限域和无限域介质中正方形裂纹的 SIF 值。可以发现,相同条件下,有限域的 I 型 SIF 值和 II 型 SIF 绝对值均比无限域的大。

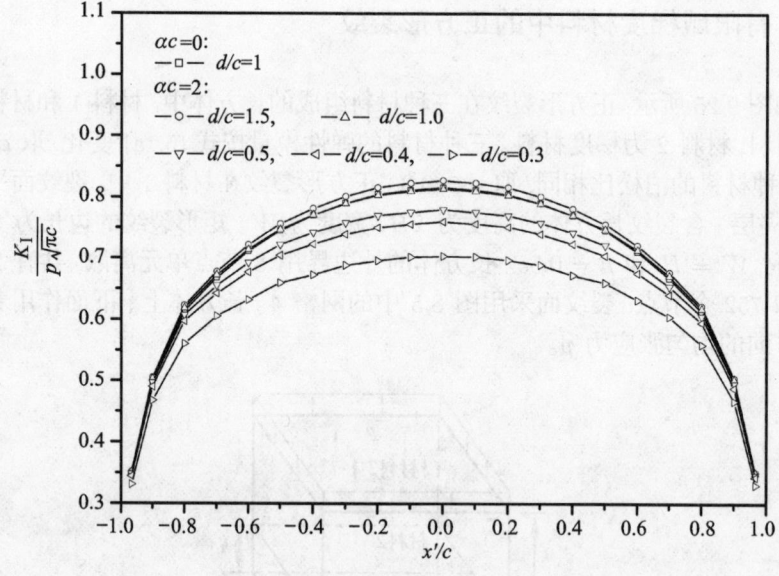

图 9.26 不同 d 时 $\dfrac{K_\mathrm{I}}{p\sqrt{\pi c}}$ 随裂纹尖端位置的变化, $\alpha c = 2$

表 9.12 含 FGM 夹层立方体中裂纹的 SIF 值 ($y' = -c$)

x'/c	$\dfrac{K_\mathrm{I}}{p\sqrt{\pi c}}$				$\dfrac{K_\mathrm{II}}{p\sqrt{\pi c}}$			
	$\alpha c = 2$		$\alpha c = -2$		$\alpha c = 2$		$\alpha c = -2$	
	$d/c=0.3$	0.5	0.3	0.5	$d/c=0.3$	0.5	0.3	0.5
$-0.966\,67$	0.330 913	0.347 870	0.352 598	0.341 389	0.021 343	0.015 882	$-0.030\,98$	$-0.018\,86$
-0.5	0.659 524	0.721 540	0.812 298	0.771 234	0.043 209	0.030 890	$-0.068\,36$	$-0.039\,75$
-0.3	0.688 403	0.758 184	0.874 426	0.827 598	0.046 308	0.033 183	$-0.075\,28$	$-0.043\,30$
-0.1	0.701 845	0.775 555	0.904 686	0.855 472	0.047 658	0.034 536	$-0.078\,66$	$-0.044\,99$
0.0	0.703 359	0.779 540	0.910 546	0.860 679	0.047 811	0.035 077	$-0.079\,12$	$-0.045\,11$

9.5 有限域梯度材料中的正方形裂纹

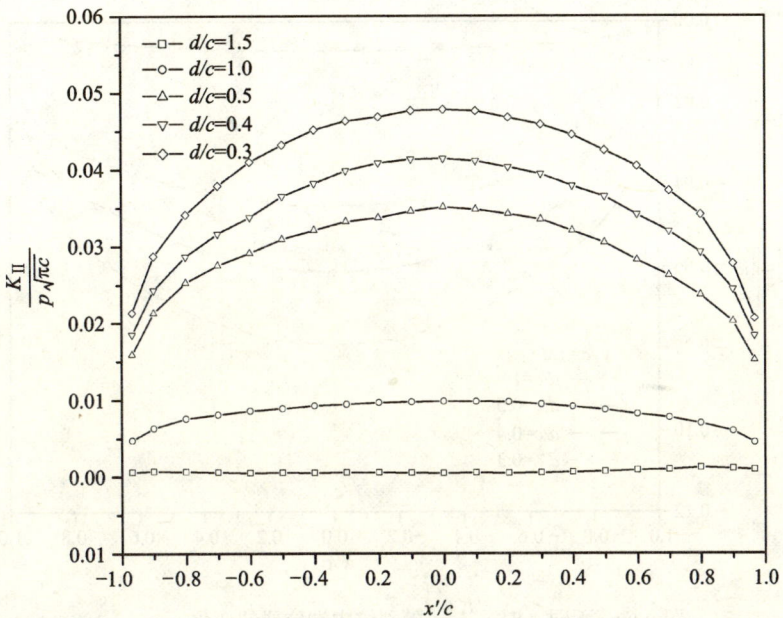

图 9.27 不同 d 时 $\dfrac{K_{\mathrm{II}}}{p\sqrt{\pi c}}$ 随裂纹尖端位置的变化, $\alpha c = 2$

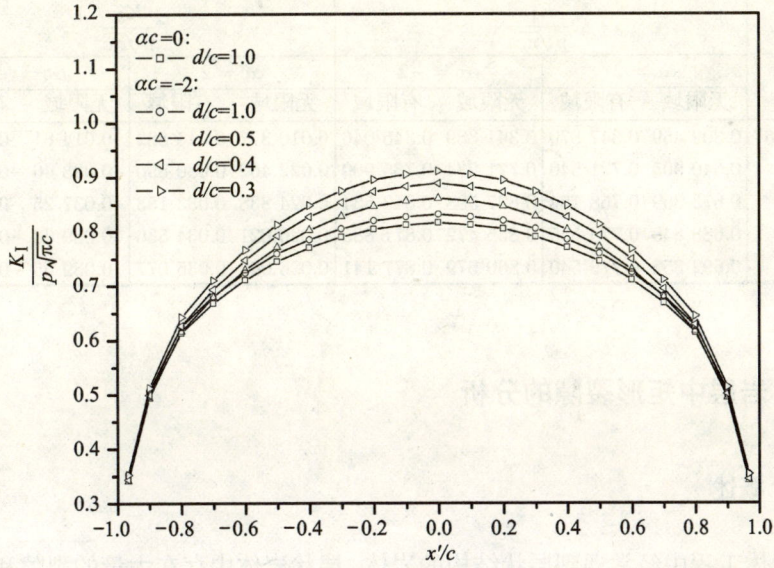

图 9.28 不同 d 时 $\dfrac{K_{\mathrm{I}}}{p\sqrt{\pi c}}$ 随裂纹尖端位置的变化, $\alpha c = -2$

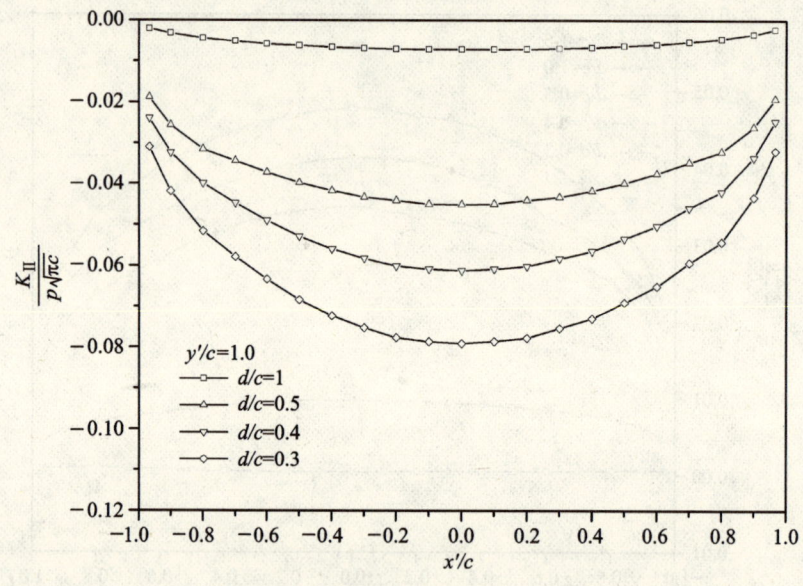

图 9.29　不同 d 时 $\dfrac{K_{\mathrm{II}}}{p\sqrt{\pi c}}$ 随裂纹尖端位置的变化，$\alpha c = -2$

表 9.13　无限域和有限域中正方形裂纹 SIF 值的对比 ($y' = -c$ 和 $d/c = 0.5$)

x'/c	$\dfrac{K_{\mathrm{I}}}{p\sqrt{\pi c}}$				$\dfrac{K_{\mathrm{II}}}{p\sqrt{\pi c}}$			
	$\alpha c = 2$		$\alpha c = -2$		$\alpha c = 2$		$\alpha c = -2$	
	无限域	有限域	无限域	有限域	无限域	有限域	无限域	有限域
-0.966 67	0.309 459	0.347 870	0.341 389	0.346 046	0.010 377	0.015 882	-0.014 81	-0.018 86
-0.5	0.640 905	0.721 540	0.771 234	0.785 909	0.022 462	0.030 890	-0.033 46	-0.039 75
-0.3	0.673 369	0.758 184	0.827 598	0.843 534	0.024 838	0.033 183	-0.037 25	-0.043 30
-0.1	0.688 848	0.775 555	0.855 472	0.871 885	0.026 021	0.034 536	-0.039 33	-0.044 99
0.0	0.692 352	0.779 540	0.860 679	0.877 141	0.026 068	0.035 077	-0.039 55	-0.045 11

9.6　岩层中矩形裂隙的分析

9.6.1　概述

岩体工程中经常遇到层状结构的岩体，层状岩体中存在大量的裂隙和断层。岩体的力学特性受到结构面的控制。分析层状裂隙岩体时，基于 Kelvin 基本解的边界元法存在如下局限性：需要沿层面划分单元，并引入无穷单元考虑远场的影响；如果层状岩体由许多层组成，这种边界元的子域法效率很低；如果岩体的力学性质沿某一方向非均匀变化，如力学参数为深度的连续函数，就不能用此类方法。

从本章前面几节的分析中可以看出，建议的对偶边界元法能有效地分析梯度材料中的裂纹，当然也能分析层状材料中的裂纹。特别是，分析无限域层状材料中的裂纹问题时，建议的对偶边界元法就是间断位移法，或称为不连续位移法。本节采用发展的方法分析无限域层状岩体中的裂隙。

9.6.2 层状岩体和裂隙参数

正方形裂隙位于无限域夹层中，如图 9.30 所示。选取两种岩石，其弹性参数为：细砂岩，$E = 56$ GPa，$\nu = 0.23$；泥岩，$E = 20$ GPa，$\nu = 0.25$。这样，两种岩石可以组合成四种情形的层状岩体，如表 9.14 所示。表中记号 Case 1-1 和 Case 2-1 中，第一个数字为 1 和 2 分别表示均匀荷载和非均匀荷载，第二个数字表示层状岩体的分类。中间夹层的厚度 $h = 2.0$ m。正方形裂隙的边长为 2.0 m；裂隙面光滑，且平行于层状岩体的层面。裂隙面上作用着均匀压应力和非均匀压应力。裂隙面的网格如图 8.7 (b) 所示。

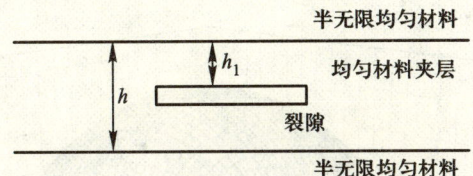

图 9.30　无限域均匀夹层中的正方形裂隙

表 9.14　四种组合形式的层状岩体

均匀荷载	非均匀荷载	无限域中的层状岩体
Case 1-1	Case 2-1	无限域为均匀介质、细砂岩
Case 1-2	Case 2-2	两半无限域为泥岩，中间夹层为细砂岩，夹层厚度为 2.0 m
Case 1-3	Case 2-3	无限域为均匀介质、泥岩
Case 1-4	Case 2-4	两半无限域为细砂岩，中间夹层为泥岩，夹层厚度为 2.0 m

9.6.3 层状岩体中均匀荷载作用下的正方形裂隙

如图 9.31 所示，均匀压应力作用在裂隙面上，荷载的大小为 8 MPa。以下分析此荷载作用下四种类型层状材料中裂隙 SIF 的分布规律。

1. Case 1-1 和 Case 1-2

Case 1-1 为由细砂岩组成的无限域岩体，Case 1-2 为由两半无限域泥岩和夹层细砂岩组成的层状岩体。均匀压应力作用下，Case 1-1 情形下裂隙面的张开位移如图 9.32 所示。可以发现，裂隙面中心处的张开位移最大，向裂隙尖端减

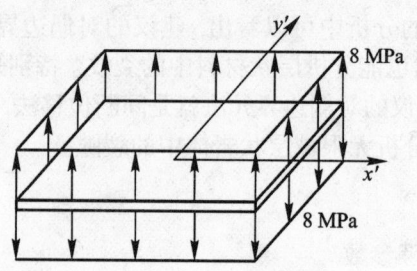

图 9.31　正方形裂隙面上作用着均匀压应力

少。图中没有给出裂隙尖端 $x' = \pm 1$ m 和 $y' = \pm 1$ m 处的张开位移,而给出了离裂隙尖端 0.1/3 m 处的张开位移。实际上,裂隙尖端的张开位移为零。对于均匀介质,即 Case 1-1,在法向压应力作用下,沿裂隙面切向的滑动间断位移精确解为零;数值解约为 1.0×10^{-5} mm,接近零。对于 Case 1-2,当裂隙位于夹层中部时,即 $h_1 = 1.0$ m,材料的组成和几何尺寸关于裂隙面对称。此时,裂隙面只有张开位移,不存在沿裂隙面切线方向的间断位移。

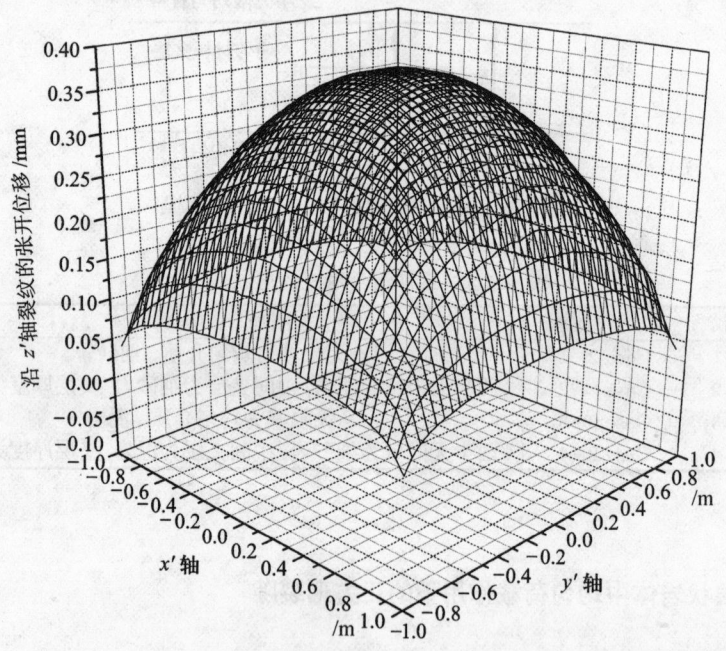

图 9.32　裂隙面的张开位移 (Case 1-1)

由于材料分布、裂隙几何形状和受力的特点,裂隙四个边尖端的应力强度因子分布相同,这里仅取正方形裂隙的一个边分析,该边上的 SIF 值如图 9.33 和图 9.34 所示。相对于 Case1-1,Case 1-2 情形下裂隙的张开位移增大,这是因为两个半无限域泥岩的弹性模量相对中间夹层细砂岩的要小,使裂隙的张开变得容易。图 9.33 中，与 Case 1-1 情形对比，Case 1-2 ($h_1 = 1.0$ m) 情形下，K_I 明显增大。

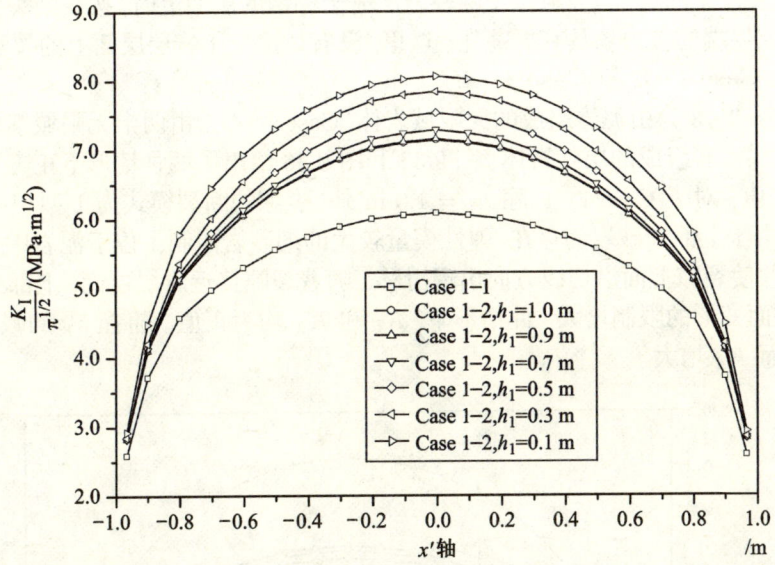

图 9.33 应力强度因子 K_I 的分布 (Case 1-1 和 Case 1-2)

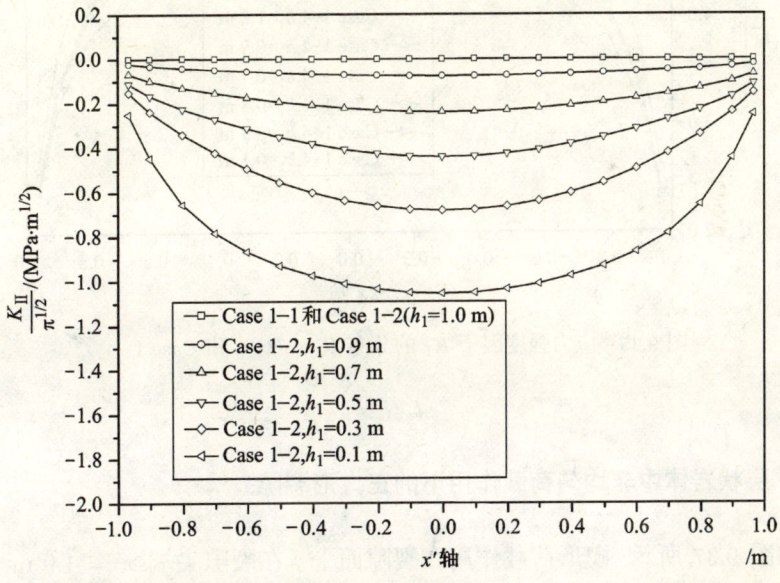

图 9.34 应力强度因子 K_{II} 的分布 (Case 1-1 和 Case 1-2)

取 $h_1 \in (0, 1.0$ m$]$，随着 h_1 的减小，即裂隙接近岩层的层面，受到上覆半无限岩体的影响，裂隙面的间断位移增大。对于 Case 1-2，随着 h_1 的减小，裂隙的张开位移和沿裂隙面的滑动间断位移的绝对值增大。此情形下，K_I 为正值，K_{II} 为负值。随着 h_1 的减少，K_I 值和 K_{II} 的绝对值均增加。

需要注意的是，当裂隙位于两种岩层完全黏结的层面上时，按着断裂力学理论，裂隙尖端的应力场具有振荡性。这里，没有讨论位于岩层层面上的裂隙。

2. Case 1-3 和 Case 1-4

Case 1-3 为由泥岩组成的无限域岩体，Case 1-4 为由两半无限域细砂岩和中间夹层泥岩组成的层状岩体。图 9.35 和图 9.36 给出了两种情形下正方形裂隙的 SIF 值。对于 Case 1-4，除 $h_1 = 1.0$ m 外，裂隙的断裂模式为 I 型和 II 型耦合的。由于上部细砂岩的存在，弹性模量较大的细砂岩限制了位于泥岩中裂隙的张开，并使裂隙上面沿切线方向出现滑移。随着裂隙接近岩层层面，上部细砂岩对裂隙面变形的限制增大。此情形下，K_I 和 K_{II} 均为正值。随着 h_1 的减少，K_I 减小，而 K_{II} 增大。

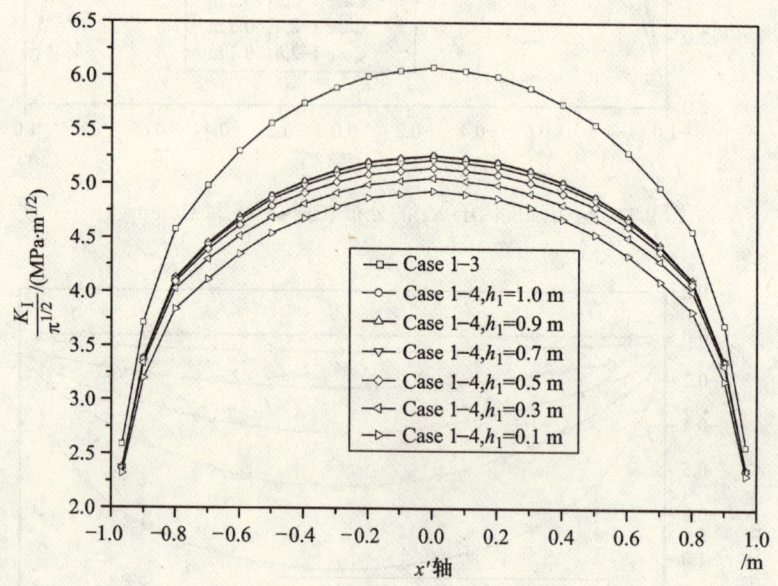

图 9.35 应力强度因子 K_I 的分布 (Case 1-3 和 Case 1-4)

9.6.4 层状岩体中非均匀荷载作用下的正方形裂隙

如图 9.37 所示，楔形荷载作用在裂隙面上。在裂隙尖端 $x' = 1.0$ m 处，荷载最大，为 8.0 MPa，在裂隙尖端 $x' = -1.0$ m 处，荷载最小，为 0.0 MPa，从 $x' = -1.0$ m 到 $x' = 1.0$ m，荷载呈线性分布。裂纹面光滑，且平行于层状岩体的层面。正方形裂隙的边长为 2.0 m。中间夹层的厚度为 2 m。裂隙面的网格如图 8.7 (b) 所示。要讨论的情形列在表 9.14 中。

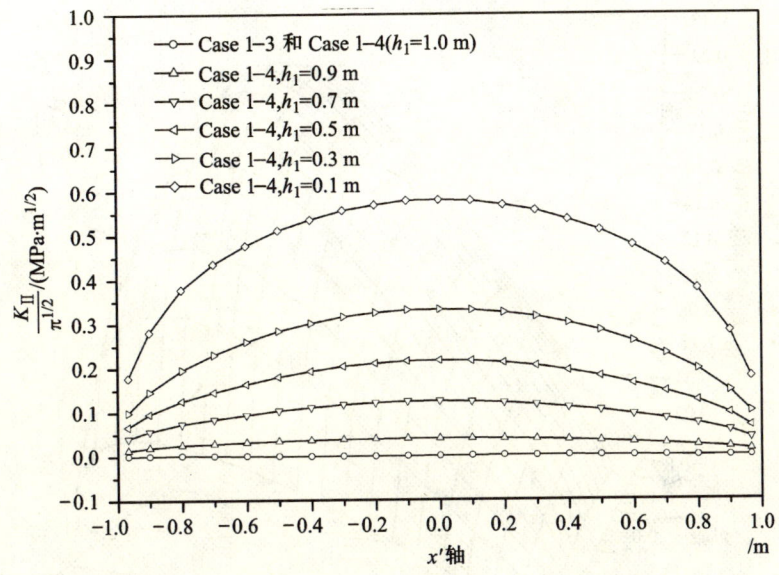

图 9.36 应力强度因子 K_{II} 的分布 (Case 1-3 和 Case 1-4)

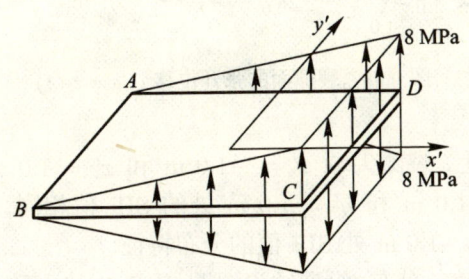

图 9.37 正方形裂隙面上作用着非均匀压应力

1. Case 2-1 和 Case 2-2

Case 2-1 为由细砂岩组成的无限域岩体, Case 2-2 为由两半无限域泥岩和中间夹层细砂岩组成的层状岩体。图 9.38 给出了 Case 2-1 情形下裂隙面的张开位移。可以发现, 靠近裂隙尖端 $x' = 1.0$ m, 裂隙的张开位移较大, 靠近裂隙尖端 $x' = -1.0$ m, 裂隙的张开位移最小。对于 Case 2-1 的裂隙, 由于材料分布关于裂隙面对称, 且上、下裂隙面受到相同压应力的作用, 沿裂隙面切线方向没有滑动位移。对于 $h_1 = 1.0$ m 的 Case 2-2, 由于相同的原因, 沿裂隙面的切线方向没有滑动位移。

由于两个半无限域泥岩的存在且该岩层相对中间夹层细砂岩的弹性模量低, 相对于 Case 2-1, Case 2-2 情形下张开位移增大, 相应地, I 型 SIF 值增大。对于 Case 2-2, 除 $h_1 = 1.0$ m 外, 裂隙面的上面沿切线方向的位移增大, 裂隙面的下面沿切线方向的位移减小, 这导致裂隙面滑动间断位移的出现。由于楔形压

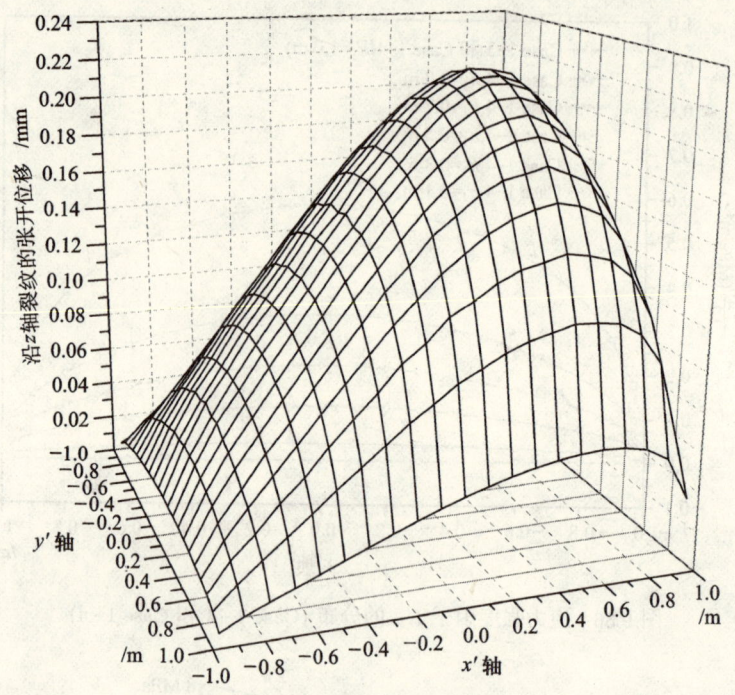

图 9.38 裂隙面的张开位移 (Case 2–1)

应力作用在裂隙面上，裂隙尖端 $x' = -1.0$ m 和 $x' = 1.0$ m 处的 SIF 值不同，而裂隙尖端 $y' = -1.0$ m 和 $y' = 1.0$ m 处的 SIF 值相同。下面讨论裂隙尖端 $x' = \pm 1.0$ m 和 $y' = -1.0$ m 处 SIF 值的分布特征。

为了便于描述 SIF 分布，沿裂纹尖端 A-B-C-D 建立移动的线坐标系 L，如图 9.37 所示。该坐标系的原点在裂纹面角点 $A(L=0)$，其他三个角点（B、C 和 D）的坐标分别为 $L = 2$ m, 4 m, 6 m。

图 9.39 给出沿裂隙尖端 SIF 值的分布。在 $x' = -1.0$ m 处，K_I 和 K_{II} 均为正值。在裂隙尖端 $x' = 1.0$ m 和 $y' = -1.0$ m 处，K_I 为正值，K_{II} 为负值。在裂隙尖端 $x' = -1.0$ m 和 $x' = 1.0$ m 处，K_{II} 分别为正值和负值，显然与裂隙面上作用的荷载有关。根据断裂准则，这两端的扩展方向显然不同。在裂隙尖端 $y' = -1.0$ m，靠近荷载较大的作用处，K_I 和 K_{II} 的绝对值较大。随着裂隙接近岩石层面，K_I 和 K_{II} 的绝对值增大。

2. Case 2–3 和 Case 2–4

Case 2–3 为由泥岩组成的无限域岩体，Case 2–4 为由两半无限域细砂岩和中间夹层泥岩组成的层状岩体。图 9.40 给出裂隙尖端的 SIF 值。图中，$x' = -1.0$ m 处，K_I 为正值，K_{II} 为负值。在裂隙尖端 $x' = 1.0$ m 和 $y' = -1.0$ m 处，K_I 和 K_{II} 均为正值。在裂隙尖端 $x' = -1.0$ m 和 $x' = 1.0$ m 处，K_{II} 分别为负值和正值，显然与裂隙面上的非均匀荷载有关。在裂隙尖端 $y' = -1.0$ m 且靠近荷

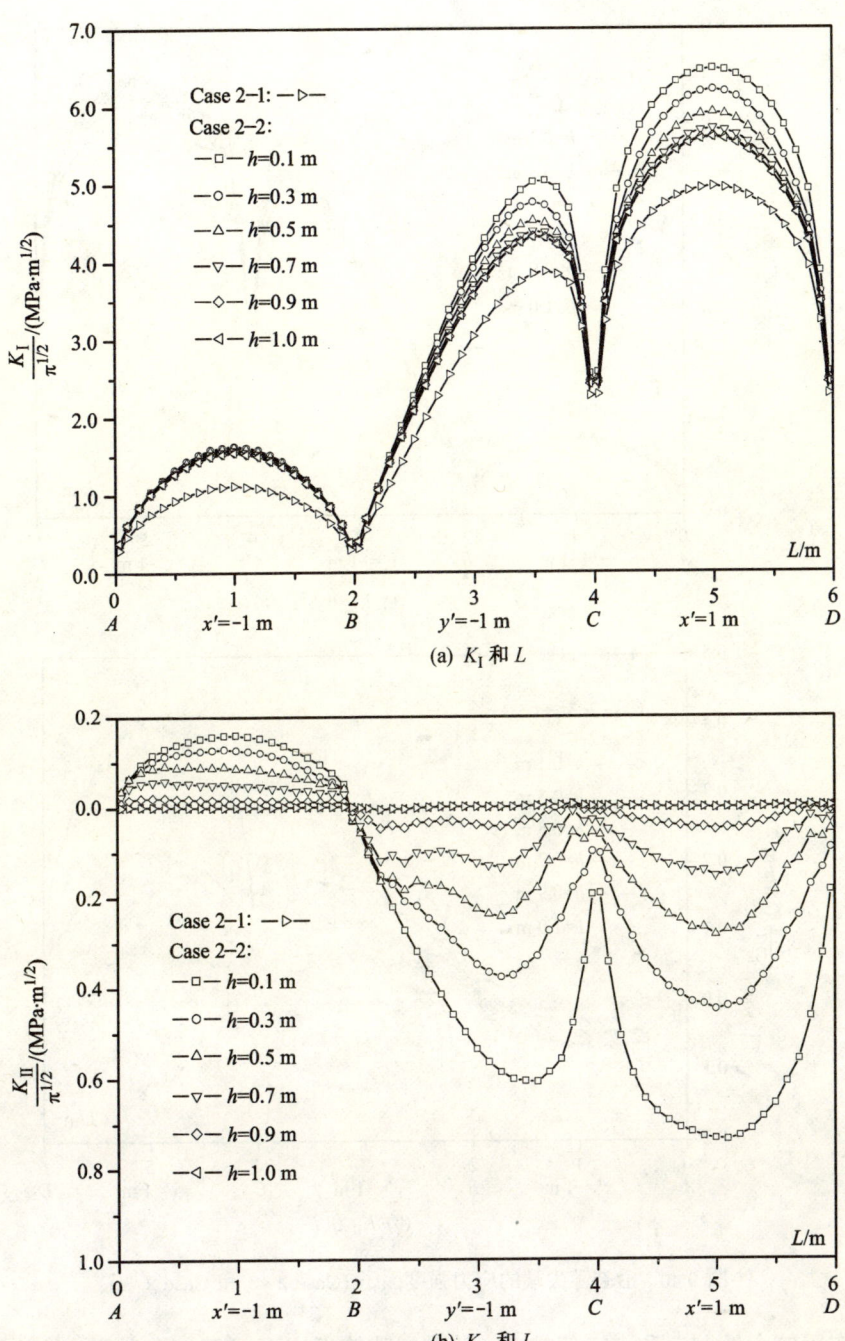

图 9.39 沿裂隙尖端的应力强度因子 (Case 2-1 和 Case 2-2)

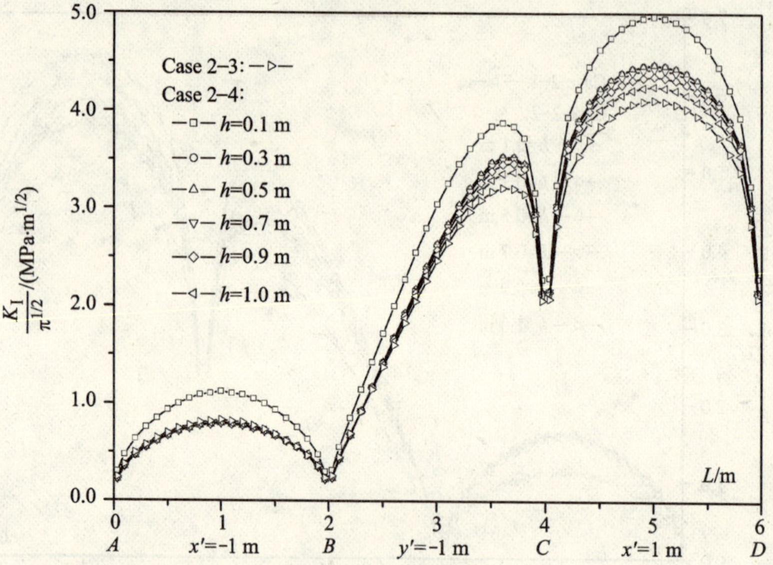

(a) $K_{\rm I}$ 和 L

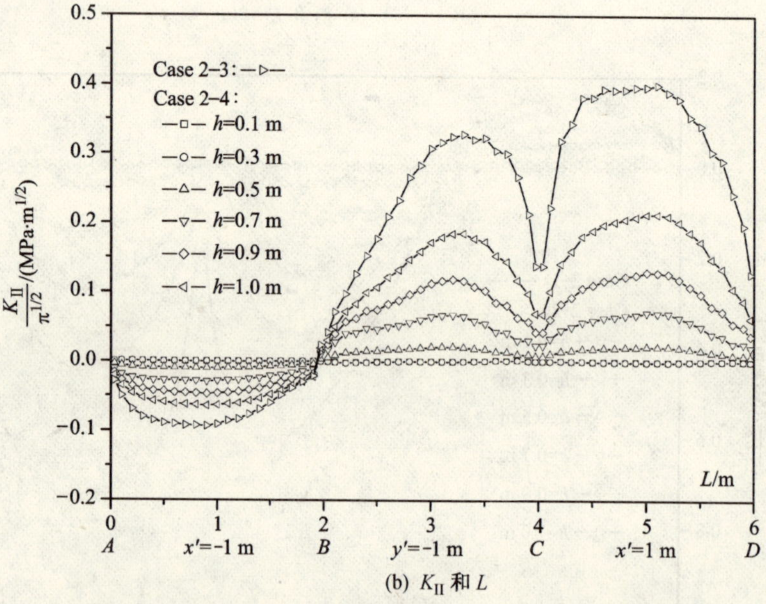

(b) $K_{\rm II}$ 和 L

图 9.40　沿裂隙尖端的应力强度因子 (Case 2-3 和 Case 2-4)

载作用较大处, $K_{\rm I}$ 和 $K_{\rm II}$ 值较大。随着裂隙接近岩石层面, $K_{\rm I}$ 和 $K_{\rm II}$ 的绝对值减小。

9.7 结论与讨论

本章采用发展的基于 Yue 基本解的对偶边界元法分析了无限域和有限域梯度材料中的矩形裂纹。数值验证表明,建议方法可以获得较高的计算精度,并用于分析无限域梯度材料中的矩形裂纹和梯度材料长方体中的正方形裂纹。讨论了梯度材料夹层参数和裂纹位置对应力强度因子的影响;对于有限域梯度材料中的正方形裂纹,讨论了裂纹体边界对应力强度因子的影响,并分析了层状岩体中的裂隙问题。本章研究成果已在《力学学报》和《International Journal of Rock Mechanics and Mining Sciences》上发表(肖洪天 等, 2008; Xiao et al, 2011)。建议方法可用于分析梯度材料和层状材料中复杂荷载作用下不同形状的裂纹和多裂纹之间的相互作用。

参考文献

肖洪天, 岳中琦. 2008. 梯度材料中矩形裂纹的对偶边界元方法分析 [J]. 力学学报, 40: 840–848.
Bains R, Aliabadi M H, Rooke D P. 1992. Fracture mechanics weight functions in three dimensions: subtraction of fundamental fields [J]. International Journal for Numerical Methods in Engineering, 35: 179–202.
Delale F, Erdogan F. 1988. On the mechanical modeling of the interfacial region in bonded half-planes [J]. ASME Journal of Applied Mechanics, 55: 317–324.
Itou S. 1983. Dynamic stress intensity factors around a rectangular crack in an infinite plate under impact load [J]. Engineering Fracture Mechanics, 18: 145–153.
Kassir M K. 1982. A three-dimensional rectangular crack subjected to shear loading [J]. International Journal of Solids and Structures, 18: 1075–1082.
Murakami Y. 1987. Stress intensity factors handbook [M]. Oxford: Pergamon Press.
Pan E, Yuan F G. 2000. Boundary element analysis of three-dimensional crack in anisotropic solids [J]. International Journal for Numerical Methods in Engineering, 48: 211–237.
Qin T Y, Noda N A. 2003. Stress intensity factors of a rectangular crack meeting a bimaterial interface [J]. International Journal of Solids and Structures, 40: 2473–2486.
Weaver J. 1977. Three-dimensional crack analysis [J]. International Journal of Solids and Structures, 13: 321–330.
Wen P H, Aliabadi M H. 1998. Mixed-mode weight functions in 3D fracture mechanics: static [J]. Engineering Fracture Mechanics, 59: 563–575.
Xiao H T, Yue Z Q. 2011. A three-dimensional displacement discontinuity method for crack problems in layered rocks [J]. International Journal of Rock Mechanics and Mining Sciences, 48(3): 412–420.
Yue Z Q, Xiao H T, Pan E. 2007. Stress intensity factors of square crack inclined to interface of transversely isotropic bi-material [J]. Engineering Analysis with Boundary Elements, 31: 50–56.

第 10 章
双层横观各向同性材料断裂力学的边界元法分析

10.1 引言

如第 1 章所述,材料的均匀性是关于材料的物理和力学性质在不同点或空间上的分布规律。然而,材料的各向异性是关于材料的物理和力学性质在同一点的不同方向上的分布规律。各向同性材料的物理和力学性质在任何一点上沿不同方向是不变的,是一个常数,各个方向上的值是相等的。相反,各向异性材料的物理和力学性质在任何一点上沿不同方向是变化的,不是一个常数,各个方向上的值既可相等也可不等。各向同性材料是各向异性材料的最为理想的特例。横观各向同性材料是各向异性材料的第二类理想的特例,它们的物理和力学性质在一个平面上是各向同性的、是不变的,而仅沿垂直于这个平面的方向上是不同的。横观各向同性线弹性材料的本构关系有 5 个弹性常数。固体介质具有各向异性和非均匀特征,而且存在着各种各样的缺陷。这就使得固体介质具有复杂的力学特性。固体材料构件的破坏与材料的力学特性有着密切的关系，因此，预测和评估外部荷载作用下构件的力学响应是非常重要的。在过去几十年里，许多学者致力于研究各向异性非均匀材料的断裂力学特性。下面简单地回顾一下该领域公开发表的文献。

Sih et al (1965) 发表了各向异性体中裂纹力学特性的经典文章。Hoenig (1978) 假设裂纹体的远场受有均布应力，给出了各向异性弹性体中椭圆盘状裂纹尖端的位移和应力。Zhang et al (1989) 获得了均匀张应力作用下横观各向同性材料中椭圆盘状裂纹 I 型应力强度因子。对于裂纹面垂直于横观各向同性层状材料结合面的情形 (层面与同性面重合)，Lin et al (1995) 给出了圆盘状裂纹应力强度因子的数值解。Noda et al (2003) 给出了张应力作用下平行于双层各向同性材料结合面的椭圆盘状裂纹的应力强度因子。

Pan et al (1976) 给出了横观各向同性材料的基本解，这为发展横观各向同性材料边界元法，并用于分析断裂力学问题提供了可能。Saez et al (1997) 发展了该基本解的边界元法，并分析了无限域横观各向同性材料中圆盘状和椭圆盘状裂纹。分析时，Saez et al 采用含裂纹较大尺寸的有限域逼近无限域的方法。Pan et al (2000) 发展了该基本解的对偶边界元法，分析了横观各向同性材料中圆盘状和矩形裂纹；Ariza et al (2004) 也发展了该基本解的对偶边界元法，并用于分析横观同性材料中的裂纹。

实际上，双层横观各向同性材料也是一种梯度材料。Yue (1995) 发展了该类材料的基本解，基本解的具体形式见附录 5。在过去几年里，笔者发展了该基本解的子域边界元法和对偶边界元法，并分析了圆盘状、椭圆盘状裂纹和矩形裂纹的断裂力学问题 (Xiao et al, 2005; Yue et al, 2005, 2007)。本章首先介绍双层横观各向同性材料基本解的子域边界元法，并分析了圆盘状和椭圆盘状裂纹问题；然后介绍了该基本解的对偶边界元法，并分析该类材料中矩形裂纹的断裂力学特性。

10.2 子域边界元法分析

10.2.1 概述

基于双层横观各向同性材料基本解，Xiao et al (2005) 和 Yue et al (2005) 发展了子域边界元法。所发展的数值方法与第 4 章和第 5 章介绍的层状材料基本解的子域边界元法类似，两种方法不同之处是采用了不同的基本解。这里不再介绍建议的数值方法，而重点介绍双层横观各向同性材料中圆盘状和椭圆盘状裂纹问题的分析成果。

因为双层各向同性材料基本解满足层面连续条件，采用建议方法计算时不需要沿层面划分网格。换句话讲，在采用子域边界元法分析双层材料各向同性材料中的裂纹时，只需沿裂纹面和辅助面划分单元。由于采用了子域边界元法，需要增添辅助面。分析时，常用的面力奇异单元用于离散裂纹尖端附近的裂纹面和辅助面，8 节点等参单元用于离散其余裂纹面和辅助面。

10.2.2 应力强度因子的计算公式

Kassir et al (1966) 建立了横观各向同性介质中裂纹尖端张开位移和应力强度因子之间的渐近关系。应用该关系，Ariza et al (2004) 给出了四分之一节点单元张开位移和 I、II、III 型应力强度因子之间的关系式。Pan et al (2000) 也建立了张开位移和应力强度因子之间的关系式。Pan et al 建议的公式可以求出裂纹面与同性面成任意角度时裂纹的应力强度因子，而且该公式利用插值方法可以求出裂纹尖端单元上任意一点的张开位移。显然，这样得到的应力强度因子精度较高。这里，应用 Pan et al 建议的公式计算裂纹的应力强度因子。

如图 10.1 所示，直角坐标系 (x_1, x_2, x_3) 的坐标原点位于裂纹尖端，坐标轴 x_2 垂直于裂纹面，坐标轴 x_3 与裂纹前沿相切，垂直于裂纹前沿的面和与裂纹面相切的面之间的交线为 x_1 轴。张开和滑动间断位移的定义为

$$\Delta u_i(x_1, x_2, x_3) = u_i^-(x_1, x_2, x_3) - u_i^+(x_1, x_2, x_3), \qquad i = 1, 2, 3. \tag{10.1}$$

式中，上标 $+$ 和 $-$ 分别为局部坐标系下外法线余弦为 $(0, 1, 0)$ 和 $(0, -1, 0)$ 的裂纹面。

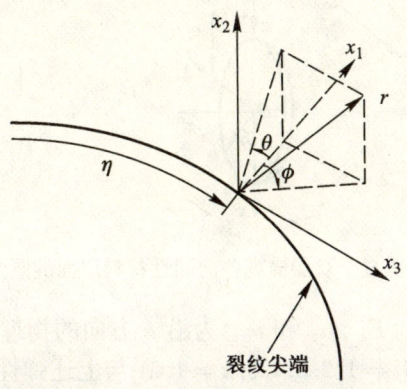

图 10.1 裂纹尖端的局部坐标系

假设裂纹尖端是光滑的，裂纹尖端应力和位移场的主项服从广义平面应变分析。这样，距裂纹尖端 r 处张开和滑移间断位移之间的关系式为 (Ting, 1996)

$$\Delta \boldsymbol{u} = 2\sqrt{\frac{2r}{\pi}} \boldsymbol{L}^{-1} \boldsymbol{k}. \tag{10.2}$$

式中，$\Delta \boldsymbol{u} = (\Delta u_1 \ \Delta u_2 \ \Delta u_3)^{\mathrm{T}}$；$\boldsymbol{k} = (K_{\mathrm{I}} \ K_{\mathrm{II}} \ K_{\mathrm{III}})^{\mathrm{T}}$ 为 I 型、II 型和 III 型应力强度因子，定义为

$$K_{\mathrm{I}} = \lim_{r \to 0} \sqrt{2\pi r}\, \sigma_{22}(r, \theta, x_3)\big|_{\substack{\theta=0 \\ \varphi=0}}, \tag{10.3a}$$

$$K_{\mathrm{II}} = \lim_{r \to 0} \sqrt{2\pi r}\, \sigma_{12}(r, \theta, x_3)\big|_{\substack{\theta=0 \\ \varphi=0}}, \tag{10.3b}$$

$$K_{\mathrm{III}} = \lim_{r \to 0} \sqrt{2\pi r}\, \sigma_{23}(r, \theta, x_3)\big|_{\substack{\theta=0 \\ \varphi=0}}. \tag{10.3c}$$

式 (10.2) 基于 Stroh 公式；$\boldsymbol{L}$ 为 Barnett-Lothe 张量，该张量依赖于裂纹尖端局部坐标系下固体的各向异性性质。一旦求得裂纹尖端单元的张开和滑动间断位移，将其代入式 (10.2) 中，便可求得应力强度因子 K_{I}、K_{II} 和 K_{III}。

10.2.3 垂直于双层各向同性材料层面的圆盘状裂纹

1. 材料参数和加载方式

下面分析垂直于双层横观同性材料层面的圆盘状裂纹，如图 10.2 所示。假设 xOy 面为横观各向同性材料的同性面，z 为材料的对称轴。这里引入弹性参数 E_x、μ_x、ν_{xy} 和 E_z、μ_z、ν_{xz}。E_x、μ_x 和 ν_{xy} 分别为同性面 xOy 内的弹性模

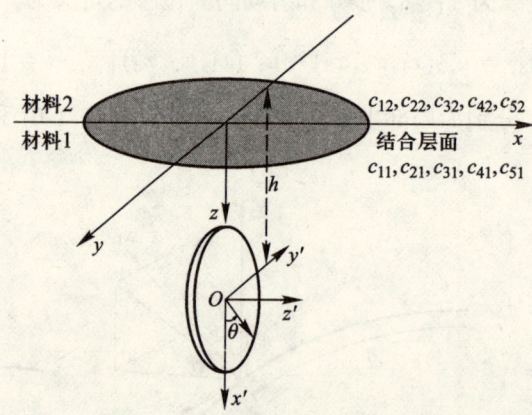

图 10.2　垂直于双层横观各向同性材料层面的圆盘状裂纹

量、剪切模量和泊松比。E_z、μ_z 和 ν_{xz} 为沿 z 方向的物理量。在附录 5 中，公式 (A5.1) 中弹性参数 c_{ik} ($i = 1, 2, 3, 4, 5; k = 1, 2$) 与上述弹性参数之间的关系为

$$\begin{aligned}
c_{1k} &= 2\mu_x \left(1 - \nu_{xz}^2 E_x / E_z\right) / \left(1 - \nu_{xy} - 2\nu_{xz}^2 E_x / E_z\right), \\
c_{2k} &= E_x \nu_{xz} / \left(1 - \nu_{xy} - 2\nu_{xz}^2 E_x / E_z\right), \\
c_{3k} &= E_z (1 - \nu_{xy}) / \left(1 - \nu_{xy} - 2\nu_{xz}^2 E_x / E_z\right), \\
c_{4k} &= \mu_z, \\
c_{5k} &= \mu_x = E_x / 2(1 + \nu_{xy}).
\end{aligned} \tag{10.4}$$

对于各向同性材料，弹性参数 c_{ik} ($i = 1, 2, 3, 4, 5; k = 1, 2$) 可退化为两个弹性常数，即

$$c_{1k} = c_{3k} = \lambda + \mu, \quad c_{2k} = \lambda, \quad c_{4k} = c_{5k} = \mu \tag{10.5}$$

式中，λ 和 μ 为各向同性材料的拉梅常量。

选取两种横观各向同性材料，其弹性参数如表 10.1 所示。这两种材料可以组合成四种双层横观各向同性介质，如表 10.2 所示。

表 10.1　横观各向同性材料的弹性参数

材料类型	弹性参数
材料 1	$E_x/E_z = 3, \quad \nu_{xy} = 0.25, \quad \mu_z = 0.25, \quad \mu_z/E_z = 0.4$
材料 2	$E_x/E_z = 0.5, \quad \nu_{xy} = 0, \quad \mu_z = 0.4, \quad \mu_z/E_z = 0.8$

表 10.2　双层横观各向同性材料

Case	$z \geqslant 0^+$	$z \leqslant 0^-$	材料均匀性描述
1	材料 1	材料 1	均匀横观各向同性材料
2	材料 2	材料 2	均匀横观各向同性材料
3	材料 1	材料 2	双层横观各向同性材料
4	材料 2	材料 1	双层横观各向同性材料

假设裂纹面上作用着压应力，即

$$\sigma_{z'z'}^+ = \sigma_{z'z'}^- = -p, \quad p \geqslant 0, \tag{10.6a}$$

$$\sigma_{x'y'}^+ = \sigma_{x'y'}^- = 0, \quad \sigma_{x'z'}^+ = \sigma_{x'z'}^- = 0. \tag{10.6b}$$

式中，上标 $^+$ 和 $^-$ 分别表示局部坐标系下外法线余弦为 $(0, 0, 1)$ 和 $(0, 0, -1)$ 的裂纹面。

取 $p = p_0$ 和 $p = p_0(r/a)$，其中 p_0 为常数，r 为局部坐标系下裂纹面上任意点距原点的距离 $(0 \leqslant r < a)$，a 为裂纹的半径。$p = p_0$ 表示裂纹面上作用着均匀分布的压应力，$p = p_0(r/a)$ 表示裂纹面上作用着三角形分布的压应力。

2. 数值验证

假设裂纹在均匀横观各向同性材料中，且裂纹面与同性面重合，裂纹面上作用着均匀压应力 $p = p_0$。显然，裂纹体几何形状和荷载分布关于坐标面 $x'Oz'$ 对称。于是，可以选取裂纹体的一半分析。以裂纹面半径和圆心生成球体，取球面的四分之一和裂纹面的二分之一将裂纹体分成两个区域。在球面和裂纹面上划分单元网格，对称面不需要离散。采取的网格与第 6 章中图 6.5 所示的网格相同。

所分析裂纹的应力强度因子 $K_{\mathrm{I}} = 2p_0\sqrt{a/\pi}$ (Hoenig, 1978)。应该指出的是，裂纹面平行于同性面时，无限域中圆盘状裂纹的应力强度因子与材料参数无关。对于 Case 1 和 Case 2，应用新型边界元法获得的 $\dfrac{K_{\mathrm{I}}}{p_0\sqrt{\pi a}}$ 数值解介于 0.63 和

0.64 之间, 解析解为 $2/\pi \approx 0.6366$, 数值解的绝对误差小于 1%。

3. 裂纹面上作用着均匀压应力

如图 10.2 所示, 圆盘状裂纹在材料 1 内, 裂纹面垂直于层面, 裂纹的中心距层面为 h, 裂纹体关于坐标面 $x'Oz'$ 对称。采取第 6 章中图 6.5 所示的网格。图 10.3 和表 10.3 给出了无量纲 SIF 的数值解 $\left(\dfrac{K_{\mathrm{I}}}{p_0\sqrt{\pi a}}\right)$。

图 10.3 给出了均匀横观各向同性材料中裂纹的 SIF 值 (Case 1 和 Case 2)。裂纹尖端 SIF 分布关于坐标面 $y'Oz'$ 对称。可以发现, 材料的各向异性对 SIF 值影响明显。均匀各向同性介质中圆盘状裂纹的 SIF 值为 $\dfrac{K_{\mathrm{I}}}{p_0\sqrt{\pi a}} = 2/\pi$; 对于垂直于同性面的裂纹, SIF 值沿裂纹尖端变化; 随着裂纹面转向平行于同性面, 裂纹的 SIF 值趋于 $\dfrac{K_{\mathrm{I}}}{p_0\sqrt{\pi a}} = 2/\pi$。

图 10.3 (a) 给出了 Case 1 和 Case 3 时裂纹 SIF 值的变化。可以发现, 材料 2 对裂纹尖端 $\theta \in [90°, 180°]$ 的 SIF 值的影响较弱, 对裂纹尖端 $\theta \in [0°, 90°]$ 的 SIF 值的影响不明显。随着裂纹距层面距离的减少, $\theta = 180°$ 附近裂纹尖端的 SIF 值略有增加。图 10.3 (b) 给出了 Case 2 和 4 时裂纹 SIF 值的变化。可以发现, 材料 2 对裂纹尖端 $\theta \in [90°, 180°]$ 的 SIF 值的影响明显, 对裂纹尖端 $\theta \in [0°, 90°]$ 的 SIF 值的影响较弱。随着裂纹距层面距离的减少, $\theta = 180°$ 附近裂纹尖端的 SIF 值减少。

很明显, 材料 2 的存在导致裂纹尖端 SIF 值的变化。若材料 2 刚度比材料 1 的大, 材料 2 会限制材料 1 中裂纹的张开, 裂纹的 SIF 值会减少。若材料 2 刚度比材料 1 的小, 材料 2 会使材料 1 中裂纹的张开变得容易, 裂纹的 SIF 值增加。

表 10.3 应力强度因子 $\dfrac{K_{\mathrm{I}}}{p_0\sqrt{\pi a}}$ 的变化, $p = p_0$

$\theta/(°)$	Case 1	Case 3		Case 2	Case 4	
		$h = 1.01a$	$h = 1.2a$		$h = 1.01a$	$h = 1.2a$
90.00	0.814 364	0.815 765	0.813 600	0.498 320	0.489 147	0.493 119
112.50	0.761 588	0.766 172	0.761 397	0.563 141	0.547 047	0.554 649
135.00	0.637 065	0.647 633	0.637 575	0.659 220	0.624 607	0.643 750
157.50	0.515 891	0.539 930	0.516 903	0.708 049	0.624 772	0.682 393
180.00	0.466 553	0.510 983	0.467 763	0.715 752	0.581 832	0.683 984

4. 裂纹面上作用着三角形分布的压应力

如图 10.2 所示, 圆盘状裂纹在材料 1 中, 裂纹面垂直于层面, 裂纹面中心距层面为 h, 裂纹面上作用着三角形分布的压应力 $p = p_0(r/a)$。所讨论的裂纹问题关于 $x'Oz'$ 面对称。采取第 6 章图 6.5 所示的网格。

在图 10.4 和表 10.4 中可以发现, 荷载 $p = p_0(r/a)$ 作用下 SIF 的分布与荷载 $p = p_0$ 下的分布类似。表 10.5 给出了荷载 $p = p_0$ 和 $p = p_0(r/a)$ 作用

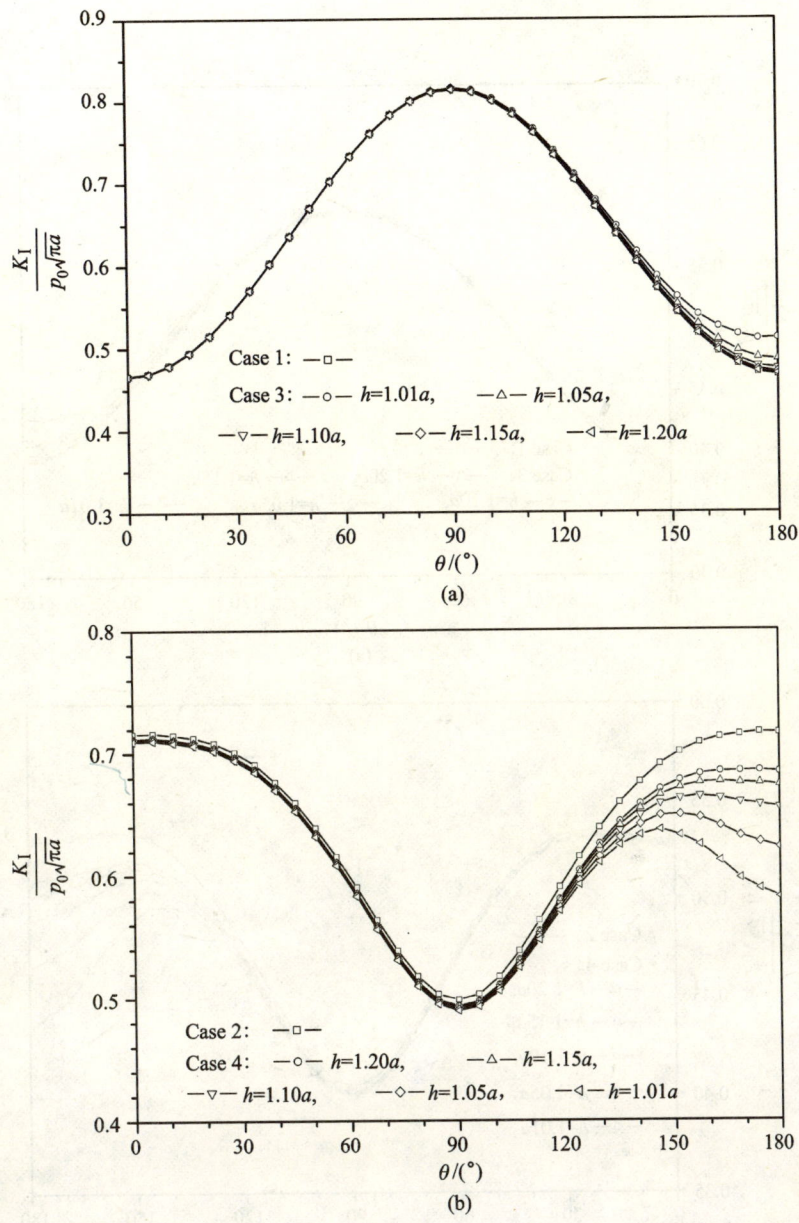

图 10.3 应力强度因子的变化, $p = p_0$

下裂纹尖端 $\theta = 180°$ 处 SIF 增量的对比。表中数据为: 均匀横观同性材料中的 $\dfrac{K_{\mathrm{I}}}{p_0\sqrt{\pi a}}$ 减去双层各向横观同性材料的对应值 (同一荷载作用下)。可以发现, 从荷载 $p = p_0$ 到 $p = p_0\,(r/a)$ 裂纹与层面距离相同时, SIF 增量的绝对值减少。这表明, 随着荷载的减少, 材料 2 对 SIF 值的影响减弱。

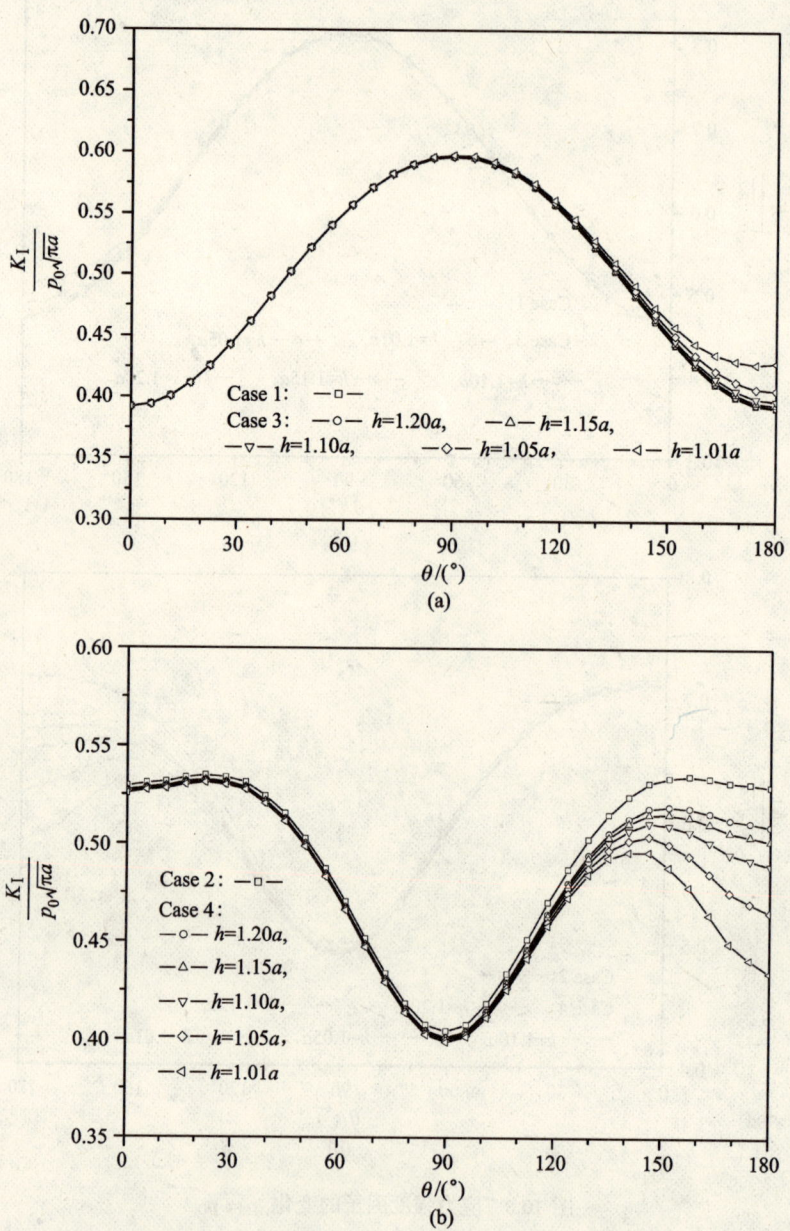

图 10.4 应力强度因子的变化, $p = p_0(r/a)$

表 10.4　应力强度因子 $\dfrac{K_\mathrm{I}}{p_0\sqrt{\pi a}}$ 的变化，$p = p_0(r/a)$

$\theta/(°)$	Case 1	Case 3		Case 2	Case 4	
		$h=1.01a$	$h=1.2a$		$h=1.01a$	$h=1.2a$
90.00	0.596 70	0.597 85	0.596 25	0.404 42	0.398 86	0.401 28
112.50	0.571 75	0.575 15	0.571 70	0.451 36	0.441 48	0.446 26
135.00	0.503 10	0.510 85	0.503 55	0.515 15	0.493 12	0.505 55
157.50	0.426 24	0.444 91	0.427 10	0.534 80	0.478 25	0.518 55
180.00	0.392 50	0.429 45	0.393 52	0.529 45	0.434 41	0.509 15

表 10.5　不同荷载下裂纹尖端 $\theta = 180°$ 处应力强度因子的比较

h	Case 3		Case 4	
	p_0	$p_0(r/a)$	p_0	$p_0(r/a)$
$1.01a$	0.044 42	0.036 96	$-0.133\ 92$	$-0.095\ 0$
$1.05a$	0.018 61	0.014 60	$-0.093\ 17$	$-0.064\ 0$
$1.10a$	0.007 86	0.006 01	$-0.060\ 67$	$-0.040\ 3$
$1.15a$	0.003 37	0.002 61	$-0.042\ 52$	$-0.027\ 6$
$1.20a$	0.001 21	0.001 02	$-0.031\ 77$	$-0.020\ 3$

10.2.4　垂直于双层各向同性材料层面的椭圆盘状裂纹

1. 材料参数和加载条件

如图 10.5 所示，椭圆盘状裂纹面且其短轴垂直于双层各向同性材料的层面。两种横观各向同性材料的同性面与层面平行。假设 xOy 面为横观各向同性材料的同性面，z 为材料的对称轴。选择两种横观各向同性材料，材料参数列在表 10.6 中。由两种材料组成的双层横观各向同性材料列在表 10.7 中。

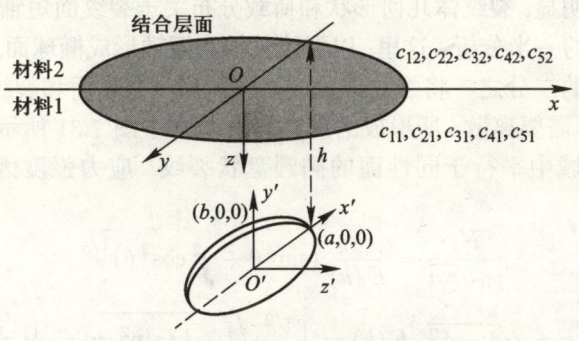

图 10.5　垂直于双层材料层面的椭圆盘状裂纹，$a = 2b$

表 10.6 横观各向同性材料的参数

材料类型	c_1	c_2	c_3	c_4	c_5	E_x/E_z
镉 (Cadmium, GPa)	11.6	4.14	5.1	1.95	3.685	2.776 4
铼 (Rhenium, GPa)	61.2	20.6	68.3	16.2	17.1	0.803 2

表 10.7 双层横观各向同性材料的组合形式

Case	$z \geqslant 0^+$	$z \leqslant 0^-$	材料均匀性描述
1	镉	镉	均匀横观各向同性材料
2	铼	铼	均匀横观各向同性材料
3	镉	铼	双层横观各向同性材料
4	铼	镉	双层横观各向同性材料

椭圆盘状裂纹的长轴为 a, 短轴为 b, 取 $a = 2b$。在裂纹面上建立局部直角坐标系 $O'x'y'$, 椭圆盘状裂纹尖端坐标 (x', y') 可借助参数 θ 描述, 即

$$(x', y') = (a\cos\theta, b\sin\theta). \tag{10.7}$$

裂纹面上作用着均匀压应力, 即

$$\sigma^+_{z'z'} = \sigma^-_{z'z'} = -p_0, \quad p_0 \geqslant 0, \tag{10.8a}$$

$$\sigma^+_{x'y'} = \sigma^-_{x'y'} = 0, \quad \sigma^+_{x'z'} = \sigma^-_{x'z'} = 0. \tag{10.8b}$$

式中, 上标 $+$ 和 $-$ 分别表示局部坐标系下外法线余弦为 $(0, 0, 1)$ 和 $(0, 0, -1)$ 的裂纹面。

2. 数值验证

现在分析均匀横观各向同性介质中的椭圆盘状裂纹, 裂纹面上作用着均匀压应力 p_0。很明显, 裂纹体几何形状和荷载分布关于裂纹面短轴对称。于是, 可以选取裂纹体的一半分析。这里, 以裂纹长轴和短轴形成椭球面, 取椭球面四分之一和裂纹面的二分之一将裂纹体分成两个区域。在球面和裂纹面上划分单元网格, 对称面不需要离散。所形成的网格与第 7 章中图 7.31 所示的网格相同。

对于无限域中平行于同性面的椭圆盘状裂纹, 应力强度因子的解析式为 (Hoenig, 1978)

$$\frac{K_\mathrm{I}}{p_0\sqrt{\pi a}} = \frac{\sqrt{\gamma}}{E(k)}\left(\sin^2\theta + \gamma^2\cos^2\theta\right)^{1/4}. \tag{10.9}$$

式中, $\gamma = b/a$, $k = \sqrt{1-\gamma^2}$, $E(k) = \int_0^{\pi/2}\sqrt{1-k^2\sin^2\varphi}\,\mathrm{d}\varphi$。从式 (10.9) 中可以发现, 裂纹面平行于各向同性面时, 无限域中椭圆盘状裂纹的 SIF 与材料参数无关。

图 10.6 给出了 Case 1 和 Case 2 情形下 SIF 的数值解和解析解。可以发现, 数值解的误差很小, 其绝对误差的最大值小于 0.8%。

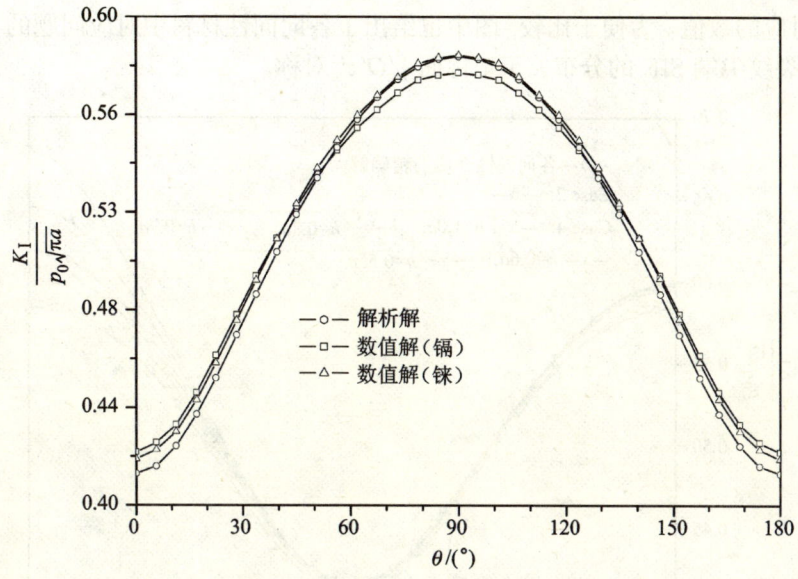

图 10.6 椭圆盘状裂纹应力强度因子的数值解和解析解

3. 数值结果和讨论

如图 10.5 所示,裂纹在材料 1 中且与层面距离为 h。椭圆盘状裂纹面上作用着均匀压应力 p_0。裂纹体的几何形状和荷载分布关于坐标面 $y'O'z'$ 对称,采用第 7 章图 7.31 所示的网格。图 10.7 和图 10.8 给出了无量纲 SIF 的分布,表 10.8

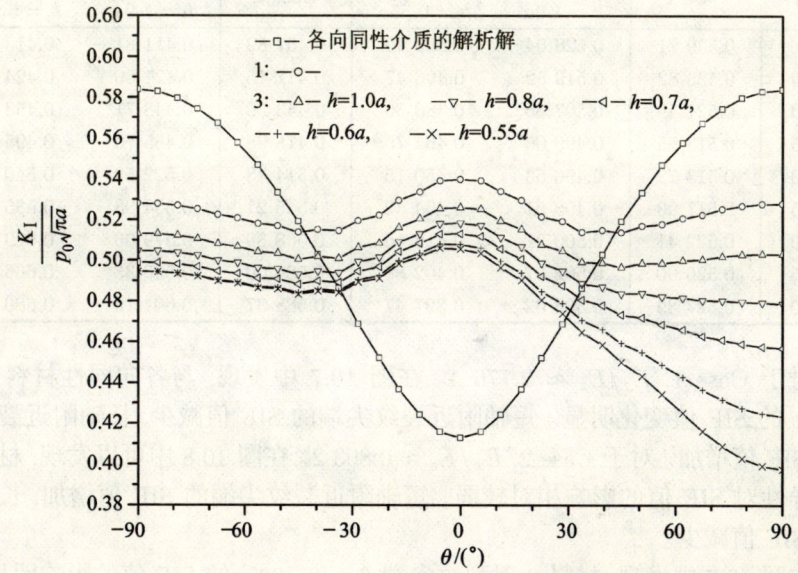

图 10.7 Case 1 和 Case 3 时裂纹应力强度因子的变化

给出对应的数值。为便于比较，图中也给出了各向同性材料中对应问题的 SIF。显然，裂纹尖端 SIF 的分布关于坐标面 $y'O'z'$ 对称。

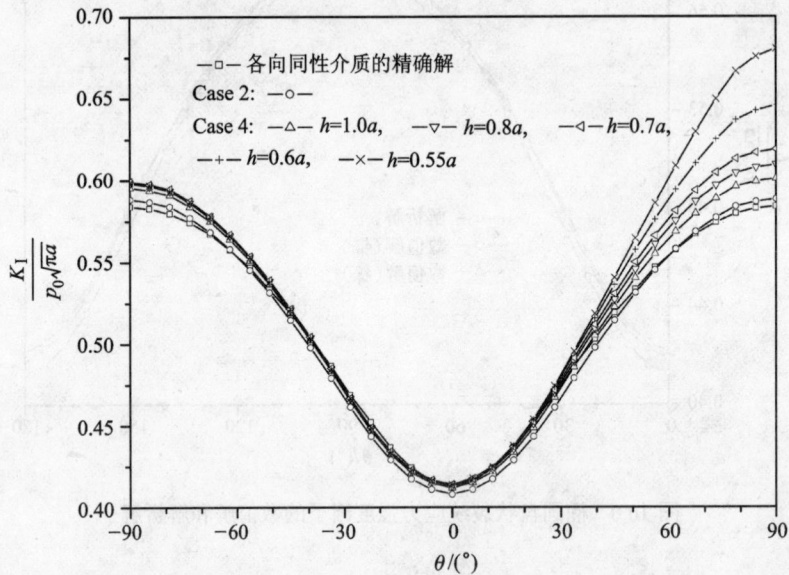

图 10.8 Case 2 和 Case 4 时裂纹应力强度因子的变化

表 10.8 Case 1 ~ Case 4 裂纹的应力强度因子 $\left(\dfrac{K_{\mathrm{I}}}{p_0\sqrt{\pi a}}\right)$

$\theta/(°)$	Case 1	Case 3		Case 2	Case 4	
		$h=1.0a$	$h=0.55a$		$h=1.0a$	$h=0.55a$
0.00	0.539 71	0.526 04	0.505 49	0.407 89	0.411 81	0.413 80
11.25	0.533 82	0.519 52	0.496 47	0.417 15	0.421 60	0.424 84
22.50	0.521 49	0.507 65	0.480 50	0.443 30	0.448 71	0.453 72
33.75	0.513 85	0.499 06	0.464 75	0.478 98	0.485 70	0.495 31
45.00	0.513 72	0.496 53	0.450 15	0.514 43	0.522 59	0.540 42
56.25	0.517 90	0.498 51	0.434 32	0.545 21	0.554 98	0.585 96
67.50	0.522 41	0.500 37	0.416 16	0.568 39	0.579 65	0.629 65
78.75	0.526 90	0.502 77	0.402 88	0.584 00	0.596 33	0.666 54
90.00	0.527 89	0.503 02	0.397 47	0.588 37	0.601 10	0.680 52

对于 Case 1, $E_x/E_z \approx 2.7764$。在图 10.7 中发现，与各向同性材料对比，Case 1 的 SIF 值变化明显。短轴附近裂纹尖端的 SIF 值减少，长轴附近裂纹尖端的 SIF 值增加。对于 Case 2, $E_x/E_z \approx 0.8032$。在图 10.8 中可以发现，材料的各向异性对 SIF 值的影响相对较弱。短轴附近裂纹尖端的 SIF 值增加，长轴尖端的 SIF 值减少。

在图 10.7 中发现，材料 2 对裂纹尖端 $\theta \in [0°, 90°]$ 的 SIF 值的影响明显，而对裂纹尖端 $\theta \in [-90°, 0°]$ 的 SIF 值的影响较弱。材料 2 的最大影响出现在裂纹

尖端 $\theta = 90°$ 处。随着裂纹离开层面，SIF 值减小。在图 10.8 中发现，Case 2 和 Case 4 的 SIF 分布规律与 Case 1 和 Case 3 的相同。

10.3 对偶边界元法分析

10.3.1 概述

Yue et al (2007) 采用双层横观各向同性材料基本解发展了对偶边界元法，并分析了该类材料中的矩形裂纹。所发展的数值方法与第 8 章介绍的层状材料基本解的对偶边界元法类似，不同之处是采用了双层横观各向同性材料的基本解。两种基本解的对偶边界元法的数值方法相同。

分析裂纹问题时，双层横观各向同性材料对偶边界元法具有较好的适应性。该方法分析双层横观各向同性材料中的裂纹时，只需沿裂纹面和裂纹体外边界划分单元；为提高分析精度，采用不连续单元离散裂纹尖端的裂纹面。采用有效的数值方法成功解决了积分方程中的弱奇异积分、强奇异积分和超奇异积分。通过求解由对偶边界元法建立的线性方程组，得到裂纹面上的张开和滑移间断位移，进而利用式 (10.2) 求得横观各向同性材料中裂纹的应力强度因子。这里不再详细介绍双层横观各向同性材料对偶边界元法，而主要介绍该方法的应用实例：双层横观各向同性长方体中的正方形裂纹（如图 10.9 所示）和该类材料无限域

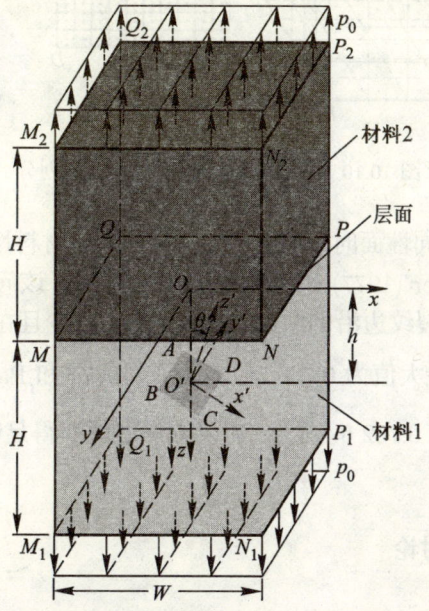

图 10.9　在双层横观各向同性有限域介质 $(2H \times W \times W)$
中的正方形裂纹 $(ABCD : 2c \times 2c)$

中的正方形裂纹。

10.3.2 数值验证

为验证建议方法的精度,这里分析无限域均匀介质中的矩形裂纹,裂纹的边长为 $2c$。假设裂纹面平行于横观各向同性材料的同性面。裂纹的上、下面上作用着均匀压应力 p_0。用 100 个 9 节点单元离散裂纹面,其中有 64 个 9 节点等参单元、32 个 I 型不连续单元、4 个 II 型不连续单元。图 10.10 给出了裂纹面 ($ABCD$) 的离散网格。

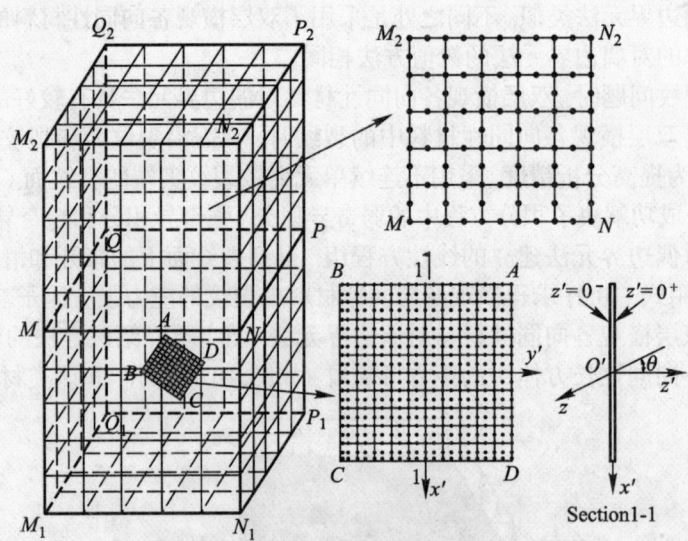

图 10.10 含裂纹长方体单元网格的划分

当裂纹面平行于同性面时,所讨论裂纹的 SIF 与材料性质无关,与各向同性介质中的相同。Weaver (1977) 采用间断位移法得到了该问题的数值解。SIF 的最大值出现在正方形裂纹边沿的中部,向角点 SIF 减少且在角端为零。采用建议方法得到的 $\dfrac{K_I}{p_0\sqrt{\pi c}}$ 最大值为 0.760 5。Weaver (1977) 和 Pan et al (2000) 得到的数值解分别为 0.74 和 0.762 6。显然,建议方法能够获得足够好的数值结果。

10.3.3 数值结果与讨论

这里分析双层横观各向同性材料中的正方形裂纹,如图 10.9 所示。取两种横观各向同性材料:镉和铼,如表 10.6 所示。这两种材料可以组合成四种双层横观各向同性材料,如表 10.7 所示。

1. 有限域双层横观各向同性材料中的正方形裂纹

1) 几何尺寸和加载条件

如图 10.9 所示,含裂纹立方体上、下面上沿 z 方向作用着均匀拉应力 p_0。立方体高 $2H$,宽 W。正方形裂纹的边长为 $2c$。取 $W=4c$ 和 $W=H$。整体坐标系 $Oxyz$ 的坐标面 xOy 位于双层材料立方体的层面上。局部坐标系原点 O' 和裂纹中心均位于整体坐标系下的点 $(0,0,h)$。不失一般性,裂纹始终在材料 1 中 $(z \geqslant 0^+)$。

图 10.10 给出了含裂纹立方体边界和裂纹面的网格。将非裂纹边界 $M_1N_1P_1Q_1$、$M_2N_2P_2Q_2$、$M_1N_1M_2N_2$、$N_1P_1P_2N_2$、$P_1Q_1Q_2P_2$ 和 $Q_1M_1M_2Q_2$ 离散成 250 个 8 节点等参单元,共 752 个节点。用 100 个 9 节点单元离散裂纹面,其中有 64 个 9 节点连续单元、32 个 I 型不连续单元、4 个 II 型不连续单元。为了便于描述 SIF 分布,沿裂纹尖端 $A-B-C-D$ 建立移动的线坐标系 L,如图 10.10 所示。该坐标系的原点在裂纹面角点 $A (L/c = 0)$,其他三个角点 (B、C 和 D) 的坐标分别为 $L/c = 2, 4, 6$。

2) 应力强度因子的分布特点

对于横观各向同性材料立方体中的倾斜正方形裂纹,存在应力强度因子 $K_{\text{I}}(x',y',z')$、$K_{\text{II}}(x',y',z')$ 和 $K_{\text{III}}(x',y',z')$。由于荷载分布、材料性质和几何形状的对称性,应力强度因子有以下特征:

$$K_{\text{I}}(x',-c,0) = K_{\text{I}}(x',c,0), \quad K_{\text{II}}(x',-c,0) = K_{\text{II}}(x',c,0) = 0,$$
$$K_{\text{III}}(x',-c,0) = K_{\text{III}}(x',c,0), \quad K_{\text{III}}(-c,y',0) = K_{\text{III}}(c,y',0) = 0. \quad (10.10)$$

这样,以下各图中沿裂纹尖端 DA (即 $6 < L/c < 8$) 的应力强度因子不再出现。此外,若 $\theta = 0°$,存在如下关系:

$$K_{\text{I}}(x',y',0) \neq 0, \quad K_{\text{II}}(x',y',0) = 0, \quad K_{\text{III}}(x',y',0) = 0. \quad (10.11)$$

若 $\theta = 90°$,存在如下关系:

$$K_{\text{I}}(x',y',0) = 0, \quad K_{\text{II}}(x',y',0) = 0, \quad K_{\text{III}}(x',y',0) = 0. \quad (10.12)$$

下面给出裂纹尖端 BC 和 DA 上 42 个点的 $K_{\text{II}}(x',-c,0)$ 和 $K_{\text{II}}(x',c,0)$。图中,$\dfrac{K_{\text{II}}(x',\pm c,0)}{p_0\sqrt{\pi c}}$ 的数值介于 $-0.009\,28$ 和 $0.009\,29$ 之间,平均值为 8.95×10^{-5}。该值非常接近解析解 $K_{\text{II}} = 0$。类似的,给出裂纹尖端 AB 和 CD 上 42 个点的 $K_{\text{III}}(\pm c,y',0)$。图中,$\dfrac{K_{\text{II}}(\pm c,y',0)}{p_0\sqrt{\pi c}}$ 的数值介于 $-0.005\,61$ 和 $0.005\,61$ 之间,平均值为 -3.52×10^{-5}。该值非常接近解析解 $K_{\text{II}} = 0$。

3) 均匀介质中的正方形裂纹

这里分析图 10.9 中材料 1 和材料 2 均为横观各向同性材料铢时的情形 (Case 1)。该裂纹问题可进一步用来验证建议方法的计算精度。取 $\theta = 0°$ 和 $h = 0$，即裂纹面平行于立方体上下面。建议方法获得的立方体中正方形裂纹最大的应力强度因子 $\dfrac{K_\mathrm{I}}{p_0\sqrt{\pi c}}$ 为 0.818 0, Pan et al (2000) 获得的数值解为 0.818 3。

图 10.11 给出了 $\theta = 0°, 30°, 45°, 60°$ 时裂纹应力强度因子的数值解。可以发现：

(1) 在图 10.11 (a) 中，沿裂纹尖端 $(x', y', 0)$，θ 从 $0° \sim 60°$，$\dfrac{K_\mathrm{I}}{p_0\sqrt{\pi c}}$ 减小。在图 10.11 (b) 中，沿裂纹尖端 $(\pm c, y', 0)$，θ 从 $30° \sim 45°$，$\dfrac{K_\mathrm{II}}{p_0\sqrt{\pi c}}$ 增加，而 θ 从 $45° \sim 60°$，$\dfrac{K_\mathrm{II}}{p_0\sqrt{\pi c}}$ 减小。在图 10.11 (c) 中，沿裂纹尖端 $(x', -c, 0)$，θ 从 $30° \sim 45°$，$\dfrac{K_\mathrm{III}}{p_0\sqrt{\pi c}}$ 增加，而 θ 从 $45° \sim 60°$，$\dfrac{K_\mathrm{III}}{p_0\sqrt{\pi c}}$ 减小。

(2) 对于给定的 θ，在裂纹尖端 AB 上，L/c 从 $0 \sim 1$，$\dfrac{K_\mathrm{I}}{p_0\sqrt{\pi c}}$ 单调增加，在点 $L/c = 1$ 处，达到峰值。然后 L/c 从 $1 \sim 2$，$\dfrac{K_\mathrm{I}}{p_0\sqrt{\pi c}}$ 单调减小。在裂纹尖端 BC 和 CD 上，也能发现类似的结果。

(3) 对于给定的 θ，在裂纹尖端 AB 上，L/c 从 $0 \sim 1$，$\dfrac{K_\mathrm{II}}{p_0\sqrt{\pi c}}$ 单调增加，在

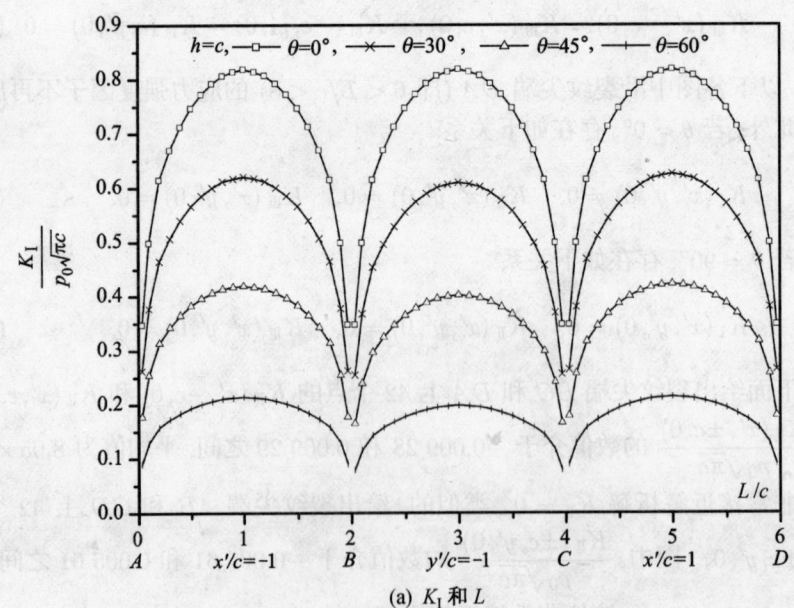

(a) K_I 和 L

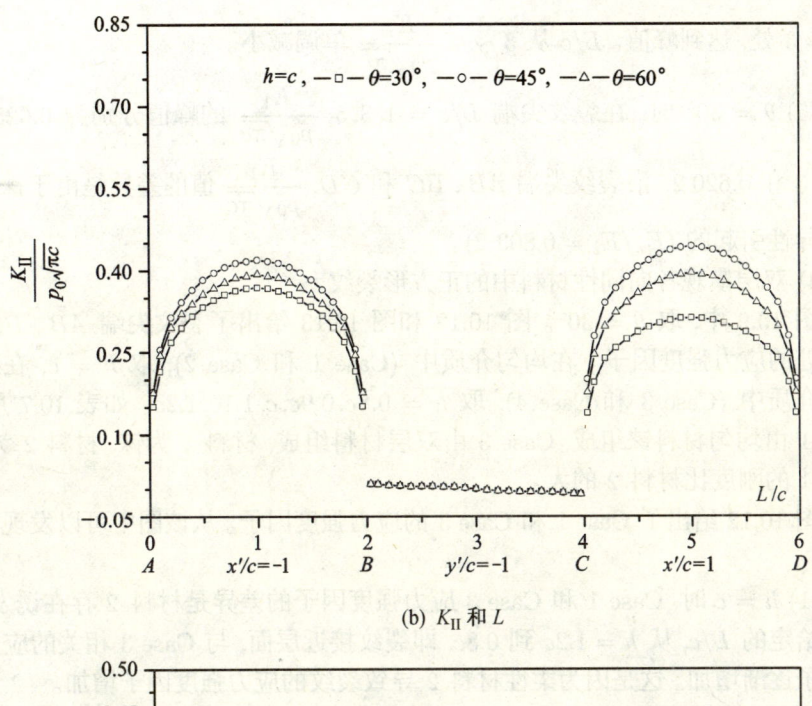

(b) K_{II} 和 L

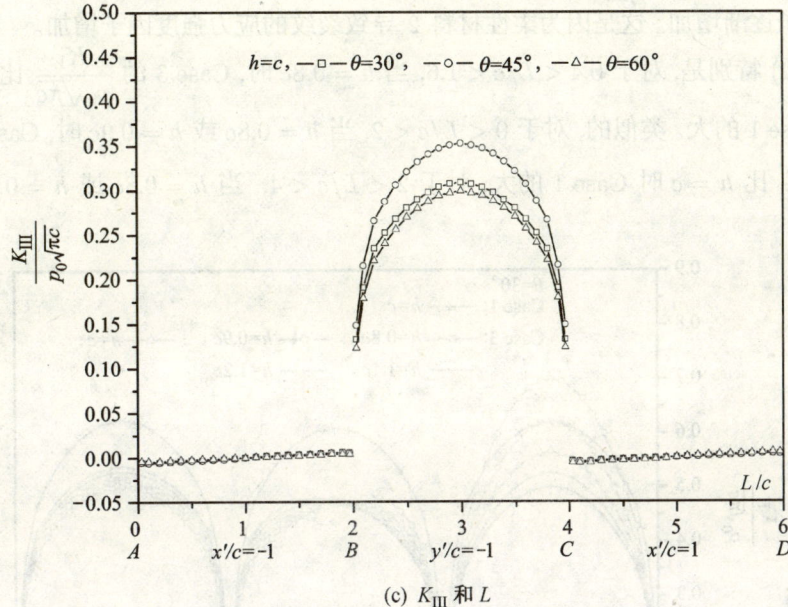

(c) K_{III} 和 L

图 10.11 铼立方体中倾斜正方形裂纹的应力强度因子 (Case 1)

点 $L/c = 1$ 处, 达到峰值。L/c 从 $1 \sim 2$, $\dfrac{K_{II}}{p_0\sqrt{\pi c}}$ 单调减小。在裂纹尖端 CD 上, 也能发现类似的结果。

(4) 对于给定的 θ, 在裂纹尖端 BC 上, L/c 从 $2 \sim 3$, $\dfrac{K_{III}}{p_0\sqrt{\pi c}}$ 单调增加, 在

$L/c = 3$ 处,达到峰值。L/c 从 $3 \sim 4$,$\dfrac{K_{\text{III}}}{p_0\sqrt{\pi c}}$ 单调减小。

(5) $\theta = 30°$ 时,在裂纹尖端 $L/c = 1, 3, 5$,$\dfrac{K_{\text{I}}}{p_0\sqrt{\pi c}}$ 的峰值分别为 0.625 2、0.609 3 和 0.620 2。沿裂纹尖端 AB、BC 和 CD,$\dfrac{K_{\text{I}}}{p_0\sqrt{\pi c}}$ 值的差异是由于铼材料各向异性引起的 ($E_x/E_z = 0.803\,2$)。

4) 双层横观各向同性材料中的正方形裂纹

图 10.9 中,取 $\theta = 30°$。图 10.12 和图 10.13 给出了裂纹尖端 AB、BC 和 CD 处的应力强度因子。在均匀介质中 (Case 1 和 Case 2),取 $h = c$,在双层材料介质中 (Case 3 和 Case 4),取 $h = 0.8c, 0.9c, c, 1.1c, 1.2c$。如表 10.7 所示,Case 1 由均匀材料铼组成,Case 3 由双层材料组成,材料 1 为铼,材料 2 为镉。材料 1 的刚度比材料 2 的大。

图 10.12 给出了 Case 1 和 Case 3 的应力强度因子。从该图中可以发现如下规律:

(1) $h = c$ 时,Case 1 和 Case 3 应力强度因子的差异是材料 2 存在诱发的。对于给定的 L/c,从 $h = 1.2c$ 到 $0.8c$,即裂纹接近层面,与 Case 3 相关的应力强度因子逐渐增加。这是因为柔性材料 2 导致裂纹的应力强度因子增加。

(2) 特别是,对于 $0.4 < L/c < 1.6$,当 $h = 0.8c$ 时,Case 3 的 $\dfrac{K_{\text{I}}}{p_0\sqrt{\pi c}}$ 比 $h = c$ 时 Case 1 的大。类似的,对于 $0 < L/c < 2$,当 $h = 0.8c$ 或 $h = 0.9c$ 时,Case 3 的 $\dfrac{K_{\text{II}}}{p_0\sqrt{\pi c}}$ 比 $h = c$ 时 Case 1 的大;对于 $2 < L/c < 4$,当 $h = 0.8c$ 或 $h = 0.9c$ 时,

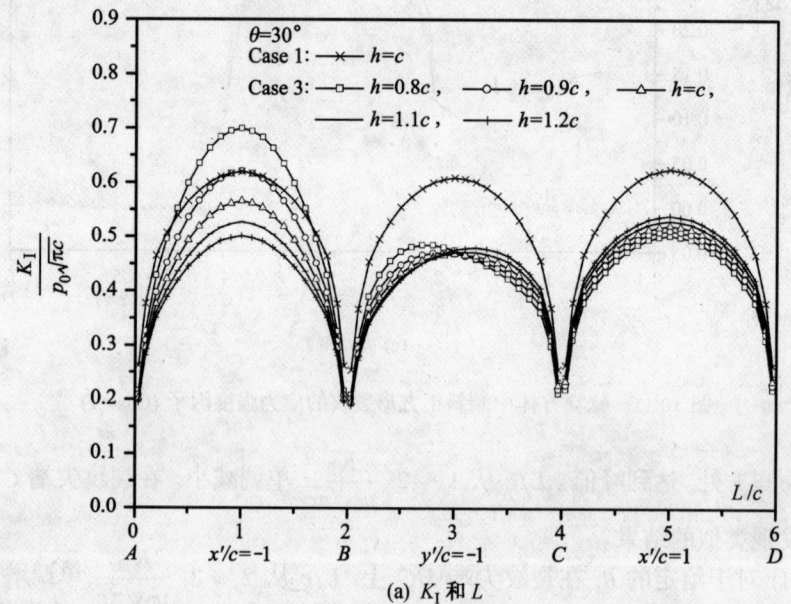

(a) K_{I} 和 L

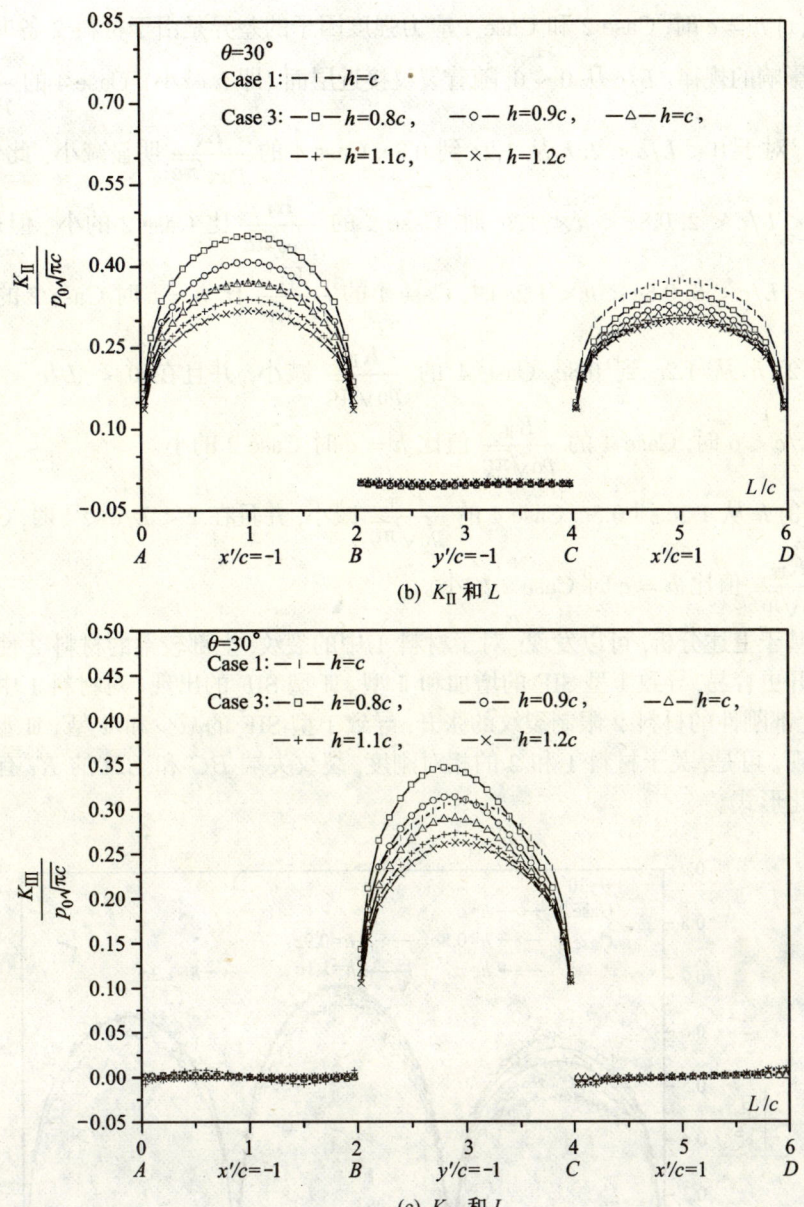

图 10.12 裂纹尖端 AB、BC 和 CD 的应力强度因子 (Case 1 和 Case 3, $\theta = 30°$)

Case 3 的 $\dfrac{K_{\mathrm{III}}}{p_0\sqrt{\pi c}}$ 比 $h=c$ 时 Case 1 的大。

类似的,如表 10.7 所示, Case 2 由均匀材料镉组成, Case 4 由双层材料组成,材料 1 为镉,材料 2 为铼。图 10.13 给出了 Case 2 和 Case 4 情形下应力强度因子的分布。从该图中可以发现如下规律:

(1) $h = c$ 时, Case 2 和 Case 4 应力强度因子的差异是由于材料 2 各向异性特性影响的规律。L/c 从 $0 \sim 6$, 随着裂纹接近层面 (即 h 减小), Case 4 的 $\dfrac{K_{\rm I}}{p_0\sqrt{\pi c}}$ 减小。对于 $0 < L/c < 2$, h 从 $1.2c$ 到 $0.8c$, Case 4 的 $\dfrac{K_{\rm I}}{p_0\sqrt{\pi c}}$ 明显减小。此外, 对于 $0 < L/c < 2$, $0.8c < h < 1.2c$ 时, Case 4 的 $\dfrac{K_{\rm I}}{p_0\sqrt{\pi c}}$ 比 Case 2 的小。但是, 对于 $2 < L/c < 6$, $0.8c < h < 1.2c$ 时, Case 4 的 $\dfrac{K_{\rm I}}{p_0\sqrt{\pi c}}$ 比 $h = c$ 时 Case 2 的大。

(2) h 从 $1.2c$ 到 $0.8c$, Case 4 的 $\dfrac{K_{\rm II}}{p_0\sqrt{\pi c}}$ 减小, 并且在 $0 < L/c < 2$ 或 $2 < L/c < 6$ 时, Case 4 的 $\dfrac{K_{\rm II}}{p_0\sqrt{\pi c}}$ 值比 $h = c$ 时 Case 2 的小。

(3) h 从 $1.2c$ 到 $0.8c$, Case 4 的 $\dfrac{K_{\rm III}}{p_0\sqrt{\pi c}}$ 减小, 并且在 $2 < L/c < 4$ 时, Case 4 的 $\dfrac{K_{\rm III}}{p_0\sqrt{\pi c}}$ 值比 $h = c$ 时 Case 2 的小。

基于上述分析, 可以发现: 对于材料 1 中的裂纹, 上部较柔的材料 2 使裂纹的张开更容易, 导致 I 型 SIF 的增加和 II 型、III 型 SIF 的出现。对于材料 1 中的裂纹, 上部刚性的材料 2 限制裂纹的张开, 导致 I 型 SIF 的减少和 II 型、III 型 SIF 的出现。可是, 关于材料 1 和 2 的相对刚度, 裂纹尖端 BC 和 CD 的 $K_{\rm I}$ 有不同的变化形式。

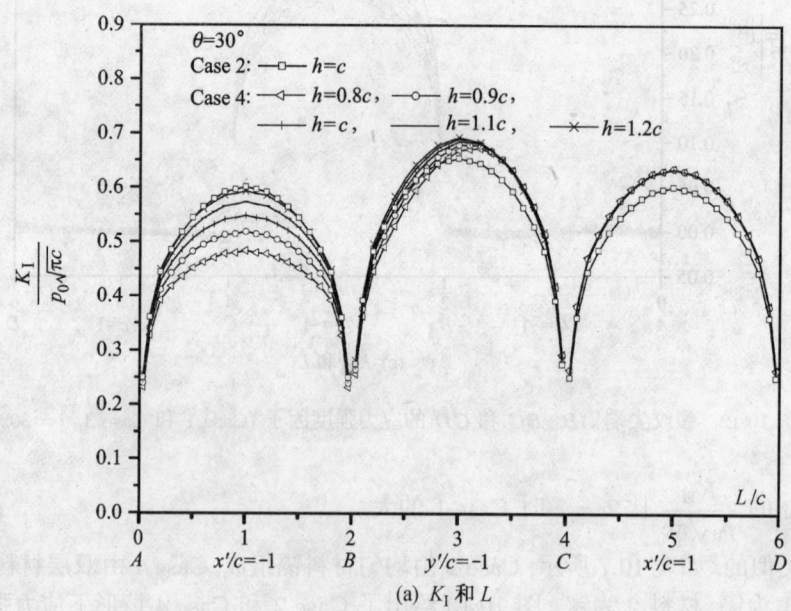

(a) $K_{\rm I}$ 和 L

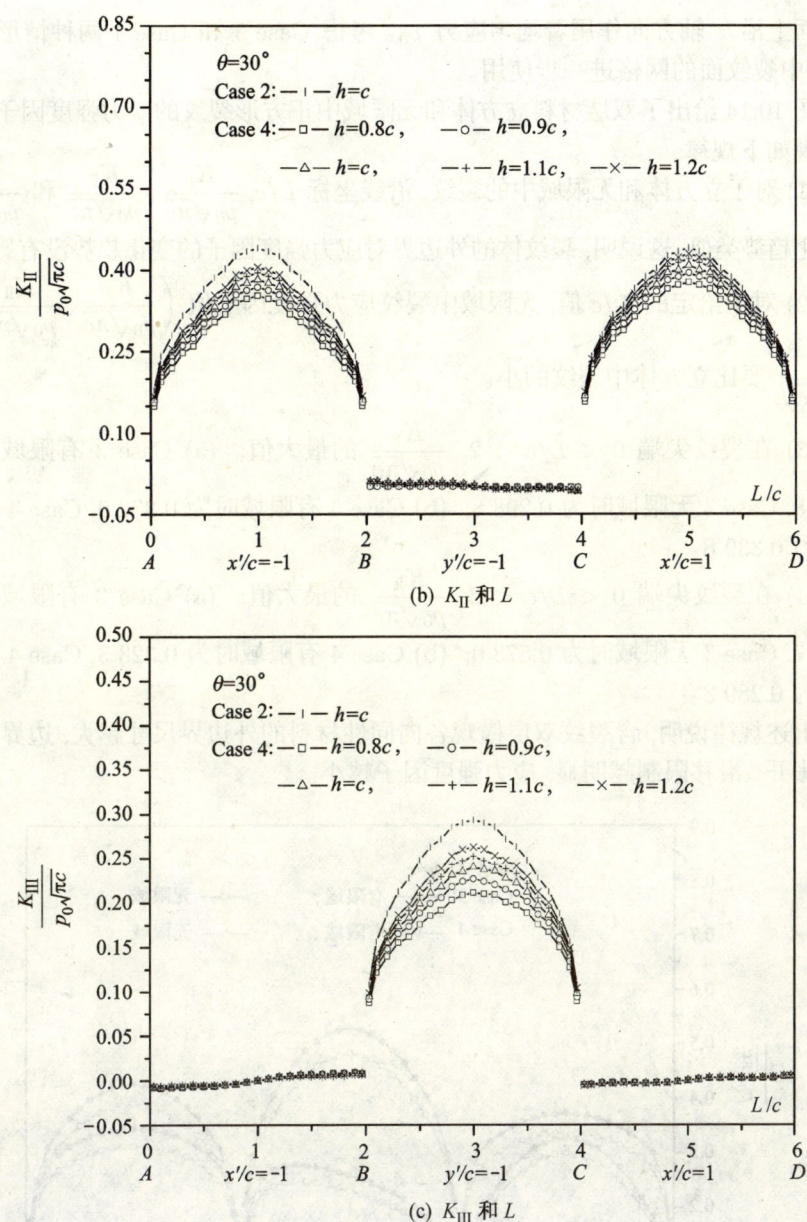

图 10.13 裂纹尖端 AB、BC 和 CD 的应力强度因子 (Case 2 和 Case 4, $\theta = 30°$)

2. 无限域双层横观各向同性材料中的正方形裂纹

下面通过分析立方体和无限域中的正方形裂纹,研究不同类型边界对应力强度因子的影响。在图 10.9 所示的含正方形裂纹的立方体中,让外边界点 M_1、N_1、P_1、Q_1、M、N、P、Q、M_2、N_2、P_2 和 Q_2 趋向无穷远,取 $\theta = 45°$ 和 $h = c$。

裂纹面上沿 z 轴方向作用着均匀应力 p_0。考虑 Case 3 和 Case 4 两种情形。图 10.10 中裂纹面的网格进一步使用。

图 10.14 给出了双层材料立方体和无限域中正方形裂纹的应力强度因子。可以发现如下规律:

(1) 对于立方体和无限域中的裂纹,沿线坐标 L/c, $\dfrac{K_{\mathrm{I}}}{p_0\sqrt{\pi c}}$、$\dfrac{K_{\mathrm{II}}}{p_0\sqrt{\pi c}}$ 和 $\dfrac{K_{\mathrm{III}}}{p_0\sqrt{\pi c}}$ 的变化趋势类似。这说明,裂纹体的外边界对应力强度因子的变化趋势没有影响。

(2) 对于给定的 L/c 值,无限域中裂纹应力强度因子值 $\left(\dfrac{K_{\mathrm{I}}}{p_0\sqrt{\pi c}}、\dfrac{K_{\mathrm{II}}}{p_0\sqrt{\pi c}} 和 \dfrac{K_{\mathrm{III}}}{p_0\sqrt{\pi c}}\right)$ 要比立方体中裂纹的小。

(3) 在裂纹尖端 $0 < L/c < 2$, $\dfrac{K_{\mathrm{I}}}{p_0\sqrt{\pi c}}$ 的最大值:(a) Case 3 有限域时为 0.326 8, Case 3 无限域时为 0.298 8;(b) Case 4 有限域时为 0.372 9, Case 4 无限域时为 0.339 8。

(4) 在裂纹尖端 $0 < L/c < 2$, $\dfrac{K_{\mathrm{II}}}{p_0\sqrt{\pi c}}$ 的最大值:(a) Case 3 有限域时为 0.600 7, Case 3 无限域时为 0.573 0;(b) Case 4 有限域时为 0.323 3, Case 4 无限域时为 0.289 3。

上述规律说明,含裂纹双层横观各向同性材料的外边界尺寸越大,边界对裂纹的张开、滑移限制越明显,应力强度因子越小。

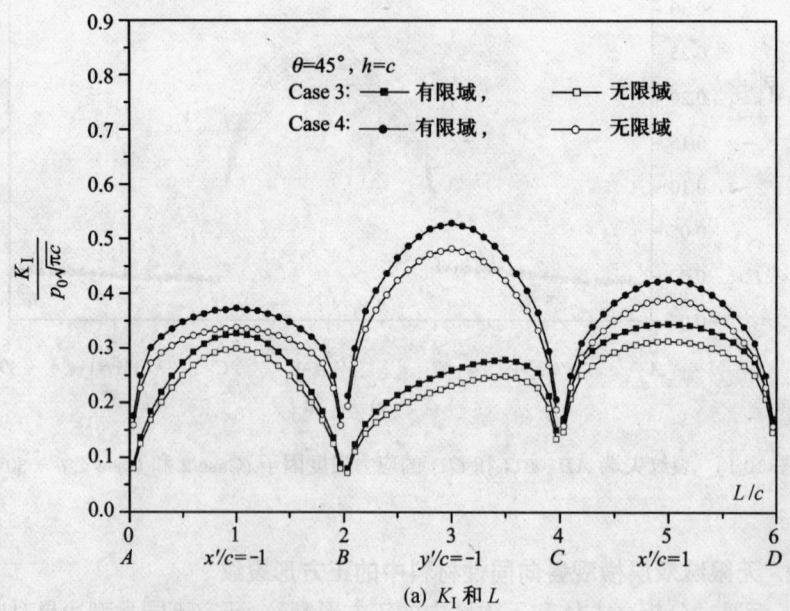

(a) K_{I} 和 L

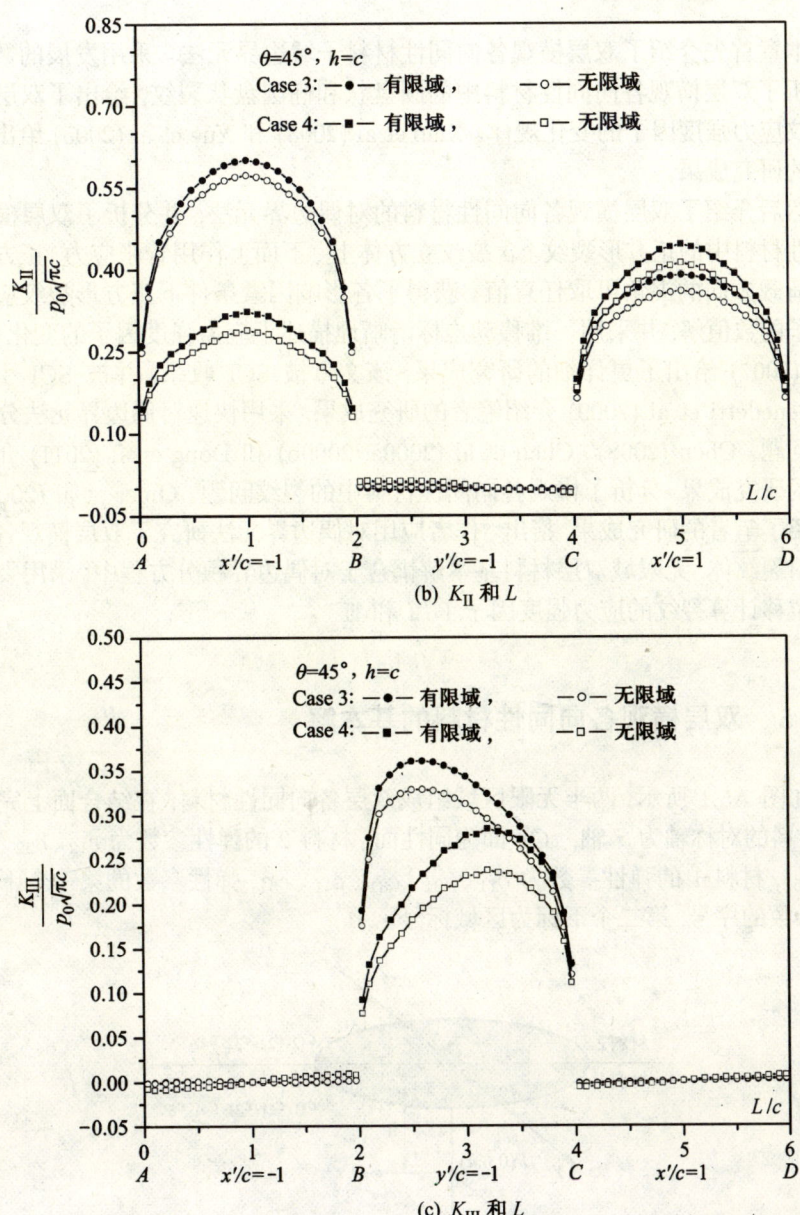

图 10.14 无限域和有限域中倾斜正方形裂纹的应力强度因子 (Case 3 和 Case 4, $\theta = 45°$)

10.4 结论

本章首先介绍了双层横观各向同性材料子域边界元法。采用发展的数值方法分析了双层横观各向同性材料中的圆盘状和椭圆盘状裂纹,给出了双层材料中裂纹应力强度因子的变化规律。Xiao et al (2005) 和 Yue et al (2005) 给出了更详细的研究成果。

然后介绍了双层横观各向同性材料的对偶边界元法,并分析了双层横观各向同性材料中的正方形裂纹。含裂纹立方体上、下面上作用着张应力,正方形裂纹与荷载方向的夹角可取任意值。获得了各影响因素条件下正方形裂纹应力强度因子的数值解,并采用一维移动坐标清晰地描述了应力强度因子的变化。Yue et al (2007) 给出了更详细的研究成果,该文章被 SCI 收录,并被 SCI 引用 6 次。Benedetti et al (2009) 介绍笔者的研究成果,采用快速对偶边界元法分析了裂纹问题。Chen (2008)、Chen et al (2009a, 2009b) 和 Dong et al (2011) 介绍了笔者的研究成果,分析了横观各向同性材料中的裂纹问题。Omer et al (2008) 详细介绍了笔者的研究成果,指出"作者应用对偶边界元法研究了双层横观各向同性材料裂纹体,无限域双层材料基本解耦合于对偶边界积分方程中,采用裂纹的张开位移计算裂纹的应力强度因子 Ⅰ、Ⅱ 和 Ⅲ"。

附录 5 双层横观各向同性材料的基本解

如图 A5.1 所示,两半无限区域组成双层各向同性材料,在结合面上完全黏结。材料的对称轴为 z 轴,xOy 面为同性面。材料 2 的弹性参数为 c_{12}、c_{22}、c_{32}、c_{42}、c_{52},材料 1 的弹性参数为 c_{11}、c_{21}、c_{31}、c_{41}、c_{51},弹性参数的第一个下标为 5 个参数的序号,第二个下标为区域标号。

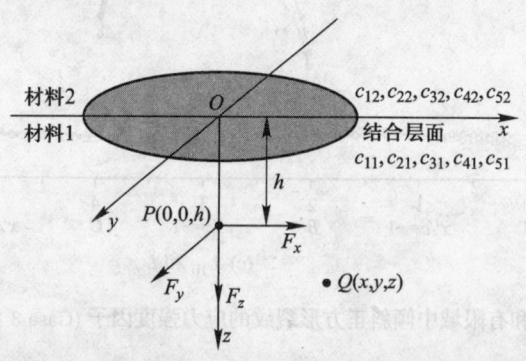

图 A5.1 双层各向同性材料中作用于 $P(0,0,h)$ 点的集中荷载

应力 σ_{ij} 和应变 ε_{ij} 之间的关系可以表示成矩阵形式，即

$$\begin{bmatrix} \sigma_{xx} \\ \sigma_{yy} \\ \sigma_{zz} \\ \sigma_{yz} \\ \sigma_{xz} \\ \sigma_{xy} \end{bmatrix} = \begin{bmatrix} c_1 & c_1 - 2c_5 & c_2 & 0 & 0 & 0 \\ & c_1 & c_2 & 0 & 0 & 0 \\ & & c_3 & 0 & 0 & 0 \\ & 对称 & & 2c_4 & 0 & 0 \\ & & & & 2c_4 & 0 \\ & & & & & 2c_5 \end{bmatrix} \begin{bmatrix} \varepsilon_{xx} \\ \varepsilon_{yy} \\ \varepsilon_{zz} \\ \varepsilon_{yz} \\ \varepsilon_{xz} \\ \varepsilon_{xy} \end{bmatrix}. \tag{A5.1}$$

位移、垂直应力和平面应变的矢量定义为

$$\boldsymbol{u} = \begin{pmatrix} u_x & u_y & u_z \end{pmatrix}^{\mathrm{T}}, \quad \boldsymbol{T}_z = \begin{pmatrix} \sigma_{xz} & \sigma_{yz} & \sigma_{zz} \end{pmatrix}^{\mathrm{T}},$$

$$\boldsymbol{\Gamma}_p = \begin{pmatrix} \varepsilon_{xx} & \varepsilon_{xy} & \varepsilon_{yy} \end{pmatrix}^{\mathrm{T}}. \tag{A5.2}$$

不是一般性，假设集中力作用于半无限区域 $k=1$ 中，即 $h \geqslant 0^+$。集中力矢量位于 $P(0,0,h)$，并定义为

$$\boldsymbol{F} = \begin{pmatrix} F_x & F_y & F_z \end{pmatrix}^{\mathrm{T}}. \tag{A5.3}$$

场点的坐标为 $Q(x,y,z)$。下面讨论四种不同情形下的解。定义 $\Delta_k = \sqrt{c_{1k}c_{3k}} - c_{2k} - 2c_{4k}$, $k=1$ 和 $k=2$ 分别对应于两种不同的横观各向同性体。应用经典的傅里叶转换方法，Yue (1995) 发展了受集中荷载作用的双层横观各向同性材料的基本解。位移和应力的基本解可以用基本的调和函数和完全椭圆积分来表示。为便于阅读，这里简单地概括一下基本解的表达式。

情形 a： $\Delta_1 \neq 0$ 和 $\Delta_2 \neq 0$

(i) 集中荷载位于介质 $k=1\,(z \geqslant 0)$ 中，此时有

$$\boldsymbol{u} = \bigg\{ \boldsymbol{G}_v\left[0, z_{01}, \boldsymbol{\Phi}_{01}\right] + \sum_{n=1}^{4} \boldsymbol{G}_v\left[0, z_{n1}, \boldsymbol{\Phi}_{an1}\right] + \boldsymbol{G}_v\left[0, \gamma_{01}\left|\underline{z}\right|, \boldsymbol{\Phi}_v\right] +$$

$$\boldsymbol{G}_v\left[0, \gamma_{11}\left|\underline{z}\right|, \boldsymbol{\Phi}_u(\gamma_{11})\right] - \boldsymbol{G}_v\left[0, \gamma_{21}\left|\underline{z}\right|, \boldsymbol{\Phi}_u(\gamma_{21})\right] \bigg\} \boldsymbol{F},$$

$$\boldsymbol{T}_z = \bigg\{ \boldsymbol{G}_v\left[1, z_{01}, \boldsymbol{\Psi}_{01}\right] + \sum_{n=1}^{4} \boldsymbol{G}_v\left[1, z_{n1}, \boldsymbol{\Psi}_{an1}\right] + \boldsymbol{G}_v\left[1, \gamma_{01}\left|\underline{z}\right|, \boldsymbol{\Psi}_v\right] +$$

$$\boldsymbol{G}_v\left[1, \gamma_{11}\left|\underline{z}\right|, \boldsymbol{\Psi}_u(\gamma_{11})\right] - \boldsymbol{G}_v\left[1, \gamma_{21}\left|\underline{z}\right|, \boldsymbol{\Psi}_u(\gamma_{21})\right] \bigg\} \boldsymbol{F}, \tag{A5.4}$$

$$\boldsymbol{\Gamma}_p = \bigg\{ \boldsymbol{G}_p\left[1, z_{01}, \boldsymbol{\Phi}_{01}\right] + \sum_{n=1}^{4} \boldsymbol{G}_p\left[1, z_{n1}, \boldsymbol{\Phi}_{an1}\right] + \boldsymbol{G}_p\left[1, \gamma_{01}\left|\underline{z}\right|, \boldsymbol{\Phi}_v\right] +$$

$$\boldsymbol{G}_p\left[1, \gamma_{11}\left|\underline{z}\right|, \boldsymbol{\Phi}_u(\gamma_{11})\right] - \boldsymbol{G}_p\left[1, \gamma_{21}\left|\underline{z}\right|, \boldsymbol{\Phi}_u(\gamma_{21})\right] \bigg\} \boldsymbol{F}.$$

(ii) 集中荷载位于介质 $k=2\,(z\leqslant 0)$ 中，此时有

$$\begin{aligned}
\boldsymbol{u} &= \left\{ \boldsymbol{G}_v\left[0, z_{02}, \boldsymbol{\Phi}_{02}\right] + \sum_{n=1}^{4} \boldsymbol{G}_v\left[0, z_{n2}, \boldsymbol{\Phi}_{an2}\right] \right\} \boldsymbol{F}, \\
\boldsymbol{T}_z &= \left\{ \boldsymbol{G}_v\left[1, z_{02}, \boldsymbol{\Phi}_{02}\right] + \sum_{n=1}^{4} \boldsymbol{G}_v\left[1, z_{n2}, \boldsymbol{\Phi}_{an2}\right] \right\} \boldsymbol{F}, \\
\boldsymbol{\Gamma}_p &= \left\{ \boldsymbol{G}_p\left[1, z_{02}, \boldsymbol{\Phi}_{02}\right] + \sum_{n=1}^{4} \boldsymbol{G}_p\left[1, z_{n2}, \boldsymbol{\Phi}_{an2}\right] \right\} \boldsymbol{F}.
\end{aligned} \tag{A5.5}$$

式中，$z_{01} = \gamma_{01}(z+h)$，$z_{11} = \gamma_{11}(z+h)$，$z_{21} = \gamma_{21}z + \gamma_{11}h$，$z_{31} = \gamma_{11}z + \gamma_{21}h$，$z_{41} = \gamma_{21}(z+h)$，$z_{02} = \gamma_{01}h - \gamma_{02}z$，$z_{12} = \gamma_{11}h - \gamma_{12}z$，$z_{22} = \gamma_{11}h - \gamma_{22}z$，$z_{32} = \gamma_{21}h - \gamma_{12}z$，$z_{42} = \gamma_{21}h - \gamma_{22}z$。$\gamma_{0k}$、$\gamma_{1k}$ 和 $\gamma_{2k}(k=1,2)$ 由下式给出：

$$\begin{aligned}
\gamma_{0k} &= \sqrt{c_{5k}/c_{4k}}, \\
\gamma_{1k} &= \frac{1}{2\sqrt{c_{3k}c_{4k}}} \Big[\sqrt{(\sqrt{c_{1k}c_{3k}} - c_{2k})(\sqrt{c_{1k}c_{3k}} + c_{2k} + 2c_{4k})} + \\
& \quad \sqrt{(\sqrt{c_{1k}c_{3k}} + c_{2k})\Delta_k} \Big], \\
\gamma_{2k} &= \frac{1}{2\sqrt{c_{3k}c_{4k}}} \Big[\sqrt{(\sqrt{c_{1k}c_{3k}} - c_{2k})(\sqrt{c_{1k}c_{3k}} + c_{2k} + 2c_{4k})} - \\
& \quad \sqrt{(\sqrt{c_{1k}c_{3k}} + c_{2k})\Delta_k} \Big].
\end{aligned}$$

情形 b：$\Delta_1 = 0$ 和 $\Delta_2 \neq 0$

(i) 集中荷载位于介质 $k=1\,(z\geqslant 0)$ 中，此时有

$$\begin{aligned}
\boldsymbol{u} &= \{\boldsymbol{G}_v\left[0, z_{01}, \boldsymbol{\Phi}_{01}\right] + \boldsymbol{G}_v\left[0, z_{a0}, \boldsymbol{\Phi}_{b11}\right] + z\boldsymbol{G}_v\left[1, z_{a0}, \boldsymbol{\Phi}_{b21}\right] + \\
& \quad h\boldsymbol{G}_v\left[1, z_{a0}, \boldsymbol{\Phi}_{b31}\right] + zh\boldsymbol{G}_v\left[2, z_{a0}, \boldsymbol{\Phi}_{b41}\right] + \boldsymbol{G}_v\left[0, \gamma_{01}\left|\underline{z}\right|, \boldsymbol{\Phi}_v\right] + \\
& \quad \boldsymbol{G}_v\left[0, \gamma_a\left|\underline{z}\right|, \boldsymbol{\Phi}_x\right] + \underline{z}\boldsymbol{G}_v\left[1, \gamma_a\left|\underline{z}\right|, \boldsymbol{\Phi}_y\right]\} \boldsymbol{F}, \\
\boldsymbol{T}_z &= \{\boldsymbol{G}_v\left[1, z_{01}, \boldsymbol{\Psi}_{01}\right] + \boldsymbol{G}_v\left[1, z_{a0}, \boldsymbol{\Psi}_{b11}\right] + z\boldsymbol{G}_v\left[2, z_{a0}, \boldsymbol{\Psi}_{b21}\right] + \\
& \quad h\boldsymbol{G}_v\left[2, z_{a0}, \boldsymbol{\Psi}_{b31}\right] + zh\boldsymbol{G}_v\left[3, z_{a0}, \boldsymbol{\Psi}_{b41}\right] + \boldsymbol{G}_v\left[1, \gamma_{01}\left|\underline{z}\right|, \boldsymbol{\Psi}_v\right] + \\
& \quad \boldsymbol{G}_v\left[1, \gamma_a\left|\underline{z}\right|, \boldsymbol{\Psi}_x\right] + \underline{z}\boldsymbol{G}_v\left[2, \gamma_a\left|\underline{z}\right|, \boldsymbol{\Psi}_y\right]\} \boldsymbol{F}, \\
\boldsymbol{\Gamma}_p &= \{\boldsymbol{G}_p\left[1, z_{01}, \boldsymbol{\Phi}_{01}\right] + \boldsymbol{G}_p\left[1, z_{a0}, \boldsymbol{\Phi}_{b11}\right] + z\boldsymbol{G}_p\left[2, z_{a0}, \boldsymbol{\Phi}_{b21}\right] + \\
& \quad h\boldsymbol{G}_p\left[2, z_{a0}, \boldsymbol{\Phi}_{b31}\right] + zh\boldsymbol{G}_p\left[3, z_{a0}, \boldsymbol{\Phi}_{b41}\right] + \boldsymbol{G}_p\left[1, \gamma_{01}\left|\underline{z}\right|, \boldsymbol{\Phi}_v\right] + \\
& \quad \boldsymbol{G}_p\left[1, \gamma_a\left|\underline{z}\right|, \boldsymbol{\Phi}_x\right] + \underline{z}\boldsymbol{G}_p\left[2, \gamma_a\left|\underline{z}\right|, \boldsymbol{\Phi}_y\right]\} \boldsymbol{F}.
\end{aligned} \tag{A5.6}$$

(ii) 集中荷载位于介质 $k=2\,(z\leqslant 0)$ 中，此时有

$$\begin{aligned}
\boldsymbol{u} &= \{\boldsymbol{G}_v\left[0, z_{02}, \boldsymbol{\Phi}_{02}\right] + \boldsymbol{G}_v\left[0, z_{a1}, \boldsymbol{\Phi}_{b12}\right] + h\boldsymbol{G}_v\left[1, z_{a1}, \boldsymbol{\Phi}_{b22}\right] + \\
& \quad \boldsymbol{G}_v\left[0, z_{a2}, \boldsymbol{\Phi}_{b32}\right] + h\boldsymbol{G}_v\left[1, z_{a2}, \boldsymbol{\Phi}_{b42}\right]\} \boldsymbol{F},
\end{aligned}$$

$$\begin{aligned}
\boldsymbol{T}_z = \{&\boldsymbol{G}_v\,[1, z_{02}, \boldsymbol{\Psi}_{02}] + \boldsymbol{G}_v\,[1, z_{a1}, \boldsymbol{\Psi}_{b12}] + h\boldsymbol{G}_v\,[2, z_{a1}, \boldsymbol{\Psi}_{b22}] + \\
&\boldsymbol{G}_v\,[1, z_{a2}, \boldsymbol{\Psi}_{b32}] + h\boldsymbol{G}_v\,[2, z_{a2}, \boldsymbol{\Psi}_{b42}]\}\,\boldsymbol{F}, \quad\quad\quad (A5.7)\\
\boldsymbol{\Gamma}_p = \{&\boldsymbol{G}_p\,[1, z_{02}, \boldsymbol{\Phi}_{02}] + \boldsymbol{G}_p\,[1, z_{a1}, \boldsymbol{\Phi}_{b12}] + h\boldsymbol{G}_p\,[2, z_{a1}, \boldsymbol{\Phi}_{b22}] + \\
&\boldsymbol{G}_p\,[1, z_{a2}, \boldsymbol{\Phi}_{b32}] + h\boldsymbol{G}_p\,[2, z_{a2}, \boldsymbol{\Phi}_{b42}]\}\,\boldsymbol{F}.
\end{aligned}$$

式中，$z_{a0} = \gamma_a(z+h)$，$z_{a1} = \gamma_a h - \gamma_{12} z$，$z_{a2} = \gamma_a h - \gamma_{22} z$，$\gamma_{11} = \gamma_{21} = \gamma_a$ 和 $\gamma_{12} = \gamma_{22} = \gamma_b$。

情形 c：$\Delta_1 \neq 0$ 和 $\Delta_2 = 0$

此情形下，集中荷载位于介质 $k = 1\,(z \geqslant 0)$ 时，$\boldsymbol{u}$、$\boldsymbol{T}_z$ 和 $\boldsymbol{\Gamma}_p$ 的解可以在情形 a 的式 (A5.4) 中用 γ_b 代替 γ_{22} 得到。集中荷载位于介质 $k = 2\,(z \leqslant 0)$ 中时，有

$$\begin{aligned}
\boldsymbol{u} = \{&\boldsymbol{G}_v[0, z_{02}, \boldsymbol{\Phi}_{02}] + \boldsymbol{G}_v[0, z_{b1}, \boldsymbol{\Phi}_{c12}] + z\boldsymbol{G}_v[1, z_{b1}, \boldsymbol{\Phi}_{c22}] + \\
&\boldsymbol{G}_v[0, z_{b2}, \boldsymbol{\Phi}_{c32}] + z\boldsymbol{G}_v[1, z_{b2}, \boldsymbol{\Phi}_{c42}]\}\,\boldsymbol{F}\\
\boldsymbol{T}_z = \{&\boldsymbol{G}_v\,[1, z_{02}, \boldsymbol{\Psi}_{02}] + \boldsymbol{G}_v\,[1, z_{b1}, \boldsymbol{\Psi}_{c12}] + z\boldsymbol{G}_v\,[2, z_{b1}, \boldsymbol{\Psi}_{c22}] + \\
&\boldsymbol{G}_v\,[1, z_{b2}, \boldsymbol{\Psi}_{c32}] + z\boldsymbol{G}_v\,[2, z_{b2}, \boldsymbol{\Psi}_{c42}]\}\,\boldsymbol{F},\\
\boldsymbol{\Gamma}_p = \{&\boldsymbol{G}_p\,[1, z_{02}, \boldsymbol{\Phi}_{02}] + \boldsymbol{G}_p\,[1, z_{b1}, \boldsymbol{\Phi}_{c12}] + z\boldsymbol{G}_p\,[2, z_{b1}, \boldsymbol{\Phi}_{c22}] + \\
&\boldsymbol{G}_p\,[1, z_{b2}, \boldsymbol{\Phi}_{c32}] + h\boldsymbol{G}_p\,[2, z_{b2}, \boldsymbol{\Phi}_{c42}]\}\,\boldsymbol{F}. \quad\quad\quad (A5.8)
\end{aligned}$$

式中，$z_{b1} = \gamma_{11} h - \gamma_b z$ 和 $z_{b2} = \gamma_{21} h - \gamma_b z$。

情形 d：$\Delta_1 = 0$ 和 $\Delta_2 = 0$

此情形下，集中荷载位于介质 $k = 1\,(z \geqslant 0)$ 时，$\boldsymbol{u}$、$\boldsymbol{T}_z$ 和 $\boldsymbol{\Gamma}_p$ 的解可以在情形 b 的式 (A5.6) 中用 γ_b 代替 γ_{12} 和 γ_{22} 得到。集中荷载位于介质 $k = 2\,(z \leqslant 0)$ 中时，有

$$\begin{aligned}
\boldsymbol{u} = \{&\boldsymbol{G}_v\,[0, z_{02}, \boldsymbol{\Phi}_{02}] + \boldsymbol{G}_v\,[0, z_{ab}, \boldsymbol{\Phi}_{d12}] + z\boldsymbol{G}_v\,[1, z_{ab}, \boldsymbol{\Phi}_{d22}] + \\
&h\boldsymbol{G}_v\,[1, z_{ab}, \boldsymbol{\Phi}_{d32}] + zh\boldsymbol{G}_v\,[2, z_{ab}, \boldsymbol{\Phi}_{d42}]\}\,\boldsymbol{F},\\
\boldsymbol{T}_z = \{&\boldsymbol{G}_v\,[1, z_{02}, \boldsymbol{\Psi}_{02}] + \boldsymbol{G}_v\,[1, z_{ab}, \boldsymbol{\Psi}_{d12}] + z\boldsymbol{G}_v\,[2, z_{ab}, \boldsymbol{\Psi}_{d22}] + \\
&h\boldsymbol{G}_v\,[2, z_{ab}, \boldsymbol{\Psi}_{d32}] + zh\boldsymbol{G}_v\,[3, z_{ab}, \boldsymbol{\Psi}_{d42}]\}\,\boldsymbol{F},\\
\boldsymbol{\Gamma}_p = \{&\boldsymbol{G}_p\,[1, z_{02}, \boldsymbol{\Phi}_{02}] + \boldsymbol{G}_p\,[1, z_{ab}, \boldsymbol{\Phi}_{d12}] + z\boldsymbol{G}_p\,[2, z_{ab}, \boldsymbol{\Phi}_{d22}] + \\
&h\boldsymbol{G}_p\,[2, z_{ab}, \boldsymbol{\Phi}_{d32}] + zh\boldsymbol{G}_p\,[3, z_{ab}, \boldsymbol{\Phi}_{d42}]\}\,\boldsymbol{F}. \quad\quad\quad (A5.9)
\end{aligned}$$

式中，$z_{ab} = \gamma_a h - \gamma_b z$。

在上述方程中，基本解的矩阵 $\boldsymbol{G}_v\,[n, z, \boldsymbol{\Phi}]$ 和 $\boldsymbol{G}_p\,[n, z, \boldsymbol{\Phi}]$ ($n = 0, 1, 2, 3$；$z \geqslant$

0) 定义为

$$4\pi \boldsymbol{G}_v[n,z,\boldsymbol{\Phi}] = \phi_{22}\begin{pmatrix} g_{n02}(z) & -g_{n11}(z) & 0 \\ -g_{n11}(z) & g_{n20}(z) & 0 \\ 0 & 0 & 0 \end{pmatrix} +$$

$$\begin{pmatrix} \phi_{11}g_{n20}(z) & \phi_{11}g_{n11}(z) & \phi_{13}g_{n10}(z) \\ \phi_{11}g_{n11}(z) & \phi_{11}g_{n02}(z) & \phi_{13}g_{n01}(z) \\ -\phi_{31}g_{n10}(z) & -\phi_{31}g_{n01}(z) & \phi_{33}g_{n00}(z) \end{pmatrix},$$

$$4\pi \boldsymbol{G}_p[n,z,\boldsymbol{\Phi}] = \phi_{22}\begin{pmatrix} g_{n12}(z) & -g_{n21}(z) & 0 \\ \frac{1}{2}[g_{n03}(z)-g_{n21}(z)] & \frac{1}{2}[g_{n30}(z)-g_{n12}(z)] & 0 \\ -g_{n12}(z) & g_{n21}(z) & 0 \end{pmatrix} +$$

$$\begin{pmatrix} \phi_{11}g_{n30}(z) & \phi_{11}g_{n21}(z) & -\phi_{13}g_{n20}(z) \\ \phi_{11}g_{n21}(z) & \phi_{11}g_{n12}(z) & -\phi_{13}g_{n11}(z) \\ \phi_{11}g_{n12}(z) & \phi_{11}g_{n03}(z) & -\phi_{13}g_{n02}(z) \end{pmatrix}. \quad (A5.10)$$

式中, $z > 0$; $n = 0, 1, 2, 3$; 调和函数 $g_{0lm}(z)$ 为

$$g_{000}(z) = \frac{1}{R}, \quad g_{002}(z) = \frac{1}{R_z}\left[1 - \frac{y^2}{RR_z}\right], \quad g_{010}(z) = -\frac{x}{RR_z},$$

$$g_{030}(z) = \frac{x}{2R_z^2}\left[\frac{2x^2}{RR_z} - 3\right],$$

$$g_{001}(z) = -\frac{y}{RR_z}, \quad g_{011}(z) = -\frac{xy}{RR_z^2}, \quad g_{021}(z) = \frac{y}{2R_z^2}\left[\frac{2x^2}{RR_z} - 1\right],$$

$$g_{020}(z) = \frac{1}{R_z}\left[1 - \frac{x^2}{RR_z}\right],$$

$$g_{012}(z) = \frac{x}{2R_z^2}\left[\frac{2y^2}{RR_z} - 1\right], \quad g_{003}(z) = \frac{y}{2R_z^2}\left[\frac{2y^2}{RR_z} - 3\right],$$

$$R = \sqrt{x^2 + y^2 + z^2}, \quad R_z = R + z. \quad (A5.11)$$

对于 $n \geqslant 1$, 调和函数 $g_{nlm}(z)$ ($0 \leqslant l+m \leqslant 3$) 可用下式获得:

$$g_{nlm}(z) = -\frac{\partial g_{(n-1)lm}(z)}{\partial z}. \quad (A5.12)$$

式 (A5.10) 中常矩阵 $\boldsymbol{\Phi}$ 定义为

$$\boldsymbol{\Phi} = \begin{pmatrix} \phi_{11} & 0 & \phi_{13} \\ 0 & \phi_{22} & 0 \\ \phi_{31} & 0 & \phi_{33} \end{pmatrix}, \quad (A5.13)$$

Yue (1995) 给出了矩阵 $\boldsymbol{\Phi}$ 的具体形式。

参考文献

Ariza M P, Dominguez J. 2004. Boundary element formulation for 3D transversely isotropic cracked bodies [J]. International Journal for Numerical Methods in Engineering, 60: 719–753.

Benedetti I, Milazzo A, Aliabadi M H. 2009. A fast dual boundary element method for 3D anisotropic crack problems [J]. International Journal for Numerical Methods in Engineering, 80: 1356–1378.

Chen C H. 2008. Application of boundary element method on fracture mechanics analysis of anisotropic rocks [D]. Taiwan: National Cheng Kung University.

Chen C H, Chen C S, Pan E, et al. 2009a. Boundary element analysis of mixed-mode stress intensity factors in an anisotropic cuboid with an inclined surface crack [J]. Engineering Computations, 26: 1056–1073.

Chen C S, Chen C H, Pan E. 2009b. Three-dimensional stress intensity factors of central square crack in a transversely isotropic cuboid with arbitrary material orientations [J]. Engineering Analysis with Boundary Elements, 33: 128–136.

Dong C Y, Yang X, Pan E. 2011. Analysis of cracked transversely isotropic and inhomogeneous solids by special BIE formulation [J]. Engineering Analysis with Boundary Elements, 35: 200–206.

Hoenig A. 1978. The behavior of a flat elliptical crack in an anisotropic elastic body [J]. International Journal of Solids and Structures, 14: 925–934.

Kassir M K, Sih G C. 1966. Three-dimensional stress distribution around an elliptical crack under arbitrary loadings [J]. ASME Journal of Applied Mechanics, 33: 601–611.

Lin W, Keer L M. 1989. Three-dimensional analysis of cracks in layered transversely isotropic media [J]. Proceedings of Royal Society (London), A424: 307–322.

Noda N A, Ohzono R M, Chen C. 2003. Analysis of an elliptical crack parallel to a bimaterial interface under tension[J]. Mechanics of Materials, 35: 1059–1076.

Omer N, Yosibash Z. 2008. Edge singularities in 3-D elastic anisotropic and multi-material domains [J]. Computer Methods in Applied Mechanics and Engineering, 197: 959–978.

Pan E, Yuan F G. 2000. Boundary element analysis of three-dimensional cracks in anisotropic solids [J]. International Journal for Numerical Methods in Engineering, 48: 211–237.

Pan Y C, Chou T W. 1976. Point force solution for an infinite transversely isotropic solid [J]. ASME Journal of Applied Mechanics, 43: 608–612.

Saez A, Ariza M P, Dominguez J. 1997. Three-dimensional fracture analysis in transversely isotropic solids [J]. Engineering Analysis with Boundary Elements, 20: 287–298.

Sih G C, Paris P C, Irwin G R. 1965. On crack in rectilinearly anisotropic bodies [J]. International Journal of Fracture, 1: 189–203.

Ting T C T. 1996. Anisotropic elasticity: theory and applications [M]. New York: Oxford University Press.

Weaver J. 1997. Three-dimensional crack analysis [J]. International Journal of Solids and Structures, 13: 321–330.

Xiao H T, Yue Z Q, Tham LG. 2005. Analysis of elliptical cracks perpendicular to the interface of two joined transversely isotropic solids [J]. International Journal of Fracture, 133: 329–354.

Yue Z Q. 1995. Elastic fields in two joined transversely isotropic solids due to concentrated forces [J]. International Journal of Engineering Sciences, 33: 351–369.

Yue Z Q, Xiao H T, Tham L G, et al. 2005. Boundary element analysis of 3D crack problems in two joined transversely isotropic solids [J]. Computational Mechanics, 36: 459–474.

Yue Z Q, Xiao H T, Pan E. 2007. Stress intensity factors of square crack inclined to interface of transversely isotropic bi-material [J]. Engineering Analysis with Boundary Elements, 31: 50–65.

Zhang Z G, Mai Y W. 1989. A simple solution for the stress intensity factor of a flat elliptical crack in a transversely isotropic solid [J]. Engineering Fracture Mechanics, 34: 628–645.

第 11 章
结论与展望

在回顾梯度材料断裂力学发展现状后，本书首先发展了基于 Yue 基本解 (Yue, 1995a) 的边界元法，并将其用于分析梯度材料 (FGM) 裂纹问题。所分析的 FGM 裂纹包括圆盘状、椭圆盘状裂纹和矩形裂纹。讨论了 FGM 非均匀参数、FGM 夹层厚度和裂纹与 FGM 夹层相对位置等因素对应力强度因子 (SIF) 的影响，并分析了这些因素对圆盘状、椭圆盘状裂纹扩展方向和临界扩展荷载的影响。然后发展了双层横观各向同性材料基本解 (Yue, 1995b) 的边界元法，并分析了双层材料中的圆盘状、椭圆状裂纹和矩形裂纹。计算表明，发展的边界元法特别适用于分析梯度材料和层状材料力学特性。研究结果对于深化梯度材料断裂力学研究具有重要价值。

本章首先回顾了发展的边界元法和应用建议方法分析梯度材料断裂力学的研究成果。由于梯度材料广泛存在于岩土介质中，最后讨论了发展的数值方法在岩土工程和地震工程等领域中的应用前景。

11.1 结论

11.1.1 基于 Yue 基本解的子域边界元法及断裂力学分析

本书发展的基于 Yue 基本解的子域边界元法有以下特点:

(1) 将 Yue 基本解耦合于位移边界积分方程。采用分层方法逼近梯度材料力学参数沿厚度方向变化。每一分层的力学参数按该层在 FGM 夹层的位置取值,并假设每一分层为均匀材料。

(2) 位移边界积分方程中有弱奇异积分和强奇异积分。弱奇异积分的处理方法是从奇异点引出分割线,将单元划分为两个或三个三角形,在每一个三角形中定义新的局部坐标,经坐标变换,消除被积函数中的奇异性。计算强奇异积分时需将一组单位刚体位移作为特解代入离散形式的位移边界积分方程,这样强奇异积分与系数之和可用其余积分的和求得。

(3) 由于裂纹上、下面完全重合,边界积分方程离散后,未知量的个数超过方程数。该问题可通过引入辅助面解决。裂纹面和辅助面将裂纹体分成两个区域;对每一区域建立边界积分方程,然后利用两个区域辅助面上面力和位移的关系,建立整体线性方程组,进而获得裂纹面上节点的位移。

(4) 由于 FGM 中裂纹尖端应力场的奇异性与均匀介质的完全相同, 可以采用均匀介质边界元法的一些分析方法。在发展的边界元法中, 引入面力奇异单元,并给出了面力奇异单元的数值方法。依据裂纹尖端位移场的公式,建立了 SIF 的插值计算公式。采用插值方法可提高 SIF 的计算精度。

首先,采用建议的数值方法分析了圆盘状裂纹。圆盘状裂纹面平行和垂直于 FGM 夹层,裂纹面上作用着均匀压应力和剪应力。通过数值计算和分析,得到如下认识:

(1) 建议方法可以获得较高精度的数值解。面力奇异单元的采用使得相对稀疏的网格可以获得较高的计算精度。对 FGM 夹层分层离散时,当分层数足够大时,可以获得令人满意的计算精度,并且随着分层数的增加,SIF 的数值解稳定地趋向解析解。

(2) FGM 夹层的存在对裂纹 SIF 值有明显的影响。当裂纹面上作用着均匀压应力时,平行于 FGM 夹层圆盘状裂纹的变形模式为 I 型和 II 型耦合。当非均匀参数 $\alpha > 0$ 时,裂纹的张开受到限制,I 型 SIF 值减小,裂纹上、下面产生相对滑移,II 型 SIF 出现,且为正值。当非均匀参数 $\alpha < 0$ 时,裂纹的张开变得容易,I 型 SIF 值增大,同样裂纹上、下面产生相对滑移,I 型 SIF 出现,但为负值。SIF 值的增大和减小受到 FGM 夹层厚度和裂纹与夹层相对位置的影响。

(3) 基于断裂力学叠加原理和应变能密度因子判据,采用 SIF 的数值解,分析了倾斜荷载作用下 FGM 中圆盘状裂纹的扩展。分析表明,FGM 夹层对圆盘状裂纹扩展方向和临界扩展荷载有明显的影响。

然后，将建议的数值方法用于分析椭圆盘状裂纹。椭圆盘状裂纹面平行和垂直于 FGM 夹层，裂纹面上作用着均匀压应力和剪应力。通过数值计算和分析，得到如下认识：

(1) 相对于均匀介质中的椭圆盘状裂纹，FGM 中裂纹的变形模式变化明显。由于裂纹特殊的几何形状，裂纹面上作用着均匀压应力时，平行于 FGM 夹层椭圆盘状裂纹的变形模式为 I 型、II 型和 III 型耦合。同样，SIF 值的增大和减小受到 FGM 夹层非均匀参数、厚度和裂纹与夹层相对位置的影响。

(2) 椭圆盘状裂纹尖端的最小应变能密度因子 $S_{\min}(\beta_0,\varphi_0)$ 的参数 β_0 受到 FGM 夹层非均匀参数、厚度及裂纹与夹层相对位置的影响。与圆盘状裂纹问题相同，仅 β_0 值受到 FGM 夹层的影响，φ_0 值与均匀介质中的值相同。

(3) 椭圆盘状裂纹扩展的临界荷载受到 FGM 夹层的影响。由于裂纹尖端几何形状的变化，裂纹临界扩展荷载的分布形式与圆盘状裂纹的不同。

11.1.2 基于 Yue 基本解的对偶边界元法和矩形裂纹分析

发展的 Yue 基本解的对偶边界元法有以下特点：

(1) 对偶边界元法采用了一对方程，即位移和面力边界积分方程。位移边界积分方程的源点配置在非裂纹边界上，面力边界积分方程的源点配置在裂纹面上。裂纹面的间断位移 (张开位移和滑移位移)、非裂纹边界的面力和位移作为未知量。

(2) 引入不连续单元描述裂纹尖端位移场的分布特点。将 9 节点单元的角点和边中点处的节点移到单元的内部得到了此类不连续单元。单元坐标和间断位移采用不同的插值函数，间断位移的插值函数考虑了裂纹尖端位移的分布特点。此类不连续单元可用来分析裂纹面法线方向不唯一的裂纹问题，具有较强的适应性。

(3) 位移边界积分方程中有弱奇异积分和强奇异积分。处理方法与传统位移边界积分方程的相同。面力边界积分方程中有超奇异积分。超奇异积分的处理方法是从奇异点引出分割线，将单元划分为 $2\sim4$ 个三角形，在奇异点建立极坐标 (r,θ)。这样，在每个三角形中超奇异积分变换为关于 θ 的外层非奇异积分和关于 r 的内层强奇异积分。采用高斯型求积公式计算外层积分，采用 Kutt 型求积公式计算内层积分。

(4) 确定了面力边界积分方程中新核函数的计算方法，验证了建议方法的计算精度。考查了裂纹面单元网格稀疏和梯度材料夹层分层数对计算结果的影响。

采用建议的对偶边界元法，分析了无限域和有限域 FGM 中的矩形裂纹。

(1) 对无限域中的正方形裂纹，讨论了三种情形：裂纹面平行、与梯度材料成 $45°$ 角和垂直于 FGM 夹层。此外，还分析了无限域介质中位于 FGM 夹层中的正方形裂纹。

(2) 对无限域中长短边边长之比为 2 的矩形裂纹, 讨论了裂纹面平行和垂直于 FGM 夹层的情形。分析了均匀压应力和非均匀压应力作用下层状岩体中的正方形裂隙, 给出了张开位移和裂隙尖端的 SIF 值的分布。

(3) 对有限域中的矩形裂纹, 讨论了裂纹面平行于 FGM 夹层的情形。对比了裂纹体不同边界条件 (无限域和有限域) 对裂纹应力强度因子的影响。

数值分析表明: 与现有矩形裂纹的数值结果对比, 建议方法可以获得较高精度的计算结果; 与圆盘状和椭圆盘状裂纹的计算结果相似, FGM 中矩形裂纹 SIF 值同样受到 FGM 夹层的非均匀参数、厚度和裂纹与夹层相对位置的影响。

11.1.3 基于双层横观各向同性材料基本解的边界元法及断裂力学分析

实际上, 双层横观各向同性材料是另一种类型的梯度材料。本书第二作者于 1995 年发展了该类介质的基本解, 这为发展该类材料的边界元法提供了可能。过去几年里, 笔者发展了该类介质的边界元法, 并用于分析圆盘状、椭圆盘状裂纹和矩形裂纹。除采用的基本解不同外, 双层横观各向同性材料基本解的边界元法与前述层状材料 Yue 基本解的边界元法完全相同。

通过数值计算和分析, 得到如下认识:

(1) 在横观各向同性材料中, 裂纹的 SIF 值分布和裂纹面与同性面的夹角有密切关系。这说明材料的各向异性对裂纹的断裂力学特性有明显的影响。

(2) 对于双层材料中的裂纹, 假设裂纹在材料 1 中, 材料 2 弹性参数的取值直接影响到裂纹 SIF 值的分布。在该部分研究中, 详细地分析了裂纹与双层材料层面距离、裂纹与材料同性面的角度等参数对 SIF 值的影响。

(3) 裂纹体边界对裂纹的断裂力学特性有明显的影响。为此, 采用建议方法分析了有限域 (立方体) 和无限域中的矩形裂纹, 比较了不同类型边界对 SIF 值的影响。

11.2 未来的应用和进一步研究工作

基于笔者的水平和有限的专业领域, 未来应用和研究的工作建议主要在岩土工程和地震工程领域。

11.2.1 层状岩体及其破坏特点

岩体结构类型可划分为四类 (谷德振, 1979): 整体块状结构、层状结构、碎裂结构和散体结构。按岩体的完整性、单层厚度和结构面间距, 层状结构岩体又分为四个亚类, 即整体层状结构、块状结构、互层状结构和薄层状结构。按成因, 层状岩体可进一步划分为两类: 一是以沉积岩为代表的, 主要为与原生建造有关的原生层状结构; 另一类是以变质岩为代表的, 主要为与构造成因有关的板裂层状结构。

在岩土工程中, 大量边坡工程、水电站地下厂房和隧洞是在层状岩体中开挖的。由于煤层都是在沉积环境中形成的, 煤系地层均是层状岩层。深部岩盐油(气)地下存储方式是我国能源地下储备的重要措施, 常见的岩盐矿床是层状的。我国岩盐层的基本特点是岩盐层多, 单层厚度薄, 岩盐体一般含有众多夹层。

层状岩体具有独特的变形破坏现象。在原生层状岩体结构中, 软弱岩层内或软硬岩层之间受构造作用常有层面或层间错动, 成为控制岩体稳定的软弱面。在板裂层状岩体结构中, 岩体经受强烈的构造运动, 产状较陡, 常存在大范围的平行发育的劈理、片理、层间错动带。对于三类层状结构岩质边坡 (陈祖煜 等, 2004), 切层边坡的主要破坏模式为顺层滑动破坏, 顺层边坡的破坏模式为溃屈破坏, 而反倾向边坡的破坏模式为倾倒破坏。在煤矿开采过程中, 由于煤层的开采范围比较大, 上覆岩层变形和破坏模式自下向上可按三带划分: 冒落带、裂隙带和弯曲带。近几年来, 利用上覆岩层离层产生的空间, 采用充填注浆的方法, 减少地表沉降。对于存储核废料的层状岩体地下洞室, 围岩中裂隙的产生和扩展会导致核废料的泄漏。地壳岩石是分层的, 地层中有规模较大的活断层, 这些断层在地壳应力作用下会诱发地震。这类地震发生的次数最多, 约占全球地震数的 90% 以上, 破坏力也最大。

岩体的稳定性在很大程度上是由岩体中的控制性结构面决定的。因此, 发展一种有效的分析层状岩体工程中裂隙 (结构面) 力学状态的方法, 获得不同加载形式下裂隙的张开、滑移和破坏规律是非常重要的。

11.2.2 层状材料边界元法的应用前景

边界元法是在有限元法之后成为一种有效的数值计算方法, 间断位移法是分析固体介质中不连续面力学特性的数值方法。边界元法和间断位移法的相同之处就是要借助基本解。实际上, 位移边界元法和间断位移法是第 8 章发展的对偶边界元法的一种特殊形式。由于具有显著的计算优势, 边界元法和间断位移法在固体力学中得到了广泛的应用。文献回顾表明, 这两种方法已在地学领域得到应用, 但由于地质材料的复杂性和非均匀性, 现有的数值方法应用受到限制。由于本书建议的方法针对层状材料和梯度材料, 而这类介质在地壳表层广泛存在, 因此可以预计建议方法在地学领域具有广阔的应用前景。

1. 岩土工程领域

张楚汉 (2008) 研究了不规则无限域模拟，提出无限边界单元和拱坝—地基—库水动力相互作用的时域模型；运用动力边界元法与断裂力学原理，提出重力坝地震断裂与拱坝裂缝扩展模型。Crouch et al (1983) 用间断位移法开发了分析地下开挖的二维边界元程序 TWODD，引入 Mohr-Coulomb 准则分析裂隙充填物的力学状态。姜弘道等 (1994) 以二维间断位移法为基础，采用符合 Mohr-Coulomb 屈服准则的节理单元模拟软弱夹层。周维垣等 (2002) 提出了三维间断位移法，解决了强及超奇异积分计算方法，并用于分析断裂力学问题。Liu et al (2005) 将应力不连续方法和间断位移方法结合，开发了边界元法的数值分析软件。基于 Kelvin 基本解，Wiles (2006) 发展了间接边界元法和间断位移法，研制了商业化软件 Map3D。该程序具有强大的功能，能分析如下问题：弹性岩体和全塑性断层滑移应力、考虑双重外荷载影响的应力、热应力/液体流、非线性岩体响应和三维弹粘塑性岩体响应。Thomas (1993) 利用位移不连续方法和无限域或半无限域内角位错的解析解，编写了三维分析程序 Poly3D。该程序可以计算线弹性、均质且各向同性介质中的准静态位移、应力和应变。该程序不仅广泛用于研究地震断层活动 (Maerten, 2000)，而且也用于断裂力学分析和岩土工程设计。该方法对不同类型边界的适应性差，不能模拟断裂的动态扩展问题。

上述数值方法用于分析无限域均匀介质中的裂隙时，仅在裂隙面上划分单元，具有较高的效率和精度。这些特点使得边界元法和间断位移方法有别于其他常用的商业数值软件，如 NASTRAN、ANSYS 和 FLAC 等。求解岩石介质的断裂破坏非常方便，特别在分析裂隙的扩展方面，具有明显的优势。但是，基于 Kelvin 解或 Mindlin 解的边界元法和间断位移法有如下局限性：

(1) 如用于分析层状岩层，需要沿层面划分单元，并引入无穷单元来考虑远场的影响。如果所遇到的层状岩体由许多层组成，边界元法的效率就会很低。如果岩体的力学性质沿某一方向非均匀变化，如力学参数为深度的连续函数，就不能采用上述方法。

(2) 现有间断位移法分析裂隙岩体时，考虑了裂隙充填物对岩体应力场的影响，但很少涉及裂隙的起裂和扩展。基于 Kelvin 解或 Mindlin 解的间断位移法分析层状岩体裂隙时，需沿层面划分单元，导致处理层状岩体结构面扩展时效率很低，也不能保证计算精度。

下一步，基于第 8 章发展的对偶边界元法，开发一种可分析层状岩体中断层裂隙张开、滑移和扩展的数值方法。这种数值方法有如下特点：

(1) 沿开挖边界、层状岩体的裂隙和胶结不好的层面划分单元。分析层状岩体时，对于胶结状况好的层面和地表自由面不需划分单元 (层面平行于地表情形)。这种处理方法大大地提高了计算效率。

(2) 不仅可以分析层状岩体，而且还可以方便地分析力学参数沿深度方向任意变化的非均匀岩土介质。这些问题采用传统边界元法分析是困难的，甚至是不可能的。发展的数值方法也能方便地用于分析均质或分区域均质岩体中裂隙的力学特性。

(3) 由于 Yue 基本解针对的是三维问题，因此建议的数值方法可以分析开挖过程中裂隙的张开、滑移和扩展。较以往的二维分析方法具有优势。

(4) 在分析层状岩体结构面时，引入断裂准则判断裂隙的起裂和扩展过程。处理多结构面时，考虑它们之间的相互影响。

该课题的完成将为层状及非均质裂隙岩体工程分析和设计提供一种新的数值方法，并用于分析含裂隙 (或裂隙组) 大型层状岩体试件和层状岩体工程。对于大型层状岩体试件，设计不同的裂隙空间分布和不同的加载方式，获得层状岩体裂隙张开、滑移和扩展的规律，深化层状裂隙岩体力学的研究。对于地下洞室、采矿工程和边坡工程，分析开挖过程中裂隙 (或断层) 的力学状态，指导层状岩体工程的设计和施工。

2. 地震工程领域

2008 年 5 月 12 日，四川汶川发生 8.0 级地震，造成巨大经济损失和人员伤亡。汶川大地震是新中国成立以来，破坏性最大、受灾面积最广、救灾难度最大的一次地震。笔者特别地关注本次地震造成的广大面积的巨大破坏及灾难的原因和机理，因为正确认识地震机制和地表破坏机理对抗震救灾和灾后重建起关键决定性作用。由于地震的复杂性和不重复性，在地震预测方面还没有取得突破性进展。充分真实地模拟地震孕育和形成过程无疑是一项复杂和艰巨的任务，强大的数值计算能力是不可或缺的支撑条件。

位错理论作为一种地震震源理想化的模式得到相当广泛的应用。根据这一理论，可以运用地面的持久位移、地倾斜和地应变等 "零频" 地震资料反演地震的震源参数。陈运泰等 (1979) 运用弹性位错理论发展起来的反演理论探讨了由静力学形变资料反演大地震震源模式的原理和方法。王仁等 (1980) 采用有限元方法并利用实测资料 (如断层位错、应力分布、释放能量等) 追溯应力场随时间的演变来恢复最后一次地震前的初始应力场。范天佑 (2006) 获得了大量固体 (岩石) 在动荷载作用下断裂破坏的理论模型和解析解，这对认识地震机制和岩石断裂破坏的形成机理有了更深刻的认识和理解。断裂动力学在研究地震动荷载作用下的断层生成和扩展时，可定量解释许多地震现象和预测地震发生。

这里建议的数值方法建立了裂纹面间断位移和面力、非裂纹面位移和面力之间的关系。显然，建议的数值方法可以深化上述地震动力学的研究，并且在如下研究方向更具优势：断层端部裂隙发育、断层滑移对周围应力场的扰动、地震触发和余震分布、断层扩展和断层之间的相互作用及连接等。

11.2.3 双层横观各向同性材料基本解边界元法的应用前景

自然状态和人工合成状态下，横观各向同性材料广泛存在。由横观各向同性材料组成的层状材料引起了科学家的关注。许多学者发展了横观各向同性材料的边界元法，而很少涉及研究层状横观各向同性材料的边界元法。在过去几年里，基于双层横观各向同性材料的基本解，发展了子域边界元法和对偶边界元法，分析了该类介质的断裂力学特性。接下来，可以开展以下几方面的工作：

(1) 将双层横观各向同性材料基本解推广至由任意层数组成的横观各向同性层状材料，发展横观各向同性层状材料的基本解。

(2) 基于横观各向同性层状材料基本解发展边界元法，并将其应用到 11.2.2 小节介绍的岩土工程、地震工程等领域。

参考文献

陈运泰，黄立人，林帮慧，等. 1979. 用大地测量资料反演的 1976 年唐山地震的位错模型 [J]. 地球物理学报，3: 202–217.
陈祖煜，汪小刚，等. 2004. 岩质边坡稳定性分析: 原理、方法和程序 [M]. 北京: 中国水利水电出版社.
范天佑. 2006. 断裂动力学原理与应用 [M]. 北京: 北京理工大学出版社.
谷德振. 1979. 岩体工程地质力学基础 [M]. 北京: 科学出版社.
姜弘道，朱先奎. 1994. 复杂地基应力和稳定非线性分析的不连续位移法 [J]. 河海大学学报，22(3): 10–15.
王仁，何国琦，殷有泉，等. 1980. 华北地区地震迁移规律的数学模拟 [J]. 地震学报，2(2): 32–42.
张楚汉. 2008. 论岩石、混凝土离散–接触–断裂分析 [J]. 岩石力学与工程学报，27: 217–235.
周维垣，肖洪天，吴劲松. 2002. 三维间断位移法及强奇异和超奇异积分的处理方法 [J]. 力学学报，34: 645–651.
Crouch S L, Starfield A M. 1983. Boundary element methods in solid mechanics [M]. London: George Allen and Unwin Publishers.
Liu C L, Li G, Kuriyama K, et al. 2005. Development of a computer program for inhomogeneous modeling using 3D BEM with analytical integration and its application to rock slope stability evaluation [J]. International Journal of Rock Mechanics and Mining Sciences, 42: 137–144.
Maerten L. 2000. Variation in slip on intersecting normal faults: implications for paleostress inversion [J]. Journal of Geophysical Research, Solids Earth, 105: 553–565.
Thomas A L, Pollard D D. 1993. The geometry of echelon fracture in rock: implications from laboratory and numerical experiments [J]. Journal of Structural Geology, 15: 323–334.
Wiles T D. 2006. Reliability of numerical modeling predictions [J]. International Journal of Rock Mechanics and Mining Sciences, 43: 454–472.
Yue Z Q. 1995a. On generalized Kelvin solutions in a multilayered elastic medium [J]. Journal of Elasticity, 40: 1–43.
Yue Z Q. 1995b. Elastic fields in two joined transversely isotropic solids due to concentrated forces [J]. International Journal of Engineering Sciences, 33: 351–369.

郑重声明

高等教育出版社依法对本书享有专有出版权。任何未经许可的复制、销售行为均违反《中华人民共和国著作权法》，其行为人将承担相应的民事责任和行政责任；构成犯罪的，将被依法追究刑事责任。为了维护市场秩序，保护读者的合法权益，避免读者误用盗版书造成不良后果，我社将配合行政执法部门和司法机关对违法犯罪的单位和个人进行严厉打击。社会各界人士如发现上述侵权行为，希望及时举报，本社将奖励举报有功人员。

反盗版举报电话　　（010）58581897　58582371　58581879
反盗版举报传真　　（010）82086060
反盗版举报邮箱　　dd@hep.com.cn
通信地址　北京市西城区德外大街 4 号　高等教育出版社法务部
邮政编码　100120